“十三五”国家重点出版物出版规划项目

“十二五”普通高等教育本科国家级规划教材

高等教育网络空间安全规划教材

移动互联网：原理、技术与应用

第2版

崔　勇　张　鹏　编著

吴建平　主审

机械工业出版社

本书是一本介绍移动互联网基本原理和目前研究进展的教材。第 1 章介绍了移动互联网的基础知识；第 2 章分析了无线接入技术；第 3、4 章讨论了移动互联网的两种重要组网方式：移动自组织网络和无线传感器网络；第 5 章阐述了网络层移动 IP 技术；第 6 章介绍了传输层的重要技术：无线 TCP 技术和 QUIC 协议；第 7 章介绍了移动云计算的关键技术；第 8 章探讨了移动互联网安全机制；第 9、10 章介绍了移动互联网技术的综合应用和实验。上述内容基本上涵盖了移动互联网的主要内容。书中每章均附有习题，可以指导读者进行深入的学习。

本书既可作为高等院校研究生、高年级本科生学习移动计算相关课程的教材，也可供相关专业技术人员和教育工作者参考使用。

本书配有授课电子课件，需要的教师可登录 www.cmpedu.com 免费注册，审核通过后下载，或联系编辑索取。QQ：2850823885。电话：010-88379739。

图书在版编目（CIP）数据

移动互联网：原理、技术与应用 第 2 版/崔勇，张鹏编著．—2 版．—北京：机械工业出版社，2017.12（2021.8 重印）
“十三五”国家重点出版物出版规划项目
高等教育网络空间安全规划教材
ISBN 978-7-111-58618-0

Ⅰ．①移… Ⅱ．①崔… ②张… Ⅲ．①移动通信-互联网络-高等学校-教材 Ⅳ．①TN929.5

中国版本图书馆 CIP 数据核字（2017）第 295834 号

机械工业出版社（北京市百万庄大街 22 号 邮政编码 100037）
策划编辑：郝建伟 责任编辑：郝建伟 胡 静
责任校对：张艳霞 责任印制：单爱军
北京虎彩文化传播有限公司印刷

2021 年 8 月第 2 版・第 4 次印刷
184mm×260mm・20.75 印张・501 千字
标准书号：ISBN 978-7-111-58618-0
定价：59.00 元

凡购本书，如有缺页、倒页、脱页，由本社发行部调换

电话服务
服务咨询热线：(010)88379833
读者购书热线：(010)88379649

网络服务
机 工 官 网：www.cmpbook.com
机 工 官 博：weibo.com/cmp1952
教育服务网：www.cmpedu.com
金 书 网：www.golden-book.com

高等教育网络空间安全规划教材
编委会成员名单

序　言

计算机网络作为信息产业发展的关键技术，已经成为现代计算领域不可或缺的重要组成部分。作为当今最有发展前景的网络技术，移动互联网更是受到学术界和产业界的普遍关注。然而，由于移动互联网技术发展迅速，目前市场上尚无全面介绍移动互联网的基本原理、关键技术和具体应用的教材。教材作为提高教学质量的关键，需紧跟新兴领域发展的步伐。为了适应学科的快速发展和培养方案的需要，有必要编写移动互联网领域的教材。

多年以来，笔者一直从事信息类相关专业本科生和研究生的高等教育工作，深切体会到研究生的教育和本科高年级学生的教育应当突出“创新”，既要加强基础理论的学习，使得学生具备该领域的基础知识；又要加强科研能力的训练，使得学生能够具备发现问题、分析研究问题和解决问题的能力。本书的内容充分体现了这一点。一方面着重反映了移动互联网领域基础性、普遍性的知识，深入研究了移动互联网的基本原理；另一方面跟踪了学术界和产业界的最新研究进展。众所周知，计算机科学与技术专业是一个工科专业，具有强烈的实践性特征，而计算机网络更是如此。应当说，学术界的论文和产业界的发明共同推动了移动互联网技术的发展。那些站在学术界最前沿的研究人员和站在产业界最前沿的研究者通力合作，才有了今天移动互联网技术的蓬勃发展。总结前人知识成果，也是笔者的另一大诉求和心愿。

古人云：知其然，知其所以然。所以在此提醒读者，不仅要学习知识、掌握原理、了解应用，更要多些疑问：每学习一个协议、一个算法，就多想想为什么要这样设计，为什么不能那样设计。进一步而言，如果说人类发明了互联网而不是发现了互联网的话，那么本书不仅希望读者学习移动互联网的基本知识和研究进展，更希望能够带领读者，针对移动互联网所面临的每一个问题，一起去“发明”每一个协议、每一个算法，哪怕是去“发明”一个十年前已经成熟的技术。虽然优秀的发明成果本身乃是无价之宝，但发明的过程才是思维的凝炼和学习的精髓。如果本书能够让读者思考问题的模式得到些许改变，那么本书对读者的价值就远远超过对移动互联网知识本身的学习了。

本书内容丰富，体系结构严谨，概念清晰，易学易懂，符合学生的认识规律，适合于教学和自学，我愿意向广大读者推荐本书，希望本书能够给致力于移动计算领域研究和应用开发的读者一些有益的启示。

崔　勇

2017 年 4 月于清华园

前　　言

移动互联网时代是网络化和智能化的时代，与云计算、大数据、物联网、人工智能和虚拟现实等技术相结合，能广泛应用于游戏、视频、零售、教育、医疗、旅游等领域。移动互联网的快速发展和广泛应用，不仅让人们的生活和工作更加便捷，而且对社会、经济发展产生了极其深刻的影响。移动互联网，尤其是移动互联网与其他应用平台的有机结合体，必将成为未来人们进行移动通信和获取互联网服务的首要模式。

移动互联网不仅是计算机、微电子和通信等多个学科交叉融合的结果，也是信息技术发展的重要基础，因此对移动互联网技术的学习和研究已经成为业界当务之急。为了使信息领域研究生和本科高年级学生能够尽快掌握移动互联网的研究现状，了解目前学术界和产业界的最新技术进展，很多高等院校都开设了移动计算、移动互联网等专业课。本书第 1 版自 2012 年 1 月出版以来，受到清华大学“无线网络与移动计算”课程研究生以及广大院校教师与学生们的喜爱，《无线移动互联网原理、技术与应用》这本书被收入高等院校计算机精品教材系列，并被评为“十二五”普通高等教育本科国家级规划教材和“十三五”国家重点出版物出版规划项目。

近年来，随着移动互联网行业的蓬勃发展，移动云计算、移动终端和移动支付等安全问题日益突出，同时移动互联网的传输也面临着各种性能与安全挑战，例如低延迟通信，用户数据的隐私安全，以及新的传输层技术的部署问题。移动互联网的理论教学、实战训练和人才培养等面临全新的挑战，课程教材的适时更新与不断完善也势在必行。本次修订本着“前沿、实用”的原则，在尽量保持教材的核心技术内容不变的前提下，突出移动互联网的特色，删减部分过时内容，在移动互联网行业核心原理、关键技术、典型应用等内容的时效性和实用性方面有所更新和充实，新增业界最新研究进展，如新兴互联网传输层协议 QUIC、移动云计算、移动互联网安全与应用等，并更新书名为《移动互联网原理、技术与应用》。

本书向读者全面、系统、深入地介绍了移动互联网的相关知识，并力图培养读者的独立研究能力，使读者能够在较短时间内掌握移动互联网的基本原理和关键技术，了解学术界和工业界的最新研究进展。本书通过大量应用实例，增强读者感性认识，达到学以致用的目的。本书的每一章都从基本原理出发，结合实例介绍基本协议原理及其运行机制和关键技术，然后分析学术界在该问题上的最新研究进展以及产业界的最新应用，最后展望该技术的未来研究方向。

为了帮助读者更好地理解移动互联网的关键技术，本书第 1 章介绍了移动互联网的基础知识，第 2 章分析了无线接入技术，第 3、4 章讨论了移动互联网的两种重要组网方式：移动自组织网络和无线传感器网络，第 5 章阐述了网络层移动 IP 技术，第 6 章介绍了传输层的重要技术：无线 TCP 技术和 QUIC 协议，第 7 章介绍了移动云计算的关键技术，第 8 章探讨了移动互联网安全机制，第 9、10 章介绍了移动互联网技术的综合应用和实验。

本书具有以下特点：第一、入门要求低，读者只需了解计算机网络的基本知识即可阅读本书，并且各章相对独立，难度适当；第二、内容涵盖广泛，全面介绍了学术界最新研究成果和工业界最新技术发明及产品，从原理、技术到应用几个角度向读者展示了移动互联网的最新成果；第三、实用性强，分析了移动互联网各关键技术的应用，力图让读者学以致用，使得今后的学习、工作和研究更加得心应手。

本书可作为计算机、电子工程、通信、自动化、软件工程等信息类相关专业的研究生和本科高年级教材，也可供信息领域的工程技术人员参考使用。

本书由崔勇和张鹏共同编写，由崔勇完成全书的统稿。本书是编者多年教学实践工作的总结。本书的出版，首先应该感谢近年来清华大学“无线网络与移动计算”课程的研究生们，他们对本书的期盼使得编者备受鼓舞并感到义不容辞；清华大学计算机系移动互联网研究小组的同学们参与了本书的资料收集和整理工作、清华大学吴建平教授，不仅审阅了全稿，而且给出了许多宝贵建议，使本书增色不少；感谢机械工业出版社的各位编辑辛勤编校；最后感谢国家自然科学基金优青项目和教育部长江学者青年学者项目对编者相关研究工作的支持。

希望读者在阅读过程中，对本书不足之处提出宝贵意见，以便编者对本书内容不断加以完善，更好地为读者服务。联系人：崔勇，电子邮件：cuiyong@ tsinghua. edu. cn。

编　者

目　录

第1章　移动互联网基础

过去的3个世纪是人类历史长河中生产力飞跃的3个世纪。从1712年汤姆斯·纽科门发明蒸汽机和1781年詹姆斯·瓦特发明现代蒸汽机开始，第一次工业革命促使生产力大幅度提高，人类社会进入机械系统的时代。从1867年韦纳·冯·西门子发明发电机和1870年格拉姆发明电动机开始，第二次工业革命使得人类社会进入电气化时代。从1936年英国数学家阿兰·图灵发明图灵机以及1945年现代计算机之父冯·诺依曼第一次提出存储程序计算机开始，计算机日益成为人们生产生活不可或缺的重要组成部分，人类社会进入信息时代。信息时代的关键技术是信息收集、处理和分发；信息时代的重要特征是信息的广泛共享与高效处理[1]。

计算机技术和通信技术的融合对信息时代的发展起到了重要的推动作用，尤其是二者融合所产生的计算机网络彻底改变了人们的生活方式和思维方式。Tanenbaum教授在《计算机网络》一书中，将计算机网络定义为通过同一种技术相互连接起来的一组自主计算机的集合，所谓相互连接是指各台计算机之间能够交换信息。

随着无线通信技术的发展，行走在路上的人们已经可以随时随地通过手机、平板电脑、笔记本电脑等移动设备发送或者接收电子邮件、浏览网页或者访问远程文件等。随着无线接入技术的进一步发展以及移动操作系统和移动浏览器的开发，无线移动互联网具有越来越多的网络应用，并且越来越多的使用者逐步接受无线移动互联网。据统计，2016年8月份我国手机上网用户已经达到10亿，每月每户平均移动互联网接入流量近800 MB，手机上网流量占9成。与此同时，“无线城市”不仅成为耳熟能详的新名词，而且通过Wi－Fi、4G等无线网络技术组建的无线局域网、无线城域网已经走进千家万户。可以说，无线通信成为固定宽带之后互联网发展的重要推动力，无线移动互联网代表了未来计算机网络技术乃至未来计算机技术的发展趋势，21世纪已成为无线移动互联网的时代。

本章1.1节是引言，1.2、1.3分别回顾了移动互联网的发展演进历程以及移动互联网的概念和特点，1.4节介绍了移动互联网相关标准化组织，1.5节阐述了移动互联网的设计要求，1.6节是本章小结。

1.1　引言

计算机网络经历了几十年的发展，影响力最大的计算机网络是互联网[2]。互联网起源于20世纪60年代后期美国国防部国防高级研究计划署所建立的ARPANET。ARPANET是由一些被称为接口消息处理器（IMP）的小型机所构成的分组交换网络，每个节点具有接口消息处理器和主机，主机向接口消息处理器发送消息，接口消息处理器将该消息分组，接着向目的节点发送分组。ARPANET已经具备了互联网的一些特点，并迅速成长。

虽然ARPANET成长迅速，但是各个网络的消息格式、接口等缺乏统一标准，多个网络之间的互联和通信成为亟待解决的问题。解决该问题的方案在于协议，只要各个网络采用相同的协议，那么相互之间的通信就能够实现[3]。这促进了有关协议的研究工作，最终研究者们提出了TCP/IP参考模型及其协议簇[4]，该模型被专门设计用于处理网络互联的通信。随着越来越多的网络连接到ARPANET，TCP/IP成为互联网的核心协议簇。

20世纪70年代后期，美国国家科学基金会在ARPANET的基础上，建立了美国境内的骨干网络，并且将一些区域性网络连接到骨干网上，这些区域性网络和骨干网构成了NSF-NET。随着NSFNET规模不断增长，美国国家科学基金会鼓励MERIT、MCI和IBM组成非营利性企业ANS，该企业在NSFNET的基础上构建了ANSNET。随后，ANS被美国在线公司（AOL）收购，美国在线等公司成为IP服务的提供商。可见，计算机网络的发展经历了军用需求推动最初建立、政府资助推动扩大发展和商业运营推动广泛应用的过程，其演进过程如图1-1所示。随后，随着文件下载FTP、远程访问TELNET、电子邮件乃至万维网应用的发明，互联网走进了每个人的生活。

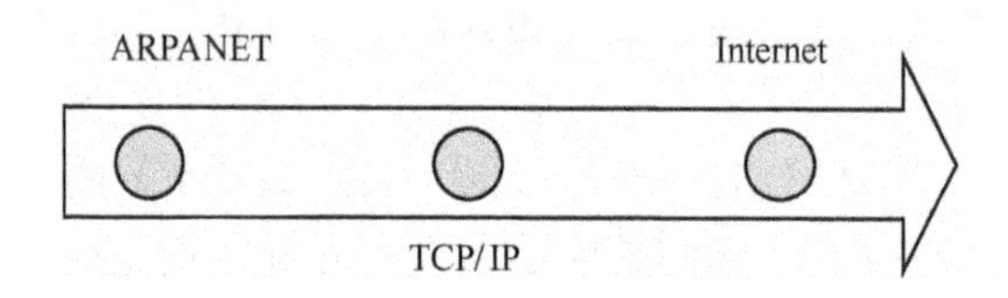

图1-1 互联网的演进

除了帮助ARPANET成长之外，美国国防部国防高级研究计划署还资助了卫星网络和分组无线网络PRNET，PRNET成为无线移动互联网的雏形，在此基础上发展出移动自组织网络，然后进一步提出无线传感器网络和无线mesh网络等无线移动互联网，如图1-2所示，相关内容在后续章节详细阐述。

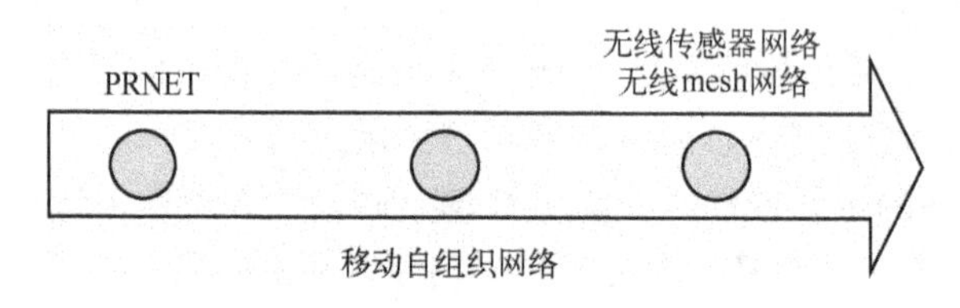

图1-2 移动互联网的演进

纵观计算机网络技术的发展，可以看出其发展经历了从有线通信到无线通信、从固定结构互联网到无线移动互联网的发展历程。

1.2 移动互联网的发展与演进

数据通信是指通过某种传输介质在两台设备间进行数据交换。数据通信系统主要包括消息、发送方、接收方、传输介质和协议[5]。其中，消息，或者称为报文，是需要由计算机网络进行交换与传送的基本数据单元。发送方、接收方分别是发送、接收数据消息的设备，可以是计算机、移动节点、手机、笔记本电脑等。传输介质是将消息从发送方传送到接收方的物理通路，包括双绞线、同轴电缆、光纤、无线电波或红外线等。协议是控制数据传送的规则，进行通信的设备双方需要按照相同的约定进行消息传送，这种约定就是协议。图1-3

所示为数据通信的基本原理，首先发送方按照一定协议将数据封装成协议要求的消息格式，即报文，报文通过传输介质传送到接收方，接收方按照协议的约定解析该数据消息以获得传送的信息。

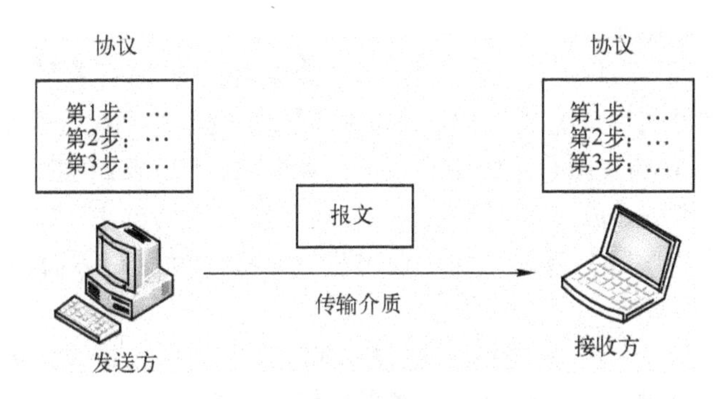

图 1-3　数据通信基本原理

人们最初使用的电话是与固定接口连接的固定电话，随着无线通信技术的发展，出现了无需与固定接口连接的移动电话（即手机）。移动电话的使用使人们随时随地进行语音通信成为现实，人们对互联网数据通信的移动性提出了要求，希望随时随地通过手机等移动设备发送或者接收传真和电子邮件或者浏览网页、访问远程文件，希望实现移动办公室、移动管理等。在该需求的推动下，无线移动互联网技术应运而生。

移动电话系统经历了 3 个发展阶段：第一代的模拟语音通信；第二代数字语音通信的移动电话系统（扩展为 2.5G 后可以支持低带宽数据通信），主要采用全球移动通信系统（Global System for Mobile communication，GSM）和码分多路访问系统（Code Division Multiple Access，CDMA）。第三代移动电话系统则同时支持数字语音与高速数据混合通信。其中，第二代移动电话系统，主要包括 TD-SCDMA、WCDMA（Wideband CDMA）和 CDMA2000 等。

移动电话系统和无线移动互联网都是在移动环境下对数字信号进行无线传输，并且都可以使用移动电话等作为终端设备，但是二者存在很多不同之处。首先，无线移动互联网主要面向数据包传送，而移动电话系统侧重固定带宽的高质量语音传送。其次，无线移动互联网在不同情况下，其数据流量和服务质量要求均存在较大差异，而移动电话系统的语音传送则具有固定带宽和服务质量要求。比如，在无线移动互联网的网页浏览中，通常需要较低的数据流量，但是也具有突发数据流的可能。在文件下载过程中，通常需要较高的数据流量，但也有可能由于传输完毕或者网络拥塞造成数据流量的突然降低。在流媒体传送中，则对延迟、带宽和丢失率有一定的服务质量要求。最后，无线移动互联网往往对带宽需求很大，而移动电话系统则没有这样的要求。

从 2009 年初开始，ITU 在全世界范围内征集 IMT-Advanced 候选技术。2009 年 10 月，ITU 共计征集到了 6 个候选技术。这 6 个技术基本上可以分为两大类，一类是基于 3GPP 的 LTE 的技术，我国提交的 TD-LTE-Advanced 是其中的 TDD 部分；另一类是基于 IEEE 802.16m 的技术。

ITU 在收到候选技术以后，组织世界各国和国际组织进行了技术评估。在 2010 年 10 月份，在我国重庆，ITU-R 下属的 WP5D 工作组最终确定了 IMT-Advanced 的两大关键技术，即 LTE-Advanced 和 IEEE 802.16m。我国提交的候选技术作为 LTE-Advanced 的一个组成部分，也包含在其中。在确定了关键技术以后，WP5D 工作组继续完成了电联建议的编写工作，以及各个标准化组织的确认工作。此后 WP5D 将文件提交上一级机构审核，SG5 审核通过以后，再提交给 ITU 讨论。

在此次会议上，TD-LTE 正式被确定为4G 国际标准，也标志着我国在移动通信标准制定领域再次走到了世界前列，为 TD-LTE 产业的后续发展及国际化提供了重要基础。

TD-LTE-Advanced 是我国自主知识产权3G 标准 TD-SCDMA 的发展和演进技术。TD-SCDMA 技术于2000 年正式成为3G 标准之一，但在过去发展的 17 年中，TD-SCDMA 并没有成为真正意义上的“国际”标准，在产业链发展、国际发展等方面都非常滞后，而 TD-LTE 的发展明显要好得多。

2010 年9 月，为适应 TD-SCDMA 演进技术 TD-LTE 发展及产业发展的需要，我国加快了 TD-LTE 产业研发进程，工业和信息化部率先规划 2570 ~ 2620 MHz（共 50 MHz）频段用于 TDD 方式的 IMT 系统。在良好实施 TD-LTE 技术试验的基础上，于 2011 年初在广州、上海、杭州、南京、深圳、厦门六城市进行了 TD-LTE 规模技术试验；2011 年底在北京启动了 TD-LTE 规模技术试验演示网建设。与此同时，随着国内规模技术试验的顺利进展，国际电信运营企业和制造企业纷纷看好 TD-LTE 发展前景[1]。

2012 年1 月18 日，国际电信联盟在2012 年无线电通信全会全体会议上，正式审议通过将 LTE-Advanced 和 WirelessMAN-Advanced（IEEE 802.16m）技术规范确立为 IMT-Advanced（俗称“4G”）国际标准，我国主导制定的 TD-LTE-Advanced 同时成为 IMT-Advanced 国际标准。

日本软银、沙特阿拉伯 STC 和 mobily、巴西 Sky Brazil、波兰 Aero2、印度 Augere 等众多国际运营商已经开始商用 TD-LTE 网络。同时，国际主流的电信设备制造商基本全部支持 TD-LTE，而在芯片领域，TD-LTE 已吸引 17 家厂商加入，其中不乏高通等国际芯片市场的领导者。

第五代移动电话行动通信标准，也称第五代移动通信技术，缩写为5G，也是4G 之后的延伸，正在研究中。

随着移动通信技术的飞速发展，智能终端即时通信应用蓬勃兴起。例如微信（WeChat）是腾讯公司于 2011 年 1 月 21 日推出的一个为智能终端提供即时通信服务的免费应用程序，微信支持跨通信运营商、跨操作系统平台，通过网络快速发送免费（需消耗少量网络流量）语音短信、视频、图片和文字，同时，也可以使用通过共享流媒体内容的资料和基于位置的社交插件。

1.3 移动互联网的概念与特点

1.3.1 移动互联网的概念

移动互联网是互联网与移动通信各自独立发展后互相融合的新兴市场，目前呈现出互联网产品移动化强于移动产品互联网化的趋势。从技术层面的定义，以宽带 IP 为技术核心，可以同时提供语音、数据和多媒体业务的开放式基础电信网络；从终端的定义，用户使用手机、上网本、笔记本电脑、平板电脑、智能本等移动终端，通过移动网络获取移动通信网络服务和互联网服务。因此一般认为移动互联网是桌面互联网的补充和延伸，应用和内容仍是移动互联网的根本。

1.3.2　移动互联网的特点

虽然移动互联网与桌面互联网共享着互联网的核心理念和价值观，但移动互联网有实时性、隐私性、便携性、准确性、可定位的特点，日益丰富且智能的移动装置是移动互联网的重要特征之一。

从客户需求来看，移动互联网以运动场景为主，碎片时间、随时随地，业务应用相对短小精悍。

移动互联网的特点可以概括为以下几点。

（1）终端移动性

移动互联网业务使得用户可以在移动状态下接入和使用互联网服务，移动的终端便于用户随身携带和随时使用。

（2）业务使用的私密性

在使用移动互联网业务时，所使用的内容和服务更私密，如手机支付业务等。

（3）终端和网络的局限性

移动互联网业务在便携的同时，也受到了来自网络能力和终端能力的限制：在网络能力方面，受到无线网络传输环境、技术能力等因素限制；在终端能力方面，受到终端大小、处理能力、电池容量等的限制。无线资源的稀缺性决定了移动互联网必须遵循按流量计费的商业模式。

（4）业务与终端、网络的强关联性

由于移动互联网业务受到了网络自身的特性以及终端能力的限制，其业务内容和形式也需要适合特定的网络技术规格、终端类型以及特殊的终端应用。

1.4　协议与标准化组织

在使用无线电磁波作为传输介质将数据发送方和接收方连接的情况下，为了进行通信，数据发送方和接收方之间必须达成协议。协议是通信双方关于如何进行通信的一种约定，是用来控制数据通信的各个方面的规则。协议的关键因素包括语法、语义和时序。其中，语法是数据的结构或者格式，主要描述各个数据组成部分的顺序；语义主要规定每部分比特流的含义；时序则描述发送数据的时间以及速率。

目前，产业界有众多的网络设备生产商和供应商，一个单独的网络设备生产商容易保证自己的产品之间能够较好地协作，但是多家生产商所生产的同类网络设备要进行互联互通，就必须遵循相同的协议。对数据通信而言，标准就是指协议的文本定义和阐述。

数据通信标准包括两种：事实标准和法定标准。事实标准是指业界广泛使用而非正式颁布的标准，例如 IBM PC 及其后继产品成为个人计算机的事实标准。法定标准是权威的标准化组织所采纳的、正式颁布的标准。无线互联网的相关技术标准大部分都是由标准化组织制定并颁布的。鉴于标准的重要性，下面将介绍与无线互联网相关的主要国际、国内标准化组织。

1.4.1 国际标准化组织 ISO

目前，国际标准领域中最具有影响力的国际组织是国际标准化组织（International Organization for Standardization，ISO）。国际标准化组织成立于1946年，是一个由89个成员国的国家标准组织组成的国际组织。ISO为大量的学科制定标准，具有约200个处理专门主题的技术委员会（Technical Committee，TC），其中TC97负责计算机和信息处理技术，每个技术委员会具有若干分委员会，分委员会则通常由若干工作组组成。

1.4.2 电气和电子工程师协会 IEEE

在标准领域的另外一个重要组织是电气和电子工程师协会（Institute of Electrical and Electronics Engineers，IEEE）。电气和电子工程师协会是世界上最大的信息领域专业组织，负责开发电气、电子和计算机领域的标准。电气和电子工程师协会由很多委员会（工作组）组成，802委员会完成了大量计算机网络的标准制定工作，见表1-1。其中，IEEE 802.2、IEEE 802.4、IEEE 802.6、IEEE 802.7、IEEE 802.9、IEEE 802.10、IEEE 802.12、IEEE 802.14的工作组已经停止工作；IEEE 802.8的工作组已经自行解散；IEEE 802.3、IEEE 802.11、IEEE 802.15、IEEE 802.16是目前非常重要的工作组，研发了很多通信标准，他们的大量工作成果已经成为无线接入网络技术的基础。第2章将详细阐述这些无线接入网络技术的标准。

表1-1 IEEE802 工作组[1]

序　号	主　题
802.1	局域网的总体介绍和体系结构
802.2	逻辑链路控制
802.3	以太网
802.4	令牌总线
802.5	令牌环网
802.6	双队列双总线
802.7	宽带技术
802.8	光纤技术
802.9	同步局域网
802.10	虚拟局域网和安全机制
802.11	无线局域网
802.12	需求的优先级
802.13	未使用
802.14	有线调制解调器
802.15	蓝牙
802.16	宽带无线

（续）

序　　号	主　　题
802.17	弹性的分组环
802.18	无线管制
802.19	共存
802.20	移动宽带无线访问
802.21	异构网络之间的无缝切换
802.22	基于认知无线电技术的无线区域网

1.4.3　互联网工程任务组 IETF

当 ARPANET 刚刚建立起来的时候，美国国防部建立了专门的委员会对该项目加以监督。1983 年，该委员会被定名为互联网工作委员会（Internet Activities Board，IAB），后来更名为互联网体系结构研究委员会。1989 年，互联网体系结构研究委员会进行了重组，成为互联网研究任务组（Internet Research Task Force，IRTF）和互联网工程任务组（Internet Engineering Task Force，IETF）。

在互联网工程任务组中，有关互联网工作的文档、新协议或者修改协议的建议都以技术报告的方式提出，这些报告被称为互联网 RFC（Internet Request For Comment）。所有 RFC 按照创建的时间顺序编号，所有 RFC 以及 RFC 草案可以在 http://www.ietf.org/网站上查阅。

互联网工程任务组已经成为互联网标准领域最有影响力的组织，也是创建互联网的核心 TCP/IP 协议簇的组织。例如，IP 协议为 RFC 791，TCP 协议为 RFC 792。IETF 针对移动互联网专门成立了包括 manet、mip4、mext 等近 10 个工作组。

1.4.4　国际电信联盟 ITU

在电信标准领域最为权威的官方组织是国际电信联盟（International Telecommunication Union，ITU）。国际电信联盟是联合国专门机构之一，主管信息通信技术事务，由无线电通信部门（ITU－R）、电信标准化部门（ITU－T）和开发部门（ITU－D）三大核心部门组成，包括 191 个成员国和 700 多个部门成员及部门准成员，其前身为根据 1865 年签订的《国际电报公约》成立的国际电报联盟。1906 年德国、英国、法国、美国和日本等 27 个国家在柏林签订了《国际无线电公约》。1932 年，70 多个国家的代表在马德里开会，决定把两个公约合并为《国际电信公约》，并将国际电报联盟改名为国际电信联盟。1934 年 1 月 1 日新公约生效，该联盟正式成立。1947 年，国际电信联盟成为联合国的一个专门机构，总部从瑞士的伯尔尼迁到日内瓦。国际电信联盟的电信标准化部门负责对电话、电报和数据通信接口提供一些技术性的建议和标准。

1.4.5　中国的标准化组织

我国在无线互联网相关技术领域的主要组织包括工业和信息化部无线电管理局（国家无线电办公室）和中国通信标准化协会。无线电管理局负责无线电频率资源的分配和管理。

中国通信标准化协会（China Communications Standards Association，CCSA）是国内企事业单位组成的非营利性法人社会团体，把通信运营企业、制造企业、研究单位、大学等企事业单位组织起来制定通信标准并且推荐给政府。中国通信标准化协会由会员大会、理事会、技术专家咨询委员会、技术管理委员会、若干技术工作委员会和分会、秘书处构成，主要包括IP与多媒体通信、移动互联网应用协议、网络与交换、通信电源与通信局站工作环境、无线通信、传送网与接入网、网络管理与运营支撑、网络与信息安全、电磁环境与安全防护等技术工作委员会，并且设置家庭网络、通信产品环保标准等特设任务组。

1.4.6 其他标准化组织

美国国家标准协会（American National Standards Institute，ANSI）是由公司、政府和其他成员组成的自愿组织。它们协商与标准有关的活动，审议美国国家标准，并努力提高美国在国际标准化组织中的地位。ANSI是国际标准化组织的成员之一。美国联邦通信委员会（Federal Communications Commission，FCC）负责授权和管理除联邦政府使用之外的射频传输装置和设备。

欧洲电信标准协会（European Telecommunications Standards Institutes，ETSI）是非盈利性的欧洲信息和通信技术标准化组织，其贯彻欧洲邮电管理委员会CEPT和欧盟委员会CEC确定的电信政策，并且负责电信、广播和相关领域的标准化工作。

日本无线工业及商贸联合会（Association of Radio Industries Business，ARIB）是由日本邮政省特设成立的，并从发展无线产业的角度去调查、研究、开发无线技术，对无线频率的使用提出建议，在电信和广播领域推动新的无线系统的实现和广泛应用。日本电信技术委员会（Telecommunication Technology Committee，TTC）是民间标准化组织，该组织通过制定电信网络之间、电信网与终端设备之间等互联的协议和标准，促进电信领域相关技术的标准化。

1.5 移动互联网的设计要求

基于无线移动互联网的特点及其与移动电话系统之间的差异，在无线移动互联网的设计过程中需要考虑的因素主要包括以下几点。

1. 即时接入

无线移动互联网的用户要求总是处于在线的状态，以便随时随地获得无线移动互联网的服务，这就要求扩大网络信号覆盖范围，使得原来没有有线网络接入的地方也能够实现无线网络覆盖。为了达到该目标，往往需要采用移动自组织网络、无线传感器网络和无线Mesh网络等组网方式，以及多种无线接入技术。

2. 支持突发流量

无线移动互联网着重提供数据传输业务。与语音业务相反，不同的数据业务所需要的带宽资源不同，即便是同一个数据业务在不同时间所需要的带宽也有很大差异。例如，网页浏览过程中，可能会同时开启多个TCP连接，占用很大带宽来传输该页面上显示的大量信息，而这些信息传输完毕则不再占用任何带宽。因此，要求无线移动互联网需能要很好的支持突发流量。

3. 提供无缝的移动性

无线移动互联网相对固定结构网络而言，最大的特点在于节点的移动性。移动用户不仅能够访问通信对端，也需要能够被别人随时随地访问，甚至节点在移动过程中也需要无缝连接。也就是说，移动节点的用户在使用无线移动互联网时，希望对节点的移动是无感知的，如同使用固定结构网络进行数据访问。为此，需要研究移动 IP 技术、无线 TCP 技术以及异构网络互联等关键技术。

4. 支持服务质量控制

无线移动互联网需要支持各种应用，包括多媒体业务和实时通信业务等。这就需要设计适合其特点的服务质量控制机制。可以说，服务质量控制机制是无线移动互联网得以广泛应用的必要条件。为此，需要在无线移动互联网各层协议中研究其服务质量控制方法，例如，如何在无线高误码率环境中提高 TCP 传输带宽或者控制传输丢失率和时延等。

5. 提供安全保障

由于无线网络传输不需要使用光纤、双绞线等媒介，无线电磁波在空间中传输容易被窃听，因此无线移动互联网需要建立适合其特点的安全机制，为各种上层应用提供安全可靠的传输。可以说，无线移动互联网的安全机制与服务质量保证机制一样，是无线移动互联网得以广泛应用的必要条件。

6. 提供灵活的组网方式

无线移动互联网应用场景具有很强的异构性，包括带宽需求、移动范围、移动速度和能耗需求等。因此，无线移动互联网强调，针对不同的场景需求采用不同的组网方式，例如低能耗弱移动下可以采用无线传感器网络，高移动低带宽需求可以采用移动自组织网络，而弱移动的无线骨干网则可以采用无线 Mesh 网络等。

1.6　本章小结

本章主要介绍了移动互联网的基本情况。在回顾了无线通信技术和通信网络的发展与演进之后，介绍了移动互联网的基本概念和重要特点，然后给出了协议、标准的概念以及相关国际国内标准化组织的基本情况，最后总结了移动互联网的设计要求。

习题

1. Tanenbaum 教授在《计算机网络》中，将计算机网络定义为相互连接起来的一组自主计算机的集合，所谓相互连接是指各台计算机之间能够交换信息。结合上述定义，谈一下你对无线环境下的计算机网络的理解。

2. 互联网作为影响力最大的计算机网络，有着几十年的历史。简要介绍互联网的发展历程，总结互联网发展历程中的研究思路，并根据该研究思路对计算机网络的未来发展方向进行展望。

3. 数据通信是通过某种传输介质在两台设备间进行数据交换，数据通信系统主要包括消息、发送方、接收方、介质和协议。请结合图 1-3 阐述数据通信的基本原理以及消息、发送方、接收方、介质和协议的概念，列举一个数据通信的实例，并结合该实例阐述你对消息、发送方、接收方、通信介质和协议的理解。

4. 无线通信摆脱了以往通信所依赖的双绞线、光纤的限制，可以在水中、空气中甚至真空中进行通信。请列举3种无线通信所依赖的传输媒介，并且结合上述例子分析无线传输的基本特点，以及该特点对无线移动互联网设计具有何种影响。

5. 随着无线通信用户增多，需要大量使用通信资源，多址技术作为资源共享的一种方式成为学术界和产业界的研究重点。请列举几种介绍常见的多址技术。

6. 根据传输介质的属性，可以将通信方式划分为有线通信和无线通信两种；根据通信设备之间的相对位置关系，可以将互联网划分为固定结构互联网和无线移动互联网。请谈一下你对有线通信和无线通信、固定结构互联网和无线移动互联网的理解，以及“无线”与“移动”两个概念之间的差别。请列举你身边的有线通信和无线通信、固定结构互联网和无线移动互联网的实例。

7. 请你设想下述情况：在战场上作战的士兵，需要及时得到医疗服务，然而随着战争的推进，其所处的地理位置不断改变。请问，在这种情况下，若能够通过一定形式的计算机网络使得士兵相互之间及时取得联系并能够及时得到医疗服务，应当采用哪种形式的计算机网络？与互联网相比，该类型计算机网络具有哪些特点？

8. 移动电话系统经历了3个发展阶段，并且移动电话系统和无线移动互联网存在很多相同点和不同点，请列举二者之间的相同点。试想，使用移动电话进行通话和使用移动电话上网，这两类应用之间存在哪些差异？根据这些差异，讨论移动电话系统和无线移动互联网的不同点。

9. 在国际标准领域中最具有影响力的国际组织是国际标准化组织ISO。请访问网站www.iso.org，了解国际标准化组织的基本情况，简要介绍国际标准化组织ISO的组织形式。

10. 电气和电子工程师协会IEEE负责开发电气、电子和计算机领域的标准，其中802工作组完成了很多种类的计算机网络的标准制定工作，请介绍4个较为重要的IEEE 802工作组，及其所制定通信标准的主题。

11. 互联网工程任务组IETF是互联网领域中最有影响力的标准化组织。请访问IETF网站http://www.ietf.org/，列举与无线移动互联网相关的3个IETF工作组（Working Group）并总结各工作组的主要工作内容。

12. 在互联网工程任务组IETF中，有关互联网技术的协议都以技术报告（即RFC）的方式提出。请登录互联网工程任务组的网站，并且查看4个与无线移动互联网相关的RFC，了解RFC的基本结构和功能，并简要说明这4个RFC所解决的主要技术问题。

参考文献

[1] Andrew S Tanenbaum. 计算机网络[M].4版. 潘爱民,译. 北京:清华大学出版社,2004.

[2] Naughton John. A Brief History of the Future [M]. Overlook Press, 2000.

[3] Maufer T A. IP Fundamentals [M]. Prentice Hall, 1999.

[4] CERF, ROBERT E Kahn. A Protocol for Packet Network Interconnection [J]. IEEE Transactions on Communications, 1974(22):637 - 648.

[5] Behrouz A Forouzan. 数据通信与网络[M]. 吴时霖,等译. 北京:机械工业出版社,2002.

第2章　无线接入技术

近年来，无线技术得到了越来越广泛的发展，无线设备逐渐走入了人们的日常生活，与此同时，人们对于无线接入技术的需求也在不断变化。现阶段，没有一种无线接入技术能够覆盖所有的需求，对于不同的应用场景，有不同的无线接入技术。1980 年 2 月，为了实现局域网技术的标准化，国际电气和电子工程师协会（IEEE）成立了 802 委员会。该委员会制定了很多介质接入的控制标准，包括很多无线接入标准。典型的无线接入标准有 IEEE 802.11、IEEE 802.15、IEEE 802.16 等，本章主要介绍 IEEE 制定的无线接入标准及相关技术。

本章共有 5 节，2.1～2.4 节分别介绍 IEEE 802.11、IEEE 802.15、IEEE 802 的其他协议标准以及移动通信技术，2.5 节对本章进行总结。

2.1　无线局域网与 IEEE 802.11 标准

目前国际上无线局域网（Wireless Local Area Network，WLAN）有三大标准簇，即由一系列相关标准组成的一组标准：IEEE 802.11、欧洲电信标准协会（ETSI）的高性能局域网（the High Performance Radio Local Area Network，HiperLAN）和日本无线工业及商贸联合会（ARIB）的移动多媒体接入通信（Multimedia Mobile Access Communication，MMAC）技术。其中 IEEE 802.11 系列标准是无线局域网的主流标准[1]，为某一区域内的固定工作站或移动工作站之间的无线连接提供一种规范[2]，主要针对网络的物理层（Physical Layer）和介质访问控制（Media Access Control，MAC）子层技术进行了标准化。与以太网相比，无线局域网具有如下优点。

（1）灵活性

在有线网络建设中，施工周期最长、受周边环境影响最大的就是布线工程。而无线局域网 WLAN 的最大优势就是可以免去或减少网络布线的工作量，一般只要安装一个或多个无线接入点（Access Point，AP）设备，就可建立覆盖整个建筑或地区的局域网。无线局域网的灵活性体现在快速部署上。

（2）移动性

无线局域网覆盖范围较为广泛，其用户连接入网络后就可以在信号覆盖范围内自由移动。相反，在有线局域网中，两个站点的距离因所用传输介质而被限制在一定的范围内，甚至无法移动。

（3）易扩展

无线局域网可以在已有无线网络的基础上，通过增加 AP 及配置相应软件的方式对其进行扩展，而且无线局域网有多种配置方式，能够根据需要灵活选择。

（4）成本低

无线局域网没有布线要求，可以减少相关的时间和开支。由于有线网络缺少灵活性，在建设时对网络未来发展考虑不周时，需要花费较多费用进行网络改造，而无线局域网可以避免或减少以上情况的发生。

2.1.1 IEEE 802.11标准的演进

1987年，IEEE 802.4工作组开始进行无线局域网的研究，最初的目标是开发无线令牌总线网的MAC协议。经过研究发现，令牌总线不适合无线信道的控制。为此，在1990年，IEEE 802委员会成立802.11工作组，专门致力于制定无线局域网的MAC协议和物理介质标准[3]。1997年，该工作组发布了IEEE 802.11基本标准，该标准主要用于办公室局域网和校园网，无线接入速率最高能达到2 Mbit/s。1999年，为了提高无线局域网的速度，IEEE提出两项修正方案：IEEE 802.11a和IEEE 802.11b。作为第一个高速WLAN，IEEE 802.11a的工作频段为5 GHz，利用正交频分复用（Orthogonal Frequency Division Multiplexing，OFDM）技术进行无线电传输，最高传输速率可以达到54 Mbit/s。IEEE 802.11b的工作频段为2.4 GHz，利用高速直接序列扩频（High Rate Direct Sequence Spread Spectrum，HR-DSSS）技术进行无线电传输，传输速率为11 Mbit/s。

IEEE 802.11a和IEEE 802.11b各有优缺点，IEEE 802.11b的优势在于价格低廉，但是数据传输速率低，而IEEE 802.11a正好相反。为了综合两个标准的优点，IEEE于2003年提出了IEEE 802.11g标准，该标准的工作频段为2.4 GHz，使用OFDM技术并使得最高传输速率可达到54 Mbit/s。近年来市场上的无线接入设备，已经普遍同时支持这3个标准。

随着无线电技术的发展、设备成本的降低以及设备之间兼容性的增强，IEEE 802.11工作组进一步制定了IEEE 802.11e、IEEE 802.11i、IEEE 802.11s和IEEE 802.11n等标准，形成了IEEE 802.11协议簇。

2.1.2 IEEE 802.11协议簇

IEEE 802.11协议簇已在无线局域网的应用中取得了很大成功，此系列标准已经经历了20多年的发展，目前仍在不断改进完善之中，以适应安全认证、漫游和QoS等方面的需要。IEEE 802.11协议簇见表2-1。

表2-1 IEEE 802.11协议簇

标准编号	说明
IEEE 802.11	第一个无线局域网标准，最高速率为2 Mbit/s
IEEE 802.11a	高速WLAN协议，采用OFDM技术，可达54 Mbit/s
IEEE 802.11b	2004年前后最流行的WLAN协议，最高速率11 Mbit/s
IEEE 802.11d	AP中无线与有线网络之间的桥接协议
IEEE 802.11e	基于WLAN的QoS协议，通过该协议能够进行VoIP
IEEE 802.11f	实现不同厂商之间的互操作
IEEE 802.11g	目前广泛使用的WLAN协议，802.11b的扩展，支持54 Mbit/s
IEEE 802.11h	IEEE 802.11a的扩展协议
IEEE 802.11i	无线数据网安全协议
IEEE 802.11j	使IEEE 802.11a和HiperLAN2网络能够互通

（续）

标准编号	说　明
IEEE 802.11k	定义无线资源管理，向高层提供无线和网络测量接口
IEEE 802.11m	对 IEEE 802.11 协议簇规范进行维护、修正、改进，并为其提供解释
IEEE 802.11n	采用 MIMO 技术的高速 WLAN 协议，传输速度可达 300 Mbit/s
IEEE 802.11p	针对汽车通信的无线访问标准
IEEE 802.11r	研究 AP 之间快速切换的机制
IEEE 802.11s	研究 IEEE 802.11 分布式系统的自组网协议
IEEE 802.11t	衡量无线网络性能
IEEE 802.11u	研究和其他外部网络互联的机制
IEEE 802.11v	无线网络管理
IEEE 802.11w	通过保护无线网络的“管理帧”来改善无线网络的安全性
IEEE 802.11y	为物理层定义了新的频率

IEEE 802.11 工作组所制定的上述协议当中，有 5 个无线局域网的主要协议：IEEE 802.11、IEEE 802.11a、IEEE 802.11b、IEEE 802.11g 和 IEEE 802.11n。

（1）IEEE 802.11

IEEE 802.11 标准于 1997 年 6 月公布，是第一代无线局域网标准。IEEE 802.11 工作在 2.4 GHz 免费频段，支持 1 Mbit/s 和 2 Mbit/s 的数据传输速率。它定义了 3 个物理层（两个 RF 及 1 个红外线技术）和介质访问控制层（MAC）规范，允许无线局域网及无线设备制造商建立互操作网络设备。IEEE 802.11 主要用于解决办公室局域网和校园网中用户终端的无线接入问题。

（2）IEEE 802.11a

IEEE 802.11a 工作在 5 GHz 频段，在整个覆盖范围内可以提供高达 54 Mbit/s 的数据传输速率。IEEE 802.11a 的 MAC 层采用 CSMA/CA 机制，物理层采用正交频分复用 OFDM 调制。IEEE 802.11a 速率虽高，但成本也比较高。

（3）IEEE 802.11b

1999 年 9 月通过的 IEEE 802.11b 工作在 2.4 GHz 频段，其数据传输速率可以为 11 Mbit/s、5.5 Mbit/s、2 Mbit/s、1 Mbit/s 或更低，可根据噪声状况自动调整。当工作站之间距离过远或干扰太大、信噪比低于某个门限时，传输速率能够从 11 Mbit/s 自动降到 5.5 Mbit/s，或者根据直接序列扩频技术调整到 2 Mbit/s 和 1 Mbit/s。IEEE 802.11b 与 IEEE 802.11a 一样采用 CSMA/CA，物理层调制方式为补码键控（Complementary Code Keying，CCK）的 DSSS，即 HR-DSSS。IEEE 802.11b 的成本较低，但是与 IEEE 802.11a 不兼容，并且数据传输速率较低。

（4）IEEE 802.11g

2003 年，为了解决 IEEE 802.11a 相关设备价格高和 IEEE 802.11b 数据传输速率低的缺陷，IEEE 正式批准了具有高兼容性和高数据传输速度的 IEEE 802.11g。IEEE 802.11g 是对 IEEE 802.11b 的一种高速物理层扩展，同 IEEE 802.11b 一样，IEEE 802.11g 工作于2.4 GHz 频段，采用的调制方式包括 IEEE 802.11a 中的 OFDM 与 IEEE 802.11b 中的 CCK。通过两种调制方式的结合，既达到了用2.4 GHz频段实现IEEE 802.11a协议54 Mbit/s的数据传输速率，又确保了与IEEE 802.11b产品的兼容。

（5）IEEE 802.11n

为了实现高带宽、高质量的无线局域网服务，使无线局域网达到近乎以太网的性能水平，IEEE 802.11工作组提出了IEEE 802.11n标准。IEEE 802.11n采用软件无线电技术和多输入多输出（Multiple Input Multiple Output，MIMO）技术，将数据传输速率提高到300 Mbit/s，甚至理论值高达600 Mbit/s。IEEE 802.11n不仅增加了物理层的传输速率，还提高了MAC层的效率。此外，覆盖范围问题一直是IEEE 802.11无线接入技术的软肋，而IEEE 802.11n草案采用智能天线技术，通过多组（一般为3根天线）独立天线组成的天线阵列，可以动态调整波束，保证让WLAN用户接收到稳定的信号，并减少其他信号的干扰。因此，如果说从IEEE 802.11b发展到IEEE 802.11g只不过是技术升级，那么到IEEE 802.11n则是技术换代。

2.1.3 IEEE 802.11协议框架

在IEEE 802系列标准中，将OSI模型中的链路层分为两个子层：逻辑链路控制（Logic Link Control，LLC）子层和媒体访问控制（Media Access Control，MAC）子层。物理层分为汇聚（Physical Layer Convergence Protocol，PLCP）子层和介质依赖（Physical Medium Dependent，PMD）子层。如图2-1所示。

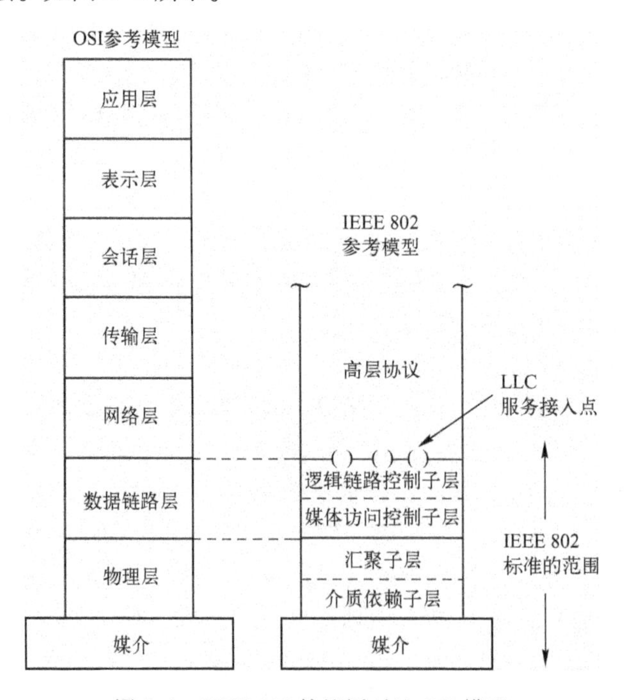

图2-1 IEEE 802协议层对比OSI模型

IEEE 802.11标准位于物理层和MAC子层。MAC子层决定访问介质的机制与传送数据的规则，传送数据的规则包括MAC帧格式、数据帧的拆分和重组。至于传送与接收的细节则由物理层负责，不同的物理层使用不同的调制、编码技术，把MAC层协议数据单元

（MAC Protocol Data Unit，MPDU）形成相应格式的帧。到目前为止，IEEE 802.11 协议簇定义了如图 2-2 所示的几种物理层。

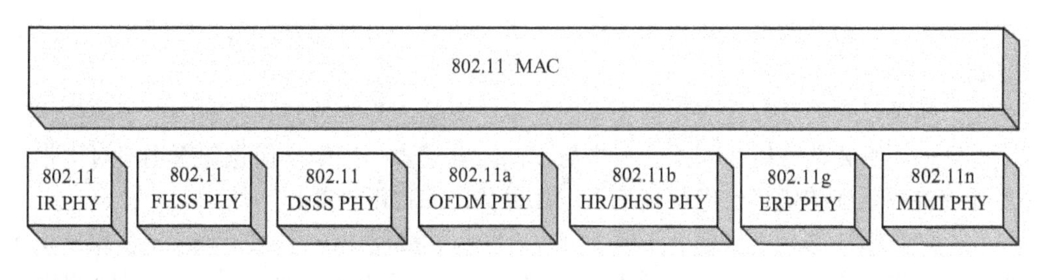

图 2-2　IEEE 801.11 的协议栈

2.1.4　IEEE 802.11 物理层技术

IEEE 802.11 基本规范定义了 3 种物理层技术，包括两个扩频技术和一个红外传播技术。其中采用扩频技术的物理层包括跳频扩频（Frequency Hopping Spread Spectrun，FHSS）物理层和直接序列扩频（Direct Sequence Spread Spectrun，DSSS）物理层。后来 IEEE 802.11 陆续加入了其他不同的物理层，例如：IEEE 802.11b 规定了高速直接序列扩频（High-Rate Direct Sequence，HR-DSSS）物理层；IEEE 802.11a 规定了正交频分复用（Orthogonal Fequency Division Multiplex，OFDM）物理层；IEEE 802.11g 规定了增强速率物理层（Extend Rate PHY，ERP）。

1. 基本物理层

IEEE 802.11 标准的基本规范定义了采用不同技术的 3 种物理层：一个红外线技术和两个扩频技术。

（1）红外线技术

红外线技术使用 0.85 或者 0.95 μm 波段上的漫射传输，它允许两种传输速率：1 Mbit/s 和 2 Mbit/s。与可见光一样，红外线不能穿过不透明物体，或者沿直线传播或者以衍射的方式传播。目前红外线技术在无线局域网中使用很少。这是因为采用红外线方式进行传输的无线局域网存在以下的问题。

- 红外线穿透性差，传输距离较短。
- 红外线很容易受到其他干扰源的影响。
- 红外线的性能不稳定。
- 红外线对高速移动的应用支持不好。

（2）扩频技术

扩频技术是传输信息时所用信号带宽远大于传输信息所需最小带宽的一种信号处理技术，传输信号的频带扩展过程通过扩频码调制方法实现，这种调制方式基本上与所传信息的带宽无关，在接收端再通过用相同的扩频码进行解扩来恢复原来的信息。IEEE 802.11 使用 2.4 GHz 频带，速率为 1 ~2 Mbit/s。IEEE 802.11 采用两种方式的扩频技术：FHSS 和 DSSS，这两种技术在运行机制上是完全不同的。

第一种扩频技术是跳频扩频 FHSS。在采用定频通信的系统中，也就是说该系统在指定的频率上进行通信，发射机的载波频率是固定不变的，因此在受到干扰时将使通信质量下降，严重时甚至使通信中断。与定频通信相比，跳频通信中发射机的载波频率不是固定的，而是在一个预定的频率集合中随时跳变的。因此虽然在每一个瞬间来看是在单一载波上通信的，但从总体看它的载波可以在很宽的频率范围上跳变，具有很好的抗干扰能力，但是带宽仍然较低。

跳频扩频是最先得到广泛应用的物理层技术。这是因为支持跳频调制的电子零件相对较便宜，而且采用跳频的网络在相同区域内可以同时容纳多个网络。但是随着用户对于带宽要求的提升，跳频系统的优势已经逐渐消逝，相关的产品也渐渐淡出市场。

另外一种扩频技术是直接序列扩频 DSSS。DSSS 标准使用 11 位的 Chipping – Barker 序列将数据编码发送，数字信号中的每个位编码为一个 11 位 Barker 码，将这个序列转化成波形，称为一个符号 Symbol，然后在媒介中传播。该标准被限制在 1 Mbit/s 或者 2 Mbit/s 的速率上。Symbol 传送的基础速率是 1 Mbit/s，传送的机制称为二相相移键控（Binary Phase Shifting Keying，BPSK）。采用四相相移键控（Quandrature Phase Shifting Keying，QPSK）技术则能够达到 2 Mbit/s 的传送速率。DSSS 能够达到比 FHSS 更快的速度，美国 FCC 曾经要求所有的无线通信设备都使用扩频技术，但是由于新技术的出现，该规定于 2002 年 5 月被废除。

2. 高速直接序列扩频 HR – DSSS 物理层

IEEE 802.11b 规范了高速直接序列扩频（HR – DSSS），增加了两个新的速度：5.5 Mbit/s 和 11 Mbit/s。IEEE 802.11b 采用了一种更先进的编码技术，抛弃了原有的 11 位 Barker 序列技术，而采用了补码键空（Complementary Code Keying，CCK）技术。CCK 的核心编码中有一个由 64 个 8 位编码组成的集合，在这个集合中的数据能够被正确地互相区分。5.5 Mbit/s 使用 CCK 串来携带 4 位数字信息，而 11 Mbit/s 速率使用 CCK 串来携带 8 位数字信息。两个速率的传送都利用 QPSK 作为调制的手段，不过信号的调制速率为 1.375 Mbit/s。这也是 IEEE 802.11b 获得高速的机理。

为了在有噪声的环境下获得较好的传输速率，IEEE 802.11b 采用了动态速率调节技术，允许用户在不同的环境下自动使用不同的连接速度。在理想状态下，用户以 11 Mbit/s 的速率全速运行，然而，当用户移出理想的 11 Mbit/s 速率传送的位置或者距离，或者受到干扰时则把速度自动按序降低为 5.5 Mbit/s、2 Mbit/s、1 Mbit/s。同样，当用户回到理想环境的时候，连接速度也会增加到 11 Mbit/s。速率调节机制是由物理层自动实现的，而不会对用户和其他上层协议产生任何影响。

3. 正交频分复用 OFDM 物理层

IEEE 802.11a 是高速无线局域网协议，使用 5 GHz 的高频频段和正交频分复用 OFDM 来达到高速的要求，最大可到 54 Mbit/s。OFDM 技术将 20 MHz 的高速数据传输信道分解成 52 个平行传输的低速子信道，其中的 48 个子信道用来传输数据，其余的 4 个保留信道用于差错控制。

OFDM 的基本原理是把高速的数据流分成许多速度较低的数据流，然后将它们同时在多个副载波频率上进行传输，从而提高数据传输速度并改进信号的质量，克服干扰。OFDM 技术已经被 IEEE 802.11 工作组选择作为一种重要的 WLAN 传输调制方式。

4. 增强速率物理层 ERP

为了在低频段提供高速传输，IEEE 802.11g 使用了增强速率物理层 ERP，规定了 5 种调制方式：ERP－DSSS、ERP－CCK、ERP－OFDM、DSSS－OFDM 和 ERP－PBCC。IEEE 802.11g 使用 2.4 GHz 频带，可以提供相当于 IEEE 802.11a 的速率，但是相比使用 5 GHz 频带的 IEEE 802.11a，IEEE 802.11g 能够传输更远的距离。IEEE 802.11g 制定的物理层在现有技术的基础上做了一些改动，主要是提供向下兼容性。

IEEE 802.11g 能够与 IEEE 802.11a 和 IEEE 802.11b 保持兼容，能够同时支持 IEEE 802.11b 的 CCK 和 IEEE 802.11a 的 OFDM 技术。此外 IEEE 802.11g 还支持分组二进制卷积码（Packet Binary Convolutional Coding，PBCC）。

5. MIMO 物理层

新兴的 IEEE 802.11n 标准已经于 2009 年 9 月正式颁布。IEEE 802.11n 采用软件无线电技术和多输入多输出技术，将数据传输速率提高到 300 Mbit/s，甚至理论值高达 600 Mbit/s，为无线移动局域网提供带宽和速度保证。之所以能在传输速率上有比较大的突破，是因为 IEEE 802.11n 标准采用了 MIMO 技术，这是无线移动通信领域智能天线技术的重大突破。该技术能在不增加频谱带宽的情况下，成倍提高通信系统的容量和频谱利用率，是新一代移动通信系统的关键技术。

MIMO 系统在发射端和接收端采用两幅以上的天线（可以表示为 2×2，2×3，2×4 等）、采用双信道（20 和 40 MHz）和双频带（2.4 GHz 和 5 GHz），不仅可以得到很高的速率，同时又能与以前的 IEEE 802.11b/g 设备兼容。其中，2×3 和 2×4 的配置可以得到比 2×2 更高的速率和更好的质量。

6. IEEE 802.11 各种物理层的比较

表 2-2 对 IEEE 802.11 各种物理层标准进行了比较。可以看出，采用 MIMO 物理层的 IEEE 802.11 标准具有最高的传送速率，应用前景良好。

表 2-2　IEEE 802.11 物理层标准

IEEE 标准	技　术	频　带	速　率
IEEE 802.11	IR	红外	1 Mbit/s 和 2 Mbit/s
	FHSS	2.4 GHz	
	DSSS	2.4 GHz	
IEEE 802.11a	OFDM	5 GHz	54 Mbit/s
IEEE 802.11b	HR/ DSSS	2.4 GHz	5.5 Mbit/s 和 11 Mbit/s
IEEE 802.11g	OFDM	2.4 GHz	54 Mbit/s
IEEE 802.11n	MIMO	2.4/5 GHz	300 Mbit/s

2.1.5　IEEE 802.11 MAC 层技术

IEEE 802.11 标准定义了介质访问控制 MAC 子层。MAC 层位于各种物理层之上，规范了访问机制、控制数据的传输，还定义了 MAC 帧格式，负责帧的拆分与重组操作以及与骨干网络之间的交互等。

1. 载波监听多路访问/冲突避免（CSMA/CA）

在学习 IEEE 802.11 的 MAC 子层前，首先回顾一下有线以太网的 MAC 子层技术。在采用 IEEE 802.3 标准的有线以太网中，MAC 层使用载波监听多路访问/冲突检测机制（Carrier

Sense Multiple Access with Collision Detection，CSMA/CD）来控制对传输介质的访问。载波监听多路访问（Carrier Sense Multiple Access，CSMA）主要用来判断介质是否处于可用状态[4]，它是一种“先侦听后会话”的协议：在发送数据之前，工作站先侦听传输媒体是否空闲，然后决定是否可以传输数据[5]。由于没有中心控制点，各个工作站都能独立地决定数据帧的发送与接收，当有超过1个的工作站侦听到传输媒体空闲而同时发送数据时就会发生冲突，这使发送的数据帧都成为无效帧，浪费了发送数据帧的时间。

CSMA/CD的工作原理可用4个字来描述：“边听边说”，即一边发送数据，一边检测是否产生冲突。工作站在发送数据时，一边发送一边继续监听，若监听到冲突，则立即停止发送数据。等待一段随机时间，尝试重新发送数据。CSMA/CD的优点是原理简单，易于实现，网络中各工作站处于平等地位，不需要集中控制以及优先级控制。但是在网络负载增大时，冲突增多，从而发送时间增长并且效率下降。

IEEE 802.11的MAC子层和IEEE 802.3的MAC子层相似，都是采用载波监听多路访问CSMA。但是在无线局域网中的冲突检测机制存在一定问题，这是由于要在发送数据的同时检测冲突，设备必须能够一边传送数据信号，一边接收数据信号，而这在无线系统中是无法办到的。鉴于上述原因，IEEE 802.11采用了载波监听多路访问/冲突避免机制（Carrier Sense Multiple Access with Collision Avoidance，CSMA/CA）。

IEEE 802.11中CSMA/CA的基本工作过程是工作站在发送数据前必须检测传输介质是否处于空闲状态，如果是处于忙碌状态，工作站必须利用二进制指数后退算法（Binary Exponential Backoff，BEB）等待随机的时间，然后再尝试发送并重新检测传输媒介是否处于空闲状态等，从而减小信号冲突的发生概率。

此外，与CSMA/CD不同的是，CSMA/CA还采用了两次握手模式的确认机制，接收站在接收到数据帧时，将等待一小段时间后，再向发送站发送ACK信息，从而对收到的数据帧进行确认。也就是说，所有传送出去的数据帧都必须得到ACK信号的响应后才能确认数据已经正确到达目的地（及链路层的下一跳节点）。如果发送站在一定时间内没有收到接收站的ACK信息，发送站将按BEB机制重新发送数据帧。通过上述等待和确认机制，CSMA/CA保证了在不采用“边听边说”方式的情况下，也能够完成数据的传输。

2. 隐藏站点和暴露站点问题

在无线网络中，存在着两个必须解决的问题：隐藏站点问题和暴露站点问题。在无线网络中，由于站点间距离太远或其他原因，而不能发现潜在竞争者的问题称为隐藏站点问题。如图2-3所示，站点A可以直接与站点B和C直接通信，而站点B与C由于某些因素（如距离过远）无法直接通信，甚至无法感知对方的存在。从站点B来看，站点C就是隐藏节点。这种情况下，站点B和C有可能在同一时间向站点A发送数据，这会造成站点A无法

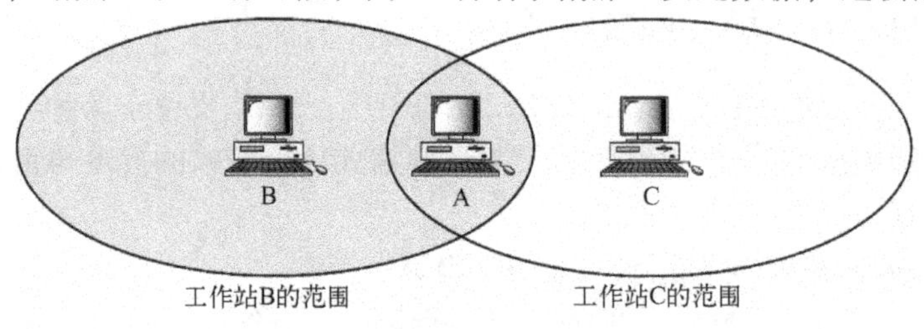

图2-3 隐藏站点问题

响应任何数据。此时只有站点 A 知道有冲突发生，而站点 B 和 C 则无从得知数据传送已发生错误。这就是隐藏站点问题。

暴露站点正好与隐藏站点相反，无线网络中由于非竞争站点距离发送站点太近，从而导致非竞争站点不能发送数据的问题称为暴露站点问题，如图 2-4 所示。站点 A 向站点 B 发送数据，站点 C 试图向站点 D 发送数据，但由于站点 C 在站点 A 的信号覆盖范围内，当它收到站点 A 正在发送数据的消息时，错误地认定自己不能向站点 D 发送数据。这类问题被称为暴露站点问题。

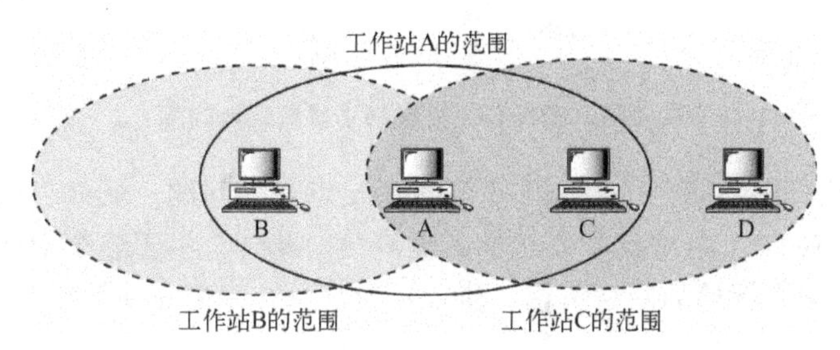

图 2-4　暴露站点问题

在无线网络中，由站点隐藏和站点暴露所导致的冲突问题相当难以监测，因为设备无法同时收发数据。为了解决这个问题，IEEE 802.11 在 MAC 层上采用了 RTS/CTS（Send/Clear to Send）机制。RTS/CTS 采用两次握手机制，发送工作站先发送一个请求发送帧 RTS，接收工作站在收到 RTS 后，等待一定时间间隔，向发送站发送确认帧 CTS。RTS 和 CTS 都能够让接收到发送信号或确认信号的其他工作站停止传送数据，并根据 RTS 和 CTS 帧中所携带的信息进行相应的退避。等到 RTS/CTS 完成交换过程，发送工作站和接收工作站就可以开始正常的数据收发，从而避免冲突的发生。

RTS/CTS 机制有助于减轻隐藏站点和暴露站点问题。在图 2-5 所示的隐藏站点问题中，站点 B 向站点 A 发送数据前，需要先向站点 A 发送 RTS 进行请求，站点 A 回应 CTS，站点 B 在收到 CTS 后才向站点 A 发送数据。站点 C 也可以收到站点 A 发送的 CTS，可是站点 C 没有发送过 RTS，所以站点 C 知道自己处于隐藏站点的情况，就不会向站点 A 发送数据。

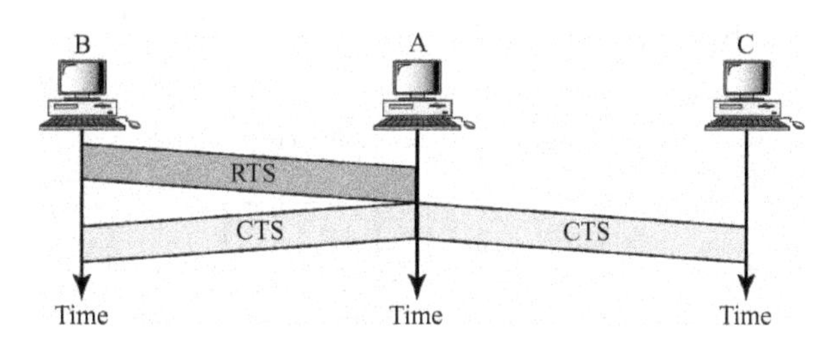

图 2-5　RTS/CTS 机制解决隐藏站点问题

在图 2-6 所示的暴露站点问题中，虽然站点 B 和站点 C 都可以收到站点 A 发送的 RTS，但是只有站点 B 向站点 A 回复 CTS。此时，站点 C 可以向站点 D 发送 RTS 请求，站点 A 和 D 都可以收到，但是只有站点 D 向站点 C 回复 CTS，收到 CTS 后站点 C 就可以向站点 D 发送数据。

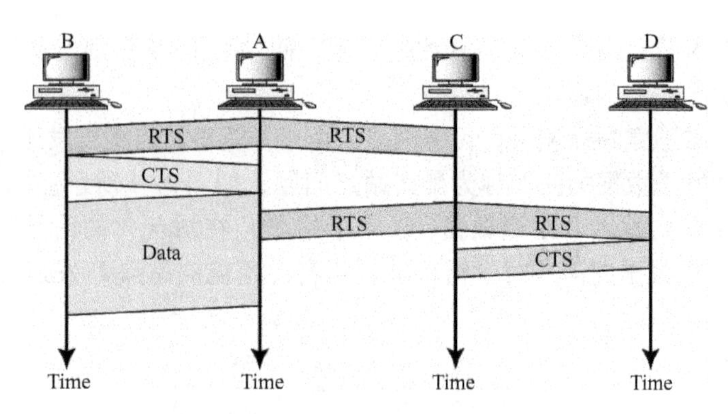

图 2-6 RTS/CTS 机制解决暴露站点问题

但是 RTS/CTS 机制不能完全解决站点隐藏和站点暴露问题，例如，站点 D 向站点 C 回复的 CTS 有可能被站点 A 向站点 B 发送的数据淹没。此外，由于整个 RTS/CTS 传输过程占用了网络资源而增加了额外的网络负担，所以一般只是在需要时才采用。

3. MAC 层的协调功能

MAC 层的无线介质访问由特定的协调功能控制。IEEE 802.11 的 MAC 层定义了分布式协调功能（Distributed Coordination Function，DCF）、点协调功能（Point Coordination Function，PCF）和混合协调功能（Hybird Coordination Function，HCF）。DCF 用于竞争机制，PCF 用于非竞争机制，HCF 是 DCF 和 PCF 的混合机制。

帧间间隔（InterFrame Space，IFS）对协调介质的访问有着重要的作用。在 CSMA/CA 机制中，IEEE 802.11 规定在连续发送的两个帧间必须有一段时间间隔，并定义了 4 种帧间间隔：短帧间间隔（Short Inter Frame Space，SIFS）、DCF 帧间间隔（DCF InterFrame Spacing，DIFS）、PCF 帧间间隔（PCF Inter Frame Spacing，PIFS）和扩展帧间间隔（Extended Inter Frame Spacing，EIFS）。在发送数据前所需等待的时间长短体现了该数据的优先级，不同的帧间间隔提供不同的介质访问优先级。当介质空闲时，高优先级的数据比低优先级的数据在发送数据前所需等待的时间短。帧间间隔的关系如图 2-7 所示。SIFS 是最短的帧间隔，拥有最高的优先级，可用于 RTS/CTS 帧和 ACK 帧；PIFS 主要用在 PCF 无竞争模式中，其优先级低于 SIFS；DIFS 用于 DCF 竞争模式中，优先级比 SIFS 和 PIFS 都低。EIFS 不是固定的时间间隔，在帧传输出现错误时会用到 EIFS，长度最长并且级别最低。

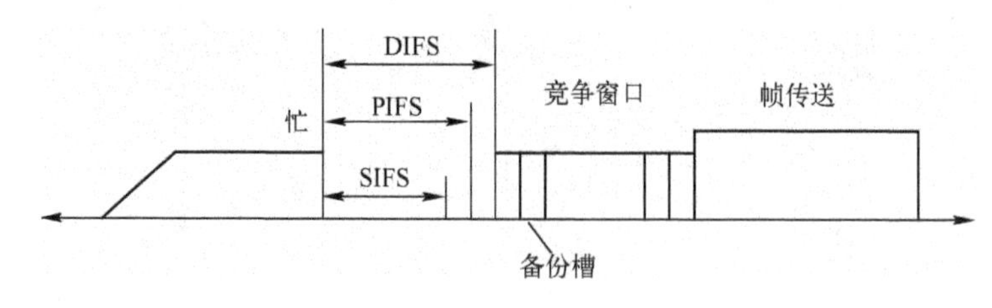

图 2-7 帧间间隔的关系

（1）分布式协调功能 DCF

当使用 DCF 时，IEEE 802.11 使用 CSMA/CA 访问机制，采用“尽力而为”（Best Effort）的方式工作，提供了类似以太网的基于竞争的服务。在 DCF 中工作站之间可以直接通信，不需要中心控制节点。

DCF 的基本原理是：站点在传送数据前，首先检查媒介是否处于空闲状态，如果媒介空闲且空闲时间超过 DIFS，则站点发送数据帧。为了避免冲突的发生，如果媒介正在被占用，则工作站必须延迟对媒介的访问，采用如下退避（Backoff）机制来避免发生冲突。

DCF 采用的退避机制是在前面提到的 BEB 机制。在发生冲突后，时间被分成离散的时隙。具体来说，在第一次冲突发生后，每个站随机等待 0 个或者 1 个时槽之后再重试发送。在第二次冲突发生后，每个站随机等待 0、1、2 或者 3 个时槽之后再重试发送。也就是说，在第 i 次冲突发生后，在 $0 \sim 2^i - 1$ 之间选择一个随机数，然后等待这么长的时间，其中 $2^i - 1$ 是竞争窗口（Contention Window，CW）的大小。

如图 2-8 所示，站点 B 和 C 都想发送数据，但是此时媒介被站点 A 占用。由于 ACK 确认帧所使用的短帧间间隔 SIFS 短于 DCF 帧间间隔 DIFS，因此在站点 A 发送完数据后，ACK 确认帧会优先在信道上传输。在媒介被站点 A 以及 ACK 确认帧占用过程中，站点 B 和 C 都不断地多次尝试发送数据，这里假设站点 B 和 C 都分别进行了 3 次尝试（也就是发生了 3 次冲突）。这时，站点 B 随机选择了避退 7 个时隙，而站点 C 选择了 4 个时隙。因此，在完成 ACK 确认帧的传输后，经过等待一个 DCF 帧间间隔 DIFS 加上 4 个时隙，站点 C 获得了信道使用权，即站点 C 比 B 先传送数据。

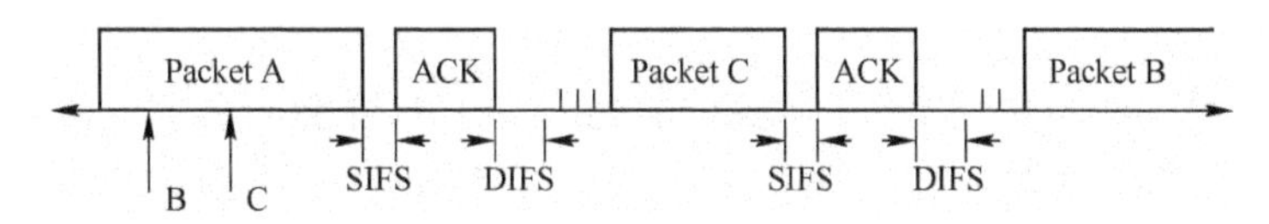

图 2-8　DCF 举例

（2）点协调功能 PCF

PCF 提供的是无竞争服务（Contention-Free Service）。由于 DCF 不提供任何延迟或带宽的保证，所以难以满足一些对延迟和带宽敏感的服务的要求，这时可采用 PCF。在 PCF 中由称为点协调者（Point Coordinator，PC）的基站对其他工作站进行协调，决定哪一个工作站可以发送数据。在 PCF 模式中传输顺序完全由基站控制，所以不会出现冲突。但是，该机制需要具有管理功能的基站，该基站能够和所有工作站通信，并且能够承担较重的计算负担。

PCF 采用轮询策略，AP 在确认媒介空闲了 PIFS 时间间隔后给所有在基础型服务集合中的站点发送一个信标（Beacon）帧，信标帧的详细格式在后面 MAC 帧格式中会说明。信标帧包含着无竞争周期（Contention Free Period，CFP）的最大时间、信标间隔和 BSS（Basic Servicc Set）标识[6]。所有在此 BSS 中的站点收到该信标帧后，必须停止一切发送行为，并在 CFP 期间保持沉默。AP 中的 PC 维护着一个轮询表，并按照这个顺序对各站点进行轮询以检查该站点是否有数据传送。有数据要发送的站点必须在被轮询到时才可以发送数据，而其他站点则处于等待状态，这样就避免了冲突的发生。

PCF 允许工作站经过 PIFS 时间间隔后即可传送帧，PIFS 比 DIFS 时间短，这样 PCF 就有比 DCF 高的优先级。所有的 IEEE 802.11 都必须支持 DCF，而 PCF 则是可选的。

（3）混合协调功能 HCF

有些应用需要提供比“尽力而为”更高一级的服务质量，却又不需要用到 PCF 那么严格的时机控制，此时可以采用混合协调功能 HCF。HCF 允许工作站维护多组服务队列，针对需要更高服务质量的应用提供更多的无线媒介访问机会。

4. MAC 帧格式

IEEE 802.11 MAC 层的帧由帧头（MAC Header）、帧实体（MAC Body）和帧校验组成。在帧头部分包括帧控制（Frame Control）字段、持续时间（Duration/ID）字段、4 个地址（Address）字段和顺序控制（Sequence Control）字段，如图 2-9 所示。

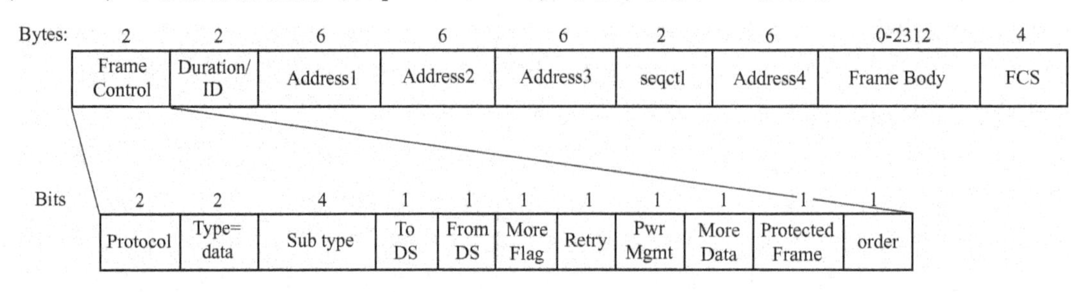

图 2-9　IEEE 802.11 MAC 帧格式

帧格式中主要字段的说明如下。

- 帧控制（Frame Control）：此字段含有工作站之间发送的控制信息，包括很多子字段，在此不再详述。
- 持续时间（Duration）：此字段有多种功能，有 3 种可能的形式，由第 14 和 15 位决定。当第 15 位为 0 时，表示 Duration（Nav）；当第 14、15 位为 01 时，表示 CFP 帧；当第 14、15 位为 11 时，表示 PS－poll 帧。
- 地址字段（Address1－4）：一个 IEEE 802.11 MAC 层的帧最多可以有 4 个地址字段，以数字编号，随着帧类型的不同，这些字段的作用也有所差异。
- 顺序控制字段（seqctl）：该字段由 4 位的片段编号子字段和 12 位的顺序编号子字段组成，用于重组帧片段以及丢弃重复帧。
- 帧实体字段（FrameBody）：承载在工作站之间传递的上层有效载荷，如带 IP 头的 IP 分组，其长度为 0～2312B。
- 帧校验字段（FCS）：采用 CRC 校验码。每一个在无线网络中传输的数据帧都被附加上了校验位以检验它在传送的时候是否出现错误。

IEEE 802.11 MAC 协议支持 3 种类型的帧：管理帧、控制帧和数据帧。帧的类型在帧控制字段的 Type 位标识，在 Sub Type 位进一步标识。Type 位的长度为 2 bit，00 表示管理帧、01 表示控制帧、10 表示数据帧。Sub Type 位的长度为 4 bit，表示 3 种帧类型内不同的子类型，具体值不一一列出。

（1）数据帧

数据帧将上层协议的数据置于帧实体中加以传递。

（2）控制帧

控制帧用于协助数据帧的传递，管理无线媒介的访问。控制帧没有 Data 域和 Sequence 域，关键的信息在于 Sub Type 域，通常为 RTS、CTS 或者 ACK。

（3）管理帧

管理帧的作用十分重要，负责维护链路层的各种功能。在管理帧中有一种比较重要的帧——信标帧，在基础型结构的网络中由 AP 负责定期传送。该帧用来声明某个网络的存在，信标可以让移动的工作站知道该网络的存在，从而调整加入该网络的参数。Beacon 帧的具体格式如图 2-10 所示。

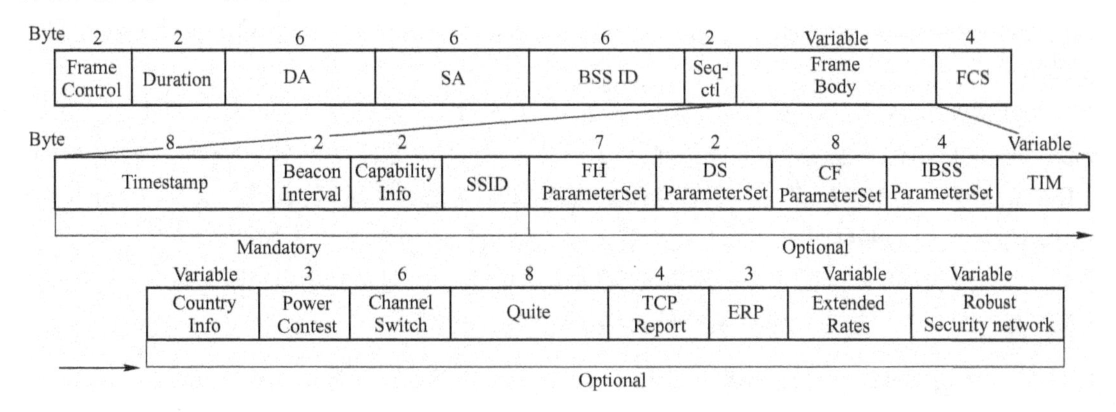

图 2-10　Beacon 帧格式

以上各个字段在信标中不一定会全部用到，选择性（Optional）的字段只有在需要时才会使用。例如，只有在使用跳频（Frequency Hopping，FH）或直接序列（Direct Squence，DS）物理层技术时才会用到 FH 和 DS 参数集；CF 参数集只用于支持 PCF 的 AP 所发送的帧等。

5. MAC 帧的分段与重组

IEEE 802.11 MAC 子层还提供帧的分段与重组功能。帧的分段功能是指超过特定大小的数据帧在传送时被拆分成几个较小的数据帧分批传送，这些数据帧有相同的帧序号和一个递增的帧片段编号以便在接收端重组。

将较大的帧分段为多个较小的帧，在网络十分拥挤或者存在干扰的情况下，是非常有用的特性，可以大大降低被干扰的数据量，减少数据帧被重传的概率，从而提高无线网络的整体性能。接收端的 MAC 子层负责将收到的被分段的大数据帧进行重组，因此对于上层协议来说这个过程是完全透明的。

2.2　IEEE 802.15 标准及相关技术

IEEE 802.15 工作组主要制定无线个域网（Wireless Personal Area Network，WPAN）标准。WPAN 的主要特点是无线传输的距离比较近，一般在 10m 以内。因为传输的距离短，所以无线发射功率比较小，IEEE 802.15 协议相对 IEEE 802.11 协议更为节能。

2.2.1　IEEE 802.15 标准的演进

IEEE 802.15 标准的先驱是蓝牙技术（Bluetooth）[7]。1998 年 3 月，IEEE 成立 802.15 工作组，致力于 WPAN 的物理层和数据链路层协议标准化。1999 年 7 月，蓝牙 SIG 发布了厚达 1500 多页的蓝牙规范 1.0 版。此后不久，IEEE 802.15 工作组采用蓝牙的文档作为基础，并开始进行修订[8]。

2002 年，IEEE 802.15 工作组提出第一个 IEEE 802.15 协议 802.15.1，该协议基于蓝牙协议 1.1 版本。由于 IEEE 802.15.1 采用的频段是 2.4 GHz，与 I802.11b/g 协议的频段冲突，

因此，出现了 IEEE 802.15.2 工作组，制定相应的规则来解决两者的共存性问题。蓝牙并不能满足无线个域网的所有需求，蓝牙面向的典型应用场景是个人数字终端之间的连接，音频数据等近距传输；对于长时间工作的传感器以及清晰的实时视频数据传输等，蓝牙技术则不能满足。

为了满足这些需求，成立了 IEEE 802.15.3 工作组和 IEEE 802.15.4 工作组。IEEE 802.15.3 工作组的目标是建立宽带个人无线网，提供个人设备间的高速无线数据传输。IEEE 802.15.4 工作组是建立一个低速但实现简单且节能的个域网，IEEE 802.15.4 的典型应用场景是无线传感器网络、个人遥控装置等。随后又有了对于个人域的无线 Mesh 网络以及相对于个人域 10 m 范围更小的身体域无线网的需求，于是又成立了 IEEE 802.15.5 以及 IEEE 802.15.6 工作组来制定相关有针对性的标准。

2.2.2 IEEE 802.15 协议簇

IEEE 802.15 已在无线个域网的应用中取得较大成功。下面介绍 IEEE 802.15 协议簇的主要协议。

（1）IEEE 802.15.1 标准

IEEEE 802.15.1 标准将 MAC 层与物理层合起来划分为 4 个子层，各个子层分别如下。

- RF 层（RF layer）：该无线接口基于天线性能，范围从 0 ~ 20 dBm。蓝牙技术运行在 2.4 GHz 波段，链路传输范围从 10 cm ~ 100 m。
- 基带层（Baseband Layer）：在设备之间形成微微网（Piconet），通过蓝牙技术将网络设备连接在一起。
- 链路管理层（Link Manager）：在蓝牙设备间建立和维护数据链路。链路管理器的其他功能还包括安全、基带数据包大小协商、电源模式、蓝牙设备的周期性控制以及蓝牙设备在微微网中的连接状态控制等。
- 逻辑链路控制和适配协议层（Logical Link Control and Adaptation Protocol，L2CAP）：为上层协议提供无连接和面向连接的服务。

在推出 IEEE 802.15.1 - 2002 协议之后，蓝牙标准继续向前发展，在 2005 年，IEEE 802.15 工作组发布了基于蓝牙 1.2 标准的 IEEE 802.15.1 - 2005 标准。这一标准与前一标准相比，主要的改进之处是在实际中有更高的传输速率、更快的建立网络连接的速度，该标准采用了新技术，使抗干扰能力更强。

（2）IEEE 802.15.2 标准

IEEE 802.15.2 标准不是为了定义新的通信协议，而是因为 Wi - Fi 的标准 IEEE 802.11b、IEEE 802.11g 都使用 2.4 GHz 频率，与 IEEE 802.15 会产生干扰，IEEE 802.15.2 正是为了解决两者的相互干扰问题而提出的。

由于在该工作组开始工作时，IEEE 802.15 协议簇中主要的应用是 IEEE 802.15.1，因此在该协议中主要描述并解决了 IEEE 802.15.1 与 IEEE 802.11、IEEE 802.11b 的相互干扰问题，而且相应的解决方案对解决 IEEE 802.15 的其他协议与 IEEE 802.11 协议簇的干扰问题也有很大帮助。

解决上述共存问题的机制主要有两种：合作机制和非合作机制。在合作模式下，两种无线网络之间通过通信来解决共存问题；在非合作模式下两种无线网络之间不通信，通过适应性设备抑制、适应性数据包选择以及适应性的发包策略来解决共存问题[9]。

（3）IEEE 802.15.3 标准

IEEE 802.15.3－2003 标准旨在为便携电子设备提供高速、低功耗、低成本、支持多媒体功能的无线连接。这个标准提供 11～55 Mbit/s 的数据传输速率，并在距离小于 70 m 时可以为数据流提供可靠的服务质量。此外，这个标准使设备自动组成网络，不需要用户干预。在保护用户隐私和数据完整性方面，该标准提供数据和命令的 128 位 AES 加密方法。最后，该标准还提供了多种技术，可以使 802.15.3 的微微网与其他无线网络实现更好的共存。

（4）IEEE 802.15.4 标准

随着通信技术的飞速发展，人们对无线移动通信尤其是短距离无线与移动通信的需求也日益增多。为满足用户对低速率、低成本、低能耗的短距离无线通信的需求，2000 年 12 月成立了 IEEE 802.15.4 工作组。经过 3 年的努力，2003 年 5 月正式发布了 IEEE 802.15.4 标准[10]。该标准针对低速率无线个域网（LR－WPAN）制定了物理层和介质接入控制层规范。IEEE 802.15.4 标准的发布，弥补了短距离低速率通信领域标准的空白，并且具有成本低、协议简单灵活等特点。

基于 IEEE 802.15.4 标准的低速率无线个人区域网络，网络节点间的通信距离通常为 10 m 左右，并且有 868 MHz、915 MHz 和 2.4 GHz 三个物理频段可供选择，其中，各频段所支持的数据传输速率分别为 20 kbit/s、40 kbit/s 和 250 kbit/s。

（5）IEEE 802.15.5 与 IEEE 802.15.6

IEEE 在 2006 年成立了 802.15.5 工作组，其目的是制定一套无线 Mesh 网络标准。IEEE 802.15.5 定位于无线 Mesh 网络的 MAC 层，不需要 ZigBee 或路由支持，它继承了 IEEE 802.15.1～802.15.4 的一些基本思想，但完全支持 Mesh 结构。在 IEEE 802.15.5 标准中，Mesh 网络被定义为一个个域网（PAN），有两种组网方式：全网状拓扑和部分网状拓扑。在全网状拓扑结构中，每一个节点直接与其他任何一个节点相连；在部分网状拓扑结构中，只有部分节点与其他所有节点相连，而其他节点则只是与连通度较大的节点相连。IEEE 802.15.5 标准主要涉及的问题包括碰撞避免的信标调度策略、路由算法、分布式安全问题、能效操作模式、对网状节点和网状 PAN 移动性的支持等[11]。

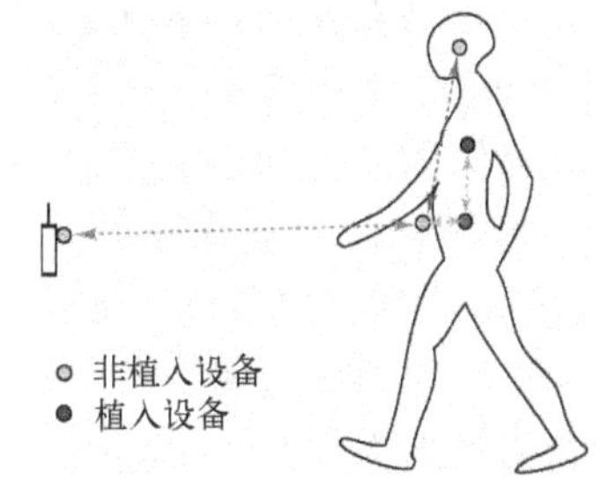

图 2-11　IEEE 802.15.6 示例

IEEE 在 2007 年 12 月初宣布成立 IEEE 802.15.6 工作组。这个工作组的主要任务是研究“身体域网络”（Body Area Network，BAN）协议，如图 2-11 所示。其面向的需求主要是：适中的带宽，很低的功耗，很近的传输距离。IEEE 802.15.6 标准的一些典型应用场景包括医疗目的和运动学中身体数据监测以及个人娱乐等，例如心跳速率的测试、游戏、视频娱乐等。

2.2.3　IEEE 802.15.3 关键技术

IEEE 802.15.3 协议是为提供高速个人局域网而设计的，目的是提供针对多媒体的数据传输。在物理层和 MAC 层都存在概念上的管理实体，分别称为物理层管理实体（Physical Layer Management Entity，PLME）和 MAC 层管理实体。这些实体负责提供层间的管理服务接口。

在 IEEE 802.15.3 协议提出后，为了适应更多的环境以及提供更好的性能，IEEE 相继成立了多个工作组进行该协议的进一步研究，包括 IEEE 802.15.3a、IEEE 802.15.3b、IEEE 802.15.3c 等。其中有不少成功的经验，也有个别工作组因为种种原因而放弃了后续的研究。

1. IEEE 802.15.3 微微网

IEEE 802.15.3 协议组成的网络一般称为微微网，通信范围一般在 10 m 左右。微微网由一系列的元素组成，最基本的元素是设备（DEV，Device），如图 2-12 所示。其中一个 DEV 担任微微网协调者（PicoNet Coordinator，PNC）的角色。PNC 提供整个微微网的网络时隙协调功能，并负责管理整个微微网的 QoS 需求、节能模式和访问模式等。

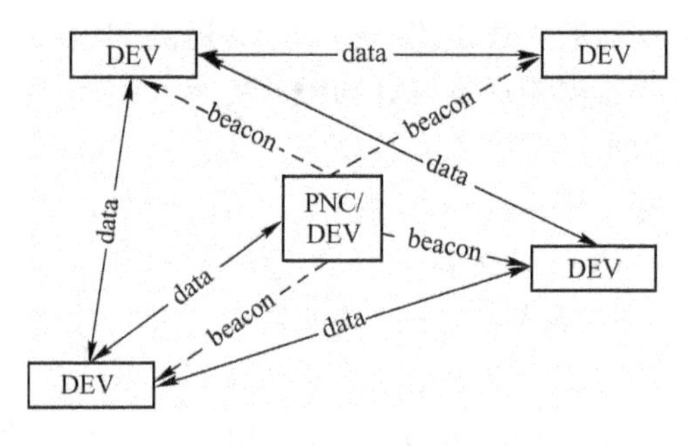

图 2-12 IEEE 802.15.3 微微网的结构

微微网的 DEV 之间可以独立地相互通信。在微微网的基础上，允许 DEV 申请成为一个已有微微网的附属微微网，这种情况下，原微微网称为父微微网，新的 DEV 组建的微微网称为子微微网或邻居微微网。具体成为哪一种取决于 DEV 连入父微微网的 PNC 的方式。

IEEE 802.15.3 MAC 层主要是针对个人局域网的高速数据传输设计的，特别是多媒体高速应用，该协议采取了一系列措施来组织网络，主要包括微微网的网络协调，DEV 的接入和脱离，DEV 的工作模式和微微网的结束过程等。

（1）微微网的网络协调

当网络中有一个 DEV 作为 PNC 开始发送信标帧时，一个微微网就建立了，即使没有与它相关联的其他 DEV。信标帧主要发送关于微微网的协调信息。

为了建立一个微微网，PNC 通过扫描所有可用信道来寻找一个空闲信道。找到这样的信道后，马上发送 Beacon 帧来声明该微微网的存在，如果没有空闲的信道，则该 DEV 尝试成为一个依赖微微网。如果微微网的建立过程并不能保证“最有能力”的 DEV 成为 PNC，则在后续的 DEV 加入过程中允许更有能力的 DEV 成为新的 PNC。

当一个 DEV 连入一个已有微微网时，PNC 会根据一定的策略检查新加入的 DEV 是否更适合担任 PNC 的角色。如果适合，那么原有的 PNC 就会将 PNC 的角色移交给新加入的 DEV。在移交过程中，原 PNC 负责时间分配，不会造成数据丢失。当 PNC 断电或者需要离开现有的微微网时，也会将 PNC 的权力移交给网络中的一个 DEV。

子微微网是一个建立在已有微微网基础上的网络，已有的微微网称为父微微网。子微微网在功能上有助于扩展父微微网的覆盖范围和转移一些计算或存储要求。在该协议中允许一个父微微网有多个子微微网，同时允许子微微网有自己的子微微网。子微微网除了使用父微微网的信道时间分配 CTA（Channel Time Allocation）以外，完全是一个自治的微微网网络。子微微网的 PNC 同时作为两个微微网的成员，可以与两个网络中的其他 DEV 进行数据交换。

邻居微微网同样是建立在已有的微微网基础上的，它实际上提供了一种在没有可用频段的情况下与已有微微网共享频段的方法，除了与父微微网共享一个 CTA 以外，邻居微微网完全是一个自治系统，并且邻居微微网和父微微网之间并不能进行数据通信。

（2）DEV 的接入和脱离

DEV 接入微微网过程中，微微网为每一个 DEV 分配一个唯一的 ID，作为该设备在微微网中的地址，称为 DEVID。当 DEV 接入微微网后，PNC 会向网络中的所有设备广播消息，告知其他设备有新设备接入，并且为该 DEV 分配 DEVID。当 DEV 主动脱离微微网或 PNC 将某一 DEV 从网络中移除时，分配给该 DEV 的 DEVID 就不再起作用了，但 PNC 仍会将该 DEVID 保留一段时间后才会将该 ID 分配给其他新加入的 DEV。

（3）DEV 的工作模式

为了适应多变的工作环境，以及提供不同层次的服务，802.15.3 协议为微微网和网络中的 DEV 提供了多种工作模式。

在安全方面，微微网可以工作在两种模式下：模式 0（开放模式）和模式 1（安全模式）。在模式 0 下，在 MAC 层不提供对成员的检测和对数据的保护，同样也不提供数据完整性检验和数据加密。在模式 1 下，在 MAC 层提供对设备成员的检测和对负载的控制，DEV 在使用微微网的资源之前需要与 PNC 建立信任机制。微微网中的数据传输要求进行数据完整性检验，并可以进行数据保护及数据加密。

IEEE 802.15.3 的一个重要目的就是节能，可以使设备在干电池供电的情况下长时间地工作。延长电池寿命的最好办法就是在 DEV 不使用时关机或者减少能量损耗。在本标准中提供了 3 种技术可以达到这种效果：设备同步节电模式（Device Synchronized Power Save, DSPS）；微微网同步节电模式（Piconet Synchronized Power Save，PSPS）；异步节电模式（Asynchronous Power Save，APS）。微微网中的 DEV 总共可以工作在 4 种电源管理模式下：ACTIVE 模式、DSPS 模式、PSPS 模式或 APS 模式。

ACTIVE 模式下，DEV 处于工作状态。PSPS 模式下，允许 DEV 在 PNC 定义的期间内睡眠，DEV 要进入 PSPS 模式时需给 PNC 发送请求。DSPS 模式下，一组 DEV 在多个超帧期间睡眠，但在同一超帧期间醒来，DEV 通过加入 DSPS 集合同步它们的睡眠模式，其中 DSPS 集合规定了 DEV 醒来的周期间隔和下次 DEV 清醒的时间。DSPS 集合除了允许 DEV 同时清醒和交换通信量外，还能使其他 DEV 更容易确定 DSPS 模式下的 DEV 何时可以接收信号。

APS 模式下，允许 DEV 为扩展的周期保存能量，直到选择侦听信标为止。APS 模式下 DEV 的唯一职责是在关联超时周期（Association Timeout Period，ATP）结束之前与 PNC 通信，以维持微微网内成员关系。无论 DEV 采用何种功率管理模式，微微网中的每个 DEV 都可以在没有被分配收发数据的时候关闭电源。

（4）微微网的结束

如果一个 PNC 停止工作时微微网中没有其他可供使用的 DEV 作为新的 PNC，PNC 会在 Beacon 帧中写入相应的信息通知网络中的其他 DEV。原有 PNC 在没有完成 PNC 交接的情况下突然退出微微网时，微微网会首先停止工作一段时间，经过一个连接超时时间段 ATP 后，原有微微网中可以作为 PNC 的设备会发出 Beacon 帧组建新的微微网。如果有依赖于当前网络的微微网存在，则微微网结束时会向依赖于它的微微网发送消息，从而顺利退出该依赖微微网。

2. IEEE 802.15.3 物理层技术

IEEE 802.15.3 定义了工作在 2.4 ~ 2.4835 GHz 频段的物理层方案，共提供 5 个信道。在节点密度较高的情况下有 4 个可用信道，在与 IEEE 802.11b 共存使用的情况下有 3 个可用信道，相应的信道中心频率及与 IEEE 802.11b 的兼容情况见表 2-3。

表 2-3 IEEE 802.15.3 信道列表

信道序号	中心频率	高密度	与802.11b兼容
1	2.412 GHz	×	×
2	2.428 GHz	×	
3	2.437 GHz		×
4	2.445 GHz	×	
5	2.462 GHz	×	×

IEEE 802.15.3 物理层采用 QPSK（Quadrature Phase Shift Keying）、DQPSK（Differential Quadrature Phase Shift Keying）、16 - QAM（16 - Quadrature Amplitude Modulation）、32 - QAM、64 - QAM 几种调制方案，支持 11 Mbit/s、22 Mbit/s、33 Mbit/s、44 Mbit/s 和 55 Mbit/s 多种速率传输。其中 22 Mbit/s 是基本的传输速率，在该速率下并不需要额外编码，而在其他速率下则需要采用 TCM（Trellis Coded Modulation）的编码方式。调制方式、编码及相应的传输速率的对应关系见表 2-4 所示。

表 2-4 调制方式、编码与数据传输率之间的对应关系

调制类型	编码	数据传输率
QPSK	8 - state TCM	11 Mb/s
DQPSK	无	22 Mb/s
16 - QAM	8 - state TCM	33 Mb/s
32 - QAM	8 - state TCM	44 Mb/s
64 - QAM	8 - state TCM	55 Mb/s

为了提高效率，IEEE 802.15.3 的物理层在组帧时对 MAC 层的帧头和帧体分别进行了打包和传输。

3. IEEE 802.15.3 MAC 层技术

IEEE 802.15.3 MAC 层帧结构为高速个人局域网而设计。每一个帧由帧头和帧体两部分组成，如图 2 - 13 所示，帧体又由可变长度的帧负载和一个帧校验序列（FCS）组成，帧头由 6 部分组成，其中流索引对微微网中传输的数据流进行唯一标记，分块控制部分记录帧分割和重组的相关信息，SrcID 和 DestID 分别用来记录数据的发送源和目的，PNID 用来记录 Piconet 的唯一 ID，帧控制部分用来记录各种帧类型。

1	3	1	1	2	2
流索引	分块控制部分	SrcID	DestID	PNID	帧控制
MAC 帧头					

0或者4	Ln
帧校验序列	帧负载
MAC 帧体	

图 2-13 IEEE 802.15.3 帧格式

IEEE 802.15.3 协议在 MAC 层定义了 4 种帧：信标帧、确认帧、命令帧和数据帧。信标帧的数据负载单元由 n 个信息元素和一个微微网同步参数组成，在信息元素中包含了 PNC

设定时间分配和管理微微网的信息。确认帧分为立即确认帧（Immediate ACK）和延后确认帧（Delayed ACK）两种。立即确认帧仅包含一个10位的MAC帧头，其中定义了针对各种帧的确认。延后确认帧主要包含以下几部分：n个MAC层协议数据单元ID（MPDU ID），1个记录已确认的协议数据单元数的字节、帧长以及在一个脉冲中可以发送的最大帧数目。命令帧的负载由两字节的命令类型、两字节的用来记录命令长度的字段及命令体构成，从而完成组建微微网和管理设备等功能。数据帧用来传输上层发到MAC子层的数据，它的负载字段包含了上层需要传送的数据。

IEEE 802.15.3标准提供3种帧发送策略：无确认策略，用于不需要确认帧的情况，这种情况主要是由于返回帧的时间太长或上层协议提供了确认策略；立即确认策略，通常用于需要对发送的每一帧都进行确认的情况；延后确认策略，源设备一次发送多个帧而不需要对每个帧单独确认，当源设备发送确认请求时，由目的设备一次性发送对所有帧的确认。当源设备没有收到确认帧时，它会重发或丢弃该帧，这取决于发送帧的类型、已尝试发送的次数、已尝试发送的时间以及其他现实因素等。

为了使得微微网高质量地运行，就要求PNC可以在不需要用户介入和保证微微网内服务质量的情况下实现信道的动态切换。为了评估当前使用的信道和其他信道的状态，协议为PNC设计了以下几种方法：通过命令从自身微微网的DEV中收集当前使用信道的状态信息；主动扫描所有可用的信道；发请求命令使微微网中的DEV扫描某一特定信道，并将结果返回给PNC。当PNC发现当前使用的信道不再合适了，就会控制整个微微网转换到新的信道，转换过程中并不会改变微微网注册信息以及时间分配等，因此不会影响微微网提供的服务。

2.2.4　IEEE 802.15.4/ZigBee关键技术

IEEE 802.15.4规范了ZigBee技术的下层协议。ZigBee技术组合紧凑且简单，对硬件需求很低，8位微处理器80C51即可满足要求，全功能协议软件需要32 KB的ROM，最小功能协议软件需要大约4 KB的ROM。ZigBee技术的另一个突出特点是能耗较低，一个ZigBee设备依靠电池最长可以工作数年的时间。

IEEE 802.15.4/ZigBee物理层和数据链路层基于IEEE 802.15.4标准协议；网络层和应用层则是基于ZigBee协议。IEEE 802.15.4/ZigBee的各层关键技术如图2-14所示。其中，用户应用程序主要包括厂家预置的应用软件。同时，为了给用户提供更广泛的应用，该层还提供了面向仪器控制、信息电器和通信设备的嵌入式API，从而可以广泛地实现设备与用户应用软件间的交互。应用层（Application Layer，APL）提供高级协议栈管理功能。用户应用程序使用此模块来管理协议栈功能。

设备对象子层（ZigBee Device Objects，ZDO）通过打开和处理目标端点接口来响应接收和处理远程设备的不同请求。与

用户应用程序
应用层APL
设备配置子层ZDC | 设备对象子层ZDO
应用支持子层APS
网络层NWK
IEEE 802.15.4LLC | IEEE 802.2LLC / SSCS
IEEE 802.15.4 MAC
IEEE 802.15.4 868/915 Hz PHY | IEEE 802.15.4 2.4 GHz PHY
底层控制模块 | RF收发器

图2-14　ZigBee各层关键技术

其他的端点接口不同，目标端点接口总是在启动时就被打开并假设绑定到任何发往该端口的输入数据帧。设备配置子层（ZigBee Device Configuration，ZDC）提供标准的 ZigBee 配置服务，定义和处理描述符请求。远程设备可以通过 ZDO 子层请求任何标准的描述符信息。当接收到这些请求时，ZDO 会调用配置对象以获取相应的描述符值。APS 子层主要提供 ZigBee 端点接口。应用程序使用该层打开或关闭一个或多个端点，并且获取或发送数据。网络层的主要功能是负责建立和维护网络连接，它独立处理传入数据请求、关联、解除关联和孤立通知请求等。

1. IEEE 802.15.4 协议框架

（1）IEEE 802.15.4 拓扑结构

IEEE 802.15.4/ZigBee 网络中的设备按照功能职责可以划分为 3 种：网络协调点、协调点、终端设备。该标准的网络拓扑主要的形态有两种，一种为星形连接，另一种为对等结构连接。由这两种拓扑形式可以衍生出簇树状拓扑[12]。

星形网络如图 2-15 所示。精简功能设备或称有限功能设备（Reduced-Function Device，RFD）是能量、计算能力和通信能力有限的设备，而全功能设备（Full-Function Device，FFD）则是计算能力和通信能力较强的设备。网络协调点（PAN Coordinator）是整个网络的主控节点，在一个 PAN 网络中只能有一个网络协调点。网络协调点发送 Beacon 帧，还负责分配 GTS 时隙，分配 16 位短地址。网络协调点是整个网络的初始节点，它可以初始化一个网络，还可以结束一个网络。协调点（Coordinator）也可以发送 Beacon 帧，对周围的终端设备和其他协调点进行同步。协调点还可以进行数据包的转发，一般出现在非星形结构的网络中，比如对等网等。终端设备（End Device）不能发送 Beacon 帧，只具有数据包的收发功能。

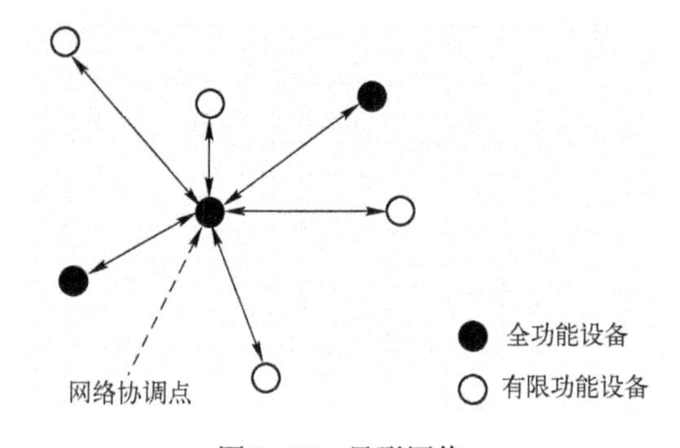

图 2-15 星形网络

星形网络以网络协调点为中心，所有设备只能与网络协调点进行通信，因此在星形网络的形成过程中，第一步就是选取网络协调点。任何一个全功能设备 FFD 都有成为网络协调点的可能。一个 FFD 设备在第一次被激活后，首先广播查询网络协调点的请求，如果接收到回应，说明网络中已经存在网络协调点，设备通过认证可以选择加入这个网络。如果没有收到回应，或者认证过程不成功，这个 FFD 设备就可以建立自己的网络，并且成为这个网络的网络协调点。

网络协调点要为网络选择一个唯一的标识符，所有该星形网络中的设备都用这个标识符来规定自己的从属关系。不同星形网络之间的设备通过设置专门的网关完成相互通信。选择一个标识符后，网络协调点就允许其他设备加入自己的网络，并为这些设备转发数据分组。星形网络中的两个设备如果需要互相通信，都是先把各自的数据包发送给网络协调点，然后由网络协调点转发给对方。

在图 2-16 所示的对等网络中，任意两个设备只要能够彼此收到对方的无线信号，就可以直接进行通信，不需要其他设备的转发。但点对点网络中仍然需要一个网络协调点，不过该协调点的功能不再是为其他设备转发数据，而是完成设备注册和访问控制等基本的网络管理功能。网络协调点的产生由上层协议规定，比如把某个信道上第一个开始通信的设备作为该信道上的网络协调点。

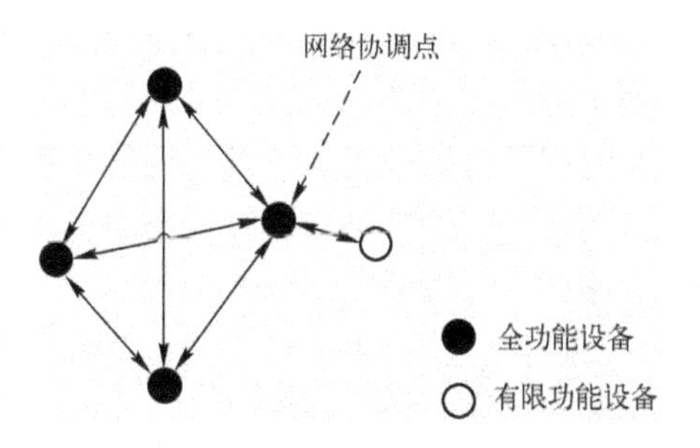

图 2-16　对等网络

在图 2-17 所示的簇树网络中，绝大多数设备是全功能设备 FFD，而 RFD 设备总是作为簇树的叶节点设备连接到网络中。任意一个 FFD 都可以充当协调点，为其他设备提供同步信息。在这些协调点中，只有一个可以充当整个网络的网络协调点。网络协调点可能和网络中其他设备一样，也可能拥有比其他设备更多的计算资源和能量资源。网络协调点首先将自己设为簇头（Cluster Header，CLH），并将簇标识符（Cluster Identifier，CID）设置为 0，同时为该簇选择一个未被使用的 PAN 网络标识符，形成网络中的第一个簇。

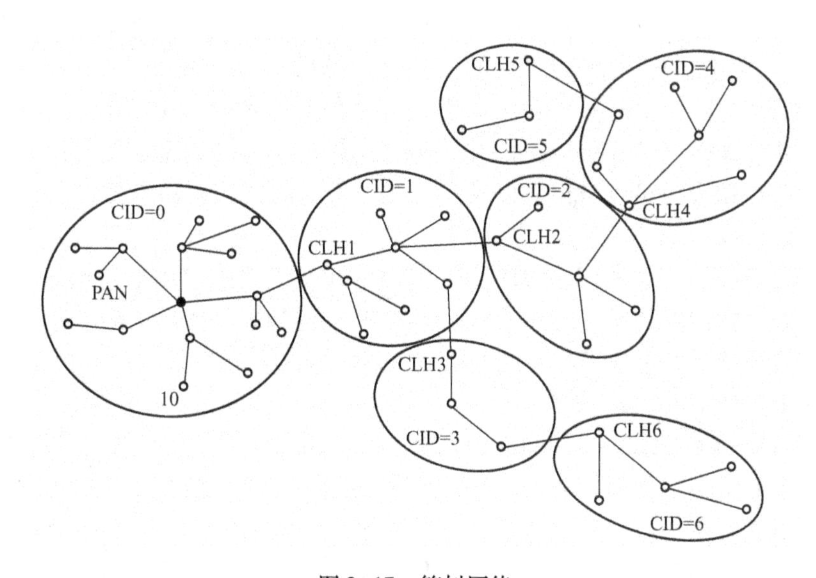

图 2-17　簇树网络

接着，网络协调点开始广播信标帧。邻近设备收到信标帧后，就可以申请加入该簇。由网络协调点决定设备可否成为簇成员。如果请求被允许，则该设备将作为簇的子设备加入网络协调点的邻居列表，新加入的设备会将簇头作为它的父设备加入到自己的邻居列表中，这样就形成了一个最简单的簇树。

网络协调点可以指定另一个设备成为邻接的新簇头，以此形成更多的簇。新簇头同样可以选择其他设备成为簇头，进一步扩大网络的覆盖范围。但是过多的簇头会增加簇间消息传递的延迟和通信开销。为了减少延迟和通信开销，簇头可以选择最远的通信设备作为相邻簇的簇头，这样可以最大限度地缩小不同簇间消息传递的跳数，达到减少延迟和开销的目的。

（2）IEEE 802.15.4 通信模式

IEEE 802.15.4 MAC 层的通信模式分为两种，信标使能模式和非信标使能模式。

在信标使能模式中，IEEE 802.15.4 设备使用超帧机制来进行同步传输。每个超帧都以网络协调点发出信标帧（Beacon）为始，在这个信标帧中包含了超帧将持续的时间以及对这段时间的时隙分配等信息。网络中普通设备接收到信标帧后，就可以根据其中的内容安排自己的任务，例如进入休眠状态直到这个超帧结束。

超帧将通信时间划分为不活跃和活跃两个部分。在不活跃期间，PAN 网络中的设备不会相互通信，从而可以进入休眠状态以节省能量。活跃期间又可以划分为3个阶段：信标帧发送时段、竞争访问时段（Contention Access Period，CAP）和非竞争访问时段（Contention Free Period，CFP）。超帧的活跃部分被划分为16个等长的时隙，每个时隙的长度、竞争访问时段包含的时隙数等参数，都由网络协调点设定，并通过超帧开始时发出的信标帧广播到整个网络。

在超帧的竞争访问时段，IEEE 802.15.4 网络设备使用带时隙的 CSMA/CA 访问机制，并且任何通信都必须在竞争访问时段结束前完成。带时隙的 CSMA/CA 机制是指，各个设备退避的起始时间以信标帧为标准，随机退避的时间是单个时隙时间的整数倍。在非竞争时段，协调点根据同步时隙（Guaranteed Time Slot，GTS）的情况，将非竞争时段划分成若干个 GTS。每个 GTS 由若干个时隙组成，时隙数目在设备申请 GTS 时指定。如果申请成功，申请设备就拥有了它指定的时隙数目。每个 GTS 中的时隙都分配给了时隙申请设备，因而不需要竞争信道。IEEE 802.15.4 标准要求任何通信都必须在自己分配的 GTS 内完成。竞争时段的功能包括网络设备可以自由收发数据，域内设备向协调者申请 GTS 时段，新设备加入当前 PAN 网络等。

在非信标使能模式中，MAC 使用传统的 CSMA/CA 机制进行访问控制。当设备要访问信道时，先等待一段随机长度的时间，然后检查信道的情况。如果信道空闲，就发送数据。如果信道忙，就再次等待一段随机长度的时间，然后再次检查信道。

2. IEEE 802.15.4 物理层技术

IEEE 802.15.4 物理层定义了物理无线信道和 MAC 子层之间的接口，提供物理层数据服务和物理层管理服务。物理层数据服务从无线物理信道上收发数据，物理层管理服务维护一个由物理层相关数据组成的数据库。物理层数据服务包括以下5方面的功能[13]：激活和关闭射频收发器、信道能量检测（Energy Detect）、检测接收数据包的链路质量标识符（Link Quality Indication，LQI）、空闲信道评估（Clear Channel Assessment，CCA）以及收发数据。

信道能量检测为网络层提供信道选择依据。它主要测量目标信道中接收信号的功率强度，由于这个检测本身不进行解码操作，所以检测结果是有效信号功率和噪声信号功率之和。链路质量标识符为网络层或应用层提供接收数据时无线信号的强度和质量信息，与信道能量检测不同的是，它要对信号进行解码，生成信噪比指标。这个信噪比指标和物理层数据单元一起提交给上层处理。

空闲信道用来评估判断信道是否空闲。IEEE 802.15.4 定义了3种空闲信道评估模式：第一种简单判断信道的信号能量，当信号能量低于某一门限值就认为信道空闲；第二种是通过判断无线信号的特征，这个特征主要包括两方面，即扩频信号特征和载波频率；第三种模式是前两种模式的综合，同时检测信号强度和信号特征，给出信道空闲判断。

物理帧第一个字段是4个字节的前导码，收发器在接收前导码期间，会根据前导码序列的特征完成片同步和符号同步。帧起始分隔符（Start of Frame Delimiter，SFD）字段长度为一个字节，其值固定为 0xA7，标识一个物理帧的开始。收发器接收完前导码后只能做到数据的位同步，通过搜索 SFD 字段的值 0xA7 才能同步到字节上。帧长度（Frame Length）由一个字节的低 7 位表示，其值就是物理帧负载的长度，因此物理帧负载的长度不会超过 127 B。物理帧的负载长度可变，称之为物理服务数据单元（PHY Service Data Unit，PSDU），一般用来承载 MAC 帧。

在物理层的载波调制方面，物理层定义了 3 个载波频段用于收发数据。在这 3 个频段上，发送数据使用的速率、信号处理过程以及调制方式等方面存在一些差异。3 个频段总共提供了 27 个信道（Channel）：868 MHz 频段 1 个信道，915 MHz 频段 10 个信道，2450 MHz 频段 16 个信道。

868 MHz 频段和 915 MHz 频段的数据处理过程为，首先使用二制数据差分编码处理物理层协议数据单元（PHY Protocol Data Unit，PPDU），然后将差分编码后的每一个位转换为长度为 15 的片序列（Chip Sequence），最后用 BPSK 的方式调制到信道上。2450 MHz 频段的处理过程为，首先将 PPDU 的二进制数据中每 4 位转换为一个符号（Symbol），然后将每个符号转换成长度为 32 的片序列，信号通过 O－QPSK 调制方式调制到载波上。

3. IEEE 802.15.4 MAC 层技术

IEEE 802.15.4 的 MAC 子层提供两种服务：MAC 层数据实体和 MAC 层管理实体。前者保证 MAC 协议数据单元在物理层数据服务中的正确收发，后者维护一个存储 MAC 子层协议状态相关信息的数据库。

MAC 子层主要功能包括下面 6 个方面。

- 协调点产生并发送信标帧，普通设备根据协调点的信标帧与协调点同步。
- 支持 PAN 网络的关联（Association）和取消关联（Disassociation）操作。
- 支持无线信道通信安全。
- 使用 CSMA/CA 机制访问信道。
- 支持 GTS 机制。
- 支持不同设备的 MAC 层间可靠传输。

其中，关联操作是指一个设备在加入一个特定网络时，向协调点注册以及身份认证的过程。WPAN 网络中的设备有可能从一个网络切换到另一个网络，这时就需要进行关联和取消关联操作。

（1）数据传输模式

IEEE 802.15.4 标准中数据传输分为 3 种模式：普通节点到协调点、协调点到普通节点以及对等节点间的数据传输。由于 IEEE 802.15.4 MAC 层的通信模式分为两种，信标使能模式和非信标使能模式。所以针对每种数据传输模式，分别介绍两种通信模式下的数据传输方式。

在普通节点到协调点模式下，对于信标使能模式，普通节点首先侦听网络信标，接收到信标帧后完成与协调点的同步，然后在超帧竞争期中采用时隙 CSMA/CA 机制将数据帧发给协调点，协调点成功接收到该帧后回复相应的应答。对于无信标使能模式，普通节点将采用非时隙 CSMA/CA 机制向协调点传输 MAC 帧，协调点成功接收到该帧后回复相应的应答。

在协调点到普通节点模式下，对于信标使能模式，如果协调点有数据要发给普通节点，将把预发的信息存储到相应的缓冲区中，在信标帧中指出有将要发给某节点的数据，并把该节点的地址封装到信标帧预发地址列表（Pending Address Field）中。普通节点周期性侦听网络信标，收到信标帧后，若发现信标帧的地址列表中有自身地址，则采用时隙 CSMA/CA 机制向协调点发送数据请求命令帧，协调点给予应答。此后，协调点可以紧随该应答帧将预传输的数据发给该普通节点，或者采用时隙 CSMA/CA 传输相应数据。普通节点成功接收到数据后也将回复应答帧，至此整个通信过程结束。对于非信标使能模式，普通节点将采用非时隙的 CSMA/CA 机制，以应用所定义的速率向协调点定期发出数据请求命令，协调点回复应答帧。

（2）MAC 层帧格式

MAC 层帧结构的设计目标是用最低复杂度实现在多噪声无线信道环境下的可靠数据传输。每个 MAC 子层的帧都由帧头（MHR）、负载（Payload）和帧尾（MFR）三部分组成。帧头由帧控制信息、帧序列号和地址信息组成。MAC 子层负载具有可变长度，具体内容由帧类型决定。帧尾是帧头和负载数据的 16 位 CRC 校验序列。

在 MAC 子层中设备地址有两种格式：16 位（2 B）的短地址和 64 位（8 B）的扩展地址。16 位短地址是设备与 PAN 网络协调点关联时，由协调点分配的网内局部地址；64 位扩展地址是全球唯一地址，在设备进入网络之前就分配好了。16 位短地址只能保证在 PAN 网络内部是唯一的，所以在使用 16 位短地址进行网间通信时需要结合 16 位的 PAN 网络标识符才有意义。

两种地址类型的地址信息的长度是不同的，从而导致 MAC 帧头的长度也是可变的。一个数据帧使用哪种地址类型由帧控制字段的内容指示。在帧结构中没有表示帧长度的字段，这是因为在物理层的帧里面有表示 MAC 帧长度的字段，MAC 负载长度可以通过物理层帧长和 MAC 帧头的长度计算出来。

IEEE 802.15.4 网络共定义了 4 种类型的帧：信标帧、数据帧、确认帧和 MAC 命令帧。信标帧的负载数据单元由 4 部分组成：超帧描述字段、GTS 分配字段、待转发数据目标地址字段和信标帧负载数据。信标帧中的超帧描述字段规定了这个超帧的持续时间、活跃部分持续时间以及竞争访问时段持续时间等信息。GTS 分配字段将无竞争时段划分为若干个 GTS，并把每个 GTS 具体分配给了某个设备。转发数据目标地址列出了与协调者保存的数据相对应的设备地址。

一个设备如果发现自己的地址出现在待转发数据目标地址字段里，则意味着协调点存有属于它的数据，所以它就会向协调点发出请求传送数据的 MAC 命令帧。信标帧中的负载数据为上层协议提供数据传输接口。例如，在使用安全机制时，负载域将根据被通信设备设定的安全通信协议填入相应的信息。通常情况下，这个字段可以被忽略。在非信标使能模式下，协调点在其他设备的请求下也会发送信标帧。此时信标帧的功能是辅助协调点向设备传输数据，整个帧中只有待转发数据目标地址字段有意义。

数据帧用来传输上层发到 MAC 子层的数据，它的负载字段包含了上层需要传送的数据。数据负载传送至 MAC 子层时，被称为 MAC 服务数据单元。它的首尾被分别附加了 MHR 头信息和 MFR 尾信息后，就构成了 MAC 帧。

MAC 命令帧用于组建 PAN 网络，传输同步数据等。目前定义好的命令帧主要完成三方面的功能：把设备关联到 PAN 网络，与协调点交换数据，分配 GTS。命令帧在格式上和其他类型的帧没有太多的区别，只是帧控制字段的帧类型位有所不同。帧头的帧控制字段的帧类型为011B（B表示二进制数据）表示这是一个命令帧。命令帧的具体功能由帧的负载数据表示。负载数据是一个变长结构，所有命令帧负载的第一个字节是命令类型字节，后面的数据针对不同的命令类型有不同的含义。

2.2.5　其他近距离无线通信技术

与其他无线协议，如IEEE 802.11等相比，IEEE 802.15在WPAN领域还无法占据统治地位。现阶段，在WPAN领域，众多的技术都在蓬勃发展，IEEE 802.15并不是唯一的或最优化的选择。下面介绍一些其他的近距离无线通信技术。

（1）UWB

UWB即超宽带（Ultra - Wideband），美国联邦通信委员会（FCC）将其定义为基带带宽对载波频率的比值大于0.25，或者带宽大于500 MHz的信号。在FCC制定的规范中，超宽带技术在短距离（小于10 m）和低发射功率（平均EIRP为 -41.2 dBm/MHz）时有高达几个Gbit/s的巨大容量潜力。它只需要非常小的电量就可以正常工作，可工作在3.1 ~ 10.6 GHz的频带内。

IEEE 802.15.3a工作组实际上就是致力于建立一个基于UWB的PHY层标准，有两种技术在理论上都具备高速率、短距离、低功耗且实现简单的UWB特性。一种是传统的脉冲发射（Impulse Radio）方案，它采用脉冲幅度调制（Pulse Amplitude Modulation）或脉冲位置调制（Pulse Position Modulation）方式，发送持续时间极短、频带极宽的基带脉冲信号，超宽带（UWB）这个名字正由此技术而来。另一种是MB - OFDM（Multibanded OFDM）技术，它将FCC划归给UWB的3.1 ~ 10.6 GHz频带分割成多个超过500 MHz的次频带，在每个次频带中应用OFDM调制方式。

MB - OFDM虽然与UWB技术的传统定义有所不同，但其每个次频带的频宽仍符合FCC对UWB的定义。同时，通过OFDM技术将频带划分成多个窄带，能够更精确地控制各个频带的发射功率，有利于与现有的窄带通信系统共存，满足FCC的功率门限要求。由于有些大公司已掌握OFDM技术，所以MB - OFDM技术得到了许多大公司的支持。然而，脉冲发射技术也仍然有它的支持者，因为更宽频带的信号具有更好的多径特性。最终采用MB - OFDM技术的WiMedia联盟实际上胜出。

（2）Bluetooth 2.0/2.1/Wibree

Bluetooth 2.0 + 增强的数据速率（Enhanced Data Rate，EDR）标准于2004年10月发布。Bluetooth 2.0与以前的蓝牙标准相比，主要的优点是：具有3倍数据传输速度，通过减少工作负载降低电能消耗，以更大频宽简化多连结模式，向下兼容过去所有的蓝牙规格，进一步降低误码率。Bluetooth 2.1 + EDR标准于2007年6月发布，其主要改进在于采用了低功耗技术和近距离无线通信（Near Field Communication，NFC）技术。

超低功耗蓝牙无线技术（Wibree）是一种低能耗无线局域网接入技术，能够方便、快捷地接入手机、无线计算机外围设备、娱乐设备和医疗设备等便携式设备。Wibree技术最初由诺基亚公司率先提出，并与Broadcom、CSR等一些其他的半导体厂商一起联合推动该项技术的发展。该项技术类似于蓝牙技术，但是能耗仅相当于蓝牙技术的一小部分。Wibree技术的信号能够在2.4 GHz无线电频率内以最高达到1 Mbit/s的速率传输，覆盖范围为5 ~

10 m。Wibree 技术可以很方便地和蓝牙技术一起部署到一块独立宿主芯片上或一块双模芯片上。

（3） IrDA

IrDA 是红外数据协会（Infrared Data Association）的缩写，该组织相继制定了很多红外通信协议，有侧重于传输速率方面的，有侧重于低功耗方面的，也有二者兼顾的。IrDA 也是以红外线为媒介的工业用无线传输标准。红外数据传输一般采用红外波段内的近红外线，波长在 0.75～25 μm。红外数据协会成立后，为保证不同厂商的红外产品能获得最佳的通信效果，限定所用红外波长在 850～900 nm。

IrD A1.0 协议基于异步收发器 UART，最高通信速率为 115.2 kbit/s，简称串行红外协议（Serial Infrared，SIR），采用 3/16ENDEC 编解码机制。IrDA 1.1 协议将通信速率提高到 4 Mbit/s，简称快速红外协议（Fast Infrared，FIR），采用 4 相位脉冲调制（Four－Position Pulse Modulation，4PPM）机制，同时在低速时保持 1.0 协议规定。之后，IrDA 又推出了最高通信速率在 16 Mbit/s 的协议，简称超高速红外协议（Very Fast Infrared，VFIR）。

IrDA 标准包括 3 个基本规范和协议：红外物理层连接规范（Infrared Physical Layer Link Specification，IrPHY），红外连接访问协议（Infrared Link Access Protocol，IrLAP）和红外连接管理协议（Infrared Link Management Protocol，IrLMP）。IrPHY 规范制定了红外通信硬件设计上的目标和要求；IrLAP 和 IrLMP 为两个软件层，负责对连接进行设置、管理和维护。在 IrLAP 和 IrLMP 基础上，针对一些特定的红外通信应用领域，IrDA 还陆续发布了一些更高级别的红外协议，如 TinyTP、IrOBEX、IrCOMM、IrLAN、IrTran－P 等。

（4） NFC

NFC 是 Near Field Communication 的缩写，即近距离无线通信技术。NFC 由飞利浦公司和索尼公司共同开发，是一种非接触式识别和互联技术，可以在移动设备、消费类电子产品、PC 和智能控制工具间进行近距离无线通信。NFC 提供了一种简单、触控式的解决方案，可以让消费者简单、直观地交换信息、访问内容与服务。

NFC 将非接触读卡器、非接触卡和点对点（Peer－to－Peer）功能整合进一块单芯片，是一个开放接口平台，可以对无线网络进行快速、主动设置，也可以用于连接蓝牙设备和无线 IEEE 802.11 设备。

2.3 IEEE 802 的其他标准

2.3.1 IEEE 802.16 标准及相关技术

随着通信业务和宽带业务的不断发展，用户对带宽的需求不断增加，各种宽带接入技术也迅速发展。在目前的各种宽带接入技术中，宽带无线接入技术凭借其系统建设速度快、运营成本低、扩展能力强、灵活性高等特点，已日益呈现出其重要性而受到广大运营商的青睐。其中，IEEE 802.11 无线局域网 WLAN 技术已经得到了广泛的应用。但是 WLAN 存在着一些不足，例如覆盖范围有限，难以很好地应用于室外环境，因此 IEEE 制定了 IEEE 802.16 无线城域网技术（Wireless Metropolitan Area Networks，WMAN）。

IEEE 802.16 又称为 IEEE 无线城域网空中接口标准，可以解决“最后一公里”宽带接入问题。它是针对 2 ~ 66 GHz 频段提出的一种空中接口标准，所规定的无线接入系统覆盖范围可达 50 km。

1. IEEE 802.16 协议簇

IEEE 802.16 主要协议见表 2-5。

表 2-5　IEEE 802.16 协议簇

类　别	IEEE 标准	说　明
空中接口	IEEE 802.16 - 2001	10 ~ 66 GHz 频段的固定宽带无线接入系统的空中接口的 PHY 和 MAC 层规范
	IEEE 802.16a	2 ~ 11 GHz 频段空中接口规范，对 PHY 层进行了补充，对 MAC 层进行了扩展和修改
	IEEE 802.16c	10 ~ 66 GHz 频段是对 IEEE 802.16 的修改和增补文件
	IEEE 802.16d	2 ~ 66 GHz 频段的固定宽带无线接入系统的空中接口的 PHY 层和 MAC 层详细规范，是对 IEEE 802.16 - 2001 和 IEEE 802.16a 的整合和修订
	IEEE 802.16e	2 ~ 6 GHz 频段修正标准，支持移动性
	IEEE 802.16f	固定宽带无线接入系统空中接口管理信息库
	IEEE 802.16g	固定和移动宽带无线接入系统空中接口管理流程和服务要求
	IEEE 802.16j	MRS 标准，工作在 PMP 模式下
	IEEE 802.16k	MAC 网桥
共存问题标准	IEEE 802.16.2	10 ~ 66 GHz 频段固定宽带无线接入系统共存的操作建议
	IEEE 802.16.2a	2 ~ 11 GHz 频段的系统共存问题
一致性标准	IEEE 802.16.1 第一部分	10 ~ 66 GHz Wireless MAN - SC 空中接口的一致性说明 PICS
	IEEE 802.16.1 第二部分	10 ~ 66 GHz Wireless MAN - SC 空中接口的测试集结构和测试目的 TSS&TP
	IEEE 802.16.1 第三部分	10 ~ 66 GHz Wireless MAN - SC 空中接口的无线电一致性测试 RCT

IEEE 802.16a 是对 IEEE 802.16 的扩展，该标准使用 2 ~ 11 GHz 的许可和免许可频段，增加了对无线 Mesh 网络的支持。IEEE 802.16c 致力于 IEEE 802.16 系统的不同厂家产品的兼容性标准。

IEEE 802.16d 和 IEEE 802.16e 是目前 IEEE 802.16 中分别为固定和移动而设计的两个主流标准。IEEE 802.16d 对使用 2 ~ 66 GHz 频段的固定宽带无线接入系统的 PHY 层和 MAC 层进行了详细规范。IEEE 802.16e 标准定义在 2 ~ 6 GHz 频段，可以支持 60 km/h 的车辆移动速度，预期提供 30 Mbit/s 的传输速率。IEEE 802.16e 可同时支持固定和移动的宽带无线接入系统，在 PHY 和 MAC 层增强了对移动业务的支持。这一标准是 IEEE 802.16 工作组的一个阶段性的里程碑。

除此之外，IEEE 802.16 工作组还研究制定了 IEEE 802.16f，该标准定义了 IEEE 802.16 固定宽带无线接入系统空中接口的管理信息库（MIB）。IEEE 802.16g 标准定义了固定和移动宽带无线接入系统空中接口的管理流程和服务要求。2007 年提出的 IEEE 802.16j 标准，是 WiMAX 的移动多跳中继标准，工作在点到多点模式下。此外，还有定义 MAC 网桥的 IEEE 802.16k 标准。

同时，IEEE 802.16 工作组也制定发布了解决不同宽带无线系统共存问题的标准和空中接口的实现一致性标准，包括 IEEE 802.16.1、IEEE 802.16.2 等。

2. IEEE 802.16 协议框架

IEEE 802.16 是宽带无线接入系统的空中接口的物理层和 MAC 层规范，其协议框架如图 2-18 所示，其中包括两个平面：数据/控制平面和管理平面。数据/控制平面定义了必要的传输机制和控制机制来保证数据的正确传输；管理平面中定义的管理实体分别与数据/控制平面的各协议层相对应。

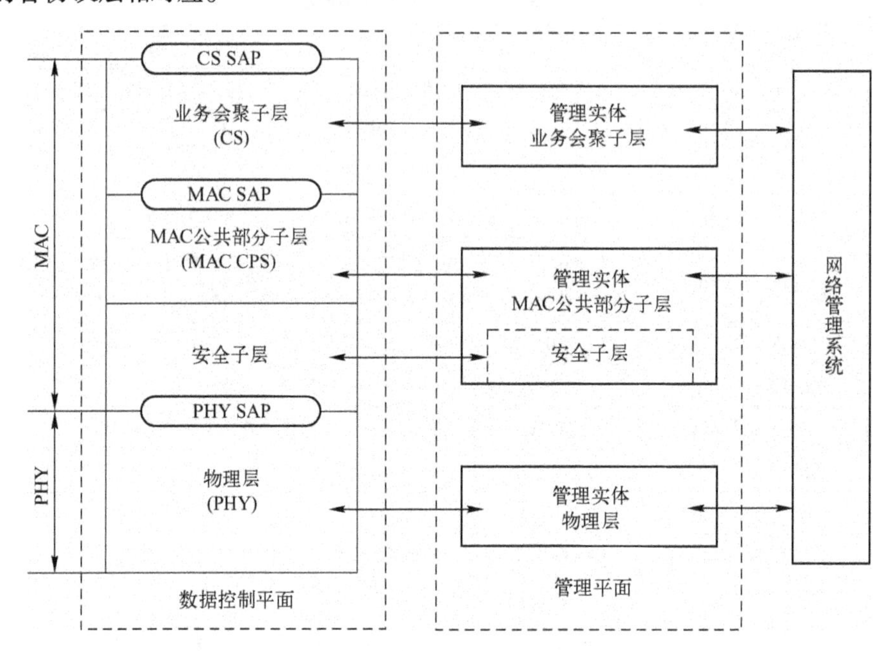

图 2-18 IEEE 802.16 协议框架

IEEE 802.16 支持两种网络拓扑结构：点到多点 PMP 网络和 Mesh 网络，如图 2-19 所示。网络中包含的实体有：基站（Base Station，BS）和用户站（Subscriber Station，SS）。

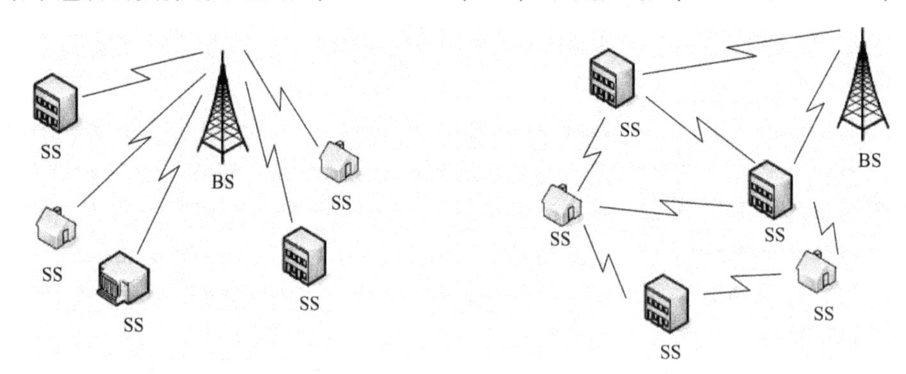

图 2-19 IEEE 802.16 支持的网络拓扑

PMP 网络由一个中央 BS 和一组 SS 组成，即一个 BS 同时为多个 SS 提供服务。从 BS 到 SS 的链路称为下行链路，SS 到 BS 的链路称为上行链路，数据仅在 BS 和 SS 之间传递。BS 可以配置全向天线也可以配置扇区天线，使用扇区天线时，每个扇区相互独立。位于同一扇区内的所有 SS 可以同时接收到 BS 发出的信号，这样可以扩大系统的容量，降低成本。

Mesh 网络是多点到多点的无线多跳网络，不仅可以在 BS 和 SS 之间传输数据，两个 SS

之间也能直接或经过多跳的方式传输数据，还能够通过被称为 Mesh BS 的节点接入骨干网。与 PMP 网络相比，在 Mesh 网络中有几个新增的概念：邻居（Neighbor）、邻域（Neighborhood）和扩展邻域（Extended Neighborhood）。能够直接通信的 Mesh SS 互称为邻居，邻居间的距离仅为一跳。一个 Mesh SS 的所有邻居形成邻域，而所有邻居的邻域形成了扩展邻域。

Mesh 网络中没有明确的、独立的上行和下行链路，都是相对 Mesh SS 的父节点而定义的。Mesh SS 的父节点是其邻域中可以到达 Mesh BS 的跳数最少的 Mesh SS[14]。如果某个 Mesh SS 可以与 Mesh BS 直接连接，则 Mesh BS 就是其父节点。定义 Mesh SS 到其父节点为下行链路，则反方向就定义为上行链路。这与 PMP 网络中的定义既有相同点，又有不同点。

2.3.2　IEEE 802.20 标准及相关技术

IEEE 802.11 系列标准能够支持较高的传输速率，但是其对切换、鉴权、QoS（Quality of Service）、覆盖范围等的支持不尽如人意。IEEE 802.15 实现了数据业务的高速传输，但是覆盖范围较小。而 IEEE 802.16 虽然能支持一定速率和大覆盖范围，但其主要支持的是固定无线接入或慢速移动接入，对于用户的移动性支持不是特别理想，因而使其应用范围受到了一定限制。

为了满足高移动性和高速的无线接入要求，需要一种在尽量保证 Wi - Fi 连接速度的同时，覆盖范围与移动电话相当的无线网络。IEEE 802.20 标准应运而生，它是专门研究移动宽带无线接入（Mobile Broadband Wireless Access，MBWA）空中接口的物理层和 MAC 层的标准。该标准支持在 3 GHz 频带的高度可靠的高速无线数据传输，并有望为以 250 km/h 速度移动的用户提供高达 1 Mbit/s 的数据传输速率，这将允许高速列车上的用户使用视频会议等对带宽、延迟敏感的应用。

IEEE 802.20 标准作为 IEEE 802 系列标准中的一员，其参考模型、分层方法及业务接入点（Service Access Point，SAP）的定义与其他标准相同。IEEE 802.20 秉承了 IEEE 802 协议簇的纯 IP 架构。在 IEEE 802 参考模型的数据控制平面中，包括了物理层（PHY）和媒体接入控制层（MAC）两个主要功能层。

2.3.3　IEEE 802.22 标准及相关技术

随着无线移动互联网的迅速发展，人们对无线通信业务需求的增加，无线频谱资源日益紧缺。通常来说，3 GHz 以下的无线频段具有传输损耗小、频率选择性衰落小、发射机设计功率大等优点，适合远距离、大区域环境下的无线信号传输，成为大家争夺的对象。

为了解决无线频段紧张的问题，近年来提出了许多无线通信技术，如链路自适应、正交频分复用（OFDM）以及多输入多输出（MIMO）技术等。虽然这些技术在一定程度上提高频谱利用率，但是仍然远远不能满足人们的通信需求。为了进一步解决频谱资源不足的问题，实现频谱动态管理及提高频谱利用率，学术界提出了认知无线电技术以及基于认知无线电技术的 IEEE 802.22 标准草案，该标准利用空闲的电视频段提供宽带无线接入。

1. IEEE 802.22 的基本概念

1999 年 Joseph Mitola 博士首次提出认知无线电（Cognitive Ratio，CR）的概念，并且较为系统地阐述了认知无线电技术的基本原理[15,16]。2003 年美国联邦通信委员会（FCC）和 Simon Haykin 教授分别给出了两个具有代表性的认知无线电定义。美国联邦通信委员会认为[17]，认知无线电从狭义上讲是指能够通过与工作环境交互而改变发射机参数的无线电。Simon Haykin 教授认为[18]，认知无线电是一个智能无线通信系统，其能够感知外界环境，并使用人工智能技术从外界环境中学习，通过实时改变某些操作参数（比如传输功率、载波频率和调制技术等），使其内部状态适应接收到的无线信号的统计性变化，以达到提高通信可靠性和有效利用频谱资源的目的。

认知无线电技术能够监测到无线电环境中已存在的用户，同时监控频谱资源的使用情况，并能动态地调整各无线电用户的传输功率、载波频率和调制技术等传输参数，从而提高频谱资源的利用率。

基于认知无线电技术的 IEEE 802.22 标准工作在 54～862 MHz VHF/UHF（扩展频率范围 47～910 MHz）频段中的电视信道上，它可自动检测空闲的频段资源并加以使用，因此可与电视、无线麦克风等已有设备共存。对于低人口密度的区域以及乡村区域而言，无需单独架设网络服务设备，就可以借助电视网等已有网络实现通信。因此，该标准可向低人口密度地区提供类似于城区所得到的宽带服务，适合于无线区域网络（Wireless Regional Area Network，WRAN）。

由于采用具有较低频率的电视频段作为传输介质，IEEE 802.22 标准的基站覆盖范围比其他 IEEE 802 系列标准大得多。表 2-6 给出了 IEEE 802.22 标准与其他标准之间的区别[19]。

表 2-6 IEEE 802.22 WRAN 与其他标准的比较

协议	适用的网络	覆盖范围	速率
IEEE 802.22	WRAN	<100 km	18～24 Mbit/s
IEEE 802.20，GSM，GPRS，CDMA	WAN	<15 km	10～24 Mbit/s
IEEE 802.16 a/d/e	MAN	<5 km	70 Mbit/s
IEEE 802.11 a/b/e/g	LAN	<150 m	11－54 Mbit/s
IEEE 802.11n	LAN	<150 m	>100 Mbit/s
IEEE 802.15.1（蓝牙）	PAN	<10 m	1 Mbit/s
IEEE 802.15.3a（超宽带）	PAN	<10 m	>20 Mbit/s
IEEE 802.15.4（ZigBee）	PAN	<10 m	<250 kbps

2. IEEE 802.22 协议框架

Berkeley 大学提出的一种认知无线电网络层次结构如图 2-20 所示[20]。其中，认知无线电能感知周围无线环境，通过对环境的理解、主动学习等，以实现在特定的无线操作参数上（如功率、载波调制和编码等方案），实时改变和调整内部状态，从而适应外部无线环境的变化，达到通信系统性能最优化的目的。认知无线电具有在不影响其他授权用户的前提下智能地利用大量空闲频谱并且随时随地提高可靠性的通信潜能。信号处理、人工智能、软件无线电、频率捷变、功率控制等技术的迅猛发展，为认知无线电实现上述特殊功能提供了重要先决条件。

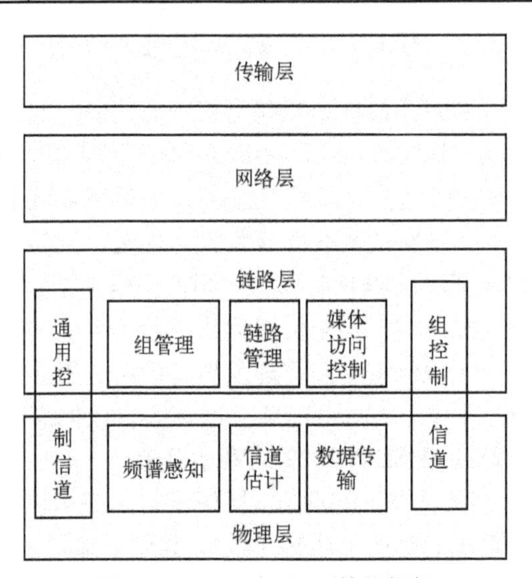

图 2-20 IEEE 802.22 协议框架

在该协议框架中，物理层的频谱感知和数据传输模块需要感知可用的工作信道，并且在此基础上进行数据传输。由于这两项技术是 IEEE 802.22 标准最为独特的技术，下面介绍这两项技术。

3. 频谱感知技术

IEEE 802.22 标准在数据传输之前的一段期间内进行工作信道的感知[21]。也就是说，基站和用户都不发送数据，仅感知该特定区域内授权用户的信号，从而为频分复用打下基础。常用的信号检测方法包括周期图法、循环平稳检测法、特征值分解检测法等。周期图法根据傅里叶变换获得信号的功率谱密度进行感知，循环平稳检测法利用调制信号的相关函数的周期性进行感知，特征值分解检测法根据特征值将接收信号分解为信号和噪声的估计量，以获得信号的频率。

IEEE 802.22 标准规定了信道检测时间和授权用户感知门限。信道检测时间是指，用于检测当前电视信道内是否存在授权用户感知门限的最大时间，通常为 500 ms ~ 2 s。基站和用户终端设备利用全向天线在每个方向感知授权用户的传输，如果探测到的授权信号高于预先假定的门限，基站将空出信道，以避免对授权用户的干扰。对于 6 MHz 的电视服务而言，授权用户感知门限是 - 116 dBm。当存在多个用户终端的时候，可以相互联合进行感知，这就是联合感知技术。

IEEE 802.22 标准规定了信道感知的机制，即两段式感知机制：快速感知阶段和精确感知阶段。在快速感知阶段，采用单一的信号检测方法（如周期图法、循环平稳检测法等），迅速感知授权用户的存在。在精确感知阶段，进一步获取快速感知阶段获得的授权用户的详细信息。

4. 数据传输技术

为了利用认知无线电技术实现频谱的复用，在 IEEE 802.22 标准草案中，上行和下行均采用正交频分多址（OFDMA）技术。为了提高吞吐量，IEEE 802.22 标准草案中，基站根据空闲信道的分布以及衰落情况等，动态分配子载波的位置和个数。IEEE 802.22 标准的正交频分多址采用自适应的编码技术和调制技术，根据信道的实际情况动态地调整带宽和编码方式等。

2.4　移动通信技术

2.4.1　3G 技术

3G 即第三代移动通信系统（IMT - 2000），是高速移动数据网络通信领域的行业术语。3G 是相对于第一代（1G）和第二代（2G）通信技术而言的。

以传输模拟信号为基础的 1G 移动网现已淘汰。2G 的主流技术 GSM（Global System for Mobile Communication）数据速率为 9.6 kbit/s，核心为数字语音传输技术。2.5G 是 2G 和 3G 之间的过渡类型，代表技术为 GPRS（General Packet Radio Service）。GPRS 是一种基于 GSM 系统的无线分组交换技术，理论最高数据速率为 171.2 kbit/s，它比 2G 在速度和带宽上都有所提高，并且可以使用现有的 GSM 网络实现高速接入。

3G 面向高速、大宽带数据传输，国际电信联盟（ITU）称其为 IMT - 2000（International

Mobile Telecommunication)，最高可以提供2 Mbit/s的数据传输速率。目前，3G的主流技术为CDMA，包括四大主流标准：欧盟和日本提出的WCDMA、美国提出的CDMA2000、中国提出的TD-SCDMA和以IEEE 802.16为基础的WiMax技术。与前两代相比，3G的最主要特征是可提供移动多媒体业务，不仅可以传送语音业务，还可以根据需要传送视频数据。因此无线网络必须对多种数据速率提供灵活的支持。

如果说在传统语音业务的基础上，短信、彩信、彩铃等增值业务主宰了2G的手机时代，那么，3G数据传输速率为2G的200倍，语音业务成本仅为2G的50%，因此，在3G环境下，手机游戏已迅速发展，而手机搜索将会成为无线移动互联网的重要应用。与IEEE 802.11等技术不同，3G不仅能提供一定速率的数据通信，更重要的是提供良好的语音业务。

3G标准分为核心网和空中接口两大部分。核心网主要有基于MAP演进的核心网和基于IS-41演进的核心网两种[22]。对于空中接口标准，2000年5月5日在土耳其举行的国际电信联盟全会上通过了包括中国提案在内的5种无线传输技术的规范，其中有3种基于CDMA技术——IMT-2000 CDMA DS（WCDMA）、IMT-2000 CDMA MC（CDMA2000 DS）、IMT-2000 CDMA TDD（TD-SCDMA、UTRA TDD），有2种基于TDMA技术——IMT-2000 TDMA SC（UWC-136）、IMT-2000 FDMA/TDMA（DECT）。

2.4.2 4G及5G技术发展

4G是指第四代无线蜂窝电话通信协议，是集3G与WLAN于一体并能够传输高质量视频图像以及图像传输质量与高清晰度电视不相上下的技术产品。4G系统能够以100 Mbit/s的速度下载，比拨号上网快2000倍，上传的速度也能达到20 Mbit/s。5G，即第五代移动通信技术，国际电联将5G应用场景划分为移动互联网和物联网两大类。

2013年12月，工信部在其官网上宣布向中国移动、中国电信、中国联通颁发“LTE/第四代数字蜂窝移动通信业务（TD-LTE）”经营许可，也就是4G牌照。至此，移动互联网的网速达到了一个全新的高度。如今4G信号覆盖已非常广泛，支持TD-LTE、FDD-LTE的手机、平板产品越来越多，并成为标配，支持通话、网络功能的Android、iOS系统平板也非常常见。我国2013年2月成立IMT-2020（5G）推进组，下设需求研究组，开展面向5G的需求研究。

5G移动通信技术，作为最新一代的移动通信技术，其应用必将大大提高频谱利用效率及其能效，在资源利用和传输速度、效率、系统安全、传输时延、用户体验以及无线覆盖等性能等各个方面得到显著提升。5G移动通信技术结合其他无线通信技术后，将构成新一代高效的移动信息网络。5G移动通信系统一定程度上还具有较大的灵活性，实现自我调整、网络自感知等智能化功能。

5G移动通信技术的发展，在移动通信技术领域掀起了新一轮的竞争热潮，加快5G技术的研发应用，力求在5G通信领域的商业竞争中脱颖而出，已成为各国信息领域发展的重要任务。5G移动通信技术，必将会得到空前的发展，并给社会的进步带来前所未有的推动力。

2.5　本章小结

随着各种便携式消费电子产品如手机、笔记本电脑的普及，用户迫切地要求移动通信设备能够无线接入互联网。本章着重介绍了典型的无线接入技术，包括 IEEE 802.11 标准、IEEE 802.15 标准、IEEE 802 其他标准以及移动无线技术等。

目前，无线局域网已经得到了普遍的应用，在这个领域中 802.11 占了统治地位。IEEE 802.11 标准的基本规范定义了 3 种基本物理层技术：一个红外线技术和两个扩频技术，IEEE 802.11 协议簇的其他标准还规定了高速直接序列扩频物理层、正交频分复用物理层、增强速率物理层、MIMO 物理层等。新兴的 IEEE 802.11n 标准采用 MIMO 物理层，最少具有 100 Mbit/s 的速率，可以为无线移动局域网提供速度保证，具有良好的应用前景。IEEE 802.11 标准中的基本 MAC 层技术是 CSMA/CA，其存在的站点隐藏和站点暴露的问题值得深入研究。

无线个域网技术的发展十分迅猛，该技术可以用无线的方式将短距离的无线设备加以连接。与无线城域网 IEEE 802.16 协议、无线局域网 IEEE 802.11 协议和局域网 IEEE 802.3 协议占据主流地位不同。IEEE 802.15 协议簇在无线个域网的主流协议的竞争中，并不具有绝对优势。在个人近距数据传输领域，蓝牙已经取得了先发优势。现在人们也在逐渐将 IEEE 802.11 协议的应用范围逐渐向个域网扩展。IEEE 802.15 仅仅依靠 IEEE 802.15.4 在低功耗的无线传感器领域占据优势。IEEE 802.15 工作组现在的主要工作方向是进一步完善 IEEE 802.15.4 以及 IEEE 802.15.3 协议，并且着力拓展身体域局域网以及 Mesh 个域网的标准化这两个新兴的应用领域。随着 IEEE 802.15 工作组以及产业界的共同努力，IEEE 802.15 协议将还有很大发展空间。

无线城域网也正在兴起，IEEE 802.16 关注无线城域网使用的宽带接入问题。IEEE 802.16 将标准的 MAC 层划分为 3 个子层：业务汇聚子层、MAC 公共部分子层和安全子层。其中，业务汇聚子层实现与高层实体接口的功能，公共部分子层完成 MAC 层核心功能，安全子层提供认证、安全密钥交换和加密功能。

IEEE 802.20 标准的覆盖范围同现在的移动电话系统一样，而传输速度却达到了早期 Wi - Fi 水平，与现在的移动通信网络相比具有明显的优势，具有良好的应用前景。IEEE 802.20 规范制定小组主席 Mard Klerer 指出：在未来的发展中，IEEE 802.20 标准在频谱利用率方面将是现今无线通信系统的两倍，并能提供更高的 QoS 保障，以此实现更低的延时，带来高速数据应用。到目前为止，IEEE 802. 20 标准还只是一个概念，实现商用有很长的路要走。IEEE 802.20 符合 3G 核心的发展策略，以其经济灵活实用等技术特点，对 5G 通信时代的早日到来起催化作用。

为了实现频谱动态管理及提高频谱利用率，IEEE 802.22 采用了认知无线电技术，通过频谱感知的方式动态管理频谱。频谱感知技术还需要进一步深入研究。

移动通信技术发展至今已经经历了 4 代。第一代移动通信技术（1G）仅实现通话的基本功能；第二代移动通信技术（2G）实现了数据传输服务；第三代移动通信技术（3G）诞生于 21 世纪初期，凭借较高的传输速度使得移动网成为现实。第四代移动通信技术诞生于 2010 年，4G 网络技术带来了高质量视频及图片传输能力。第五代移动通信技术（5G）是

4G 通信技术的延伸，不仅能够实现高速下载，还能解决机器海量无线通信需求，极大促进物联网、工业互联网等领域的发展。

习题

1. 1980 年 2 月，电气和电子工程师协会（IEEE）成立 802 委员会，该委员会制定了很多介质接入的控制标准，包括很多无线接入标准。请问 IEEE 802 委员会制定了哪些无线接入相关的技术标准?

2. 目前国际上无线局域网（Wireless Local Area Network，WLAN）有三大标准簇：IEEE 802. 11、欧洲电信标准协会（ETSI）的高性能局域网 HiperLAN 和日本无线工业及商贸联合会（ARIB）的移动多媒体接入通信 NMAC，其中 IEEE 802. 11 系列标准是无线局域网的主流标准。请介绍 IEEE 802. 11 标准簇中的主要标准。

3. 在采用 IEEE 802. 11 标准的无线局域网中，采用的是载波监听多路访问/冲突避免（CSMA/CA）来控制对传输媒介的访问。请介绍该机制的基本原理，并与 CSMA/CD 机制进行对比。

4. IEEE 802. 15. 3 协议组成的网络一般称为微微网，通信范围一般在 10 m 左右。微微网由一系列的元素组成，这些元素被称为设备 DEV。请介绍微微网的网络协调机制，DEV 的接入、脱离与工作模式，以及微微网的结束机制。

5. IEEE 802. 15. 3 MAC 层帧结构为高速个人局域网而设计，802. 15. 3 协议在 MAC 层定义了 4 种帧，每一个帧由帧头和帧体两部分组成。请结合图 2-13 介绍这 4 种帧的基本含义，以及帧的基本结构。

6. IEEE 802. 15. 4/ZigBee 物理层和数据链路层基于 IEEE 802. 15. 4 标准协议；网络层和应用层则是基于 ZigBee 协议。其拓扑结构包括星形连接、对等结构连接和簇树状拓扑 3 种，请介绍这 3 种拓扑结构的基本含义。

7. 蓝牙标准正在迅速发展。蓝牙 2. 0 与以前的蓝牙标准相比，主要的特点是：具有 3 倍数据传输速度，通过减少工作负载循环降低电源消耗，以更大频宽简化多连结模式，向下兼容过去所有的蓝牙规格，进一步降低误码率。请从互联网上查找蓝牙标准的演进的相关资料，以及 Bluetooth 2. 1 + EDR 标准最新研究进展的相关资料。

8. 随着通信业务和宽带业务的不断发展，用户对带宽的需求不断增加，各种宽带接入技术也迅速发展。在这种背景下，IEEE 制定了无线城域网技术的标准 IEEE 802. 16。请从互联网上查找 IEEE 802. 16 标准演进的相关资料，并且简要介绍 IEEE 802. 16 标准的演进。

9. IEEE 802. 16 是宽带无线接入系统的空中接口的物理层和 MAC 层规范，IEEE 802. 16 工作组的出现大大地推动了宽带无线接入技术在全球的发展，形成了较为庞大的 IEEE 802. 16 协议簇。请介绍 IEEE 802. 16 协议簇的基本内容，以及 IEEE 802. 16 协议框架。

10. IEEE 802. 16 定义了 5 种工作在不同频段，采用不同调制、编码技术的物理层：WirelessMAN - SC、WirelessMAN - SCa、WirelessMAN - OFDM、WirelessMAN - OFDMA 和 WirelessMANHUMAN。请简要介绍这 5 种物理层技术的基本原理。

11. IEEE 802. 20 标准支持在 3 GHz 频带可靠地进行高速无线数据传输，该标准还有望为以 250 km/h 速度移动的用户提供高达 1 Mbit/s 的高带宽数据传输，这将允许高速列车上的用户使用视频会议等对时间敏感的应用。请从互联网上查找 IEEE 802.20 标准演进的相关资料，并且简要介绍 IEEE 802.20 标准的演进。

12. IEEE 802.20 秉承了 IEEE 802 协议族的纯 IP 架构，在 IEEE 802 参考模型的数据控制平面中，包括了物理层 PHY 和媒体接入控制层 MAC 两个主要功能层。请简要介绍 IEEE 802.20 标准的纯 IP 架构、物理层机制和 MAC 层机制。

13. IEEE 802. 20 标准采用作为 4G 关键技术的正交频分复用 OFDM 技术，实现其高速的移动数据服务。OFDM 技术将信道分成许多正交子信道，在每个子信道上进行窄带调制和传输，这样减少了子信道之间的相互干扰，同时又提高了频谱利用率。典型的 OFDM 技术有 Flarion 公司开发的 Flash - OFDM 技术。请介绍 Flash - OFDM 技术的基本机制。

14. 通过建模仿真分析能够知道 PHY 层和 MAC 层可以满足应用要求的备选技术。IEEE 802.20 工作组提出了一系列的模型，包括链路级建模、系统级建模和信道建模。请介绍 IEEE 802.20 工作组的典型模型以及度量标准。

15. 为了进一步解决频谱资源不足的问题，实现频谱动态管理及提高频谱利用率，学术界提出了认知无线电技术以及基于认知无线电技术的 IEEE 802.22 标准草案。请从互联网上查找 IEEE 802.22 标准演进的相关资料，并且简要介绍 IEEE 802.22 标准的演进。

16. 认知无线电技术是 IEEE 802.22 的关键性技术，该技术能够监测到无线电环境中已存在的用户，同时监控频谱资源的使用情况，并能动态地调整各无线电用户的传输功率、载波频率和调制技术等传输参数，从而提高频谱资源的利用率。请介绍认知无线电技术的概念。

17. IEEE 802.22 标准在数据传输之前的一段期间内进行工作信道的感知。也就是说，基站和用户都不发送数据，感知该特定区域内授权用户的信号，从而为频分复用打下基础。请介绍 IEEE 802.22 标准的频谱感知技术。

18. 无线通信技术经历了以下阶段：以模拟移动网为代表的第一代通信技术，以 GSM 为代表、核心为数字语音传输技术的第二代通信技术，以 GPRS 为代表的第 2.5 代通信技术以及以 CDMA 为代表的第三代通信技术。请从互联网上查找 3G 演进的相关资料，并且简要介绍 3G 的演进。

19. 2000 年 5 月 5 日，国际电信联盟全会上通过了 5 种无线传输技术的规范，其中包括 WCDMA、CDMA - 2000 和 TD - SCDMA。请从互联网上查找 WCDMA、CDMA - 2000 和 TD - SCDMA 的相关资料，阐述 3 种技术的基本运行机制并加以比较。

参考文献

[1] 崔鸿雁,蔡云龙,刘宝玲. 宽带无线通信技术[M]. 北京:人民邮电出版社,2007.

[2] 王顺满,陶然,陈朔鹰,等. 无线局域网络技术与安全[M]. 北京:机械工业出版社,2005.

[3] 吴功宜. 计算机网络高级教程[M]. 北京:清华大学出版社,2007.

[4] Matthew S Gast. IEEE 802.11 Wireless NetWorks: The Definitive Guide[M]. 2nd ed. O'Reily Media, Inc, 2005.

[5] Hsiao - Hua Chen, Mohsen Gui zani. 下一代无线系统与网络[M]. 张兴,等译. 北京:机

械工业出版社,2008.

[6] 张勇,郭达．无线网状网原理与技术[M]．北京:电子工业出版社,2007.

[7] Miller B A, Bisdikian C. Bluetooth Revealed[M]. Upper Saddle River,N J:Prentice – Hall PTR, 2001.

[8] Andrew S Tanenbaum. 计算机网络(第4版)[M]．潘爱民,译．北京:清华大学出版社,2004.

[9] IEEE Standard for Part 15.2: Coexistence of Wireless Personal Area Networks with Other Wireless Devices Operating in Unlicensed Frequency Bands[S],2003.

[10] IEEE Standard for part 802.15.4: Wireless Medium Access Control(MAC) and Physical Layer(PHY) specifications for low Rate Wireless Personal Area Networks(LR – WPAN)[S],2003.

[11] IEEE Standard for part 802.15.4: Wireless Medium Access Control(MAC) and Physical Layer(PHY) specifications for Low Rate Wireless Personal Area Networks(LR – WPAN)[S],2006.

[12] IEEE 802.15.4 网络拓扑结构及形成[EB/OL]. http://www.armsky.net/articles/zigbee/96208.html.

[13] 吴慧敏,成谦,张毅．基于802.15.4/ZigBee无线传感器网络节点的物理层设计[J]．电子产品世界,2006,15:124 – 126.

[14] 彭木根,王文博,等．下一代宽带无线通信系统OFDM&WiMAX[M]．北京:机械工业出版社,2007.

[15] Mitola Ⅲ J, Maguire G Q. Congnitive Radio: Making Software Radios More Personal[J]. IEEE personal Communications, 1996,6(4):13–18.

[16] Mitola Ⅲ J. Cognitive Radio: An Integrated Agent Architecture for Software Defined Radios[M]. Sweden: Royal Institute Technology (KTH), 2000.

[17] FCC. Future notice of proposed rule making and order[EB/OL]. https://apps.fcc.gov/edocs_public/attachmatch/FCC – 01 – 158A1.pdf.

[18] 许成谦,李刚,练秋生．2007年通信理论与信号处理学术年会论文集[M]．北京:电子工业出版社,2007.

[19] Carlos Cordeiro, Kiran Challapali, Dagnachew Birru, Sai Shankar N. IEEE 802.22: The First Worldwide Wireless Standard based on Cognitive Radios[J]. IEEE Communications Magzine, 2005:328 – 337.

[20] 田峰,程世伦,杨震．无线区域网和认知无线电技术[EB/OL]. http://www.cww.net.cn/article/article.asp? id=59874&bid=2799.

[21] IEEE P802.22/D0.1Draft Standard for Wireless Regional Area Networks Part 22: Cognitive Wireless RAN Medium Access Control (MAC) and Physical Layer (PHY) specifications: Policies and procedures for operation in the TV Bands[EB/OL]. http://www.IEEE802.org/22.

[22] 张智江,朱士钧,等．3G核心网技术[M]．北京:国防工业出版社,2006.

第3章　移动自组织网络

20世纪80年代，美国国防部国防高级研究计划署研制了分组无线网络（Packet Radio Network，PRNET），该网络利用ALOHA和CSMA技术进行链路控制，采用距离向量路由算法[1]。20世纪90年代早期，随着带有无线网卡的计算机以及各种便携式通信设备的广泛使用，学者在PRNET的基础上，提出了移动自组织网络[2]。20世纪90年代末期，移动自组织网络的相关技术日臻成熟，微电子和传感器技术也得到快速发展，学者将移动自组织网络技术与传感器技术结合起来，提出无线传感器网络[3]。21世纪初，为了进一步提高无线移动互联网的性能，学者结合移动自组织网络的高速无线通信技术与互联网的固定拓扑结构，提出了无线Mesh网络[4]。三种无线移动互联网技术的演进关系如图3-1所示。

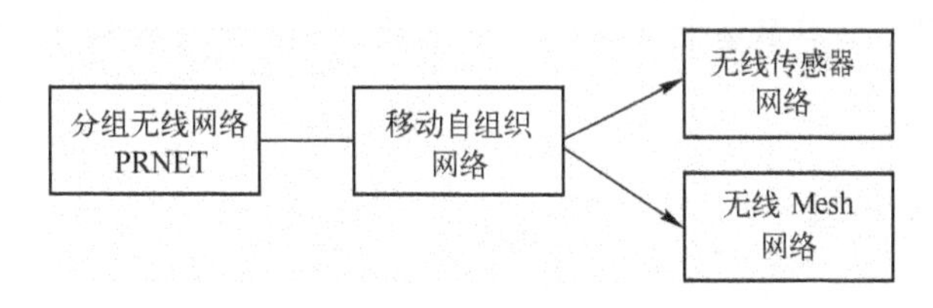

图3-1　无线移动互联网的演进

本章主要介绍移动自组织网络及其相关技术，其中3.1节概述了移动自组织网络的基本概念、特点、体系结构以及相关标准等；3.2节介绍了移动自组织网络的MAC协议及相关技术；3.3节介绍了移动自组织网络的路由协议及相关技术，在阐述基本路由机制与分类后，分别介绍了表驱动、按需驱动和混合路由协议，然后深入分析了主要的路由选择算法；3.4节介绍无线Mesh网络；3.5节是本章总结。

3.1　移动自组织网络概述

随着移动通信技术的迅猛发展，移动自组织网络作为一种重要的无线网络形式应运而生。由于具有无需基础设施支持、高度动态、支持移动通信等优点，移动自组织网络在军事、移动会议、灾难援助、智能办公环境等领域具有广泛的应用[5]。本节将介绍移动自组织网络的基本概念、特点、体系结构和关键技术。

3.1.1　移动自组织网络的基本概念

移动自组织网络（Mobile Ad Hoc Network，MANET），是不依赖于任何固定基础设施的移动节点的联合体，是一种自组织、无线、多跳、对等式、动态的移动网络。一个移动自组织网络由一组移动节点组成，不需要借助基站等已建立好的基础设施进行集中控制。各个移动节点处于移动状态，通过无线传输技术与距离为一跳的邻居节点直接进行数据通信，再由该邻居节点决定如何将数据传送到下一跳，直至目的节点。在移动自组织网络中，每个移动节点在作为主机收发上层应用业务数据的同时，也作为路由器为其他主机进行数据转发。

在移动自组织网络中，每个移动节点需要同时拥有通信装置和计算装置，能够参与移动自组织网络的信息传输和计算，如带有无线网卡的计算机、手机、PDA等。在移动自组织网络的数据传送中，源节点是指数据传送的起始节点，也就是所要传送的数据包得以形成的节点。目的节点是数据传送的结束节点，通常也就是数据传送的最终目标。中间节点是位于源节点和目的节点之间并且参与数据传送的节点。

移动节点通过相互通信，联合构成移动自组织网络，如图3-2所示，其中a图为实际网络，b图为根据每个节点的无线信号覆盖范围而构成的逻辑拓扑图。该网络没有任何用于集中控制的固定基础设施，并且这些移动节点的位置动态变化。这些移动节点与一跳邻居节点进行数据通信，如图3-2所示中，标号为H的PDA与手机F、相邻的带有无线网卡的计算机E的距离为一跳，因此移动节点H与这两个一跳邻居节点进行数据通信。由于节点能量和无线信号覆盖范围有限，移动节点很难与距离太远的节点进行数据通信。例如，该图中的标号为H的PDA难以与手机B进行直接通信，只能通过节点F进行多跳通信。在这次通信中，节点H是源节点，节点B是目的节点，而节点F则相当于路径上的路由器为H和B进行数据转发。

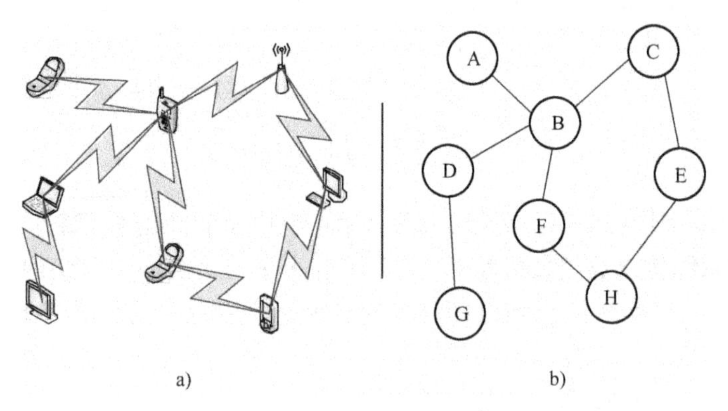

图3-2 移动自组织网络结构示例

a）物理结构 b）拓扑结构

3.1.2 移动自组织网络的特点

与互联网等固定结构网络相比，移动自组织网络具有如下特点。

1. 移动性

移动自组织网络由移动节点构成，不仅各个节点的地理位置随时可能发生变化，节点能够以可变的速率移动。节点的不断移动可能导致网络拓扑结构的不断变化，但不应当影响整体网络的运行，这为移动自组织网络的路由技术带来了很大的挑战。

2. 无线性

因为移动自组织网络具有移动性，所以各个移动节点之间必须采用无线传输方式。使得其相对于有线网络而言，无线信道不稳定，无线传输具有信道发射频率有限、容易受干扰、误码率高等特点，为服务质量控制带来很大挑战。此外，无线信道容易受到干扰和监听，安全性成为移动自组织网络中的重要问题。

3. 多跳性

因为移动自组织网络节点的无线发射功率以及信号覆盖范围有限，当需要与信号覆盖范围之外的其他节点进行通信时，必须借助中间节点进行多跳转发来完成。这种无线多跳传输特性，使得每个节点要充当路由器，因此移动自组织网络的路由技术尤为重要。另外，这种多跳的无线传输使得移动自组织网络具有较长的延迟和较高的丢包率。

4. 节点对等性

移动自组织网络是移动节点的联合体，各个移动节点同时充当主机和路由器，移动节点之间具有对等性。移动自组织网络中不存在具有管理其他节点职能的超级节点，不存在专门用于路由和转发消息的路由器。

5. 分布性

由于移动自组织网络所具有的节点对等性，各个移动节点同时充当主机和路由器，因此网络中的路由选择等操作所涉及的计算多采用分布式计算方式。也就是说，无线网络连接起来的多个节点共享信息，将需要较大计算能力才能解决的问题分成许多小的部分，然后把它们分配给多个节点进行处理。

6. 自组织性

移动自组织网络不需要预先架设任何无线通信的基础设施，各个移动节点快速、自主、独立地组成网络，所有节点按照分布式算法进行协调。

7. 高动态性

在移动自组织网络中，每个节点的移动性、连通状态以及信号影响等因素使得移动自组织网络的拓扑结构极易动态变化。

8. 能量和资源的有限性

移动自组织网络中的移动节点通常使用自带电池作为能量供应源，每个移动节点中的电池容量有限，而有限的电池容量不仅用于存储和处理节点本身的数据，并且用于接收、路由和转发来自其他节点的数据。由于受到体积、无线通信等限制，移动节点的存储资源、通信资源有限，移动节点的数据处理能力常常远低于通常的计算机，移动节点之间无线通信的带宽常常远低于有线网络的带宽。因此，移动自组织网络中的移动节点具有能量和资源有限性，在路由选择、安全支持、服务质量保证等方面都需要考虑节省能量以及降低计算和通信负担。

3.1.3　移动自组织网络的体系结构

移动自组织网络使用简化的 OSI 参考模型作为体系结构，主要包括 5 层：物理层、数据链路层、网络层、传输层和应用层。由于移动自组织网络具有节点对等性，因此各个节点都具有相同的体系结构。

1. 物理层

物理层主要对无线信道的传输特性做出规定。为了保证数据的高速传输，防止出现通信瓶颈，要求移动自组织网络的物理层能够提供高带宽、低干扰的传输，且具有高效的频谱利用率。在物理层中，超带宽（UWB）技术利用极窄脉冲传输数据，可以在近距离范围内提供高达 500 Mbit/s 的数据传输速率。

2. 数据链路层

数据链路层主要负责链路控制和信道接入，可以分为链路控制子层和信道接入子层。链路控制子层主要负责链路连接控制，信道接入子层（又称 MAC 子层）负责为链路控制子层提供快速、可靠的帧传送，并控制接入无线信道的时机。

3. 网络层

网络层主要负责将消息分组沿着网络上的特定路径从源节点传送到目的节点，也就是路由选择和分组转发。由于多跳性、节点对等性、分布式以及高度动态性等特点，移动自组织网络的路由协议以及路由选择算法与传统互联网有很大区别，需要深入研究。

4. 传输层

传输层主要负责在源节点和目的节点之间提供尽量可靠的、性价比合理的数据传送功能，为应用层提供服务。传统的 TCP 协议用于在不可靠的网络上提供可靠的端对端数据传输。由于 TCP 协议最初是为有线网络设计的，因而无线链路上运行 TCP 协议存在较大缺陷。因为现有 TCP 协议认为分组丢失是由网络拥塞造成的，而在移动自组网络中，移动产生的路由失效或无线信道高误码率，都会频繁导致分组丢失。

5. 应用层

应用层主要由应用程序提供不同的服务，例如，电子邮件服务、文件共享服务等。移动自组织网络的应用层相关技术与互联网的应用层相关技术差别不大，不再详细讨论。

3.1.4 移动自组织网络的关键技术研究

由于移动自组织网络的上述特点，其数据链路层、网络层、传输层存在很多问题需要研究，主要包括链路控制、信道接入、路由选择算法、无线环境下的 TCP 技术、服务质量保证机制以及安全保障机制 6 个方面。图 3-3 给出了移动自组织网络关键技术的主要研究内容。

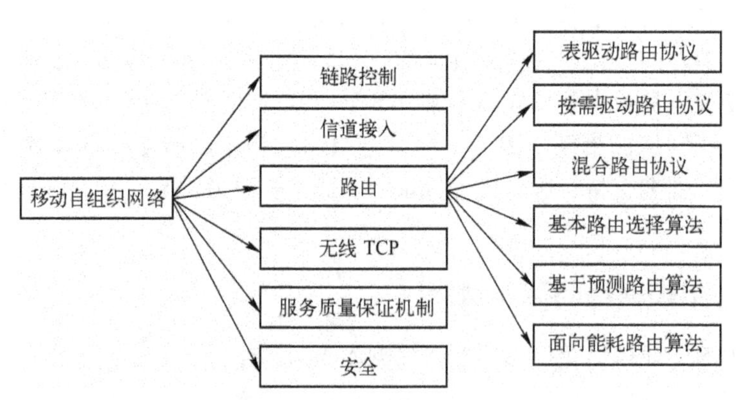

图 3-3 移动自组织网络的关键技术

3.2 移动自组织网络的 MAC 协议

链路层的 MAC 协议是移动自组织网络协议栈中的重要组成部分。它既要对无线信道进行信道划分、分配和能量控制，又要负责向网络层提供统一的服务，屏蔽底层不同的信道控制方法，实现拥塞控制、优先级排队、分组发送、确认、差错控制和流量控制等功能。因此，移动自组织网络的MAC协议是数据消息在无线信道上发送和接收的直接控制者，它能否高效、公平地利用有限的无线信道资源，对移动自组织网络的性能起决定性的作用。

在移动自组织网络中，移动节点的通信距离受到限制，源节点发出的信号，其他节点不一定都能收到，从而会出现隐藏终端和暴露终端问题，造成时隙资源的无序争用或浪费，增大数据碰撞的概率，影响吞吐量、网络容量和数据传输时延。因此MAC协议的设计必须考虑能有效地解决隐藏终端和暴露终端的问题。

根据所使用的无线信道数量，本节将移动自组织网络的MAC协议划分为单信道MAC协议和多信道MAC协议。在分别介绍这两类协议的基础上，本节进一步阐述基于功率控制和基于定向天线的特殊MAC协议。

3.2.1 单信道MAC协议

传统的移动自组织网络节点间只有一个共享信道，因此早期学术界对于单信道MAC协议进行了深入研究。根据节点获取信道的方式，可以将移动自组织网络的单信道MAC协议分为非竞争性（Contention-free）和竞争性（Contention-based）MAC协议两类。在非竞争性MAC协议（如TDMA、FDMA、CDMA等）中，节点之间通过一定的资源分配机制来避免竞争，如分配TDMA中的时间片、FDMA中的频谱空间和CDMA中的编码空间等。该类协议需要某种形式的集中协调机制，这种机制在分布式多跳的移动自组织网络中具有较大的管理开销，难以实现。因此尽管出现了很多相关研究，但是很少应用到移动自组织网络中。

在竞争性MAC协议中，每个发送节点独立决定发送数据的时刻，不需要和其他节点协调同步。因此，该类协议在传送时可能出现冲突，而缺少QoS保障。但该类协议易于实现，具有良好的健壮性，非常适合移动自组织网络的分布性、自组织性以及动态性的特点，因此得到了深入研究和广泛应用。下面将介绍典型的竞争性MAC协议。

1. ALOHA协议

ALOHA协议产生于20世纪60年代，最早由夏威夷大学应用于无线信道的竞争性MAC协议。该协议的基本思想是当节点有数据需要发送时直接进行发送。如果网络内有多个节点同时有数据发送，会导致严重的干扰和冲突。一般采用检错编码、无线信号分析等方法来检测冲突的发生。如果冲突发生，节点随机等待一段时间后重新发送。这种纯ALOHA协议的信道利用率最高只达到18.4%[6]。

为了改善ALOHA协议的性能，Abramson等学者提出了时隙ALOHA（Slotted ALOHA）协议[7]。该协议首先将信道划分为多个等长的时隙，节点有数据需要发送时，必须在时隙的起始处发送。如果发生冲突，节点也将随机等待若干个时隙，然后在时隙的起始处重新发送。与纯ALOHA协议相比，时隙ALOHA协议可以将信道利用率提高一倍，但也在一定的时间内进行同步开销。

2. 载波侦听多路访问协议CSMA

ALOHA协议及时隙ALOHA协议不管其他节点是否正在发送数据，节点随时开始数据的发送，因而容易出现冲突并且信道利用率低。移动自组织网络的信道空间是由相邻的节点共享的，所以在这些节点之间引入一定的协调机制可以提高资源利用效率。为此，Kleinrock等学者提出了载波侦听多路访问协议（Carrier Sense Multiple Access，CSMA）[8]。节点在发送数据前首先侦听信道，根据信道的忙闲状态判断其他节点是否正在发送数据。只有在没有其他节点正在发送的前提下，节点才开始自己的数据发送。

CSMA协议可以分为坚持的和非坚持的两类。坚持的CSMA协议是指节点在侦听到信道为忙时继续侦听信道。在坚持的CSMA协议中，如果节点侦听到信道空闲后就立即发送，则该协议是1坚持的CSMA协议；如果节点侦听到信道空闲后以概率p发送，则该协议是p坚持的CSMA协议。非坚持的CSMA协议是指节点在侦听到信道为忙后，不再坚持侦听信道，而是根据协议的具体算法延迟一段时间（随机回退）后再次侦听。在后面的描述中，用术语“回退”表示节点在发现信道不空闲后所采取的等待这个动作。“随机回退”则是指节点在回退时所等待的时间是随机选取的。

坚持的CSMA协议因为过于“贪婪”的缘故，在多个节点同时有数据需要发送的情况下必然导致冲突。非坚持的CSMA协议则可以通过随机回退等待机制，有效地降低冲突概率。由于回退时间过长会浪费宝贵的无线信道，时间过短又达不到缓解冲突的目的，因此回退时长的选择，对非坚持的CSMA协议性能有决定性的影响。此外，CSMA协议所采用的物理侦听，不能有效地解决隐藏终端和暴露终端等问题，所以还需要引入其他机制进一步提高信道利用率。

3. 多址接入冲突避免协议MACA

为了解决物理侦听存在的问题，产生了虚拟侦听的概念。虚拟侦听机制通常是在发送实际的数据消息之前，在发送节点和接收节点之间进行一次控制消息握手。多址接入冲突避免协议MACA[9]是第一个采用RTS/CTS握手机制来解决无线自组网中隐藏终端和暴露终端问题的MAC协议。

发送节点在发送数据消息前，先向接收节点发送请求发送消息RTS，该消息包含发送数据消息所需时间等参数。当接收节点收到RTS消息后，回送给发送节点清除发送消息CTS，该消息包含接收数据消息所需时间。发送节点接收到CTS消息后，就发送DATA消息。侦听到CTS消息的其他所有邻近节点将推迟自己的发送，直到CTS消息中声明的时间结束。收到RTS消息的其他节点也要延迟一段时间，以保证发送节点能够接收并响应CTS消息。如果一个节点监听到了CTS信号（发送RTS者除外），就暂时禁止发送数据，从而实现信道的复用。但是仅接收到RTS消息而没有接收到CTS消息的节点仍然可能发送，所以MACA协议只是部分解决了隐藏终端问题。

4. 无线多址接入冲突避免协议MACAW

Bhargavan等学者提出了无线多址接入冲突避免协议（MACA for Wireless，MACAW）[10]。MACAW的改进主要体现在两个方面：基本消息交互过程和回退机制。首先，出于协议可靠性的考虑，MACAW增加了MAC层的确认机制，即由接收节点在成功接收DATA消息后回复ACK消息。其次，对于暴露终端不能准确掌握竞争期开始时间的问题，提出由发送节点发送DS（Data Sending）消息通知暴露节点。

MACAW采用RTS－CTS－DS－DATA－ACK机制，并采用新的回退算法。该协议利用ACK消息在MAC层发现错误消息并及时地启动重传，提供了快速的恢复机制。该协议采用了一种倍数增加线性减少退避算法（Multiplicative Increase and Linear Decrease，MILD）。计数器值以现有值的1.5倍的比例增加，以1的步长减少。在发送数据分组时，分组中携带本节点的退避计数器值，收到此分组的节点可将此值进行复制，从而使双方获得相同的退避计数器值。当传输完成后，所有的退避计数器恢复到最小值。

MACAW 协议的主要缺点是通信中控制信息的交互次数太多。如果考虑无线设备发送和接收的转换时间，这种方法的效率并不高，并且它也不能完全解决暴露终端问题。所以，尽管 MACAW 提高了网络的吞吐量，但是网络开销和传输时延比 MACA 大。另外，MACAW 协议不适合组播。

5. FAMA 协议

为了解决单物理侦听或者单虚拟侦听机制存在的问题，Fullmer 等学者提出结合使用两种侦听机制的 FAMA（Floor Acquisition Multiple Access）协议[11]。该协议保证节点在发送之前首先获得信道的使用权，实现无冲突的数据消息发送。因此，节点在发送数据前需要对信道进行动态预约，但该协议中的预约不要求独立的控制信道，而是和数据消息共用同一个信道。在 FAMA 协议中，控制消息可能会发生冲突，但可以保证数据消息的无冲突发送。

在 FAMA 中，节点预约信道主要有两种方式：采用 RTS/CTS 握手而不采用载波侦听；或者采用 RTS/CTS 握手及非坚持的载波侦听。根据信道预约方式的不同，就形成了 FAMA 协议簇中的不同协议。FAMA-NPS（FAMA Non-persistent Packet Sensing）协议在节点发送之前并不侦听信道，而只是在侦听到完整的 RTS 或者 CTS 消息后才进行回退，否则就按照非坚持的方式占用信道。FAMA-NCS（FAMA Non-persistent Carrier Sensing）则采用非坚持的载波侦听技术，节点在发送 RTS 消息前首先进行载波侦听，如果信道上无信号就发送，否则就进行回退。FAMA-NCS 采用 RTS-CTS-DATA 三次握手机制完成一次数据发送过程，并要求 CTS 消息的长度大于 RTS 消息，将其当作忙音信号，迫使其他节点进行回退。

Acevesm 等学者对 FAMA 协议进一步扩充[12]，提出了 FAMA-NTR（FAMA Non-persistent Transmit Request），它通过增加 RTS 控制消息的长度来降低控制消息发生冲突的概率。同时，该协议允许一次成功的 RTS/CTS 消息握手后，节点串行传输多个数据消息，从而增加了网络的吞吐量。

3.2.2 多信道 MAC 协议

由于冲突和退避造成了信道带宽的浪费，所以在网络负载比较重时单信道 MAC 协议的效率很低。信道冲突主要包括控制分组之间的冲突，以及由此导致的数据分组和控制分组的冲突。因此，可以考虑采用信道分割技术，把可供使用的信道分成多个子信道。其中一种方法是将信道分为数据信道和控制信道，分别传输数据信息和控制信息，避免数据信息和控制信息之间的冲突。由于控制分组的长度很小，所以冲突发生的概率将大大减小，并且可以更好地解决隐藏终端和暴露终端问题。此外，也可以使用其中一个信道作为公共控制信道，其余信道用来传递数据信息；还可以将控制分组和数据分组在同一个信道上混合传送。

多信道 MAC 协议主要关注两个问题：信道分配和接入控制。信道分配负责为不同的通信节点分配相应的信道，消除数据分组的冲突，使尽量多的节点可以同时进行通信。接入控制负责确定节点接入信道的时机、避免冲突等问题。

1. 双忙音多址接入协议 DBTMA

前面介绍的 MAC 协议大多假设所有的移动节点都可以收到 RTS/CTS 帧，但是在无线移动互联网中这种假设并不总能成立。此外，当网络负载很重时，RTS/CTS 帧冲突的概率很大。为了解决这些问题，Deng 等学者提出了双忙音多址接入协议 DBTMA[13]。把信道分割成两个信道，即分别传输控制信息和数据信息的控制信道和数据信道。另外，增加了需要额外硬件的支持两个频率不同的带外忙音信号，一个指示发送忙，另一个指示接收忙。

当节点要发送数据时，先检测接收忙音信号。若没有检测到接收忙音，该节点就在控制信道上发送 RTS 分组，并发送持续的发送忙音；否则，延迟发送。在节点发送 RTS 分组期间，仍要检测接收忙音，一旦检测到接收忙音，就延迟发送。接收节点收到 RTS 分组后，先检测发送忙音信号。若无发送忙音，则在控制信道上返回 CTS 分组，并发送接收忙音；否则不能接收数据，仍保持空闲状态。

DBTMA 协议优于纯 RTS/CTS 系列的 MAC 协议。与 MACA 协议和 MACAW 协议相比，DBTMA 协议的效率有很大提高，由于忙音信号在通信期间一直存在，可以避免用户数据帧之间的冲突。但是，两个带外忙音信号的发送和检测需要额外的硬件支持，产生了额外的网络负担。此外，该协议假设忙音所占的带宽可以忽略不计，然而该假设在高负载的情况下并不满足。

2. 跳数保留多路访问协议 HRMA

为了避免上述方案所需要额外硬件的支持，Tang 等学者提出跳数保留多路访问协议 HRMA（Hop-Reservation Multiple Access）[14]。该协议利用频率跳变时的时间同步特性，实现了一种基于半双工慢调频扩频的多信道协议。

该协议使用统一的跳频方案，允许收发双方预留一个跳变频率进行数据的无干扰传输。跳变频率的预留采用基于 RTS/CTS 握手信号的竞争模式。握手信号成功交换后，接收方发送一个预留数据包给发送方，使得其他可能会引起冲突的节点禁止使用该频率进行数据传输。在预留跳变频率的驻留时间里，数据可在该频率上无干扰传输。但 HRMA 协议只能用在慢跳变的系统中，并且与使用不同跳频方案的设备兼容性不好。此外，由于数据传输需要的驻留时间比较长，所以数据冲突的概率会增大。

3. 收方驱动跳频协议 RICH

与 HRMA 协议的原理相似，收方驱动跳频协议 RICH（Receiver-initiated Channel-hopping）是由接收方发起的多信道 MAC 协议[15]。网络中所有节点按照一个共用的跳频序列改变传输信道，通过分组握手后，停留在当前的跳隙上进行数据分组的传输，其他的节点继续跳频。RICH 协议无需载波侦听和分配单独的码字，却能够有效减轻隐藏终端问题。RICH 协议和 HRMA 协议类似，只能应用于跳频网络中，对于采用 DSSS 等机制的系统却不适用。

4. 多信道 CSMA 协议 MCSMA

多信道 CSMA 协议 MCSMA（Multi-channel CSMA）协议是在单信道的 CSMA/CA 协议基础上做出的改进[16]。它把可用带宽分割成互不重叠的 N 个子信道，其中 N 远小于网络中的节点数。子信道可以在频域（采用 FDMA）中产生，也可以在码域（采用 CDMA）产生，但不提倡在时域（采用 TDMA）产生，因为移动自组织网络中缺乏网络范围内的时钟同步。

该协议中每个节点需要 N 个无线收发器，可以同时侦听 N 个信道。只要有空闲信道，节点就可以在任何一个空闲信道上工作。它采用了“软”预留机制，也就是说，一个节点尽量选择上次成功发送数据的信道进行本次数据传输。如果该预留信道忙，或者最近使用的信道发送数据失败，则选择另外的空闲信道进行数据传输。在网络负载较重的情况下，信道个数不足以提供无冲突传输，但是由于每个节点为自己持续预留了信道，冲突可以大为减少。这种基于预留的多信道机制比纯粹的随机选择空闲信道机制性能要好，即使在每个子信道的带宽非常小时，采用预留机制的优势依然存在，然而传输时延会增大。

5. 动态私有信道协议

为了实现网络的负载平衡，动态私有信道（Dynamic Private Channel，DPC）协议采用一个广播控制信道 CCH 和多个单播数据信道 DCH 进行通信[17]。其中 CCH 可以被所有的节点共享，接入该信道是基于竞争模式的。DPC 是面向连接的，只要某个 DPC 是空闲的，每个节点都可以使用该信道进行单播数据传输。

如果节点 A 有数据要发送给节点 B，节点 A 将在 CCH 上发送 RTS 信号给节点 B，同时节点 A 会预留一个数据端口以备和节点 B 通信。在发送 RTS 信号前，节点 A 选择一个空闲的 DCH 信道并把信道码包含在 RTS 包头中。当节点 B 接收到 RTS 信号后，它将会检测节点 A 选择的信道是否可用。如果可用，节点 B 就发送 RRTS（Reply to RTS）信号给节点 A，RRTS 的包头中包含相同的信道码；如果不可用，节点 B 会选择一个新的信道码，并把该码放入 RRTS 包头中，进一步征求节点 A 的同意。节点 A、B 双方协商，直到找到可用的信道，或者一方放弃协商。如果信道选择完毕，节点 B 发送 CTS 信号给节点 A，然后双方开始交换数据，直到通信结束或者预留时间满释放信道。

DPC 协议采用了动态信道分配机制，很好地解决了多跳移动自组织网络中多个子信道间的连接性和负载平衡问题。但由于控制信道的竞争接入，网络的吞吐量会受到数据信道数量的影响。

6. MMAC 协议

为了提高网络吞吐量，So 等学者提出 MMAC 协议[18]。该协议支持节点动态切换信道，在节点覆盖范围内多对节点能同时通信。MMAC 利用信标（Beacon）将时间划分为固定的时间间隔，收发节点在数据分组传输前在 ATIM（Ad Hoc Traffic Indication Messages）窗口中进行信道协商。每个节点维护一个优选信道列表（Preferable Channel List，PCL），表示在本节点传输范围内可优先使用的信道。

当节点 A 有数据要发送到节点 B 时，A 首先在 ATIM 窗口中发送 ATIM 分组，其中包含了自己的 PCL。节点 B 接收到 ATIM 后，基于节点 A 和自己的 PCL 选择信道，并把选择信息包含在 ATIM - ACK 分组中返回给节点 A。节点 A 收到 ATIM - ACK 后，判断其中的收方选择信道是否可用。如果节点 B 选择的信道与发送节点 A 选择的信道一致，节点 A 发送 ATIM - RES（ATIM - Reservation）给节点 B，并在 ATIM - RES 中包含约定的信道。如果节点 A 不能选择与节点 B 相同的信道时，必须等待下一个信标间隔重新进行信道协商。

MMAC 协议无需专门的控制信道，提高了网络吞吐量，并且每个节点仅需要一个无线收发器。但是，该协议需要节点间的时间同步。

3.2.3 基于功率控制的 MAC 协议

功率控制技术是提高移动自组织网络 MAC 协议性能的有效途径。由于节点在接收消息时，只需要到达功率的强度满足信号干扰噪声比的要求即可，因而为了降低节点的能耗和提高无线信道空间利用率，发送节点可以有条件地降低自己的发射功率。

1. 功率控制信号 MAC 协议 PAMAS

功率控制信号 MAC 协议 PAMAS（Power Aware Medium Access Control with Signaling）是基于 MACA 的多信道 MAC 协议[19]。RTS/CTS 握手信号在控制信道上交互，数据在数据信

道上传输，在数据传输过程中，控制信道上发送忙音。

PAMAS协议考虑了能量控制问题，它有选择地关闭某些不需要接收和发送的节点，以节省能量。当节点监听到不是发送给它们的数据时，可以关闭无线收发器，以节省能量。节点独立地决定是否关闭收发器，例如以下情况中节点就关闭收发器：如果节点无数据要传输，并且其相邻节点正在发送数据；或是节点有数据要传输，但是其相邻节点中至少一个在发一个在收。

节点在无线收发器关闭期间既不能发送也不能接收，这可能会严重影响网络时延和吞吐量，所以其关闭时间需要严格控制。可以考虑在适当的时候采用探测帧唤醒关闭的节点，但这需要额外开销。一种有效的措施是有选择地关闭数据信道，保持控制信道处于激活状态。另一种改进措施是节点一旦获得信道，可以发送多个数据包，从而提高信道利用率。

2. 能量控制MAC协议PCM

在MACA中描述的基本功率控制算法下，节点以最大可用功率发送RTS/CTS控制消息。与此同时，节点通过控制消息的协商，用可靠接收的最小功率发送数据消息。但是，在能量控制MAC协议PCM（Power Control Medium Access Control）中，Jung等学者发现这种简单的功率控制技术在最佳情况下也只能获得与IEEE 802.11类似的性能[20]。针对该缺陷，PCM协议在节点发送数据消息的过程中，周期性地提高发射功率至最高功率，从而阻止了邻近节点因无法感知数据消息的发送而可能导致的冲突，有效提高了系统的吞吐量。

3. 能量节省MAC协议PCMA

与PAMAS类似，能量节省MAC协议PCMA（Power Controlled Multiple Access）也采用多信道，其中一个专门用于忙音信号，另一个用于其他控制消息和数据消息[21]。PCMA的目标是在节能的同时提高信道利用率，因而节点在发送数据前，首先交换RPTS（Request Power to Send）和APTS（Accept Power to Send）消息，确定接收节点在存在噪声和干扰的情况下正确接收消息所需的最小发射功率。

RPTS/APTS消息类似于RTS/CTS消息，不同的是并不使邻近节点立即推迟发送。为了确保传输成功进行，接收节点在忙音信道广播自己可容忍的干扰，以免其他节点与自己冲突。邻近节点通过侦听忙音信道上的忙音信号，可以判断出自己的发送是否会与别的节点冲突，从而做出是否发送的决定。

3.2.4 基于定向天线的MAC协议

定向天线利用数字信号处理技术，协同采用波束切换和自适应空间数字处理技术，来判断有用信号到达方向，然后通过选择适当的合并权值，在此方向上形成天线主波束，同时降低增益旁瓣。在发射时，定向天线能使期望用户的接收信号功率最大化，同时使窄波束照射范围外的非期望用户受到的干扰最小，甚至为零。定向天线具有抗信号衰落、抗同频干扰和信道干扰、系统容量大、传输功率小等优点。早期基于定向天线的MAC协议多数选用较简单的波束转换天线和波束跟踪天线，自适应阵列天线的研究刚刚起步。

1. 定向DBTMA协议DBTMA/DA

定向DBTMA协议DBTMA/DA（DBTMA Protocol Using Directional Antenna）较DBTMA的改进在于用定向天线（波束转换天线）来传输RTS/CTS、数据帧和双忙音[22]，这需要多部收发机。在定向位置信息的获取上，它没有采用GPS辅助或信标，而是通过相邻节点发送全向 RTS，返回定向的 CTS 而知晓各自的位置信息。

当发送节点要发送时，先侦听控制信道并启动竞争计时器，在规定时限内，看是否有接收忙音（Receive Busy Tone，BTr）以确认目的节点是否在接收其他隐藏终端的发送。如果有，则等待；如果没有，则发送一个包含接收节点标识的 ORTS（全向 RTS）分组并启动 RTS 计数器。接收节点收到 ORTS 分组后，如果检测当前没有传输忙音（Transmit Busy Tone，BTt），就返回一个定向 DCTS（Directional CTS）并启动 CTS 计数器，开始发送接收忙音 BTr 直到数据传输结束或 CTS 计数器停止。发送节点在收到 DCTS 后，开始发送传输忙音 BTt，并在数据信道上传输数据分组，发送传输忙音 BTt 直到数据传输结束。当发送节点在 RTS 计数器时限未收到 DCTS，取消该次发送等待重发。

采用 8 个阵元的波束转换天线、4 种天线模式、CBR 数据流和 AODV 路由的仿真实验显示，定向传输扩大了信道的利用率，同一时间可以有多对通信节点通信，时延和吞吐量均有较大改善。

2. 定向 MAC 协议 DMAC

定向 MAC 协议 DMAC（Directional MAC）采用了 DRTS（Directional RTS）和 DCTS（Directional CTS）对话机制[23]。每个节点空闲时均以全向模式侦听信道，信道预约过程是通过定向发送的 DRTS/DCTS 握手完成。当从某一方向收到信号，它便锁定该方向并接收。当一个节点以全向接收信号时，它受来自任何方向的干扰，但当天线聚波束于某一方向时，可避免其他方向的干扰。

在 DRTS 的传输过程中，源节点 S 的 MAC 层收到来自上层的包，其中包括收发机的参数 P，DMAC 请求物理层按此参数 P 聚波束 B 指向目的节点 R。为了检查用所聚波束 B 是否安全，节点 S 用波束 B 执行物理载波侦听。如果信道空闲，DMAC 检查它的定向 NAV 表（DNAV）来计算在节点 R 的方向上是否延迟发送，DNAV 保持虚拟载波侦听每个包的到达方向（DOA）。当节点发现用波束 B 传输不安全，则进入退避环节。

在 DRTS 的接收和 DCTS 的发送过程中，当节点 R 全向侦听信道发现信号，节点便锁定信号并接收之。这里假设系统模块有能力捕捉到接收信号的 DOA。对于非目的节点 X 收到此信号时，则更新各自的 DNAV，阻止节点 X 在该 DOA 的方向 B 上发送任何信号。节点 R 计算 DOA，当节点 R 的 DNAV 表允许在 R→S 方向使用波束 B 发送时，其物理层将波束 B 汇聚在该方向上，并以此波束侦听信道。若信道在 SIFS 时隙空闲便回送 DCTS，如忙，则取消该发送。

在 DCTS 接收和 DATA/ACK 交换过程中，节点 S 用原定向波束 B 等待 DCTS，如在 DCTS_timeout 间未收到，节点 S 便重发 DRTS。如节点 S 收到 DCTS，定向链路搭成，它便使用原定向波束 B 传送 DATA；节点 R 收到 DATA 便以波束 B 回送 ACK。其他节点（除 R 和 S 外）收到 DCTS/DOTO/ACK，便主动更新其 DNAV 表。该协议吞吐量较高，但是具有较高的定向干扰，并且由于天线不对称增益或是未听到 DRTS/DCTS，会出现新的隐藏终端问题。

3.3　移动自组织网络的路由协议

由于移动自组织网络 MANET 的高度动态性和能量有限性，互联网现有路由技术难以适用于移动自组织网络，必须开发适合其特点的移动自组织网络路由技术。由于 MANET 路由协议设计需要考虑众多的问题，包括分布式计算、高效及时、自适应性、安全以及能耗等，这使得路由成为移动自组织网络的研究难点。在移动自组织网络的概念提出之后，路由选择算法一直是该领域的研究重点。

本节首先介绍基本路由机制、路由优化原则和分类方法。由于根据路由计算的产生时间进行分类是路由协议最为基础的一种分类方式，本节采用该分类为主线介绍了表驱动路由协议、按需驱动路由协议和混合路由协议。在上述基本路由协议的基础上，本节详细分析了路由选择算法及其在预测模型、能量模型、位置信息模型等方面的最新研究进展。

3.3.1 基本路由机制及其分类

通常来说，由网络节点（即路由器）组成的通信子网，其最重要的功能是路由和转发，而其中路由则是数据转发的基础。由于移动自组织网络中的节点移动性较强，使得网络拓扑和路由维护具有很大困难，为此，人们针对这种移动性强的自组织网络设计了很多其特有的路由机制。下面首先介绍基本路由机制，并分析移动自组织网络的路由优化原则和各种路由分类方法。

1. 基本路由机制

计算机网络的数据传送过程为将消息从源节点通过网络传送到目的节点，包含两个操作：路由和转发[24]。借助于这两个操作，数据消息可以得知传送的路径并且沿着该路径转发，从而该数据消息从源主机发出，经过一个或者多个中间节点的路由转发，最终传送到目的主机。移动自组织网络具有多跳性，通常分组需要经过多跳才能传送到目的节点。

通常来说，广义上的“路由”包括“路由协议交互”和“本地路由计算”两个部分。其中路由协议交互主要负责网络路由信息的传送和在不同节点之间的交互。如图3-4所示，节点借助于路由算法确定数据消息传送的路径为：主机E——路由器R5——路由器R3——路由器R2——主机B。为了实现上述的路由选择，整个路由过程包含两个步骤：首先，路由器之间交换网络的距离向量、路径向量或者链路状态等信息，例如路由器R3和R5交换各自所了解的距离向量信息；其次，每个路由器根据上述操作中获得的信息，计算下一跳信

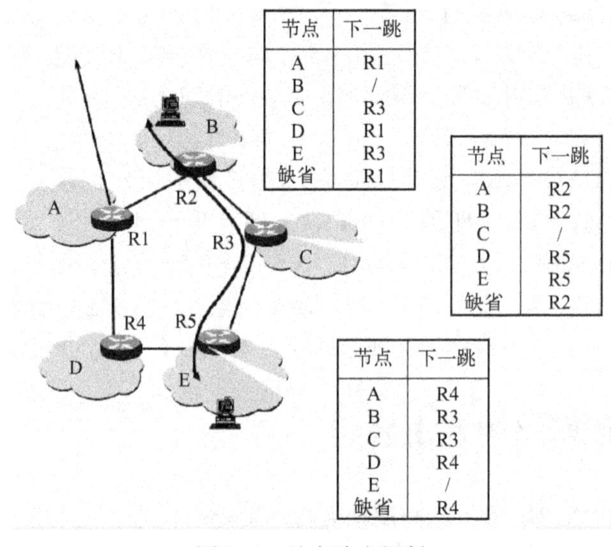

图3-4 基本路由机制

息或者具体路径。路由器 R5 根据协议交互过程中所了解到的路由器 R4、R3 各自的距离向量信息，计算分别经过路由器 R4、R3 到达目的主机所需要的代价，最终根据该计算结果选择合适的路由进行数据消息的传送。

在网络各个节点之间由路由协议交互传送的路由信息，分为距离向量、路径向量和链路状态等类别。距离向量可以理解为到达网络各个节点的距离和相应的下一跳节点；路径向量在距离向量的基础上，增加了端到端路径所经过的具体节点；链路状态则为网络节点之间的邻接关系和链路代价。路由选择算法是指为了实现路由功能而设计的算法，负责确定分组应当传送的路径，是网络层的核心部分。

移动自组织网络路由机制的基本原理与互联网的路由机制相同，但移动自组织网络所具有的特点对其路由协议设计提出了特殊要求。在移动自组织网络中，由于动态变化的拓扑结构和节点位置、有限的资源和能量、节点间的无线通信等，使得 OSPF、RIP 协议等传统的互联网路由协议并不适用于移动自组织网络。

2. 路由机制优化原则

在介绍具体路由协议之前，首先根据移动自组织网络的特点，给出移动自组织网络路由协议的优化原则。移动自组织网络的路由协议和互联网的路由协议一样，都是为了实现数据包的高效、快速、准确传送。根据移动自组织网络的特点，其路由机制具有如下特殊要求。

（1）动态适应性

因为移动自组织网络具有高度动态性，所以其路由机制必须能够适应网络拓扑结构的动态变化，具有快速应变的能力。当网络拓扑结构变化导致某些路由不可用时，路由机制能够迅速找到可用的路由，自行恢复数据的传送。对于移动自组织网络来说，每个移动节点要充当网络的路由器，移动自组织网络的路由机制要求具有动态适应性，以适应节点移动所带来的网络拓扑结构的动态变化。

（2）节能性

因为移动自组织网络的节点能量有限，所以路由机制必须在节能的前提下实现快速路由。移动自组织网络的移动节点执行路由转发功能，能量供应由自身携带的电池提供。所以，移动自组织网络的路由机制需要具有节能性。例如，在移动自组织网络中，需要降低控制信息与数据信息的比率，高效利用有限的带宽资源，尽量减少消息传送的接转次数，减少数据传送时间以及数据量等。

（3）安全性

因为移动自组织网络采用无线通信并具有高度动态性，节点在不安全的环境中使用共享的无线介质传输，节点的物理保护有限，易受到各种网络攻击[25]。因此，在保障高效、快速、准确路由的前提下，需要尽可能地提高路由机制的安全性，降低路由过程中遭受攻击的可能性。

3. 路由机制分类

移动自组织网络的路由与应用密切相关，单一的路由机制无法满足各种应用需求。下面根据路由协议交互和路由计算的时机、逻辑组织结构、协议的功能等分类原则，给出路由机制的主要分类方法。

（1）表驱动路由、按需路由和混合路由

根据路由表项的产生时间，可以分为表驱动路由、按需路由和混合路由[26]。表驱动路由也称为预计算路由、先应式路由。表驱动路由事先维护网络中从一个节点到其他节点的所有路由信息，在数据传输之前计算得到路由表项，然后根据该路由表项进行数据传输。表驱动路由的优点在于节点可以直接根据路由表中的信息进行数据传输，不需要额外的路由建立等待时间；缺点在于建立和维护路由表的负担较大。因此，表驱动路由适用于拓扑结构动态性不强而需要高速数据转发的网络。

按需路由也称为在线路由、反应式路由。按需路由仅在有数据需要传输时，根据所需要传输的具体目的地计算相应的路由。节点无需事先维护路由信息表，而仅仅在数据传输过程中形成所需要的路由表项。按需路由在一定程度上降低了协议交互的开销，但是路由建立的时延较大，适用于动态性较强的网络。

混合路由则综合上述两种技术的优点，将二者相互结合实现网络的路由。例如，在规模较大的网络中，采用层次结构的路由技术，不同层次分别采用上述一种路由方案。因此，混合路由往往适用于节点计算能力较强并且规模较大的移动自组织网络。

在当今互联网特别是骨干网的路由体系中，由于网络拓扑结构相对固定，而且需要低延迟的高速转发，因此多采用表驱动路由。相反，移动自组织网络动态性高，路由表的维护代价较高，而传输速率和延迟方面要求却不高，因此多采用按需路由和混合路由。

（2）基于拓扑的路由和基于位置的路由

根据是否使用地理位置信息，可以分为基于拓扑的路由和基于位置的路由。在移动自组织网络中，多数路由机制基于所认知的拓扑结构进行路由选择，称为基于拓扑的路由。有些应用需要确定节点的地理位置，进而基于该地理位置信息进行路由选择，称为基于位置的路由。互联网中位置与网络的互联关系之间不具有紧密的联系，所以互联网多采用基于拓扑的路由。移动自组织网络普遍采用无线信道传输，在理想情况下很容易根据地理位置信息来确定节点之间的互联关系。虽然这类方案需要 GPS 或者其他定位装置获知节点的位置信息，但由于移动自组织网络拓扑结构动态变化，因此基于位置的路由仍然具有广泛的应用前景。

（3）距离向量路由、路径向量路由和链路状态路由

根据协议交互信息的类型，可以分为距离向量路由、链路状态路由和路径向量路由。在距离向量路由中，每个节点维护一张表，该表列出了到当前已知的到每个目标节点的最佳距离，以及所使用的下一跳节点。每个节点通过与邻居交换上述信息，移动节点不断更新自己的路由表并实现路由选择。因此，距离向量路由可以称为“将整个世界告诉我的邻居”。路径向量路由以距离向量路由为基础，每个节点不仅记录到达目标节点的最佳距离和下一跳节点，而且记录整条路径依次经过的节点（即路径向量），从而防止在路由计算过程中产生路由回路。

在链路状态路由中，使用反映网络拓扑结构的邻接表来描述网络的链路状态，该邻接表记录了所有节点间的邻接关系和链路代价。在该机制下，当移动节点发现新的邻居节点出现时，测量与邻居节点的延迟等信息，并且使用路由公告将上述信息传送到其他节点，其他节点则利用该链路状态信息重新计算最短路径。因此，可以将链路状态路由称为“将我的邻居告诉整个世界”。

（4）源路由和分布式路由

根据路由信息存储的位置，可以分为源路由和分布式路由。源路由由源节点决定完整路径，在发出的每个消息的消息头中携带路径所经过的节点信息，因而中间节点无需建立和维

护路由信息。源路由的路由计算较为简单，减少了通信开销，但是消息头过长。分布式路由则由每个中间节点独立选择传输的下一跳节点，能够避免消息头过长，但是中间节点计算负担较大。此外，分布式路由中，如果各个节点对网络拓扑认知的不一致，可能会导致路由回路。

（5）单径路由和多径路由

根据数据传输使用路径的数量，可以分为单径路由和多径路由。单径路由中，源节点发送的数据分组沿着一条路径从源节点到达目的节点。其优点在于路由方案简单，能够较好地避免数据传输乱序；缺点在于路由容错性较差，路径的传送负担不均衡。多径路由中，源节点发送的数据通过多条路径到达目的节点。该技术容错性较强，能够均衡网络负载，但是路由方案复杂，而且难以避免多条路径传输引入的乱序。

（6）平面路由和层次路由

根据节点的组织是否存在层次结构，可以分为平面路由和层次路由。平面路由中，所有移动节点地位平等，路由协议设计简单，健壮性好，但是路由维护的代价较大。层次路由[27]中，节点地位不平等，整个网络划分为不同的簇（或区域），每个簇由簇头和成员组成，簇头负责管理簇内网络和维护簇内路由。由于簇头参与网络管理，所以层次路由扩展性好，易于管理，但是簇头的计算代价较大。由于可扩展性是互联网所面临的一个重要问题，因此互联网的路由采用层次路由。移动自组织网络通常具有较强的动态性，因而在可扩展性要求不高的情况下，可以考虑采用平面路由。

（7）单播路由、广播路由和多播路由

根据消息发送的对象，可以分为单播路由、广播路由和多播（组播）路由。单播路由是节点将消息发送给特定节点的机制。虽然单播路由实现简单，但如果多个节点需要接收数据的话，那么网络需要将同样信息重复传送多次。广播路由是节点将消息广播给一个子网内所有节点的机制。由于不感兴趣的节点同样接收到广播的消息，因此广播路由浪费了带宽并且加重了节点的计算负担。多播路由能够将消息发送给属于某个特定集合中的节点。相比而言，多播路由的特定组通常具有明确的定义，组内节点的数量比整个网络的规模小很多，因此其路由效率较高，但其实现机制非常复杂。

（8）其他分类

路由是网络层的重要功能。除了上述分类方法以外，根据路由所具有的特定功能，还可以进一步做出如下分类：根据路由是否支持服务质量控制，可以分为服务质量感知路由和非服务质量感知路由；根据路由是否提供网络安全保障，可以分为安全路由和非安全路由等。由于移动自组织网络所具有的动态性和能量有限性，服务质量感知路由和安全路由需要进一步研究。

3.3.2　表驱动路由协议

由于移动自组织网络具有高度动态性，网络的拓扑结构动态改变，消息传送具有一定困难。最简单的消息传送方法是采用洪泛的方式，也就是说，源节点在发送消息时，将目的节点的地址加载在消息头部，向邻居节点进行广播，中间节点收到消息后进一步向其所有的邻居节点广播该消息，从而最终该消息抵达目的节点。洪泛的方式不仅易于实现，而且在拓扑结构不断动态改变的情况下，能够有效地将消息传送给目的地；然而很多节点不必要地参加了消息的转发，增加了节点的计算负担以及网络的传送负担。为了解决上述问题，人们提出根据路由表进行数据转发的思想。也就是说，通过路由表的建立与维护，来减少洪泛给移动自组织网络带来的影响，这就是表驱动路由协议的核心思想。移动自组织网络的基本表驱动路由协议包括 DSDV、WRP、CGSR、OLSR 等。

1. 基于目的序号的距离向量协议 DSDV

DSDV（Destination Sequenced Distance Vector）协议是一种采用传统的 Bellman-Ford 路由算法的基于距离向量的分布式表驱动路由技术[28]。该技术于 1994 年提出，是最早为移动网络专门设计的路由协议之一。

每个节点都要维护路由表，该路由表包含能到达的目的节点、到达目的节点的度量值以及该路由表项所对应的序号。其中，度量值一般采用跳数，而序号是这个协议引入的重点。每个路由表项的序号并非由存储这个路由表项的节点所分配，而是由这个路由表项所对应的目的节点所分配的。每个节点定期向所有邻居转发自己当前的路由表，同时将序号值增加 1。中间节点将收到的每个目的节点的序号与自己路由表中所存储的该节点序号进行比较。

路由序号的大小说明了该路由表项的新旧（即产生的时间），路由序号越大，说明该路由表项越新。如果收到的路由表项比原有对应表项新，则删除原有的旧路由表项。具体来说，如果收到的路由序号大于所存储的序号，则说明收到的信息为最新路由信息，所以选择发送该信息的节点作为下一跳节点，并且将所存储的路由序号更新为所收到的序号；如果收到的路由序号等于所存储的序号，但度量值较少，则该中间节点同样更新自己的路由表。

例如，假设节点 A 从节点 B 接收到路由信息，该路由信息涉及节点 C 的路由；假设 S(A)代表存储在节点 A 中的节点 C 的目的序号，而 S(B)代表由节点 B 发送到节点 A 的节点 C 的目的序号。DSDV 协议的主要思想就是，如果 $S(A) > S(B)$，那么节点 A 放弃从节点 B 接收到的路由信息；如果 $S(A) = S(B)$，并且通过节点 B 的度量值低于节点 A 所存储的路由的度量值，那么节点 A 将节点 B 设为到达节点 C 的下一跳节点；如果 $S(A) < S(B)$，那么节点 A 将节点 B 设为到达节点 C 的下一跳节点，并且将 S(A)更新为 S(B)。

在移动自组织网络拓扑结构动态变化的情况下，为了使得路由表的记载与实际网络状况相符，每个节点定期向邻居节点传送更新消息。每个节点经过固定的时间间隔后，或者当拓扑结构改变发生时，通过广播或者多播的方式向网络上的其他节点发布路由信息。

节点保存每个特定目的节点最早路由到达时间和最优路由到达时间之间的时间差 t，从而将路由信息的广播时间延迟长度为 t 的一段时间，避免路由表的频繁更新。另外，DSDV 协议给出两种更新消息的格式，一种是完全更新格式，用于传输节点当前路由表的所有表项，仅在节点频繁移动的情况下使用；另一种是增量更新格式，用于传输上一次完全更新消息传送之后发生了变化的表项。

本地计算用于在协议交互的基础上选择合适的路径，因此需要建立选择的标准。本地计算的基本参数选择包括序号较大（表示该路由信息的有效性高）以及量度值较小（表示路由优化好）。因此，本地计算可以优先选择具有序号较大的路由进行数据转发，当多个路径具有相同序号时，则选择其中具有最低量度值的路径。当协议交互过程探测到链路中断时，该中断链路的量度值被定义为∞。当通往下一跳的链路中断时，通过该下一跳的任何路由的量度值被定义为∞，并且被指定一个更新的序号。度量值为∞的表项变化会立即触发增量更新格式的更新消息。

每个节点在完成上述本地计算后，需要将自己所获得的路由信息转发给其他邻居节点。因为各个节点的路由信息广播并不同步，所以可能出现路由表项频繁波动的情况。为了解决该问题，本协议维护两张表：转发表和广播表。广播表具有“平均广播时间间隔”的表项，该表项的值是过去广播时间间隔的加权平均。当需要向邻居节点发送网络信息广播时，节点首先查询广播表的“平均广播时间间隔”表项，如果超过了该表项所对应的时间间隔，则进行转发。

DSDV 协议的优点在于节点通过所维护的路由表，能够高效地转发数据。此外，DSDV 协议在原有距离向量协议的基础上，引入了路由序号，较好地避免了分布式路由中节点不同步而导致的路由回路问题。DSDV 协议的缺点在于，算法收敛速度慢，不适应于快速动态变化的移动自组织网络。

2. 无线路由协议 WRP

由于 DSDV 协议不适应于快速动态变化的移动自组织网络，Shree 等学者提出无线路由协议（Wireless Routing Protocol，WRP）[29]，这是一种基于距离向量的分布式表驱动路由技术。每个移动节点维护以下 4 个表：距离表、路由表、链路成本表和消息重发表。移动节点使用更新消息 UPDATE 在相邻节点之间通知链路状态，该节点通过接收应答消息或者其他消息确定其邻居节点的存在。如果没有更新消息需要发送，则需要定期发送 HELLO 消息。在通过上述方式得知链路状态之后，移动节点根据邻居节点的最短路径生成树，生成自己的最短路径生成树，再向邻居节点发送更新信息，从而实现路由选择。WRP 在计算路径时，规定每一节点检查所有相邻节点所发送的路由信息，从而避免无穷计算（Count-to-Infinity）问题并减少路由环路。

如果在一定时间间隔中，没有接收到邻居节点的任何消息，则可以确定发送消息的节点与该邻居节点之间的链路出现故障，或者两节点的移动导致其间的链路不可用。如果在一定时间间隔中，收到新的邻居节点发送的消息，则可以确定该节点可以与该邻居节点建立链路，并且该节点需要将自己的路由表通知该邻居节点，该邻居节点据此更新自己的路由表。

3. 簇头网关交换路由协议 CGSR

DSDV 协议和 WRP 协议的缺陷在于仅仅适用于平面网络，网络中每个节点的路由功能完全相同，但随着网络规模扩大，节点数量增加和节点移动性增强，路由维护过程中需要发送的消息越来越多，增加了各个节点的计算负担和存储负担。为了解决该问题，Chiang 等学者进一步提出基于距离向量的层次路由技术簇头网关交换路由协议（Cluster-head Gateway Switch Routing，CGSR）协议[30]。

为了解决大规模移动自组织网络中的上述问题，CGSR 提出了分簇的思想，将移动节点划分为多个簇，在每个簇内选出簇头节点。由簇头节点负责簇内节点的管理，这些簇头节点组成更高层次的虚拟骨干网，实现网络的层次化管理。需要指出的是，该思想与互联网的骨干网思想不同，因为互联网的骨干网是静态的，而移动自组织网络的骨干网随着拓扑结构的变化而动态改变，其层次结构不固定。也就是说，移动自组织网络的层次路由需要实现动态分簇和簇头选择，动态地确定连接各个簇的网关节点，并且需要建立适宜的簇头更换机制以避免节点担任簇头的时间过长所导致的能量耗尽。

基于上述思想，CGSR 协议在 DSDV 协议的基础上，增加了分层机制。CGSR 协议的协议交互和本地计算操作与 DSDV 协议的相应操作基本相同，下面主要对 CSGR 协议的特殊之处进行介绍。

在节点维护分层成员表和路由表中，路由表的结构与 DSDV 协议路由表的结构基本相同。分层成员表描述了所有移动节点所在层次的簇头。移动节点使用与 DSDV 协议交互机制周期性地与邻居节点交换分层成员表，并且更新分层成员表的内容。

当一个节点需要将消息传送到目的节点时，源节点首先将该消息传送到其所在簇的簇头，簇头将该消息传送到相应的网关节点，该网关节点将该簇头与其他簇头连接，并且将消息传送到下一个簇头，直到将该消息传送到目的节点所在的簇头，该簇头将消息传送到目的节点。当两个簇头节点距离较近时，只需要一个簇头节点就可以管理该区域的移动节点；或者当一个节点移动到无法与所有簇头节点通信时，则重新选择簇头。当节点的移动使得分簇结构破坏时，使用分层维护算法重新构造分层结构。该算法将邻居数较多的节点以及该节点的邻居保留在当前簇内，同时对其他节点进行调整。

如图 3-5 所示，当源节点 S 需要向目的节点 D 发送数据包时，其首先将路由消息传送到簇头 A。簇头 A 查找簇成员列表，如果目的节点 D 不在簇成员列表中，则将该消息转送给网关 C，由网关 C 转送给另一个簇头 B，直到传送到目的节点 D 为止。可见，CGSR 协议采用了分层查找机制，在网络规模较大时能够防止大量路由消息的洪泛。但是，该协议设计实现较为复杂，需要动态地进行簇划分和簇头选取，移动节点也需要定期向簇头发送位置信息。

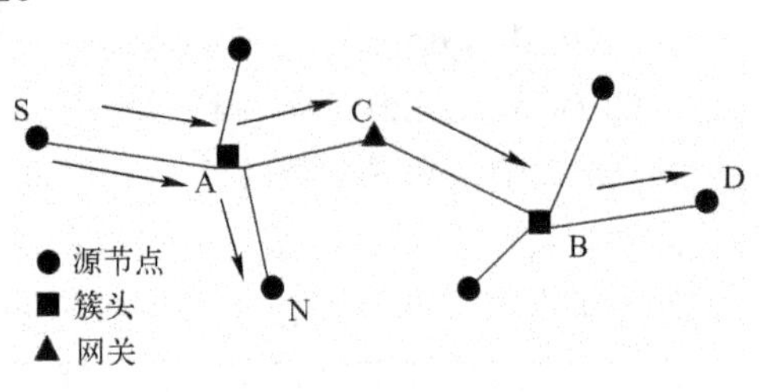

图 3-5　CGSR 协议示例

4. 最优化链路状态路由协议 OLSR

为了降低节点之间的通信负担，Clausen 等学者基于多点中继站的思想提出了最优化链路状态路由协议（Optimized Link State Routing，OLSR）[31,32]。与上述基于距离向量的 DSDV 或 CGSR 不同，OLSR 是一种基于链路状态的表驱动协议。该协议建立在链路状态路由协议 LSR 的基础上。链路状态协议能够较好地实现路由选择，但是所采用的洪泛机制增加了节点的计算负担和网络的通信负担。在移动自组织网络中，链路状态的不断变化而造成的洪泛则进一步加剧了上述问题。

为了避免链路状态在网络中大规模洪泛，特别是相同的链路状态信息被多个节点冗余重复传输的情况，OLSR 首先在网络上选取少量的特殊节点（称为多点中继站）。在链路状态洪泛时，OLSR 规定只有选择出的多点中继站向邻居节点洪泛链路状态信息，其他节点不参与链路状态信息的洪泛，从而大幅度减少了将一条消息洪泛到整个网络所需要的转发次数，减轻了传统洪泛机制中所有节点参与消息转发所带来的负担。

节点通过周期性地发送 HELLO 消息实现链路状态的探测，并且从链路探测所交换的消息中获得邻居节点的信息。节点基于从 HELLO 消息中获取的信息选择多点中继站，该多点中继站在网络中广播和转发拓扑控制信息。也就是说，协议交互过程借助于 HELLO 消息实现如下功能：探测链路、探测相邻节点以及选择多点中继站。

链路探测过程中，每个节点从两个方向探测各个相邻节点之间的各条链路，确定该链路属于对称状态或者非对称状态。对称状态是指该相邻节点之间的链路是双向链路，可以从两个方向发送数据。非对称状态是指相邻节点能够接收到该节点发送的数据，但是无法确定该节点是否接收到相邻节点发送的数据。多点中继站的选择过程中，每个节点在自己的对称一跳相邻区域确定多点中继站集合。

下面以图 3-6 为例进一步说明 OLSR 协议。该示例中节点 C 和节点 E 是节点 A 的多点中继站。当节点 A 的链路状态信息发生变化时，节点 C、D、E、B、F 均收到了节点 A 产生的链路状态信息，但只有节点 C 和节点 E 作为多点中继站转发从节点 A 接收到的链路状态信息，避免了节点 A 的其他邻居节点 B、F、D 进行广播所造成的节点计算负担和网络传送负担。

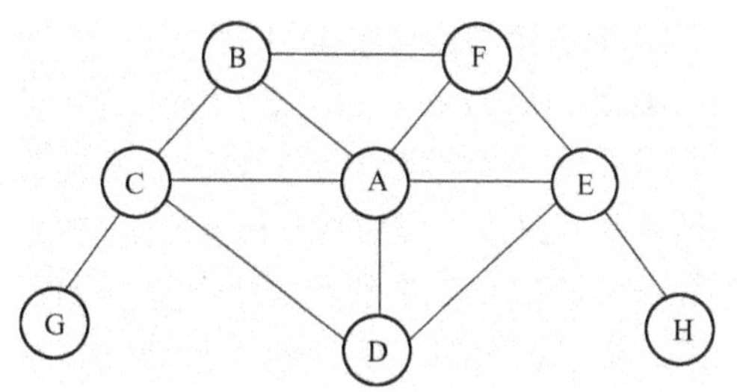

图 3-6　OLSR 协议示例

为了减轻所有节点的计算负担，Ying 等学者进一步提出了分层次的优化链路状态路由协议 HOLSR[33]。该协议充分利用各个节点的不同能力，动态地将节点组织到簇中，并且簇以层次化的方式组织起来，从而减少需要交换的拓扑控制信息。在簇间使用 OLSR 协议进行路由选择。但是，与 OLSR 协议一样，该协议需要定期更新。

该协议采用优化的洪泛机制作为消息的传送机制。并且，该协议将所有数据采用统一的分组消息格式封装成一条或者多条消息。多点中继站将消息在网络中的重传次数降低到最低程度。由于 OLSR 协议中只有多点中继站节点参与路由计算，减轻了其他节点的计算负担，因此适合规模较大、节点密度较高的移动自组织网络。

5. 多信道表驱动路由协议

为了充分利用无线传输的特性来提高 MANET 的吞吐量，Unghee 等学者提出了多信道的 DSDV 路由协议 DSDV - MC[34] 和多信道的 OLSR 路由协议 OLSR - MC[35]。其中，信道是指两个系统间发送数据的管道，是不同系统的应用程序和过程之间的逻辑链接。DSDV - MC 和 OLSR - MC 将网络层划分为控制平面和数据平面，节点使用一个控制频道传送路由更新信息，使用一个或者多个数据频道传送数据包，实现了多个消息传送操作同步进行，降低了网络负担，但是频道资源的管理和协调难度较大，并且节点的计算负担较大。

3.3.3　按需驱动路由协议

上述表驱动路由技术使用路由表维护网络中从一个节点到其他节点的所有路由信息，因此能够实现快速路由。但是维护路由表不仅增加了节点的存储负担，而且在移动性强的网络中需要不断地交互路由信息，大大增加了节点的路由信息交互负担和计算负担。因此，学者们提出按需驱动路由协议。该类协议在数据分组要发送时再进行具有针对性的路由交互或路由计算。由于节点无需事先维护全局路由信息表，因此这类路由协议也被称为在线计算路由协议。

利用洪泛实现消息传递，使很多节点不必要地参加了消息的转发，增加了节点的计算负担以及网络的传送负担。特别是对于由大量分组组成的长时间数据流，每个分组都采用洪泛的方式传输，导致网络传输效率很低。为了解决上述问题，人们提出了控制消息（路由）与数据传输相分离的思想，仅对控制消息采用洪泛的方式，以确定数据传输的路由。在后续的数据传输过程中，则根据已经确定的路由进行数据转发。对于按需驱动路由协议，通常来说源节点采用洪泛操作向相邻节点发送路由请求消息，中间节点将转发上述消息的全部或者部分，直到目的节点收到该请求消息。然后目的节点选择合适的路径并且反向转发路由应答消息。当源节点接收到应答消息之后，路由得以建立。常见的按需驱动路由协议有 DSR，AODV，TORA，ABR 等。

1. 动态源路由协议 DSR

DSR（Dynamic Source Routing）协议作为一种源路由技术，是最早设计的按需路由协议之一[36]。当一个移动节点需要发送新的数据流时，该节点为该数据流的目的地寻找相应的路径。基于路由过程所找到的路径，在数据分组传送过程中，每个分组的分组头中都包含从源节点到目的节点的完整路由信息，以便路径当中每个节点根据分组所携带的路由信息转发分组。由于在 DSR 中，由源节点获知完整的路径信息并将该信息记录在每个分组的分组头上，网络中间节点不需要维护任何路由信息，因此该协议被称为源路由协议。

该路由过程包括洪泛路由请求（RREQ）报文和回传路由响应（RREP）报文两部分。当节点需要发送数据消息时，首先动态地广播路由请求 RREQ 消息。该消息包含目的节点、发送节点地址、消息 ID 和路由记录。其中，发送节点地址和消息 ID 共同用以标识 RREQ 消息。当某节点接收到该消息之后，需要判断该消息是否存储在历史 RREQ 消息列表之中，如果存储在其中，则丢弃该消息；如果未存储在其中，需要判断自己是否为目的节点。如果自己并非目的节点，将本节点添加到路由记录中，并且将该消息向自己的邻居进行广播。

由于路由请求报文 RREQ 在网络中洪泛时，每个节点都将自己的地址增加到数据报文的路由记录中并继续转发该数据报文，因此当路由请求到达目的节点时，目的节点根据该路由请求报文中的节点列表，就知道了从源到达该目的节点的路径。于是，目的节点产生路由响应消息 RREP，并将该消息回送到源节点，从而源节点得到完整的路由信息。

DSR 协议在节点之间的可达性维护上，不再使用周期性广播这种耗费资源的方式，而是通过节点动态监测可用路由的方式实现路由维护。该协议路由维护的方式包括 3 种：逐跳验证方式、非逐跳验证方式和端到端验证方式。逐跳验证方式是指，借助于相邻节点之间的 MAC 层验证机制，当链路发生故障时由 MAC 层发出通告，该节点向前一跳节点发送路由错误消息 RERR，收到该消息的节点从路由表中将该路由删除。非逐跳验证方式就是，当节点 A 将消息转发到下一跳节点 B 时，节点 B 到其邻居节点 C 的消息转发可以被节点 A 监听到，节点 A 根据该监听到的消息进行验证。端对端验证方式包括 TCP 下的确认机制等。

为了提高该协议的效率，学术界提出了路由缓冲机制。由于移动自组织网络节点处于监听状态，节点可以监听邻居节点发出的消息，根据这些消息中记载的路由信息，可以尽量减少每次发送新消息时都启动协议交互过程，从而提高网络的性能。

下面以图 3-7 中节点 S 到节点 D 的路由为例，说明 DSR 协议工作过程。首先，节点 S 以广播风暴的形式，向邻居节点广播路由请求消息 RREQ。该消息包含目的节点、请求发送该消息的节点地址、消息 ID 和路由记录。

节点 S 首先向邻居节点 A、C、F 广播消息，节点在接收到 RREQ 消息时，需要判断该消息是否存储在历史 RREQ 消息列表之中，如果存储在其中，则丢弃该消息。如果未存储在其中并且不是目的节点，则进行消息转发。例如，节点 A 向节点 F、J、E 转发该消息；而节点 C 发现该消息已经存储在历史 RREQ 消息列表之中，所以丢弃该消息，如图 3-8 所示。节点 E 接收到该消息之后，进一步以广播的形式进行转发。重复上述操作，直到目的节点收到该消息。接着，目的节点 D 生成路由应答消息 RREP，并且将该消息向自己的邻居进行广播。当 RREP 消息被传送到源节点 S 时，路由得以建立。

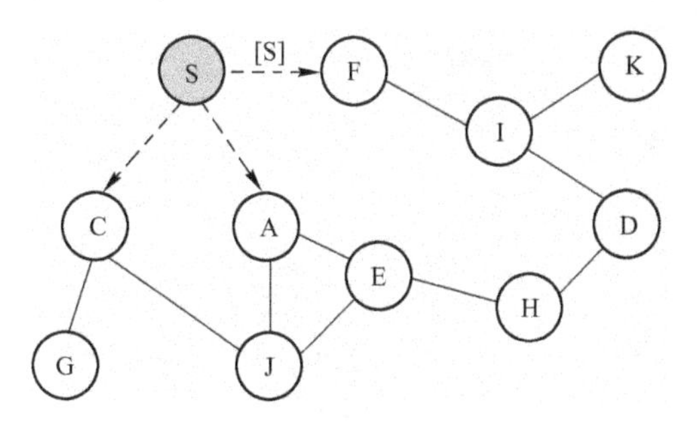

图 3-7　DSR 协议示例

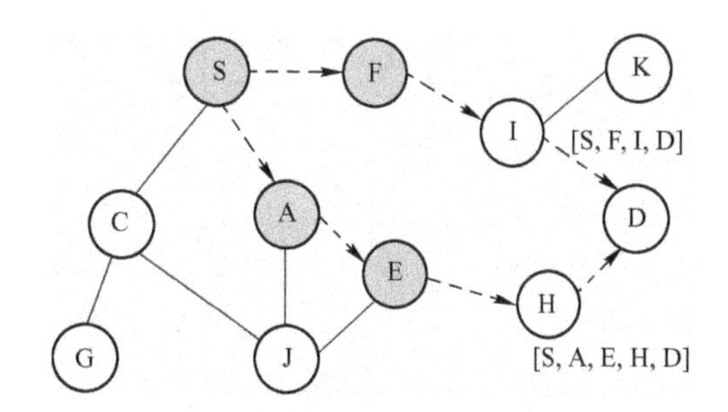

图 3-8　DSR 协议示例（续）

该协议与表驱动路由协议相比，能够较好地适应节点的移动性和网络拓扑结构的动态变化，不需要因维护路由表而不断交互路由更新消息，节省了网络资源。然而，DSR 协议使用源路由方式，在网络规模较大时，分组头中所携带的路径信息将引入较大的传输开销。

2. 按需距离向量路由协议 AODV

为了解决 DSR 协议存在的源路由分组头携带路径信息而开销较大的问题，Perkins 等学者在 DSR 协议和 DSDV 协议的基础上提出了按需距离向量路由协议（Ad Hoc On-demand Distance-vector Routing，AODV）协议[31]。AODV 协议采用了 DSR 协议的交互机制，保持了 DSDV 协议的逐跳路由、顺序号和周期性更新等机制。

每个节点维护路由表，该表以目标节点作为关键字，每个表项给出将消息传送到哪个下一跳节点。与表驱动路由协议不同，AODV 中每个节点仅维护当前使用的路由表项。当源节点需要向目的节点发送数据时，如果源节点发现其路由表中没有到达目的节点的路由，则通过路由协议交互机制建立路径；反之，则按照路由表中记载的路由进行数据传输。因此，该协议是节点维护路由表的按需路由协议。

源节点广播 RREQ 消息，该消息的格式如图 3-9 所示。当 RREQ 消息到达中间节点时，中间节点在本地的历史表中查找（源地址，请求 ID），以确定是否处理过该请求。如果处理过该请求，则丢弃该消息。如果没有处理过该请求，则将其写入历史表，并且在接收节点的路由表中查找通向目的节点的路由。

源节点	请求ID	目的地	源序号	目标序	跳数

图 3-9　RREQ 报文的结构

如果查到较新的通向目的节点的路径，也就是说查到路由表中的目标序号大于或者等于 RREQ 消息中目标节点的序号，则给源节点返回 RREP 消息。如果没有查到较新的通向目的节点的路径，则增加跳数并且广播 RREQ 消息。目的节点接收到该消息后给源节点返回 RREP 消息。上述 RREP 消息的格式如图 3-10 所示。该协议路由表项的结构与 DSDV 协议类似，主要包括源地址、目的地址、目的序号、跳数和生命周期等信息。

下面以图 3-11 中节点 N1 到节点 N8 的路由为例，进一步说明 AODV 协议。源节点 N1 广播路由请求数据包，该数据包被邻居节点转发，该协议使用顺序号以保证不会形成环路。

路由请求包 RREQ 到达目的节点 N8 之后，目的节点 N8 向源节点 N1 返回路由回复包 RREP，路由得以建立，并且将该路由表项存储在源节点、中间节点和目的节点的路由表中。

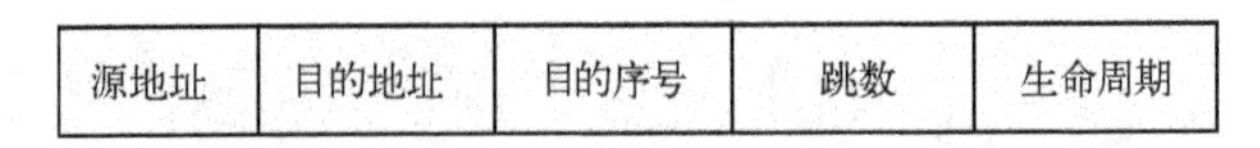

源地址	目的地址	目的序号	跳数	生命周期

图 3-10　RREP 报文的结构

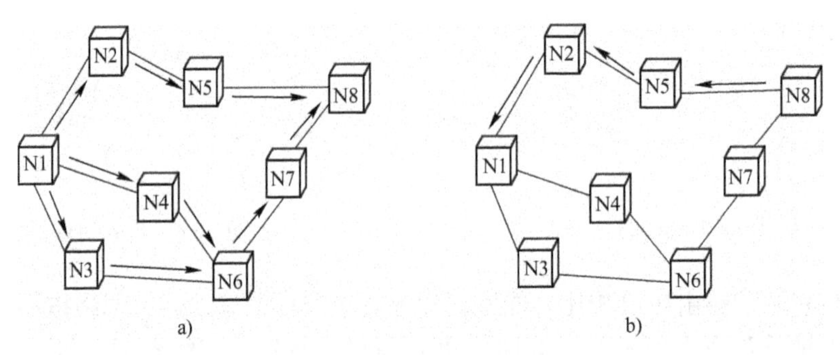

图 3-11　AODV 协议示例

该协议结合了表驱动路由协议和按需驱动路由协议二者的优点，不仅路由维护信息少，而且实现了较高的转发效率。

3. 临时排序路由算法 TORA

为了提高路由效率，Park 等学者在有向无环图算法的基础上提出了临时排序路由算法（Temporally Ordered Routing Algorithm，TORA）协议[32]。该协议采用势能值确定朝向目的节点的有向无环图，在路由应答消息回到源节点的过程中使用势能值确定路由。

首先，源节点在网络中广播路由请求消息。然后，每个节点具有一个相对于源节点的“势能值”，源节点的势能值最高，目的节点的势能值最低。接着，根据相邻节点之间的势能值的大小，形成一条或者多条有向路径，方向是从势能大的节点指向势能小的节点。也就是说，当节点需要查找到达特定目的节点的路径时，广播含有目的节点地址的消息路由请求。接收到该消息的节点进一步广播该消息，并且列出其到目的节点的势能值。接收节点将消息传送到势能值更低的节点，从而形成方向性路由。当节点发现链路不可用时，则将其势能值调整为比邻居节点大的值，并发送更新消息。

如图 3-12 所示，节点被设定势能值，图中以节点的纵轴高度标识其势能值，在协议交互过程中，数据消息从高势能的源节点向低势能的目的节点移动。

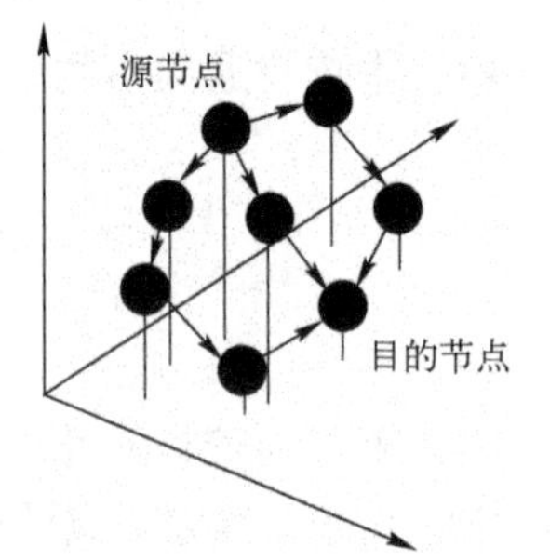

图 3-12　TORA 协议示例

该协议能够发现到达目的节点的多个可用链路，并且网络的通信负担较小，无需时刻维护节点之间的链路状态。但是，节点的计算负担较重。

4. 基于联合度的路由算法 ABR

上述路由协议普遍采用跳数作为本地计算的依据，以最短跳数路径作为路由选择的标准。但是，并非最短路径就是消息传送的最优路径。在无线网络中，节点间的通信都采用无线信道，稳定性是路由选择的重要考虑因素，特别是移动自组织网络具有高度动态性，路由的稳定性情况经常变化，甚至最短路径经常变化。为此，Toh 等学者提出了基于关联稳定性的路由协议（Associativity - Based Routing，ABR）[37]。该协议的路由选择标准与上述协议不同，其以路由的生命周期作为路由选择的标准。

该协议引入“联合度”的概念，用于描述移动节点与邻居节点之间空间和时间上的连接关系。所有节点定期发送 BEACON 信标消息，以广播该节点的存在性以及该节点的相关信息。所有节点根据邻居节点发送来的 BEACON 信标消息，衡量邻居节点与自己的联合度。当联合度较小时，表明该邻居节点具有较高的移动性；当联合度较大时，表明该邻居节点具有较低的移动性。联合度较大的节点所在的路由稳定性较高。ABR 协议采用路由的生命周期、中间节点的计算负担和通信负担、链路容量作为路由选择的标准，能够选择适宜的路由。

3.3.4 混合路由协议

表驱动路由技术通过维护路由表实现快速路由，增加了节点的路由交互和计算负担。按需驱动路由技术仅仅在源节点需要的时候才进行协议交互，节点无需维护路由信息表，但是路由建立的时延较大。可见，在移动 Ad Hoc 网络中单纯采用表驱动路由协议或按需路由协议都难以实现高效且高速的路由。因此，许多学者试图结合上述两种协议的优点，提出了混合式路由协议。

1. 区域路由协议 ZRP

区域路由协议（Zone Routing Protocol，ZRP）[38]是最早实现混合式路由技术的协议，所有节点都有一个以自己为中心的重叠虚拟区域，该协议设定以跳数为单位的区域半径，所有距离不超过该区域半径的节点都属于该区域。区域内的节点数与设定的区域半径有关，在区域内使用表驱动路由算法，在区域间则使用按需驱动路由算法进行路由选择。

协议交互过程包括两个部分：区域内协议交互和区域间协议交互。区域内协议交互可以采用基于距离向量的路由或者基于链路状态的路由。无论采用何种路由协议，都要求各个节点知道到达区域内部其他节点的路由。区域间协议交互是指某区域的节点与区域外的节点之间的协议交互，类似于 DSR 协议的广播机制，主要采用广播路由请求消息的方式实现。

具体来说，源节点首先检测目的节点是否在自己所在的区域内。如果在该区域内，那么直接获取到达目的节点的路由。如果不在该区域内，那么源节点将路由请求消息传送到其位于该区域边界的边界节点。边界节点检测目的节点是否在该节点的区域范围内，重复上述过程，直到最终找到目的节点，并且回复路由响应消息。

基于相同的思想，Dai 等学者提出先应式路由维护机制[39]，该机制将按需路由协议的协议交互技术和表驱动路由协议的路由维护技术结合，从而实现高速路由。由于该类协议中拓扑结构的更新一般在较小的区域范围内进行，所以有效地减少了网络的传送负担和节点的计算负担，同时加快了路由选择的计算速度。但是，该协议的性能取决于区域半径。在区域半径过大的情况下，路由表维护的代价较高；在区域半径过小的情况下，路由选择的速度较慢。目前，该协议采用预先设定的固定区域半径，效率较低。如何选择合适的区域半径是值得深入研究的问题。

2. 路标路由协议 LANMAR

为了解决 ZRP 协议预设区域半径所导致的效率低下的问题，Pei 等学者提出了基于链路状态和距离向量的混合的路标路由协议（Landmark Routing，LANMAR）协议[40]。该协议按照移动节点的功能和需要，将移动自组织网络划分为多个逻辑子网。由于具有相同功能和需求的节点通常一起移动，所以将这些节点往往划分在一个逻辑子网中。比如战场的移动自组织网络中，将一个班的战士划分为一个逻辑子网。在每个逻辑子网中，选出一个用于在全网范围内进行路由的路标节点。

每个节点维护两个路由：逻辑子网内的链路状态路由和到达所有路标节点的距离向量路由。当源节点向目的节点发送消息时，如果该源节点和目的节点同属于相同的逻辑子网，则根据链路状态信息进行数据转发。如果该源节点和目的节点属于不同的逻辑子网，则根据该源节点所存储的距离向量发送消息。

如图3-13所示，节点A、B、C属于路标为节点B的逻辑子网，节点D、E、F、G属于路标为节点G的逻辑子网。每个节点维护着所有路标节点的距离向量路由。如果节点A要向节点C发送数据消息，则由于节点A和节点C属于相同的逻辑子网，所以节点A只需要根据可用的链路状态信息确定到达节点C的路由。

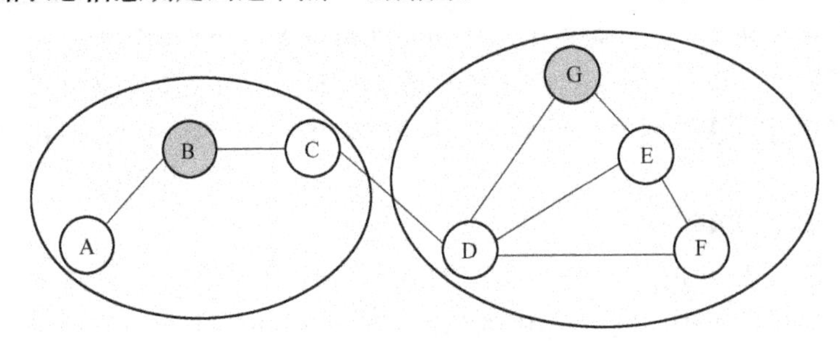

图3-13 LANMAR协议示例

如果节点A要向节点F发送数据消息，由于节点A和节点F属于不同的逻辑子网，所以节点A根据其维护的到达路标节点G的距离向量路由进行消息传送。当消息到达节点D时，由于节点D和节点F属于相同的逻辑子网，所以节点D只需要根据可用的链路状态信息确定到达节点F的路由。可见，从源节点A到目的节点F的路由过程中，开始时，源节点A朝着路标节点G进行消息转发，最终该消息可能并不通过路标节点G就能达到目标F节点。

LANMAR协议按照移动节点的功能和需要将移动自组织网络划分为多个逻辑子网，一定程度上解决了ZRP协议预设区域半径所导致的效率低下问题。但是，该协议需要进一步研究路标节点的选择算法以及孤立节点的处理算法，因此该协议适用于节点比较密集的移动自组织网络。

3.3.5 基本路由选择算法

路由选择算法是为了实现上述路由功能而设计的计算方法，负责确定所收到的消息分组应当传送的路径。也就是说，路由选择算法是在路由协议交互的基础上，进行本地路由计算选择出最好的路径。路由选择算法是网络层的核心部分，该算法的任务在于确定可用路由，然后根据一定的路由选择标准，采用适宜的选择策略选择最优路由。

路由选择算法的输入为网络的拓扑结构，输出为最优路由。移动自组织网络路由选择算法的基本功能与互联网路由选择算法相同。但是，由于移动自组织网络的拓扑结构和节点位置动态变化，节点能量有限，不存在路由器等设备，使得其路由选择算法具有特殊性。近年来，国内外学者在这方面进行了深入研究并取得了大量研究成果。

在 DSDV、AODV 等路由协议中，协议交互均采用洪泛机制，往往需要将路由消息无谓地多次复制传输，具有较高的时间和带宽代价。为此，Yuval 等学者提出基于随机最短路径路由技术的流言机制[41]。该技术根据扩散理论，源节点以概率 1 广播一个消息。当一个中间节点第一次接收到该消息，它以概率 p 将该消息广播到邻居节点，以概率 $1-p$ 丢弃该消息；若中间节点接收到重复的消息，它丢弃重复的消息。Yuval 等认为通过邻居节点的流言，节点能够获知动态网络的状态信息，从而选择到达目的节点的最短路径。该机制降低了由洪泛机制导致的数据传送负担，但是滞后性较强。

为了降低流言机制的滞后性，Christopher 等提出了随机路由技术[42]，使用基于概率的本地广播传送模型传送消息，并且基于中间节点的反馈进行路由选择。该技术有利于降低流言机制的滞后性，但是路由查找的效率较低。

为了提高路由查找的效率，Haas 等学者进一步优化了基于流言的 Ad Hoc 路由技术[43]。在对网络动态性要求较低的操作中，流言很快注销从而很少的节点能够接收到该消息；在对网络动态性要求较高的操作中，流言所涉及的关键节点接收该消息。上述操作的区分依赖于流言可能性和网络的拓扑结构。该技术降低了洪泛机制所造成的时间和带宽代价，但是由于消息的转发以一定概率进行，可能出现转发失效的情况。

在路由选择标准和选择策略方面，DSR 和 AODV 协议中的路由选择均采用跳数作为路由选择的标准，还有学者对其他路由选择的标准进行了研究。如 TORA 协议采用势能值作为路由选择的标准，但是该协议主要考虑转送节点的能量，没有考虑路由本身的稳定程度。ABR 协议采用联合度的概念来标识节点以及相应链路在时间和空间上的稳定程度，借助联合稳定度的比较进行路由选择，能够较为准确地反映路由的稳定性。此外，Baruch 等学者提出了基于吞吐量的路由选择算法[44]，该算法将吞吐量作为路由选择的标准，以期实现网络的负载平衡。该算法能够为服务质量保证提供支持，但是时间代价较高。

为了降低时间代价，三菱电子研究所提出简化的路由选择标准[45]。当源节点广播 RREQ 包时，接收到该包的邻居节点首先向源节点发送 PING 数据包，借助该数据包，可以验证两个节点之间通信信道的完整性。如果该通信信道的完整性较差，则不选择该路由。该方法实现简便，但是加重了节点的通信负担。

在选择策略方面，DSDV 和 AODV 协议等选择策略过于简单。为了解决该问题，Zhong 等学者提出无线 Ad Hoc 网络的协作优化路由转发协议 Corsac[46]。该协议采用 VCG（Vickrey - Clark - Groves）算法，在加密技术的基础上使得链路的成本由两个节点共同确定，从而加强路由的选择。该协议提供了使用两个节点描述链路成本的思路。

为了进一步描述链路的成本，Du 等学者提出了多类别路由[47]。首先选择能量较高的节点作为骨干节点 B-node，能量较低的节点作为普通节点 G-node，由骨干节点承担较多的路由负担。该技术能够实现快速路由，但是各个节点的负载不平衡。为了综合实现负载平衡，并且降低节点的移动距离，Wu 等学者提出了基于对数的存储—承载—转发路由技术[48]，首先设计节点运动的轨迹和集节点，然后调度消息的传送方式，并且在移动过程中进行节点的重新区分。该技术仍然存在对链路的情况描述不精确的问题。

为了更精确描述链路状态，日立公司提出了基于链路状态源路由的稳定路由选择算法[49]。该算法根据物理层测定的电波强度、信噪比、误码率确定链路状态值，然后判断该链路状态值是否超过设定的阈值，从而进行路由选择。西门子公司等则提出采用路由向量作为路由选择标准的思想[50]，由节点计算路由向量，当路由向量在阈值范围之外时，放弃该待选路由。上述技术能够较为精确地描述链路状态，但是节点间的计算负担较重，并且路由操作需要使用大量物理层获得的信息。

上述选择策略没有考虑不同移动自组织网络的不同特性。为此，Du 等学者提出了适应性单元延迟路由协议[51]，该协议包括3个部分：针对稠密网络的单元延迟路由机制 CR；针对稀疏网络的大单元路由机制 LC；节点稠密程度的变化检测，以及节点稠密程度变化时更改路由策略的机制。CR 机制采用面向能耗的按需路由选择算法，使用能量较高的节点执行路由和包转发操作，并且在选中的单元内以洪泛的形式进行路由选择。在稀疏网络的 LC 机制中，主要考虑如何保障数据包的传送，其次才需要考虑降低路由负担的问题。当活动节点的数目或者当路由的区域改变时，稠密度改变的消息传送到适应性簇头 AH 中，从而相应地改变路由策略。该方案充分考虑移动自组织网络的不同特性，并且区分了稠密网络和稀疏网络，但是稠密度的计算时间代价较高，并且需要大量洪泛操作。

在 Du 的研究基础上，为降低时间复杂度，Zhao 等学者针对稀疏 Ad Hoc 网络提出了基于 Hop ID 的虚拟协作路由技术[52]，从而基于 Hop ID 平均值的大小选择路由。Hop ID 是标识节点与预定路标节点之间相对位置的距离向量，例如，图 3-14 中某节点的 Hop ID xyz 是指该节点分别与路标节点 L_1、L_2和 L_3之间的距离。该技术仅适用于稀疏网络，时间复杂度相对较低。

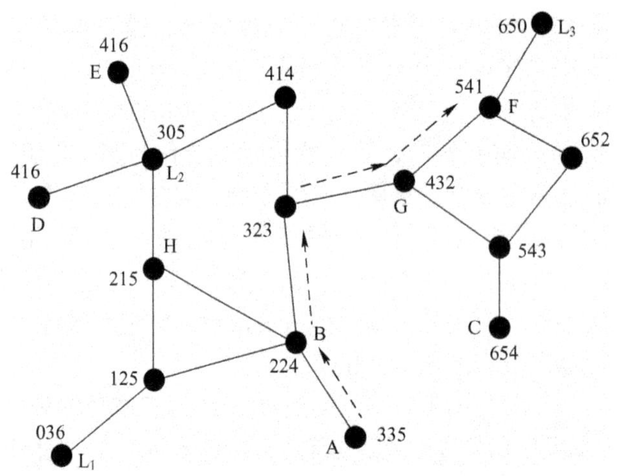

图 3-14 Hop ID 示例

由于 Hop ID 技术主要是针对小规模的稀疏网络，Luke 等学者则针对大规模移动自组织网络提出了簇覆盖广播技术[53]。当源节点传送数据时，首先与簇头交互，簇头将路由请求在所有簇头构成的覆盖网络上广播。该请求首先向一跳邻居节点广播，如果没有收到回复消息，依次向二跳、三跳邻居节点等广播。该技术虽然降低了计算的时间复杂度以及广播负担，但簇头节点的计算负担和转送负担较大，同时大大增加了路由失败时的延迟。

为了降低大规模移动自组织网络的路由计算负担，Jakob 等学者提出了对节点动态编址的方法[54]。该方法基于节点的位置关系对节点动态编码，根据该编码进行下一跳节点的查找。该技术虽然降低了洪泛造成的负担，但是需要占用节点的存储空间并带来一定的传送延迟。有些特定应用需要尽量降低传送延迟并且提供并发性支持，为此 Mao 等学者针对并发视频会话的要求提出了基于遗传算法的路由技术[55]。该技术针对每条路径进行基因编码，然后进行遗传和变异操作，最终获得适宜的路由。在该方法中节点的计算负担较重。

上述技术没有充分考虑拥塞控制的问题。Duc 等学者提出了拥塞适应性路由技术[56]。当节点探测到将要发生拥塞时，该节点通知前一个节点，前一个节点使用其他路由绕过拥塞区域。如图 3-15 所示的连接路由协议（Connected Routing Protocol，CRP），在 b 中当节点 C 探测到拥塞时，则通知其在先节点 B，由该节点选择通过节点 W 的另外一条路径，分别以概率 p 和 $1-p$ 在上述两条路径传送数据。当节点 B 发生拥塞时，如 c 所示，通知其先节点 A，由节点 A 选择通过节点 X 的路径，分别以概率 p 和 $1-p$ 在两条路径传送。可见，该技术不仅可以判断网络的拥塞状态，而且基于网络的拥塞状态可自适应进行改变。该技术适用于具有较重传送负担的大规模传送移动自组织网络，例如传送多媒体数据的移动自组织网络，能够降低包丢失率和延迟。但是需要节点具有拥塞探测能力，计算负担较重。

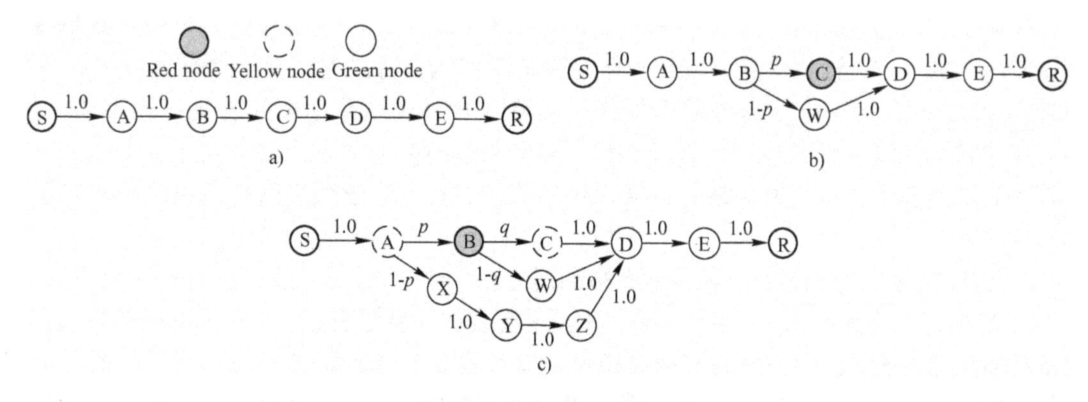

图 3-15　CRP 示例

综上所述，在移动自组织网络的基本路由选择算法中，协议交互中的洪泛操作带来了较重的数据传送负担和节点计算负担，并且仅仅以跳数作为路由选择的标准无法选择最优路由。因此，如何降低洪泛操作带来的负担以及如何设计更为全面的路由选择标准，是研究最为集中的领域。此外，区分稀疏网络和稠密网络并且分别设计路由选择策略也是一个很好的思路。在洪泛操作的优化方面，流言机制与概率模型的结合提供了很好的研究思路，在此基础上，学者提出了基于预测的路由选择算法。

3.3.6　路由更新与预测技术

由于移动自组织网络的动态性很高，路由失效和路由更新非常频繁。因此，路由选择算法的重要问题在于如何提高路由，更新性能。学者对路由算法中的路由更新技术做了很多的研究，主要可以分为全局更新、局部更新、事件驱动更新、基于移动的更新和移动预测更新等。

全局更新中，每个节点定期与其他节点交换路由表，例如 DSDV 采用了定期更新技术。显然，全局更新的代价非常高。局部更新技术将路由更新信息的传播局限在一定区域之内。例如，在 Jacquet 等学者提出的 FSR 协议[57]中，以较高的频率更新较近区域中节点的路由表。FSR 协议采用如图 3-16 所示的“鱼眼范围”定义较近区域。其中，鱼眼范围是覆盖从中心节点经过特定数目的跳数能够达到的节点范围。该技术的更新代价相对较低，但是准确性不高。

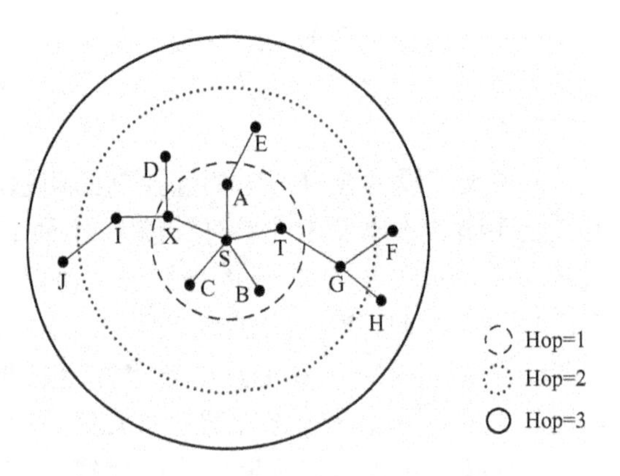

图 3-16　FSR 协议中的鱼眼范围示例

事件驱动更新技术[58]的主要思想在于，如果特定事件发生，那么节点传送更新消息，该技术的更新代价非常低，但是具有一定的滞后性。移动预测更新主要基于对移动的预测进行路由更新，而采用该更新技术的路由选择算法被称为基于预测的路由选择算法。其更新代价较低，并且具有一定的预测性，因此近年来学者对其进行了深入研究并取得大量研究成果。

Basagni 等学者提出了基于移动的更新技术 DREAM[59]，以较高的更新频率更新具有较高运动速度的节点，该技术的更新代价相对较低，但是计算的时间复杂度较高。Mehran 等学者在 DREAM 的基础上，提出最小位移更新路由 MDUR 和最小拓扑改变更新 MTCU[60]。在最小位移更新路由 MDUR 中，路由更新依赖于超过阈值的节点位置改变。最小拓扑改变更新 MTCU 则在最小位移更新路由 MDUR 的基础上，设计了依赖于网络拓扑结构改变程度的路由更新。

如图 3-17 所示，当节点 S 从位置 S_i 移动到位置 S_f 时，节点 S 的邻居拓扑结构发生改变，从而显著地改变了整个网络的拓扑结构，因此需要在此时发送更新包，从而网络中的每个节点能够重建路由表并且存储更为准确的路由。如果节点 S 迅速朝向节点 A 移动，但是仍然能够保持与节点 B 和 D 之间的连接，那么节点 S 的拓扑结构没有改变，网络中无需进行任何更新。上述方法中，根据拓扑结构改变的情况决定是否更新路由，较大地减少了更新代价；但是，采用阈值判断更新时机，准确性不高。

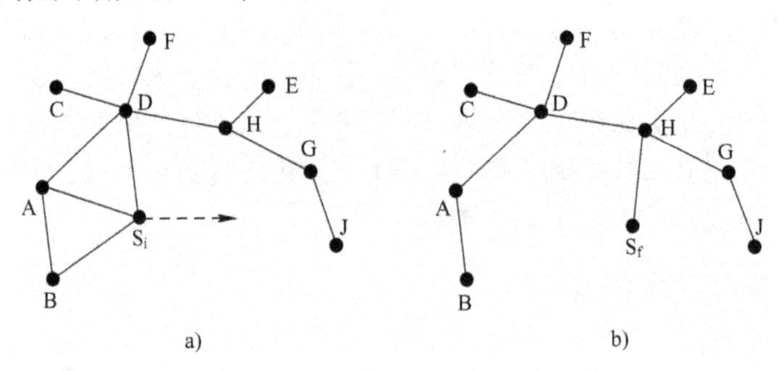

图 3-17　MDUR 中的节点位移示例

为了通过更新预测而减小不必要的路由更新并提供更新的准确性，Jiang 等学者提出基于对链路可用性进行预测的可靠路由选择算法[61]。首先根据在 T_p 期间中节点保持当前速度不变的情况，将预测链路可用的时间。接着，通过分析 t_0 和 t_0+T_p 之间可能的变化，预测该链路保持到时间 t_0+T_p 的概率 $L(T_p)$，其计算公式为

$$L(T_{\mathrm{p}}) \approx (1-\mathrm{e}^{-2\lambda T_{\mathrm{p}}})\left(\frac{1}{2\lambda T_{\mathrm{p}}}+\varepsilon\right)+\frac{\lambda T_{\mathrm{p}}\mathrm{e}^{-2\lambda T_{\mathrm{p}}}}{2} \tag{3-1}$$

式中，参数 p 难以确定。为了简化可以将 p 设定为 0.5，然后确定 ε 和 λ 的值。ε 的值由环境因素决定，例如，节点稠密度、信号范围和空间大小。上述可靠路由选择算法是基于节点速度的变化预测链路的可用时间，能够显著地降低路由选择算法带来的更新代价。但是，节点的计算代价和存储代价较高，并且该算法仅仅考虑了链路的可用性，没有考虑延迟以及能耗等因素。

为了进一步提高预测更新的准确度，充分考虑延迟以及能耗等因素，Guo 等学者提出，使用双指数平滑方法和基于链路生存期的启发式算法预测延迟和能耗[62]。在每个节点中，路由表基于 Dijkstra 算法做出修改，集成地评估预测值。双指数平滑方法的主要公式为

$$\begin{cases} X_{t+1} \approx S_t = A_t + D_t, t=1,2,3,\cdots,N \\ A_t = \alpha X_t + (1-\alpha)S_{t-1}, 0<\alpha\leqslant 1; \\ D_t = \beta(A_t - A_{t-1}) + (1-\beta)D_{t-1}, 0<\beta\leqslant 1 \end{cases} \tag{3-2}$$

式中，S_t为在时间 $t+1$ 处的评估值；X_t为在时间 t 处的实际值；α 和 β 是参数。α 和 β 的确定采用 Levenberg-Marquardt 算法实现。上述方法中更新代价较低，但是节点计算的时间复杂度较高。

为了进一步提高路由更新的效率，Vinh 等学者经过实验分析得出，路由更新的时间代价主要集中在链路层的队列长度和重新连接的限制上，因此提出了适应性重新连接限制以加速队列管理[63]。如果由于重新连接的次数达到重新连接限制，导致具有相同目的 MAC 地址的数据包被丢弃，那么重新连接的限制增加 1 次，直到每个包被重新传送 1 次。该方法降低了节点计算的时间复杂度，但是需要链路层支持，并且会导致资源分配的不公平。

综上所述，学者对基于预测的路由选择算法进行了深入的研究，如何降低时间代价并且及时进行路由更新，具有较好的研究前景。该问题的关键是建立较好的预测模型，基于节点的历史行为来预测可能的路由变化。移动自组织网络所具有的高动态性使得预测模型的建立存在一定困难。另外，由于移动自组织网络节点能量有限，需要充分考虑预测模型的时间代价和空间代价。

3.3.7　面向能耗的路由选择算法

由于移动自组织网络中节点能量有限，不仅路由洪泛和路由迂回都会导致不必要的能量消耗，而且基于路由选择的数据转发也会耗费节点的能量。为了避免节点能量耗尽且由此导致的网络分割，学者对面向能耗的路由选择算法进行了深入研究并且取得了大量研究成果。

Rodoplu 等学者首先提出面向能耗的路由选择算法[64]，在路由计算中结合能耗的情况来考虑节点生命周期，选择生命周期较长的节点作为下一跳。该算法提高了节点生命周期并且节省了能量，但是没有具体指出如何提高生命周期。在此基础上，Chang 等学者提出基于节点当前的存留能量来最大化网络生命周期，其中考虑了贪婪路由技术的规模和效率对于能量消耗的影响[65]。Lin 等学者则提出将链路成本定义为节点存留能量的指数函数[66]。可见，上述研究关注数据包传送所造成的能耗最小化和能量负担均衡化的折中，在一定程度上降低了能量消耗。

为了进一步降低大规模移动自组织网络的能耗，Ahmed 提出了移动自组织网络节能事

务路由技术 TRANSFER[67]。该协议中，每个节点使用按需链路状态协议获取 R 跳区域内的节点位置信息，其在无需得知本地信息的情况下按需进行路由选择。如图 3-18 所示，节点 Q 通过许多边界节点发送查询请求。每个边界节点 B_i 选择一个边界 C_i 作为在 r 跳内进一步传送查询请求的方向，直到达到联络点，联络点与节点 Q 之间最多为（R+r）跳，该图中接触节点的数目、R 和 r 均为 3。该技术降低了大规模移动自组织网络的能耗，但是节点的计算负担相对较大。

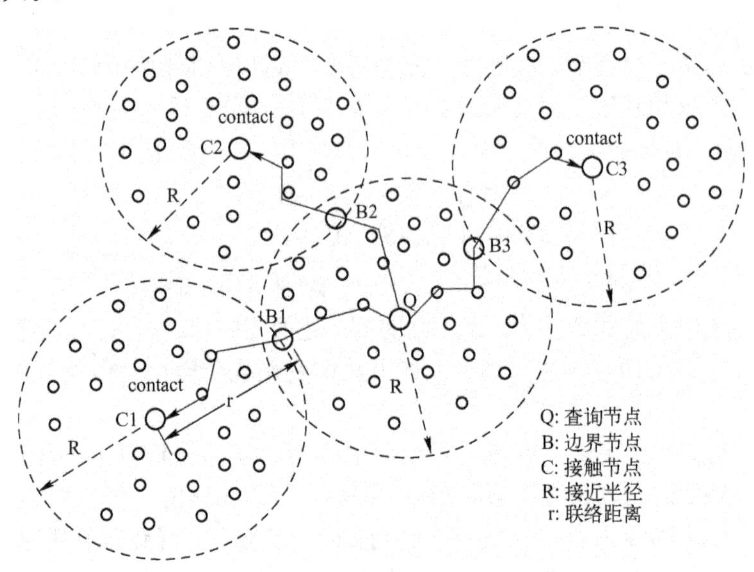

图 3-18　TRANSFER 示例

为了降低节点的计算负担，Liang 等学者提出虚拟骨干网路由选择算法[68]。该技术借鉴 ZRP 技术的基本思路，使用虚拟骨干网降低协议交互产生的能耗和传送负担。通过分布的启发式覆盖数据库 DDCH 实现骨干网中节点的选择和维护。该技术减轻了多数节点的计算负担，但是存在骨干节点计算负担较重的问题。

为了降低骨干节点的计算负担，Zhao 等学者提出面向能耗的适应性路由技术 EAGER[69]。该技术根据流量情况将网络划分为单元，单元内的节点预计算地维护单元的拓扑结构，单元间的节点实时地维护单元间的拓扑结构，并且将常用节点和常用路由周围的临近单元形成邻居单元，网络的其他部分则保持节能状态。如图 3-19 所示，阴影部分的单元形成邻居单元，其他单元则处于节能状态。该方法不仅节省能量，而且能够实现高速路由，但是节点的计算负担较大，并且上述研究没有关注移动自组织网络的空间特性。

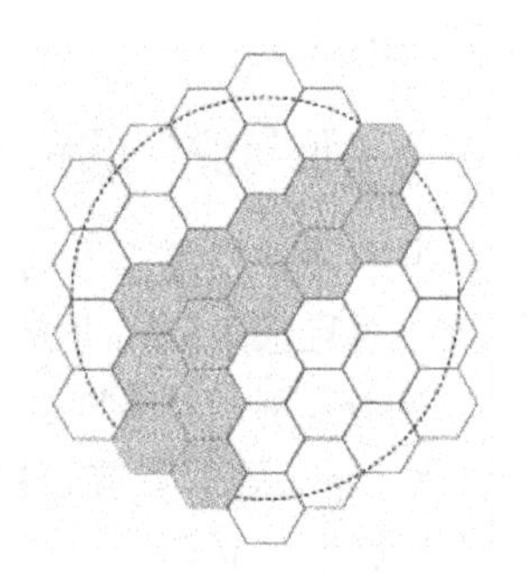

图 3-19　EAGER 协议下的单元合并

为了进一步考虑空间特性，Seung 等学者提出基于节点空间关系的多路径路由技术 PBM[70]，路由通过空间聚簇的会话完成，同一聚簇中的节点集合被称为“空间足迹”。图 3-20 显示了节点 S 到节点 D 的 3 条不同路由的创建，每个路由用实线显示，并且阴影区域是路由中的节点单元，其中箭头标识的节点是簇头。随着延伸程度的提高，阴影单元中的节点对应于会话的空间足迹，从而网络中的通行模式被看作空间足迹的动态集合。该技术基于节点空间关系实现能耗最小化与能量负担均衡之间的平衡，但是计算的时间复杂度较高。

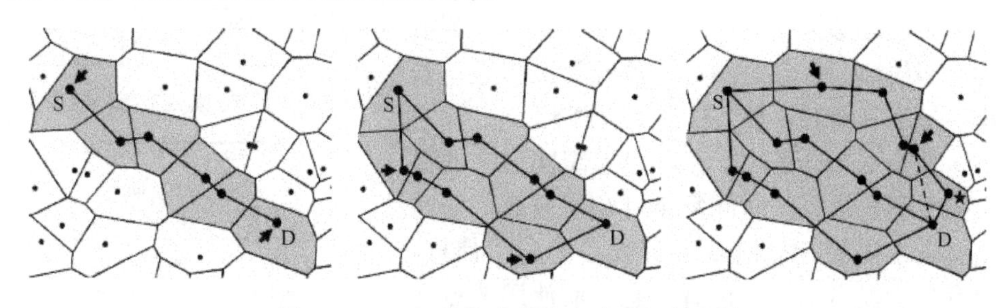

图 3-20　PBM 协议中的路由建立机制示例

综上所述，由于移动自组织网络节点使用自身带有的电池或者其他易损耗的能源，能量非常有限，因此对于面向能耗的路由选择算法具有良好的研究前景。该问题的研究重点在于提高节点的生存时间。为此，不仅要考虑路由协议和路由计算本身的能耗，还要重点考虑所选择路径上节点的剩余能量，以及节点在传送单位信息时能力的消耗等因素。

3.3.8　基于位置的路由选择算法

由于移动自组织网络中的节点不断移动，相互的位置关系不断变化，因此获取每个节点的实时位置信息，将对了解网络拓扑结构和路由计算提供便利条件。基于位置的路由选择算法通常需要通过全球定位系统 GPS 或者其他定位服务装置获得节点的物理位置信息[71]，然后通过上述节点物理位置信息或者节点相对位置关系进行路由计算。每个节点的路由选择根据数据包中包含的目的节点位置和转发节点的邻居节点位置来决定。该算法无需存储路由表，也无需发送消息保持路由表的更新，并且支持特定地理区域的数据包传送。

基于位置的路由选择算法主要需要解决以下两个问题。第一，在数据包传送之前目的节点位置的确定机制，这主要通过位置服务实现。第二，数据包转发机制，主要基于数据包的目的节点位置和下一跳邻居节点位置确定，其中下一跳邻居节点位置通常通过一跳广播的方式获得。具体转发方式主要包括流言转发、严格方向性洪泛和等级化转发 3 种机制。基于位置的路由选择算法的研究主要集中在数据包转发机制上。

为了解决协议交互中的高速转发问题，Fabian 等学者提出了基于位置的路由选择算法 GOAFR +[72]。每个节点使用流言机制向邻居节点转发数据包。如果该节点没有适宜的邻居节点，或数据包达到了网络边缘，流言机制难以进一步传播，该算法则使用反馈技术尽快恢复。该机制具有较高的路由效率。

为了降低网络中的传送负担，Johnson 等学者提出将成功接收数据包的概率定义为两个节点之间距离的对数函数和概率函数[73]，在路由计算中计算该概率并且用于路由选择。该方法降低了网络传送负担，但节点计算负担较重，尤其是在大规模移动自组织网络中更为明显。为了降低大规模移动自组织网络的计算负担，Taejoon 等将位置更新机制与分布式位置服务相结合[74]，将优化配置定义为基于位置或者基于时间的位置更新阈值，从而将总体路由代价定义为该阈值的凸函数。该方法一定程度上降低了节点的计算负担，但是没有考虑丢包率、延迟和能耗等因素。

此外，Lee 等提出了高效的位置路由选择算法[75]。该算法使用链路矩阵 NADV 选择邻居，并选择负担较轻并且跳数较少的路径，而不仅仅是最短的路径。其使用 MAC 层上的无线集成子层扩展 WISE 计算链路成本，如图 3-21 所示。基于探测消息信噪比、邻居监测、自监测等方法计算丢包率；基于丢包率、延迟和能耗，最终选择最优路径。

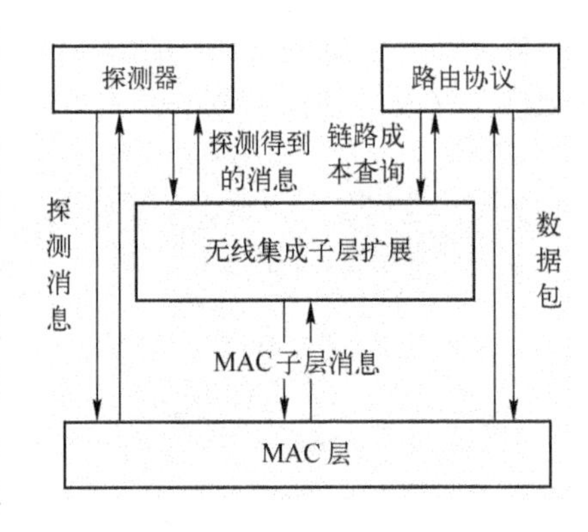

图 3-21 无线集成子层扩展

上述 3 种技术充分考虑了移动自组织网络中的数据传送负担，但是计算的时间复杂度相对较高。与此同时，这些技术需要有类似 GPS 等设备的定位信息。为此，也有学者提出不使用位置信息，而使用节点之间的相对位置关系[76]。

综上所述，基于位置的路由选择算法根据数据包中包含的目的节点位置和转发节点的邻居节点位置进行路由选择，节点通常需要装配 GPS 或者其他定位服务装置。该技术的研究重点集中在高速转发和路由选取机制的实现上，尤其是选用时间复杂度较低的数学模型描述路由，然后根据该数学模型的描述进行路由选择。

3.4 无线 Mesh 网络

无线 Mesh 网络是在移动自组织网络和无线传感器网络基础上发展起来的一种新兴无线移动互联网络。相比移动自组织网络，无线 Mesh 网络具有相对稳定的拓扑结构；相比无线传感器网络，无线 Mesh 网络在放宽能耗约束性的同时提出了高带宽的传输需求。无线 Mesh 网络可为用户提供高速的无线接入服务。

3.4.1 无线 Mesh 网络概述

无线 Mesh 网络（Wireless Mesh Network）在 20 世纪 90 年代提出，起源于美国国防部高级研究规划署资助的分组无线网络研究，最初的动机是为了满足战场生存的需要。90 年代后期，随着一些技术的公开，无线 Mesh 网络成为移动通信领域一个公开的研究热点。无线 Mesh 网络技术已在美国军方得到应用，民用领域的应用亦已开始起步。

传统的无线网络可分为集中式和分布式两类。集中式无线网络，如无线局域网或蜂窝网中，网络内必须有一个中心点（称为 AP 或基站），网络中所有通信都必须经过中心点，即使网络中两个节点距离很近也无法直接通信。除此之外，中心点覆盖区域有限，无法对用户的移动性提供很好的支持。分布式无线网络，如移动自组织网络，节点间可以进行对等的通信，扩大了网络覆盖范围，对用户移动性提供很好支持，但是，网络拓扑结构变动太快，实现比较困难，一般认为移动自组织网络适应军事通信领域，在民用通信领域不太合适。为了将两种传统无线网技术优点融合起来，学者们提出了无线 Mesh 网的概念。

1. 无线 Mesh 网络基本概念

无线 Mesh 网是一种动态的自组织、自配置、自治愈的无线网络，具有布设方便、开销小、易于维护、易于扩展的特点。其主要目标是在大范围内提供高速的无线接入。无线 Mesh 网络包括两类节点：Mesh 路由器和 Mesh 客户端。Mesh 路由器间通过互联形成 Mesh 网，构成整个网络的骨干，大大扩展了无线网络的覆盖范围，无线 Mesh 网结构如

图 3-22所示。由于 Mesh 路由器有多个，当其中一部分不能工作时，节点可接入到其他路由器继续工作，因此，Mesh 网络具有更好的容错能力。Mesh 路由器位置一般是固定的，且有电源供应，这样可以形成较为稳定的拓扑结构，可提供更高的网络性能。Mesh 网络可看作有线因特网的扩展，部分 Mesh 路由器有网关/网桥功能，可与互联网进行连接，为用户提供高速的网络接入。

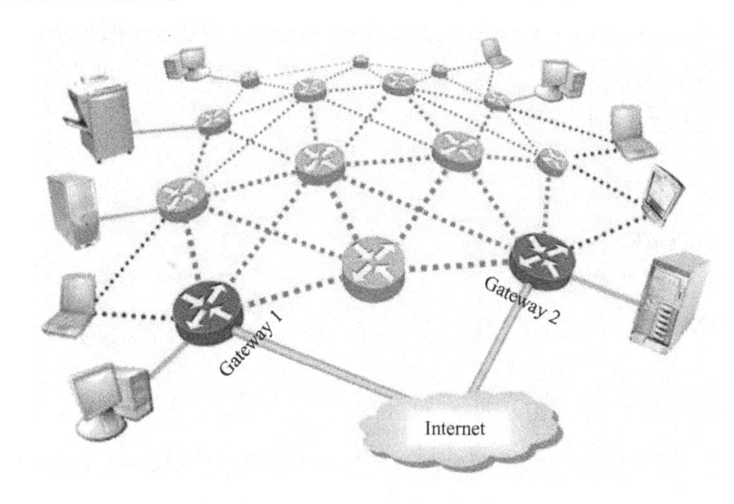

图 3-22　无线 Mesh 网络

Mesh 路由器和 Mesh 客户端对软硬件要求有所不同。Mesh 路由器除了传统的路由功能外，还需要组织、维护 Mesh 连接，Mesh 路由器一般配有多个接口。部分 Mesh 路由器还具有网关、网桥功能，可以实现与其他网络的互联。通过这些节点 Mesh 网络可接入互联网（Internet），也可将其他无线网络整合到一起。Mesh 路由器一般是固定的，且有稳定的电源供应，它们形成整个网络的骨干，为客户端提供回程。Mesh 客户端也有基本的路由功能，但相比 Mesh 路由器来说，其软硬件都相对简单。一般只有一个接口，只使用一种无线信号。使用 IEEE 802.11 或 802.16 的无线客户端可直接接入到 Mesh 网络中，如果客户端没有无线网卡，也可通过有线方式直接连接到无线 Mesh 路由器上。从移动的角度来说，Mesh 客户端可分为固定节点和移动节点。移动节点靠电池供电，受能源限制较大。

Mesh 网络的连接方式也是多种多样的，从接入方式来分，可分为有线和无线；从连接双方的节点来分，通常有用户—无线路由、无线路由—无线路由和无线网关—互联网 3 种连接，在某些网络体系结构中还支持用户—用户连接。用户可通过现有的多种无线接入技术接入到无线路由器，如 IEEE 802.11、IEEE 802.16、蓝牙或其他方式；若没有无线网卡，也可通过有线方式，如以太网或 USB，直接连到 Mesh 路由器上。

Mesh 路由器之间的连接通常采用能提供高速无线连接的 IEEE 802.11，IEEE 802.16 技术，由于 Mesh 的特点，一般都是采用多点到多点的连接方式。这是无线 Mesh 网络的关键所在，通常也是瓶颈所在，这种连接通常也被称作回程。网关到互联网的连接多采用有线方式，大大扩展了无线 Mesh 网络的资源和使用范围。从流量来看，也分为两种，一种是用户和互联网的交互，另一种是用户之间的数据流，但前者占绝大部分。

2. Mesh 网络体系结构

无线 Mesh 网络体系结构可分为 3 类：有基础架构的无线 Mesh 网络（Infrastructure

WMN），客户端无线 Mesh 网络（Client WMN）和混合式无线 Mesh 网络（Hybrid WMN）[77]。

（1）有基础架构的无线 Mesh 网络

在有基础架构的无线 Mesh 网络中，Mesh 路由器形成网络的骨干，为 Mesh 客户端提供回程，通过有网关功能的路由器接入 Internet 中。Mesh 用户通过有线或无线的方式接入到 Mesh 骨干，由于 Mesh 路由器有网桥功能，所以用户可通过不同的无线或有线技术接入网络。相比 Wi-Fi 和 WiMAX，这种体系结构大大扩展了无线网络的覆盖范围。网络间的通信通过无线多跳实现。但用户之间不能直接进行交互，即使两个用户相邻很近，信号可互相覆盖，且使用同种无线信号，他们之间的通信仍需通过 Mesh 路由器，降低了网络的效率。

（2）客户端无线 Mesh 网络

客户端无线 Mesh 网络没有 Mesh 路由器，只有 Mesh 客户端，客户端使用同样的无线技术，类似传统的移动自组织网络。相对有基础结构的无线 Mesh 网络，这种结构对客户端的要求比较高，客户端不仅要有路由功能，而且要组织和维护 Mesh 连接。这种结构布设方便，适用于没有基础架构的情况下快速搭建无线网络平台。但是，对终端要求比较高，不能接入到互联网。

（3）混合式无线 Mesh 网络

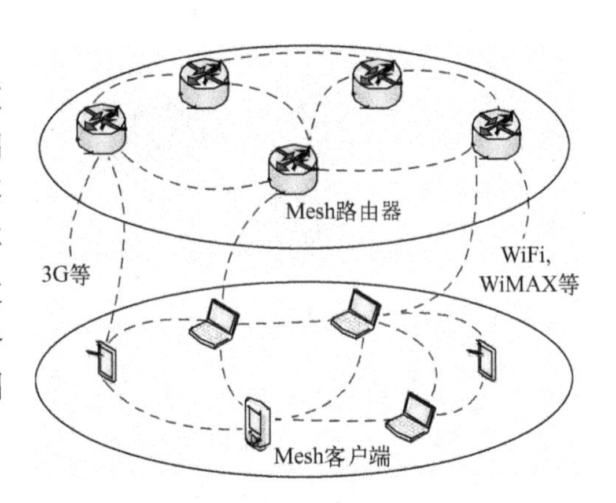

图 3-23　混合式无线 Mesh 网络

混合式无线 Mesh 网络是前两种结构的混合体。如图 3-23 所示，骨干网可扩大无线覆盖范围，为用户提供接入，同时可将不同的网络互联起来，提供网络间互操作。另外，如距离和无线技术允许的话，用户也可以直接进行通信。大大扩展了无线网的使用范围，这是无线 Mesh 网络最有前景的一种应用方式，也是最能体现 Mesh 网络特性的应用方式。

3.4.2　无线 Mesh 网络的 MAC 协议

现有无线网络 MAC 层协议可分为两类：集中式接入和分布式接入。集中式接入 MAC 协议中有一个中心控制点，将各个节点的接入请求整合起来，然后进行集中调度，比如 TDMA 和轮询（Polling）。分布式接入 MAC 协议的控制功能分布在各个节点上，每个节点通过侦听信道相连，当发现信道空闲时发送信号，如 CSMA/CA。但这些协议在无线 Mesh 网络中不适用。集中式接入方式需要网络中有一个中心节点，由于 Mesh 网络分布式可扩展的系统结构，这种方法是不可行的。CSMA/CA 的方法只适用于一跳的无线网络，在多跳的无线网络中性能并不理想，因此也不适用于无线 Mesh 网络。

1. 无线 Mesh 网络 MAC 协议概述

无线网中 MAC 层是不完善的，根本原因有 3 个方面，一是无线链路不稳定；二是由于天线设备的半双工特性，导致它在某一时刻只能进行接收或者发送，无法像有线链路一样“边听边说”。三是 MAC 层协议不能提供可靠的性能，如 CSMA/CA，只是尽力而为的协议，而不能提供任何保证。在无线 Mesh 网络的多跳环境中这个问题就更加严重。

（1）无线 Mesh 网络 MAC 层的问题

无线 Mesh 网络的 MAC 层面临着两个主要的问题，即隐藏点和暴露点问题。暴露点问题会使节点损失传输机会，导致系统的吞吐量急剧下降。隐藏点问题会导致发送冲突，进而引起重传，会增加网络的传输负担。在单信道环境中，可通过侦听信道来解决隐藏点问题，如 IEEE 802.11 协议，使用 RTS/CTS 虚拟载波检测来避免隐藏点问题。

除了单跳环境中的问题，多信道环境下的 MAC 层还面临着新的问题。当有多个信道可供使用时，节点经常会更换信道以减少与邻居节点的冲突。但节点侦听只能局限在一个信道，它不可能获得其他信道上的收发情况，当协调出问题后，就可能出现侦听时信道空闲而发送时产生冲突的问题，即多信道隐藏点问题。解决多信道隐藏点问题，有两种方法。一种方法是使用时间同步，所有节点在某一时刻同时使用同一信道来协商各节点如何使用之后的信道；另一种方法是单独使用一个信道用来做控制。

对于无线 Mesh 网络，多跳也会给 MAC 层带来新的问题，表现在如下3方面。第一，在无线环境中，每一跳都需竞争信道，都会有延时，多跳过程累计的延时可能会非常大；第二，在某一跳传输中采用信道 A，但下一跳中信道 A 可能忙，信道 B 空闲，有必要切换信道，会导致多跳过程中不停切换信道，增大节点选择信道的开销；第三，当节点移动导致网络拓扑发生变化时，选择下一跳将会是个很大的问题，在多跳环境中，这个问题更加突出。

（2）无线 Mesh 网络 MAC 层协议分类

针对这些问题，学者们对无线 Mesh 网络 MAC 协议进行了深入研究。不同的 MAC 层协议建立在不同的物理层假设基础之上，为此，根据物理层不同情况将无线 Mesh 网络 MAC 协议分为3类：单信道 MAC 协议、多信道单收发器 MAC 协议、多信道多收发器 MAC 协议。其中，单信道中 MAC 协议的研究热点集中在对现有 IEEE 802.11 MAC 协议的改进，以使其更适应无线多跳环境，以提高网络的容量和减少能耗。但是单信道资源太少，冲突比较严重。为了解决上述问题，学者们提出了多信道单收发器 MAC 协议，多信道可充分利用信道间不干扰的特性来开发并发功能，可设计出性能更高的 MAC 协议。多信道单收发器 MAC 协议使用一根天线可以支持多个信道，当在一个信道冲突时可转换到另一信道，从而解决冲突问题。但是在同一时间一根天线只能工作在一个信道上，不能同时进行收发，网络容量仍很有限。为了提高网络容量，进一步的改进是让节点拥有多个收发器，不同收发器可工作在不同信道上，这样就可同时进行收发的操作。仅靠 MAC 层信息很难解决多跳导致的问题，可能需要用到网络层的网络拓扑信息，需要使用跨层设计，这部分将在无线 Mesh 网络跨层设计（见3.4.3节）中详细介绍。

2. 单信道 MAC 协议

IEEE 802.11 DCF 使用4路握手机制进行通信（RTS/CTS/DATA/ACK）。考虑两个邻居节点同为发送者的情况，如图3-24所示，A，B 为发送者，此时通信是可以同时进行的。同理，当 A，B 同为接收者的时候，并发的情况也是允许的，但 IEEE 802.11 DCF 机制会阻止这种情况的发生，这就是暴露点问题。

为了开发这种情况下的并行功能，A. Acharya 等人提出了 MACA－P 协议[78]，其关键改进是允许邻居节点同步它们的接收期，也就是说，邻居节点能改变自己的收发状态。为实现该方案，MACA－P 修改了 DCF，在握手过程中引入了控制空隙，使得另一对节点有机会进行另一次握手协议，从而增大了并发传输的可能性。

为了使用以上机制，节点必须能知道其邻居节点的收发状态以及何时在收发状态间作切换，为此 MACA－P 还需对节点做一些改进，每个节点上通过监听 RTS/CTS 信息，维护一个邻居节点状态表，邻居状态分3种：接收、发送和空闲。当一个节点想发送信息时，必须确保邻居节点没有处于接收状态的节点，同理，当节点想接收信息时，必须确保邻居节点中没有处于发送状态的节点。

下面举例说明。在图3-24中，A想向C传输数据，B想向D传输数据，但B在A传输范围内，MACA-P可以使这两个传输同时进行，其工作流程如图3-25所示。

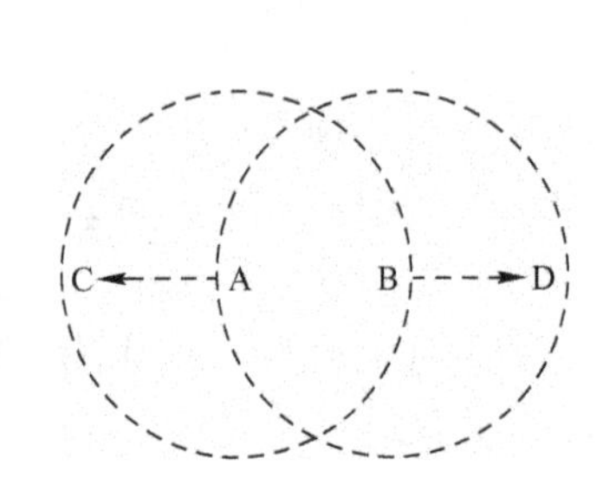

图3-24　A，B可同时发送的情况

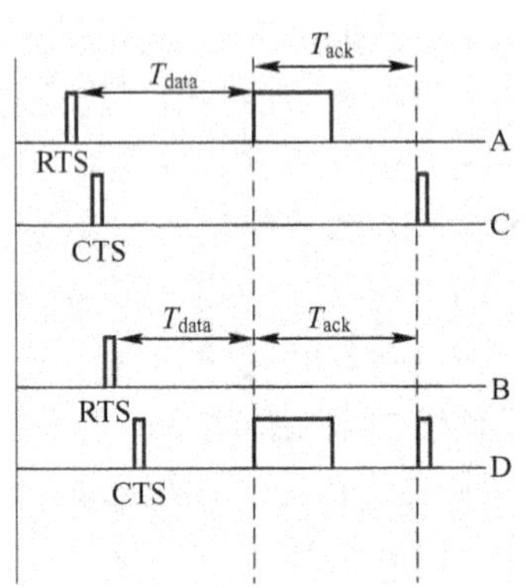

图3-25　MACA－P的流程图

1）A向C发送RTS。

2）经过SIFS后，C向A回复CTS。

3）由于MACA－P引入了控制间隙，所以在C和A协商后的空隙内B和D也可进行一次协商，与A和C的协商类似。

4）利用A与C协商过程中产生的RTS和CTS中的时间信息，B，D可将自己传输DATA和ACK的时间调节到与A，C传送同步的时刻，当发送DATA时，A，B都是发送者，当接收ACK时，两者都是接收者。其中，T_{data}和T_{ack}都以较长的时间为准，所以不会发生冲突。

3. 多信道单收发器MAC协议

IEEE 802.11协议使用的频率中包含了多个信道，IEEE 802.11a包括12个不重合的信道，IEEE 802.11b包括3个不重合的信道。在多信道环境中，利用信道数目的优势，让需要通信的互不干扰的节点工作在同一信道上，可能会互相干扰的节点工作在不同信道上，这样可以降低冲突，提高网络容量。但是IEEE 802.11的MAC协议并不支持多信道，为此，研究人员对多信道MAC协议做了深入研究。

（1）经典的多信道单收发器MAC协议

双忙音多接入（Dual Busy Tone Multiple Access，DBTMA）是一种较早的支持多信道的协议[79]。它将一个普通信道分成两个子信道：一个控制信道和另一个数据信道，控制信道使用忙音来避免隐藏点问题，但是没有提高网络的吞吐量。跳频预约多接入（Hop Reservation Multiple Access，HRMA）[80]是一种使用慢速跳频扩频机制FHSS的多信道协议。节点事先确定一个跳频模式，当两个节点通过RTS/CTS握手后，可使用确定的跳频模式来进行通信，多个通信可在不同的跳频模式下同时进行。接收者促发的使用双轮询机制的跳频协议[81]使用了与 HRMA 类似的方法，但它是一种由接收者来初始化冲突避免的握手机制。这类机制的缺点在于只能用于使用跳频的网络中，不能用于其他网络，如使用直序扩频 DSSS 的网络。在这些研究成果的基础上，研究人员研究了一些较新的多信道 MAC 层协议。

（2）多信道 MAC 协议 MMAC

为解决多信道隐藏点问题，J. So 等人提出了一种多信道 MAC 协议 MMAC[82]，MMAC 利用时间同步的方法来解决多信道隐藏点问题。MMAC 协议将时间分为不同的时间段，以 Beacon 帧作为开始，在 Beacon 中插入一个时间段，该时间段内所有节点切换到同一信道来协商传输信道，这样该问题简化为单信道中的协商问题。

在协商过程中，为避免多节点同时发送 Beacon 产生冲突，MMAC 使每个节点随机选择一个后退时间，然后开始发送。为保证当 Beacon 开始时节点切换到统一信道而不会破坏该 Beacon 前的数据传输，MMAC 设定如果当前 Beacon 所剩时间不够传输数据的话，则阻止信息的传输。这样能保证所有节点在同一时间切换到统一信道，从而避免了多信道隐藏点问题。

在信道分配方面，MMAC 中的节点各自维护一个偏好信道表（Preferable Channel List，PCL），将信道根据使用的情况按照偏好程度分为高、中、低 3 种状态。节点采用类似 IEEE 802.11 节能模式中的 ATIM 信息，采用三路握手机制 ATIM/ATIM－ACK/ATIM－RES 来协商信道。当节点 A 有数据发给节点 B 时，节点 A 向 B 发送 ATIM，其中包含节点 A 的 PCL，节点 B 根据自己的 PCL 和节点 A 的 PCL 来寻找一个合适的信道。具体算法如图 3-26 所示。

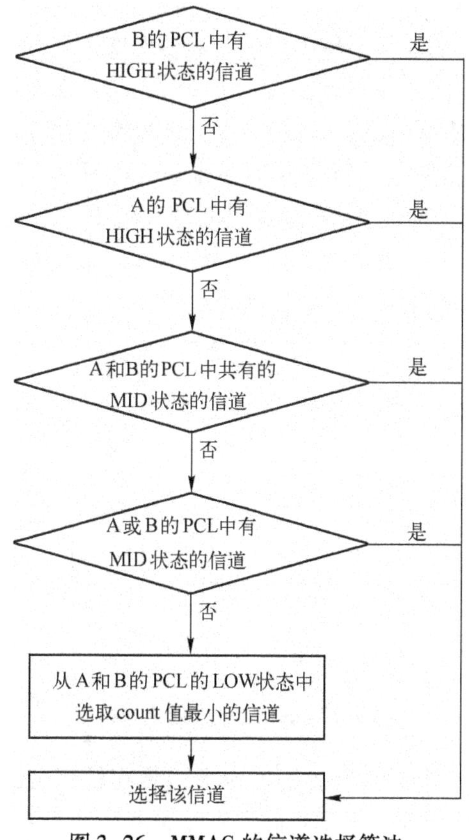

图 3-26　MMAC 的信道选择算法

其中，LOW 状态中信道 count 值是指该信道被邻居节点中使用该信道通信的节点对的数目。因为节点在一个 Beacon 中只能和一个邻居通信，如果它需要和多个节点通信，则其他节点必须等到下一 Beacon。

MMAC 选择信道的机制比较复杂，而且在 Beacon 开始时协商好信道后，在后面传送每个数据包时仍需协商，信令开销很大。

（3）使用时隙种子的信道跳变协议 SSCH

为简化协商信道的机制和减少信令开销，Paramvir Bahl 等人提出了一种链路层的机制 SSCH（Slotted Seeded Channel Hopping）[83]。SSCH 是一种分布式协议，可用来协调信道切换。

SSCH 使用了信道跳变的基本思想来避免冲突，每个节点会选择一个信道跳变计划，并将包调度在不同信道上。每个节点会将自己的信道跳变计划传给邻居节点，收到该消息后，节点根据具体情况更新自己的信道跳变计划。

在信道跳变计划中，SSCH 引入了（信道，种子）对来描述节点的信道使用情况，其中信道是指节点现在使用的信道，种子是节点自己选的随机值，下一次信道变为（信道+种子 mod 可用信道数）。设信道描述对为(x_i,a_i)。在 IEEE 802.11a 中，有 13 个不重叠的信道，对于节点来说 x_i 可选 0～12 的一个值，a_i 可取 1～12 的任意值。信道变化公式为

$$x_i=(x_i+a_i)\bmod 13 \tag{3-3}$$

为了更进一步增大信道的差异性，SSCH 中选取多个（信道，种子）对来控制信道，每次选定信道后占用一个时隙，为了避免节点一直在不同信道工作而造成网络在逻辑上的分离，在一段时间中，会专门加入一个校验时隙，在该时隙节点切换到同一信道进行通信。

下面举例说明，假设有两个（信道，种子）对，3 个不重叠的信道，奇数时隙的信道由(x_1,a_1)对决定，偶数时隙信道由(x_2,a_2)对决定，校验时隙使用统一的信道。参考图 3-27，其中 A 和 B 选择在奇数时隙通信，所以两者在奇数时隙采用了统一的（信道，种子）对，而在偶数时隙采用不同的（信道，种子）对以便与其他节点进行通信。A 在第一个时隙的信道由（信道，种子）对(1,2)决定，第二个时隙由（信道，种子）对(2,1)，第 3 个时隙仍由(1,2)决定，不过此时信道变为(1+2)mod 3=0。

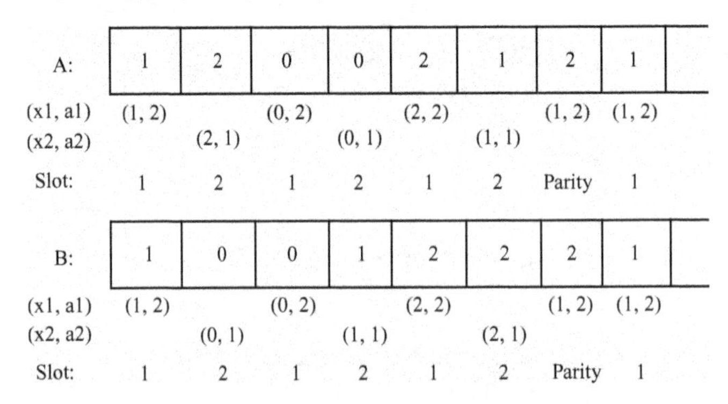

图 3-27　SSCH 中信道选择机制

SSCH 可布设在与 IEEE 802.11 兼容的网卡上，具有较好的应用前景。从实验中可以证明在一些多跳、单跳无线环境中，SSCH 能显著增加网络的容量。但是，SSCH 没有给出信

道初始分配和种子选取的好方法，在信道数较少的情况下出现冲突的可能性仍然很大。

单收发器在同一时间只能工作在一个信道，且只能进行收或者发的工作，在增大网络容量方面仍然有限。

4. 多信道多收发器 MAC 协议

随着设备制造技术的发展，在一个节点上配置多个天线成为可能，多收发器可工作在不同信道上，同时为节点提供多个传输通道，能进一步提高网络容量。为此，研究人员又开发了多信道多收发器 MAC 协议。该协议一般是在多信道单收发器 MAC 协议基础上进行改进：可利用增加的收发器承担控制功能以减少干扰，也可利用多收发器承担传输功能以增大网络容量。

（1）动态信道分配协议 DCA

Wu 等人提出了一种动态分配信道的协议（Dynamic Channel Assignment，DCA）[84]，使用一个固定的信道来传输控制信号，其他信道传输数据，每个节点使用了两个收发器，所以可同时在控制信道和数据信道上监听。在 RTS/CTS 中，通信双方会协商好发送数据使用的信道。因为其中一个天线一直在监听控制信道，所以可避免多信道隐藏终端问题。该协议不需同步，信令开销较小。但是，控制信令单独占用一个信道，浪费较大。

（2）干扰感知的信道分配机制

为充分利用多信道优势来增大网络容量，Krishna N. Ramachandran 等人提出了一种动态分配信道的机制[85]。该方法使用了一种中心分配的、干扰感知的信道分配算法和相应的信道分配协议来增大网络容量。每个 Mesh 路由器使用了一种新的干扰感知机制来测量和邻居节点的干扰程度，并使用了多信道干扰模型（Multi-radio Conflict Graph，MCG）。

（3）多接口改进信道预留协议 MIACR

为了降低端到端延时，Joo Ghee Lim 等人提出了多接口改进信道预留协议（Multiple Interface Advance Channel Reservation，MIACR）[86]。

无线 Mesh 网络中的 MAC 层延时有两个种，一种是帧在不同接口间的协议栈的上下层间转换时产生的跨层延时。另一种是竞争产生的延时，包括控制帧花费时间和基于竞争的 MAC 协议的回退时间，以及时间同步导致的开销。而且包在路径的每一跳都需竞争信道，在多跳中该延时的累积效应非常大。MIACR 使用了标签交换机制来减少跨层延时，使用预约信道机制来减少多跳时延。

3.4.3　无线 Mesh 网络路由协议

1. 无线 Mesh 网络路由协议概述

无线 Mesh 网络路由协议在满足将包进行正确路由的基础上，还必须有很好的可扩展性，以适应 Mesh 网络规模可扩展的特性。由于 Mesh 客户端的移动性，Mesh 路由需要支持用户的移动，能快速重新发现或恢复路由，为上层协议提供更好的稳定性。Mesh 网络要提供多种无线网接入，所以 Mesh 网络路由还应该有很好的可调节性，能自适应异质网络。

根据协议主要目的的不同，可以将无线 Mesh 网络路由协议分为控制洪泛的路由协议、利用有利时机的路由协议和考虑公平性的路由协议。控制洪泛的路由协议是为了减少路由协议的开销；利用有利时机的路由协议是利用了传统路由协议忽略的一些信息来提高路由的效率；公平性路由主要考虑采取多径路由对网络负载进行分流。

2. 无线 Mesh 网络路由协议

（1）控制洪泛路由协议

传统无线多跳路由大多是针对网络拓扑变化频繁的网络（如移动自组织网络）设计的，因此，路由发现和路由维护开销都很大。但在无线 Mesh 网络中，网络拓扑基本是稳定的，只需在变化路径的局部范围内更新即可，没有必要频繁地更新全网的路由状态，利用该优势可以缩小路由更新信息洪泛的范围，减少路由的开销。

1）局部按需链路状态路由协议 LOLS。

局部按需链路状态路由协议（Localized On-demand Link State，LOLS）[87]是针对固定的无线网络环境提出的路由协议，利用了无线 Mesh 网络骨干拓扑不经常变化的特性。

LOLS 引进了两个新的概念：链路的长期开销和短期开销，分别表示链路平常和现在的开销。为了减少控制开销，短期开销比较频繁地发给邻居节点，而长期开销则要经过较长时间才发送。

在 LOLS 中，由长期开销形成的拓扑作为基础拓扑（Base Topology）。如短期开销比长期开销大，则该链路被认为是一条差的链路。短期开销只会告知给邻居节点，且只有当变化时才触发。

LOLS 中的关键算法是黑名单协助转发机制（Blacklist-aided Forwarding，BAF），在 BAF 中，每个转发包都会携带一个黑名单，其中包括它经过的差的链路。中间节点根据黑名单中的信息和基础拓扑上的其他信息来计算到目的节点的最佳路径。同时，中间节点也会更新黑名单信息，如果最佳路径经过一条差的链路，则中间节点会将其加入到黑名单中。如果在下一跳到目的节点的开销小于该黑名单中包含的到目的节点的最小开销，说明下一跳后黑名单信息对选路已没有帮助，则中间节点将黑名单清空。

2）移动 Mesh 路由协议 MMRP。

移动 Mesh 路由协议（Mobile Mesh Routing Protocol，MMRP）[88]是由 MITRE 公司提出的无线 Mesh 网络路由协议，为每个数据包设置了生存期，类似 OSPF 中的机制。当节点发送一个路由消息后，就从生存期中减去预计的发送该消息需要的时间。如生存期已过，则抛弃该包，也不再进行重传。

（2）利用有利时机路由协议

在路由算法的传输过程和寻路过程中，往往会产生一些冗余信息，在传统路由算法中这些信息并没有被加以利用，造成了一定的信息浪费。为了充分利用这些信息，学者们考虑了通过增加一些小的开销来设计性能更高的路由算法。这类协议称作利用有利时机的路由协议。有代表性的协议有利用有利时机的多跳无线路由协议 ExOR 和利用有利时机路由协议（Resilient Opportunistic Mesh Routing，ROMER）

利用有利时机的多跳无线路由协议 ExOR[89]协议将路由和 MAC 层的功能结合起来，提高多跳无线网络的传输量。ExOR 在转发一个包时，首先会广播该包，从实际接收到广播包的节点中选择一个合适的节点来转发包。其关键技术在于只有“最好”的接收者能转发包，从而避免了重复包的发送。

ROMER[90]是一种具有恢复能力的利用有利时机的 Mesh 路由协议，将长期的利用路由稳定性和短期的利用有利时机的性能做了很好的权衡。ROMER 会建立一些候选的从源到目的地的路径，但在实际转发每一个包时，允许该包动态地选择具有最好信道质量的路径，可充分利用带宽。同时，为了实现在链路失效、AP失效或AP受到攻击等情况下的恢复能力，ROMER在一定的控制条件下随机地在候选路径上发送若干冗余包。

（3）多径路由协议

在路由协议中，如果只使用最佳路径，会导致该路径负载过重，进而导致丢包，然后可能需要重新找另一条最佳路径，进而重复上述过程，这种问题称作路由抖动。另一方面，使用单一路径传输量有限，可能无法满足某些大数据量传输的需求。利用多条路径同时传输可有效解决这两个问题，为此，学者们在多径路由协议方面也做了许多研究。

多径路由协议中主要考虑两个关键问题，一个是如何发现多条路径并实时对其进行维护，另一个是如何在各路径间实现负载平衡。

Wai - Hong Tarn 等人提出了一种联合的多信道多径路由（Joint Multi-channel and Multi-path Control，JMM）[91]。该协议除了选取合适的路径外，还可考虑其他因素来提高网络吞吐量，如利用链路层信息。该协议使用了多信道单收发器，将时间分为槽，JMM 协调时隙间信道的使用并将调度流通过两条路径来走，该机制综合利用了时分（时隙），空分（多径），频分（多信道）的方法来避免干扰，可达到高的吞吐量。

3. 无线 Mesh 网络中的跨层设计

传统互联网已发展多年，取得了很大的成功。其中，优秀的体系结构是其能快速发展的一个重要原因，分层结构使得各层协议能单独设计并优化，简化了问题；另一方面，分层结构使问题分布在不同层次，每层协议能将错综复杂的底层细节屏蔽并为高层提供统一的接口，这样可以将不同网络融合在一起，这使得网络具有很好的可扩展性。但是，在无线 Mesh 网络中，由于无线链路的特殊性和 Mesh 网络的一些特点，使得分层协议无法满足其对性能的要求，为此，学者们提出了一种新的设计思路——跨层设计。

（1）各层协议对跨层设计的需求

跨层设计的主要原因是信息的共享，在跨层设计时必须合理调节信息在各层间的传递。网络层次有多种模型，典型的如 OSI 和 TCP/IP，这里采用 OSI 层次模型的一个变种。从低到高将网络分为物理层、数据链路层、网络层、传输层和应用层。数据链路层包括逻辑链路子层 LLC 和媒体接入子层 MAC，在本书中，考虑到重点为 MAC 层，有时也会直接用 MAC 层来代替数据链路层。

物理层： 物理层的目的在于提供信息传输的物理通道，在无线 Mesh 网络中，物理层采用不同的无线标准，不同的调制和编码方式组合成不同的链路。这些信息可作为上层协议设计的依据。

数据链路层： MAC 子层是数据链路层中非常重要的一部分，其主要功能是为用户分配信道接入和调度机制，同时也可向其他层提供链路忙/闲信息，以及提供资源预留等功能。链路层的关键是传送调度策略，它影响到数据包的延迟、带宽等性能，并最终可能导致网络层路由性能的变化。

在跨层设计方面，MAC 层具有承上启下的作用。向下层看，MAC 调度需要根据物理层情况进行调节，如本章 MAC 协议部分所讲，针对物理层能提供信道数和天线数，MAC 层调度算法考虑的因素是完全不同的。

网络层： 网络层是网络中最为重要的一层，将决定分组如何从源发送到目的端。网络层拥有整个网络的拓扑信息和传输路径的具体信息。路由协议是网络层的核心技术，路径发现是路由协议中最重要的一环。

在无线多跳环境中，传统的采用最小跳数作为路径判据的协议不能达到较好的性能，选择路径时必须考虑链路的具体情况，如信道数、信号数、链路质量、链路带宽等。在本章路由协议部分中，可以清晰地看出，每种路由协议都依赖于具体的物理环境，要实现性能较高的路由协议，大多要求物理层提供多信道、多信号，都需对 MAC 层信道分配做出一定假设。如考虑路由协议的公平性、安全性等要求，就需要底层为其提供更多的信息。

传输层：传输层的目标是向用户提供高效的、可靠的和性价比合理的服务。主要包括 TCP 和 UDP 两个协议。TCP 是面向连接的可靠的传输协议，在传统互联网中取得了巨大成功，但是在无线环境中其性能却不是很理想。TCP 假设丢包是由于网络拥塞，并进而减小传输窗口。但在无线多跳环境中，丢包可能是由于链路不稳定等因素导致的，此时不仅不应降低传输速率，反而应提高传输速率。

为了提高 TCP 的性能，需要区分不同丢包情况，这就需要链路层和物理层提供信息。针对不同情况，TCP 也可告知物理层通过改变调制编码方式、改变电源功率等方法来调节信道。对于质量太差的链路，TCP 还可告知网络层，重新启动路由发现机制，找一条质量更好的路径。

应用层：应用层协议根据其具体的应用，如数据、音频、在线视频等，对网络的 QoS 会有不同的需求。为了保证 QoS，在网络层，路由选择重点会考虑链路跳数、链路稳定性等因素，这些参数会对 QoS 产生影响。链路层对各个业务流优先级的设置、调度以及信道选择等的策略制定也会影响端到端的 QoS。在物理层选择不同的调制方式和传输功率，同样会使 QoS 中的误码率、吞吐量、发送速率等发生变化。因此对应用层的 QoS 保证涉及了每个协议层相应的参数设置。

从跨层设计角度看，如果可以加强各层之间信息的交互，必然能使网络性能得到优化。各层信息交互图如 3-28 所示。从中可看出，各层间信息都可以进行共享，下层信息对上层决策起着指导作用，上层的要求可传到下层使得下层进行合适的调整。

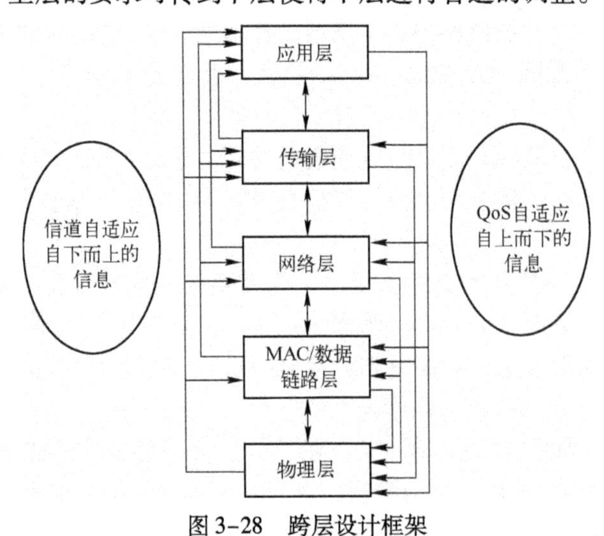

图 3-28　跨层设计框架

(2) 跨层设计的分类

依据不同的标准，跨层设计可分为不同的类型，如图 3-29 所示。从耦合程度来分，跨层设计可分为松耦合和紧耦合。松耦合只是将不同层之间的信息进行传递，没有改变层的体系结构，例如，将 MAC 层丢包率或物理层信道状态信息传给传输层，这样 TCP 就可区分出拥塞导致的丢包和链路失效导致的丢包。紧耦合中，不仅有层和层之间的信息传递，而且不同层要协同作优化，不同层的优化算法被看作是一个优化问题来解决。例如，在 TDMA 的无线 Mesh 网络中，时隙分配、信道分配和路径选择可由一个算法来决定。紧耦合协议的极端是将多个层合为一层来考虑优化，例如，将 MAC 层的信道选择和网络层的路径选取放在一个算法中决定。这样能减少层间互操作，但是不能与现有互联网协议层兼容。

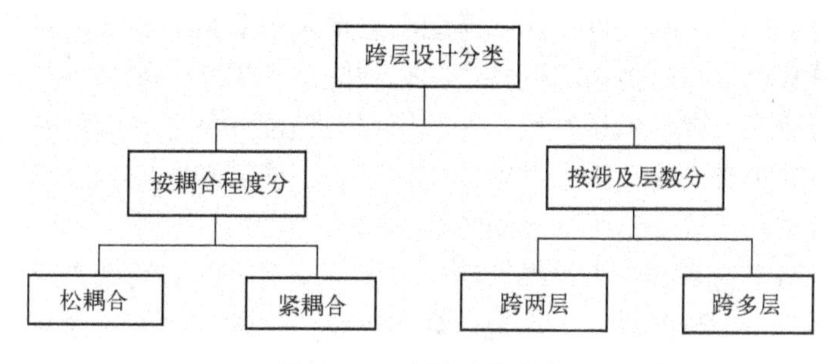

图 3-29 跨层设计分类

（3）松耦合跨层技术

松耦合跨两层技术在两层间交换信息，不需修改每层的协议设计。常见的松耦合跨两层技术包括跨物理层/MAC 层和跨 MAC 层/网络层设计。松耦合跨多层技术是指在多个层间传递信息，常用的协议有跨物理层/网络层技术和跨物理层/传输层跨层技术。信息可从下层传到上层，也可从上层传递到下层。一方面可将物理层信息传输到网络层来协助发现合适的路由，传输到传输层来协助传输层判断丢包的具体原因；另一方面也可将传输层信息传到物理层来帮助物理层调节传输速率。

（4）紧耦合跨层技术

在紧耦合跨两层技术方面，最常用的是物理层、MAC 层和网络层之间的协同优化。因为这 3 层间关系非常紧密。

Prasanna Chaporkar 等人将网络编码（NC）技术和 MAC 层调度结合起来[92]，有效地提高了网络的吞吐量。Randeep Bhatia 等人使用了跨层机制，设计了一个框架，将网络层路由协议、MAC 层数据调度和物理层流控结合起来优化解决吞吐量问题[93]。

由于跨层设计破坏了协议层间的透明性，破坏现有的体系结构，这会给协议设计带来一些问题。所以在跨层设计时必须遵循一些原则来减小跨层设计的负面影响。

3.5 本章小结

随着 IEEE 802.11 和 802.16 等无线接入技术的迅速发展，除了无线局域网和无线城域网之外，学术界和产业界提出了支持更多服务的新型无线移动互联网，例如移动自组织网络、无线传感器网络和无线 Mesh 网络等。本章介绍了移动自组织网络的研究和技术发展，首先给出了移动自组织网络的概念、特点和体系结构，然后重点讨论了移动自组织网络的信道接入技术与路由机制，最后概述了该网络的应用。

移动自组织网络的MAC协议已经日趋成熟，目前正朝着面向实用和性能优化前进。在优化的过程中MAC协议的设计与下层硬件（如智能天线）以及上层协议和应用相融合，自适应、智能化、动态预测和支持QoS等是MAC协议未来的研究方向。

移动自组织网络与传统网络具有较大差异，其节点移动性强的特点要求必须开发新的路由协议。本章第3节首先介绍了基本路由机制与各种分类方法，接着综述了路由协议和基本路由选择算法，进而从预测模型、能量模型、位置信息和服务质量控制等4个角度，深入分析了当前移动自组织网络路由选择算法的最新研究进展。预测模型通过基于历史信息的移动预测，降低了路由选择的时间代价。能耗模型则着重采用适当的数学模型来描述网络能耗情况，在选路过程中实现了分组传送的能耗最小化和能量负担之间的权衡。基于位置的路由选择算法根据节点的地理位置标识目的地，并利用该地理位置信息进行路由选择。服务质量感知路由的路由选择算法在本地计算中考虑带宽、延迟、能量和电池生命周期等多重信息，在进行路由选择的同时，还进一步引入了服务质量支持。

在移动自组织网络的基本路由选择算法中，协议交互中的洪泛操作带来了严重的数据传送负担和节点计算负担，与此同时，本地计算中仅仅以跳数作为路由选择的标准无法选择最优路由。因此，如何降低洪泛操作带来的负担以及如何设计更为全面的路由选择标准是研究热点最为集中的领域。区分稀疏网络和稠密网络并且分别设计路由选择策略是其中的一种解决方案。在洪泛操作的优化方面，流言机制与概率模型的结合提供了很好的研究思路，学者在此基础上提出了基于预测的路由选择算法。路由选择的标准应当是多个指标综合考虑的结果，因此路由评价需要与跳数、吞吐量、可靠性、拥塞控制和能耗结合在一起研究。由于移动自组织网络的能量有限性对其应用产生了很大的局限作用，因此尤其需要将路由评价与能耗相结合，进一步提出面向能耗的路由选择算法。

在基于预测的路由选择算法方面，如何设计时间代价较低并且更新及时的预测路由选择算法，具有较好的研究前景。该问题的关键是建立较好的预测模型，基于节点历史行为进行描述和建模，从而预测路由的变化。然而，移动自组织网络所具有的高度动态性，使得建立上述预测模型存在一定困难。与此同时，移动自组织网络节点能量有限，需要充分考虑预测模型的时间代价和空间代价。例如可以选取人工智能领域中时间代价较低并且空间要求不高的预测模型（如遗传算法等），将其应用在基于预测的路由选择算法中，或者考虑将人工智能领域中的常见预测模型进行改进，使之在面向能耗的前提下支持移动自组织网络的高度动态性。另外，根据移动自组织网络具体应用的要求，可以采用不同的预测模型，例如针对规模大的移动自组织网络设计分层次的预测模型，针对高度动态性设计及时反馈的预测模型，针对服务质量要求设计考虑带宽和延迟的预测模型等。

由于移动自组织网络节点使用自身带有的电池或者其他易损耗的能源作为能量提供源，能量非常有限，因此面向能耗的路由选择算法具有良好的研究前景。该问题的研究重点在于降低节点能耗。该能耗降低的主要方法在于基于节点移动信息的共享和网络流量信息的预测，选择合适的数学模型描述能耗情况并进行优化。另外，数据包传送所造成的能耗最小化和能量负担均衡之间的权衡，尤其是适应于特定应用的权衡公式值得进一步研究。此外，针对大规模移动自组织网络，可以建立层次化的面向能耗的路由选择算法。

对于服务质量感知的路由选择算法而言，面向能耗和降低计算负担是研究重点。其中，独立于服务质量感知的路由选择算法时间复杂度相对较低，并且无需链路层的支持，具有更为广阔的应用前景。如何在保证服务质量的基础上，构建运算负担较低并且能量消耗较低的独立服务质量感知路由以及相应的路由选择算法，值得深入研究。

无线 Mesh 网络是一种新兴的无线网络，具备集中式和分布式无线网的优点，可扩展无线网络的覆盖范围并增强管理。其中包括两类节点：Mesh 路由器和 Mesh 客户端。Mesh 路由器一般是静止的，且具有稳定的能量供应，一方面可形成基本稳定的骨干网，另一方面可在其上配置复杂的软硬件，这是无线 Mesh 网络相比其他无线网的一个非常大的优势。因此 Mesh 路由器也是现在无线 Mesh 网络中的研究重点。

习题

1. 移动自组织网络已经成为应用日益广泛一种无线网络技术。请列举两个移动自组织网络的应用，并结合该应用说明什么是移动自组织网络，以及移动自组织网络与互联网相比具有什么特点。

2. 移动自组织网络需要进行数据的传送，请结合第 1 题中的应用说明什么是节点、源节点和目的节点。

3. 如果读者以及一些同学每人手持一台带有无线网卡的计算机，在没有基础设施（即 AP）的情况下能否共同参加一个局域网的游戏？采用自组织网络能否实现上述目的？相对于其他解决方案，采用自组织网络解决上述问题，有什么优势？

4. 链路层的 MAC 协议是移动自组织网络协议栈中的重要组成部分，它既要对无线信道进行信道划分、分配和能量控制，又要负责向网络层提供统一的服务，屏蔽底层不同的信道控制方法。最简单的情况下，移动自组织网络节点间只使用一个共享信道，请介绍 3 种典型的单信道 MAC 协议。

5. 多信道 MAC 协议采用信道分割技术，把信道分成多个信道。多信道 MAC 协议主要关注两个问题：信道分配和接入控制。请介绍 3 种典型的多信道 MAC 协议。

6. 移动自组织网络采用多种路由协议为网络层数据传输进行路由选择。路由协议可以分为表驱动路由、按需驱动路由和二者的混合路由。请对比分析表驱动路由和按需驱动路由的基本原理，并说明各自的优缺点和适用范围。

7. 在表驱动路由和按需驱动路由的基础上，二者混合路由得以提出。什么是混合路由？请举例说明该协议的运行机制，并请说明该协议适用于何种移动自组织网络。

8. 根据路由协议的不同特点，路由协议还可以分为距离向量路由、链路状态路由和路径向量路由。请说明上述划分的划分标准，并从原理和适用范围两个角度进一步比较距离向量路由、链路状态路由和路径向量路由协议。

9. 根据路径向量存储的位置，可以将移动自组织网络的路径向量路由分为源路由和分布式路由。请介绍什么是源路由、分布式路由，分析各自的优缺点。

10. 根据网络节点是否存在层次结构，可以将移动自组织网络的路径向量路由分为平面路由和层次路由。层次路由协议 CGSR 引入了簇头的概念，请分析簇头有哪些特点，簇头与其他节点有哪些区别。

11. 移动自组织网络的网络层主要负责将分组消息从源节点沿着网络路径传送到目的节点，也就是路由选择以及消息转发。请思考：如果没有任何一种路由协议，在多跳传输的网络中，网络需要采用什么方式才能够将信息从源节点传输到目的节点？与先路由再传输的机制相比，这种方式适用于什么场景？

12. 移动自组织网络的路由协议和互联网的路由协议一样，都是为了实现数据包的高效、快速、准确传送。也就是说，提供速率和降低延迟是路由机制优化的一项重要原则。但是移动组织网络所具有的特点对于路由机制提出了特殊的优化要求。请结合移动自组织网络的特点，分析移动自组织网络路由优化原则与互联网路由的差异。

13. 路由选择算法的重要问题在于路由更新性能的提高，也就是以较低的代价实现拓扑位置信息的更新，为此人们针对移动自组织网络特点建立了预测模型。请介绍一种移动自组织网络路由的预测模型，并总结该类算法的思路和特点。

14. 洪泛和路由迂回都会导致不必要的能量消耗，而移动自组织网络中的节点能量有限，因此能耗是移动自组织网络路由选择算法需要考虑的重要问题。请介绍一种移动自组织网络路由的能耗模型，并总结该类算法的思路和特点。

15. 为了避免节点移动性给路由选择造成的困难，人们提出了基于位置的路由选择算法。请总结移动自组织网络基于位置的路由选择算法，说明该类算法的基本思路和优缺点。

16. DSDV 协议是移动自组织网络的一种重要路由协议。使用 C 语言或者 C ++ 语言编程实现 DSDV 协议，并模拟协议交互和本地计算的过程。

17. OLSR 协议是移动自组织网络的一种重要路由协议。使用 C 语言或者 C ++ 语言编程实现 OLSR 协议，并模拟协议交互和本地计算的过程。

18. DSR 协议是移动自组织网络的一种重要路由协议。使用 C 语言或者 C ++ 语言编程实现 DSR 协议，并模拟协议交互和本地计算的过程。

19. AODV 协议是移动自组织网络的一种重要路由协议。使用 C 语言或者 C ++ 语言编程实现 AODV 协议，并模拟协议交互和本地计算的过程。

20. DSR 协议中，每个分组的分组头中都包含从源节点到目的节点的完整路由信息；AODV 协议中，每个节点维护路由表。根据路由机制的优化原则，结合 DSR 协议和 AODV 协议的思路，请设计一种适合节点数目较少的、节点运动速度相对较高的移动自组织网络的路由协议，分析该协议的优缺点。

21. CSGR 协议提出分簇的思想并且在每个簇内选出簇头节点，由簇头节点负责簇内节点的管理。结合 CSGR 协议的分层机制以及 AODV 协议的基本机制，请设计一种适合节点数目较多的、节点运动速度相对较低的移动自组织网络的路由协议，分析该协议的优缺点。

22. OLSR 协议是一种基于链路状态的表驱动协议。结合 OLSR 协议和 HOLSR 协议基本原理的介绍，请设计完成 HOLSR 协议，并请分析该算法的时间复杂度、空间复杂度以及给网络造成的通信负担。

23. 无线 Mesh 网络是在移动自组织网络和无线传感器网络的基础上发展起来的，目的是为了提供高速的无线接入。请结合你的理解谈一谈什么是无线 Mesh 网络。

参考文献

[1] J Freebersyser, B Leiner. A DoD Perspective on Mobile Ad Hoc Networks[J]. Ad Hoc Networking. Addison - Wesley, 2001: 29 - 51.

[2] Ramanathan R, Redi J. A Brief Overview of Ad Hoc Networks: Challenges and Directions[J]. IEEE Communications Magazine, 2002, 40(5): 20 - 22.

[3] Estrin D, Govindan R, Heidemann J, Kumar S. Next Century Challenges: Scalable Coordinate in Sensor Network[C]. Proceedings of the 5th ACM/IEEE International Conference on Mobile Computing and Networking, IEEE Computer Society, 1999: 263 - 270.

[4] Raffaele Bruno, Macro Conti, Enrico Gregori. Mesh Network: Commodity Multihop Ad Hoc Mesh Networks[J]. IEEE Communication Magazine, 2005(3): 123 - 131.

[5] Silvia Giordano, Edoardo Biagioni. Topics in Ad Hoc and Sensor Networks[J]. IEEE Communications Magazine, 2007, 45(4): 68.

[6] Karn P. MACA-A New Channel Access Method for Packet Radio[C]. Computer Networking Conference on Arrl/crrl Amateur Radio. 1990: 134 - 140.

[7] N Abramson. The ALOHA System - Another Alternative for Computer Communications [C]. In Proceedings of 1970 Fall Joint Computer Conference, AFIPS Press, 1970: 281 ~ 285.

[8] L Kleinrock, F A Tobagi. Packet Switching in Radio Channels: Part I - Carrier Sense Multiple - access Modes and Their Throughput-delay Characteristics[J]. IEEE Transaction on Communications, 1975, 23(12): 1400 - 1416.

[9] Karp B, Kung H T. GPSR: Greedy Perimeter Stateless Routing for Wireless Networks[C]. International Conference on Mobile Computing and Networking. ACM, 2000: 243 - 254.

[10] V Bhargavan, A Demers, S Shenker, L Zhang. MACAW—A Media Access Protocol for Wireless-LANS[C]. Acm Sigcomm Computer Communication Review. 2000, 24(4): 212 - 225.

[11] Fullmer C L, Garcialunaaceves J J. Floor Acquisition Multiple Access (FAMA) for Packet-radio Networks[J]. 2000, 25(4): 262 - 273.

[12] J J Garcia-Luna-Acevesm, Chane L Fullmer. Floor Acquisition Multiple Access (FAMA) in Single-channel Wireless Networks[J]. Mobile Networks and Applications, 1999, 4 (3): 157 - 174.

[13] Haas Z J, Deng J. Dual Busy Tone Multiple Access (DBTMA) - A Multiple Access Control Scheme for Ad Hoc Networks [C]. IEEE Transactions on Communications, 2002, 50(6): 975 - 985.

[14] Tang Z, J J Garcia-Luna-Aceves. Hop-reservation Multiple Access (HRMA) for Ad Hoc Networks[C]. Eighteenth Annual Joint Conference of the IEEE Computer and Communications Societies (INFOCOM99), 1999: 194 - 201.

[15] Tzamaloukas A, J J Garcia-Luna-Aceves. A Receiver-initiated Collision-avoidance Protocol for Multi-channel Networks[C]. Twentieth Annual Joint Conference of the IEEE Computer and Communications Societies(INFOCOM), 2001: 189 - 198.

[16] Nasipuri A, Das S R. Multichannel CSMA with Signal Power-based Channel Selection for Multi-hop Wireless Networks[C]. IEEE Vehicular Technology Conference(VTC), 2000: 211 - 218.

[17] Hung W C, Eddie Law K L, Leon-Garcia A. A Dynamic Multi-channel MAC for Ad Hoc LAN [C]. Proceedings of 21st Biennial Symposium on Communications. Canada: 2002. 31 - 35.

[18] So J,Vaidya N. Multi-channel MAC for Ad Hoc Networks:Handling Multi-channel Hidden Terminals Using a Single Transceive[C]. Proceedings of 5th ACM International Symposium on Mobile Ad Hoc Networking and Computing(MobiHoc). 2004:222-233.

[19] S Singh,C S Raghavendra,PAMAS-Power Aware Multi-Access Protocol with Signaling for Ad Hoc Networks[J]. ACM Compute Communication,1998,28 (3):5-26.

[20] E S Jung,N H Vaidya. A Power Control MAC Protocol for Ad Hoc Networks. ACM/Kluwer Wireless Networks (WINET),2005:11(1-2):55-66.

[21] J Monks,V Bharghavan,W Hwu. A Power Controlled Multiple Access Protocol for Wireless Packet Networks[C]. Proceedings of the IEEE INFOCOM,2001(1):219-228.

[22] Zhuo chuan Huang,Chien-Chung Shen,Chavalit SrisathaPornPhat. A Busy-Tone Based Directional MAC Protocol for Ad Hoc Networks[C]. IEEE MILCOM,2002(2):1233-1238.

[23] Romit Roy Choudhury,Xue Yang,Ram Ramanathan,Nitin H Vaidya. Using Directional Antennas for Medium Access Control in Ad Hoc Networks[C]. Proceedings of the MOBICOM, 2002:59-70.

[24] Andrew S Tanenbaum. 计算机网络(第4版)[M]. 潘爱民,译. 北京:清华大学出版社.

[25] Jean-Pierre Hubaux,Levente Buttyan,Srdan Capkun. The Quest for Security in Mobile Ad Hoc Networks[J]. IEEE MobiHoc 2001:146-155.

[26] Elizabeth M Royer,Chai-Keong Toh. A Review of Current Routing Protocols for Ad Hoc Mobile Wireless Networks[J]. IEEE Personal Communications,1999,6(2):46-55.

[27] Jane Y Yu,Peter H J Chong. A Survey of Clustering Schemes for Mobile Ad Hoc Networks [J]. IEEE Communications Surveys & Tutorials,2005,7(1):32-48.

[28] Perkins C E,Bhagwat P. Highly Dynamic Destination-sequenced Distance-vector Routing (DSDV) for Mobile Computers[C]. ACM SIGCOMM Computer Communication Review, 1994,24(4):234-244.

[29] Shree Murthy,J J Garcia-Luna-Aceves. An Efficient Routing Protocol for Wireless Networks[J]. ACM Mobile Networks and Applications,1996,1(2):183-197.

[30] C-C Chiang. Routing in Clustered Multihop,Mobile Wireless Networks with Fading Channel[C]. The IEEE Singapore International Conference on Networks,1997:197-211.

[31] C E Perkins,E M Royer. Ad-hoc on-demand Distance Vector Routing[C]. IEEE WMCSA'99,1999:197-211.

[32] Park V D,Macker J P,Corson M S. Applicability of the Temporally-ordered Routing Algorithm for Use in Mobile Tactical Networks[C]. IEEE Military Communications Conference 1998 (Milcom'98),1998,2:426-430.

[33] Villasenor-Gonzalez L., Ying Ge, Lament L. HOLSR: a hierarchical proactive routing mechanism for mobile ad hoc networks[J]. IEEE Communications Magazine,2005,43(7): 118~125.

[34] Lee U, Midkiff S F, Park J S. A Proactive Routing Protocol for Multi-channel Wireless Ad-hoc Networks (DSDV-MC) [C]. International Conference on Information Technolo-

gy:Coding and Computing,2005,2(4 ~6):710 -715.

[35] Lee U,Midkiff S F. OLSR - MC:A Proactive Routing Protocol for Multi-channel Wireless Ad - hoc Networks[C]. IEEE Wireless Communications and Networking Conference,2006, 1:331 -336.

[36] D B Johnson,D A Maltz,J Broch. The Dynamic Source Routing Protocol (DSR) for Mobile Ad Hoc Networks for IPv4. RFC 4278[EB/OL]. http://www. ietf. org/rfc/rfc4728. txt.

[37] C K Toh. A Novel Distributed Routing Protocol to Support Ad - Hoc Mobile Computing [C]. IEEE 15th Annual International Phoenix Conference on Computing and Communications,1996:480 -486.

[38] M R Pearlman,Z J Haas. Determining the Optimal Configuration for the Zone Routing Protocol[J]. IEEE Journal on Selected Areas in Communications,Special Issue on Wireless Ad Hoc Networks,1999,17(8):1395 -1431.

[39] Fei Dai,Jie Wu. Proactive Route Maintenance in Wireless Ad Hoc Networks[C]. IEEE International Conference on Communications,2005,2(16 -20):1236 -1240.

[40] Gerla M,Xiaoyan Hong,Guangyu Pei. Landmark Routing for Large Ad Hoc Wireless Networks[C]. IEEE Global Telecommunications Conference,2000,3(27):1702 -1706.

[41] Shavitt Y,Shay A. Optimal Routing in Gossip Networks[J]. IEEE Transactions on Vehicular Technology,2005,54(4):1473 -1487.

[42] Lott C,Teneketzis D. Stochastic Routing in Ad - hoc Networks[J]. IEEE Transactions on Automatic Control,2006,51(1):52 -70.

[43] Zygmunt J Haas,Joseph Y Halpern,Li Li. Gossip-based Ad Hoc Routing[J]. IEEE/ACM Transactions on networking,2006,14(3):479 -491.

[44] Awerbuch B,Holmer D,Rubens H,Kleinberg R. Provably Competitive Adaptive Routing [C]. IEEE INFOCOM 2005,1(13 ~17):631 - 641.

[45] Bhatti G. Method for Discovering Routes in Wireless Communications Networks:US,WO/2007/001286[P]. 2007.

[46] Sheng Zhong,Li (Erran) Li,Yanbin Grace Liu,Yang Richard Yang. On Designing Incentive-compatible Routing and Forwarding Protocols in Wireless Ad - hoc Networks[C]. IEEE Mobicom'05,2005:117 -131.

[47] Xiaojiang Du,Dapeng Wu,Wei Liu,Yuguang Fang. Multiclass Routing and Medium Access Control for Heterogeneous Mobile Ad Hoc Networks[J]. IEEE Transactions on Vehicular Technology,2006,55(1):270 -277.

[48] Wu J,Yang S,Dai F. Logarithmic Store-Carry-Forward Routing in Mobile Ad Hoc Networks [J]. IEEE Transactions on Parallel and Distributed Systems,2007,18(6):735 -748.

[49] 株式会社日立制作所. 自组织网络构筑方法、程序以及无线终端:中国,200710126925 [P]. 2007.

[50] Siemens AG. Routing Method:WO,2007113174[P]. 2007.

[51] Xiaojiang Du,Dapeng Wu. Adaptive Cell Relay Routing Protocol for Mobile Ad Hoc Networks[J]. IEEE Transactions on Vehicular Technology,2006,55(1):278 -285.

[52] Zhao Yao, Chen Yan, Li Bo, Zhang Qian. Hop ID: A Virtual Coordinate Based Routing for Sparse Mobile Ad Hoc Networks[J]. IEEE Transactions on Mobile Computing, 2007, 6(9): 1075 - 1089.

[53] Ritchie L, Yang H S, Richa A W, Reisslein M. Cluster Overlay Broadcast (COB): MANET Routing with Complexity Polynomial in Source-destination Distance[J]. IEEE Transactions on Mobile Computing, 2006, 5(6): 653 - 667.

[54] Eriksson J, Faloutsos M, Krishnamurthy S V. DART: Dynamic Address Routing for Scalable Ad Hoc and Mesh Networks[J]. IEEE/ACM Transactions on Networking, 2007, 15(1): 119 - 132.

[55] Shiwen Mao, Kompella S, Hou Y T, Sherali H D, Midkiff S F. Routing for Concurrent Video Sessions in Ad Hoc Networks[J]. IEEE Transactions on Vehicular Technology, 2006, 55(1): 317 - 327.

[56] Tran D A, Raghavendra H. Congestion Adaptive Routing in Mobile Ad Hoc Networks[J]. IEEE Transactions on Parallel and Distributed Systems, 2006, 17(11): 1294 - 1305.

[57] P Jacquet, P Muhlethaler, T-Clausen, A Laouiti, A Qayyum, L Viennot. Optimized Link State Routing Protocol for Ad Hoc Networks[C]. Proceedings of IEEE International Multi Topic Conference, 2001: 62 - 68.

[58] J J Garcia-Luna-Aceves, M Spohn. Source-tree Routing in Wireless Networks[C]. The 7th IEEE International Conference on Network Protocols(ICNP'99), 1999: 273 - 282.

[59] S Basagni, I Chlamtac, V R Syrotiuk, B A Woodward. A Distance Routing Effect Algorithm for Mobility(DREAM) [C]. The 4th Annual ACM/IEEE International Conference on Mobile Computing and Networking, 1998: 76 - 84.

[60] Mehran Abolhasan, Tadeusz Wysocki, Justin Lipman. A New Strategy to Improve Proactive Route Updates in Mobile Ad Hoc Networks[J]. EURASIP Journal on Wireless Communications and Networking, 2005, 5: 828 - 837.

[61] Shengming Jiang, Dajiang He, Jianqiang Rao. A Prediction-based Link Availability Estimation for Routing Metrics in MANETs[J]. IEEE/ACM Transactions on Networking, 2005, 13(6): 1302 - 1312.

[62] Guo Zhihao, Malakooti Behnam. Predictive Multiple Metrics in Proactive Mobile Ad Hoc Network Routing[C]. 32nd IEEE Conference on Local Computer Networks, 2007: 15 - 18.

[63] Pham V, Larsen E, Ovsthus K, Engelstad P, Kure O. Rerouting Time and Queueing in Proactive Ad Hoc Networks[C]. IEEE International Performance, Computing, and Communications Conference, 2007, 160 - 169.

[64] V Rodoplu, T Meng. Minimum Energy Mobile Wireless Networks[J]. IEEE Journal of Selected Areas Communications, 1999, 17(8): 1333 - 1344.

[65] C Toh, H Cobb, D Scott. Performance Evaluation of Battery-life Aware Routing Schemes for Wireless Ad Hoc Networks[C]. IEEE International Conference on Communications, 2001, 1: 2824 - 2829.

[66] L Lin, N Shroff, R Srikant. Asymptotically Optimal Power-aware Routing for Multihop Wire-

less Networks with Renewable Energy Sources[C]. Proceedings. IEEE INFOCOM 2005, 2005,2:1262-1272.

[67] Helmy A. Contact-extended Zone-based Transactions Routing for Energy-constrained Wireless Ad Hoc Networks[J]. IEEE Transactions on Vehicular Technology,2005,54(1): 307-319.

[68] Liang B,Haas Z J. Hybrid Routing in Ad Hoc Networks with a Dynamic Virtual Backbone [J]. IEEE Transactions on Wireless Communications,2006,5(6):1392-1405.

[69] Zhao Qing,Tong Lang,Counsil David. Energy-aware Adaptive Routing for Large-scale Ad Hoc Networks:Protocol and Performance Analysis[J]. IEEE Transactions on Mobile Computing,2007,6(9):1048-1059.

[70] Seung Jun Baek,Gustavo de Veciana. Spatial Energy Balancing through Proactive Multipath Routing in Wireless Multihop Networks[J]. IEEE/ACM Transactions on Networking,2007, 15(1):93-104.

[71] M Mauve,J Widmer,H Hartenstein. A Survey on Position-based Routing in Mobile Ad Hoc Networks[J]. IEEE Network,2001,15(6):30-39.

[72] Fabian Kuhn,Roger Wattenhofer,Yan Zhang,Aaron Zollinger. Geometric Ad-hoc Routing: of Theory and Practice[C]. In the Proceedings of the 22nd ACM Symposium on the Principles of Distributed Computing (PODC),2003:63-72.

[73] Kuruvila J,Nayak A,Stojmenovic I. Hop Count Optimal Position-based Packet Routing Algorithms for Ad Hoc Wireless Networks with a Realistic Physical Layer[J]. IEEE Journal on Selected Areas in Communications,2005,23(6):1267-1275.

[74] Taejoon Park,Shin K G. Optimal Tradeoffs for Location-based Routing in Large-scale Ad Hoc Networks[J]. IEEE/ACM Transactions on Networking,2005,13(2):398-410.

[75] Lee S,Bhattacharjee B,Banerjee S. Efficient Geographic Routing in Multihop Wireless Networks[C]. ACM Interational Symposium on Mobile Ad Hoc Networking and Computing, MOBIHOC 2005,Urbana-Champaign,Il,Usa,May. DBLP,2005:230-241.

[76] A Rao,S Ratnasamy,C Papadimitriou,S Shenker,I Stoica. Geographic Routing without Location Information[C]. MobiCom2003,2003:96-108.

[77] Ian F Akyildiz,Xudong Wang,Weilin Wang. Wireless Mesh Networks:A Survey[J]. Computer Network,2005,47(4):445-487.

[78] A Acharya,A Misra,S Bansal. MACA-P:A MAC for Concurrent Transmissions in Multi-Hop Wireless Networks[C]. Proceedings of the First IEEE International Conference on Pervasive Computing and Communications,2003:505~508.

[79] Deng J,Haas Z J. Dual Busy Tone Multiple Access (DBTMA):A New Medium Access Control for Packet Radio Networks[C]. IEEE 1998 International Conference on Universal Personal Communications. 2002(2):973 - 977.

[80] Z Tang,J J Garcia-Luna-Aceves. Hop-Reservation Multiple Access (HRMA) for Ad-Hoc Networks[C]. In Proceedings of IEEE INFOCOM,1999:194-201.

[81] Sardar B,Saha D. A Survey of TCP Enhancements for Last-hop Wireless Networks[J].

IEEE Communications Surveys & Tutorials,2006,8(3):20 – 34.

[82] J So,N H Vaidya. Multi – Channel MAC for Ad Hoc Networks:Handling Multi – Channel Hidden Terminals Using A Single Transceiver[C]. In Proceedings of the ACM Interational Symposium on Mobile Ad Hoc Networking and Computing (MobiHoc),2004:222 – 233.

[83] Bahl P, Chandra R, Dunagan J. SSCH: Slotted Seeded Channel Hopping for Capacity Improvement in IEEE 802. 11 Ad – Hoc Wireless Networks[C]. International Conference on Mobile Computing and Networking. ACM,2004:216 – 230.

[84] Wu S L, Lin C Y, Tseng Y C, et al. A New Multi – Channel MAC Protocol with On – Demand Channel Assignment for Multi – Hop Mobile Ad Hoc Networks[C]. IEEE Proceedings International Symposium on Parallel Architectures, Algorithms and Networks. 2002:232.

[85] Ramachandran K N, Belding E M, Almeroth K C, et al. Interference – Aware Channel Assignment in Multi–Radio Wireless Mesh Networks[C]. INFOCOM 2006. IEEE International Conference on Computer Communications. Proceedings. IEEE,2006:1 – 12.

[86] Joo Ghee Lim,Chun Tung Chou,Alfandika Nyandoro,et al. A Cut–through MAC for Multiple Interface,Multiple Channel Wireless Mesh Networks[C]. WCNC2007,2007:2373 – 2378.

[87] Nelakuditi S,Lee S,Yu Y,et al. Blacklist – aided forwarding in Static Multihop Wireless Networks[C]. IEEE Communications Society Conference on Sensor and Ad Hoc Communications and Networks,IEEE,2015:252 – 262.

[88] MMRP: Mobile Mesh Routing Protocol[DL]. http://wiki. uni. lu/secan – lab/Mobile + Mesh + Routing + Protocol. html.

[89] Biswas S,Morris R. ExOR:Opportunistic Multi – hop Routing for Wireless Networks[J]. AcmSigcomm Computer Communication Review,2005,35(4):133 – 144.

[90] Biswas S,Morris R. ExOR:Opportunistic Multi – hop Routing for Wireless Networks[C]. Conference on Applications,Technologies,Architectures,and Protocols for Computer Communications. ACM,2005:133 – 144.

[91] Tarn W H,Tseng Y C. Joint Multi – Channel Link Layer and Multi – Path Routing Design for Wireless Mesh Networks[C]. IEEE International Conference on Computer Communications,2007:2081 – 2089.

[92] Prasanna Chaporkar, Alexandre Proutiere. Adaptive Network Coding and Scheduling for Maximizing Throughput in Wireless Networks[C]. MobiCom2007,2007:135 – 146.

[93] Randeep Bhatia, Li Li . Throughput Optimization of Wireless Mesh Networks with MIMO Links[C]. 26th IEEE International Conference on Computer Communications(INFOCOM 2007),2007:2326 – 2330.

第4章　无线传感器网络

在人类历史发展的过程中，人们通过视觉、听觉、嗅觉等方式感知周围的环境，获取物理世界的信息，这是人类认识世界的基本途径。但是依靠人类对物理世界的本能感知已远远不能满足信息时代的发展要求。传感器作为连接物理与电子世界的重要媒介，已经渗透了人们的日常生活中，例如热水器的温控器、电视机的红外遥控接收器、空调的温度/湿度传感器等。传感器已经广泛地应用到工农业、医疗卫生、军事国防、环境保护等多个领域。

本章内容安排如下，4.1 节介绍无线传感器网络的概念、体系结构以及设计所需要考虑的因素等，4.2 节介绍无线传感器网络常用的操作系统，4.3 节介绍了无线传感器网络的组网技术，4.4 和 4.5 节介绍了无线传感器网络中的两项支撑技术，即节点定位技术和时间同步技术。4.6 节介绍了无线传感器的应用，最后一节为本章小结。

4.1　无线传感器网络概述

传感器作为信息获取的重要手段，与通信技术、计算机技术构成了信息技术的三大支柱。传统的无线传感器网络研究起源于 20 世纪 70 年代，美国军方利用振动感应传感器部署了能够长期工作、无人值守的无线传感器网络。之后，其他发达国家和一些企业也投入许多精力来开展无线传感器网络的研究，其研究领域也从军事国防领域扩展到环境监测、健康监测、家庭应用和其他方面。自组织、微型化和对外部世界的感知能力是传感器网络的三大特点，这些特点决定了传感器网络在众多领域都存在着广阔的应用前景。

4.1.1　无线传感器网络的基本概念

什么是传感器?《传感器通用术语》（我国国家标准，GB/T 7665 - 2005）对传感器的定义为“能够感受规定的被测量并按照一定规律转换成可用输出信息的器件和装置”。传感器一般由敏感元件、转换元件和基本电路组成。无线传感网由大量传感器节点密集地布置在一个区域内，通过无线电通信组成一个多跳自组织网络系统，其目的是协作地感知、采集和处理网络覆盖区域里被检测对象的信息，并发送给观察者。

在组网方面，无线传感器网络是从移动自组织网络发展而来的，其配置、管理都是以自组织的方式完成。网络中节点位置不需要事先确定，允许将节点随机地布设在不可达地区或危险地区。

无线传感器网络和移动自组织网络的不同之处如下。

1）无线传感器网络节点布设比较密集。

2）无线传感器网络中节点布设以后，基本上处于静止不动状态，具有弱移动性。

3）无线传感器网络的节点本身结构简单，容易失效。

4）由于无线传感器网络中节点数量很大，而每个传感器网络通常是局部应用，所以节点没有全局ID。

5）无线传感器节点通常用电池供电，传感器节点一旦布置后，便很难对其进行能源补给，能耗成为传感器网络中至关重要的问题，甚至所有的协议设计都要尽量考虑减小能耗、延长网络生存期等问题。

4.1.2 无线传感器网络设计

根据无线传感器网络的特点，需要考虑的设计因素包括能耗、可扩展性、硬件限制、节点成本、网络拓扑等。这些因素也将作为比较不同机制的评价尺度。随着近年来传感器网络的研究发展，在每个方面都已有许多研究成果，但是没有一种设计方案能将全部影响因素考虑在内。

无线传感器节点通常用电池供电，且电池容量不会太大。在一些应用场景下，为节点充电是不可能的，所以节点生存期严重依赖于电池能源。一旦电池用完，节点就失去作用，一方面节点无法继续采集当地的信息，造成信息的丢失；另一方面造成网络拓扑的变化，甚至网络被分裂。因此能量管理是无线传感器网中一个热点问题。

无线传感器网络中节点数量很大，一般有成百上千个节点，在一些特殊应用中，甚至达到上百万个。在一定区域内节点密度可能为数个到数百个不等，所以网络设计需要考虑数量带来的影响，需要具有良好的扩展性。

一般情况下，传感器节点在布设后就很难再接触到，不能进行实时维护，而传感器节点又容易失效，这就使得维护网络拓扑成为一项十分关键的任务。网络拓扑变化分为3个阶段：预布设、后布设和重布设阶段。预布设是指通过人工、飞机或其他装置将传感器节点布置在一定区域，之后节点通过自组织方式形成网络。后布设指节点布设后，由于节点失效或移动导致网络拓扑变化。重布设指考虑到替换功能节点或任务的动态变化而重新增加一些节点，导致网络拓扑的重新组织。

由于传感器节点要设计得尽量小且价格尽量低，所以节点能源、运算能力、存储能力都很有限，在设计协议时也必须考虑到硬件的实际情况。

除以上因素外，无线传感器网络设计还需考虑具体的环境因素、应用需求，以及安全性、可靠性等问题。不同的传输频率在干扰、传输速率方面也不同，在无线传感器网络的设计中应该予以考虑。

4.2 操作系统

无线传感器网络节点的操作系统是系统的基本软件环境，是应用软件开发的基础。虽然无线传感器网络节点的硬件结构相对简单，但是若不采用操作系统，开发人员直接对硬件进行编程操作，传感器网络的应用开发难度将大大提高。另一方面，软件的重用性很差。因此，使用操作系统对底层硬件进行抽象化，可以使得开发人员将主要时间和精力集中在创造产品的附加价值方面，大大缩小开发的难度，减少开发时间并降低成本。

对于无线传感器网络节点的操作系统来说，直接使用现有的嵌入式操作系统，如VxWorks，WinCE，嵌入式Linux等，也会带来很多问题。上述嵌入式操作系统主要面对复杂的应用领域，所实现的功能非常强大，系统代码相对较大，需要较强的存储和计算等资源。而传感器网络的硬件资源十分有限，功能上又有其独特的需求，因此，需要设计专门的操作系统，使其具备高效地使用传感器节点的有限内存、低速低功耗的处理器的能力、高效的资源管理和任务调度能力、实时和并发操作能力以及快速组合软件代码模块等能力，且能够对各种特定的应用提供最大的支持。随着无线传感器网络的发展，目前已经出现了众多应用于无线传感器网络的操作系统，比较流行的如 TinyOS[1]，Mantis OS[2]，MagnetOS[3]等。

TinyOS 是加州大学伯克利分校开发的开源操作系统，专为嵌入式无线传感网络设计，基于构件（Component-based）架构的操作系统使得其快速更新成为可能，而这又减小了受传感节点存储器限制的代码长度。TinyOS 采用了事件驱动模型，CPU 不需要主动去寻找感兴趣的事件，这样可以在很小的空间中处理高并发事件，并且能够达到节能的目的。目前 TinyOS 已经可以运行在很多硬件平台上，在 TinyOS 网站上公开原理图的硬件平台有 Telos（Rev A）、Telos（Rev B）、Mica2Dot、Mica2 和 Mica。此外，还有一些商业和非商业组织也有一些硬件平台可运行 TinyOS，主要有欧洲的 Eyes，Mote IV 提供的 Tmote Sky，Crossbow 公司的 MicaZ 以及 iMote。

MantisOS 是由美国科罗拉多大学 MANTIS 项目组为无线传感器网络开发的开源多线程操作系统。它的内核和 API 采用标准 C 语言，可采用 Linux 和 Windows 开发环境，易于用户使用。MantisOS 提供抢占式任务调度器，采用节点循环休眠策略来提高能量利用率，目前支持的硬件平台有 MicaZ 以及 Telos 等，其对 RAM 的最小需求可到 500B，对 flash 的需求可小于 14KB。

MagnetOS 是一种为移动自组织网络和无线传感器网络设计的分布式操作系统，目的是提供能量感知的、自适应的、易于开发的网络应用程序。MagnetOS 以透明的方式将应用自动分解为若干组件并将其分布到网络中的各个节点上，从而减少能量消耗，延长网络生存期。

4.3　组网技术

4.3.1　无线传感器网络物理层

物理层在 OSI 协议栈中处于最底层，直接和物理传输介质联系，是整个网络系统的基础。物理层对下控制数据传输，负责为网络建立、维护和释放一条二进制传输的物理连接。对上提供一个接口，屏蔽物理传输介质的特性，使底层信息对高层保持透明。在无线传感器网络中，物理层传输介质一般选择可见光（激光）、红外线和无线电。无线电应用最为广泛，因此这节主要讨论无线电传播方式。

无线传感器网络物理层涉及传输介质、频段选择、调制技术等内容，同时低能耗也是物理层研究的一个主要目标。在无线电频率选择方面，工业科学医学 ISM 频段（Industrial Scientific Medical Band）是个较好的选择，因为 ISM 频段是无需注册的公用频段，仅仅要求发射功率在 1W 以下，适合无线传感器网络的低功耗近距离通信。表 4-1 给出了一些国家和地区的 ISM 频段。

表4-1 部分ISM频段及说明

频 段	中心频率	说 明
13.553 ~ 13.567 MHz	13.56 MHz	
26.957 ~ 27.283 MHz	27.12 MHz	
40.66 ~ 40.70 MHz	40.68 MHz	
433 ~ 464 MHz	448 MHz	欧洲标准
902 ~ 928 MHz	915 MHz	美国标准
2.4 ~ 2.5 GHz	2.45 GHz	全球 WPAN/WLAN
5.725 ~ 5.875 GHz	5.8 GHz	全球 WPAN/WLAN
24 ~ 24.25 GHz		

在无线传输中，由于无线信号的衰减、散射、反射、衍射等因素，通信能耗将随着通信距离增大而急剧增加，当距离为 d 时，最小传输能量为 d^n，其中 $2\leqslant n<4$。在典型的无线传感器网络中，一般使用近地信道，n 更接近4，这是由于部分信号被地面反射抵消了。采用多跳传输，可缩小每一跳间的距离，减少信号的损耗，所以，在无线传感器网中使用多跳传输也就成了一种必然的选择。

具体到每一跳中，都涉及两个网络设备，物理层的功能就在于其建立透明的二进制比特流的传输。为实现该功能，首先需要确定具体的物理介质，之后在其上建立传输规则，也就是传输使用的调制编码方式。在一些应用中，物理层还需提供数据的硬件加密解密功能。另外，物理层还需负责一些管理工作，如信道状态评测、能量检测等。

调制编码方法是物理层中的关键技术之一，调制是指用模拟信号承载数字或模拟数据，编码是指用数字信号承载数字或模拟数据。传统调制方式包括模拟调制和数字调制两种模式，数字调制可分为振幅调制、频率调制和相位调制3种类型。在此基础上，针对无线传感器网络的特点，目前已发展出了多种调制编码方法。

1. 多进制调制方法 M-ary

在无线传感器网络中，能量是非常重要的考虑因素。为了减少传输能量，一种思路就是减少传输时间，在一个符号中调制多个二进制位，这种方法就是多进制 M-ary 调制[4]，是针对传统二进制（binary）调制提出的。M-ary 调制方式利用多进制数字基带信号调制载波信号的振幅、频率和相位，可相应地有多进制振幅调制、多进制频率调制和多进制相位调制3种基本方法[5]。

2. 自适应编码位置调制机制 ACMP

ACMP（Adaptive Code Position Modulation）是一种自适应编码位置调制机制。其中每个节点有两个信道：数据信道和信令信道。自适应功能体现在两个方面，一方面是功率控制，另一方面是调制方式控制。接收者计算数据的误码率 BER 并将其通过信令信道传给发送者。发送者根据这个 BER 计算出噪声功率密度 N_0，并根据 N_0 值调节下一次的发送功率。在传输过程中，物理层需要周期性地向分组调度层报告本地的噪声功率密度，分组调度层通过 N_0 确定最优化的调制方式，并告知物理层调整其调制方式。此外，发送者还需将调制方式的信息通过信令信道传给接收者，以保证接收者能正确解调。

3. 超宽带通信技术 UWB

超带宽无线电指具有很高带宽比的无线电技术，美国联邦通信委员会规定，信号带宽大于500 MHz或相对带宽大于0.2的频带为超带宽（UWB）。UWB信号的编码方式多种多样，目前较为流行的调制机制有脉冲位置调制（Pulse Position Modulation，PPM）[6]，脉冲幅度调制（Pulse Amplitude Modulation，PAM）[7]，开关键控[8]和二进制移相键控（Binary Phase - Shift Keying，BPSK）[9]等。相比传统调制机制，UWB具有系统结构相对简单、安全性高、抗衰落性能好以及扩频增益比大等优点[10]。

4.3.2　无线传感器网络的MAC协议

数据链路层位于处理层之上，将物理层提供的可能出错的物理连接改造成逻辑上无差错的链路，使得对网络层表现为一条无差错的链路。同时，数据链路层还提供一些流控功能，保证慢速接收方不被快速发送方淹没。在无线传感器网络中，数据链路层主要部分是MAC协议，其关键是解决无线信道合理共享这一问题，对整个网络性能有着直接的影响，是无线传感器网络的关键技术之一。

由于无线传感器的特有性质，其MAC层除了存在移动自组织网络面临的一些问题外，还面临着一些新的问题，如能量要求更加严格，导致传统的移动自组织网络链路层协议无法直接应用。为此，研究人员也开发了一些针对无线传感器网络特点的MAC协议。

从不同角度来分，无线传感器网络MAC层协议可分为不同的类型。根据信道分配方式不同可分为竞争型、分配型和混合型3类。根据网络中节点是否同步可分为同步协议或异步协议，同步协议需要网络中的节点在时间上进行同步，异步协议则没有此要求。根据使用信道数目可分为单信道、双信道和多信道3种类型，目前主要采用的是单信道MAC协议。根据数据报文传递到接收节点时的通知方式来分，可分为侦听、唤醒和调度3种类型[11]。侦听方式多以连续侦听为主；唤醒方式通常是采用低功耗唤醒接收机制实现；调度是指在广播信息中明确指出接收节点何时接入信道，以实时控制节点打开射频模块。

现在使用较广的分类方式是按分配信道方式进行分类，将MAC协议分为竞争型、分配型和混合型3类。竞争性MAC协议采用随机接入方式，具有接入灵活、吞吐量大的优点，但是信道使用过程中存在着大量的冲突。因此，其主要的研究方向是减少由于冲突导致的能源损耗。分配型MAC协议是指各节点在发送前已协商好发送时间，避免了干扰，但是有信道浪费大、吞吐量较小等缺点，主要的研究方向是提高信道利用率。混合型MAC协议对两者进行了一定的权衡，整合了这两类MAC协议的优点。因为这种分类方法更能体现MAC协议的研究方向和侧重点。

竞争型MAC协议中，节点共享同一个信道，当需要发送数据时抢占该信道。但如果多个节点同时抢占信道，则会引起冲突。竞争型MAC协议的关键在于，设计一种合理的信道分配方案使得在干扰范围内，同一时间只有一个节点使用某一信道。在无线传感器网络中，在实现上述功能的同时还特别需要注意节能问题。

分配型MAC协议使用时分、频分等方法，将信道分为若干子信道，利用中心节点或预先分配的方法将子信道分给各个节点，避免了节点由于竞争信道而造成的冲突。其关键在于如何将信道分为子信道以及如何将子信道分给有通信需求的节点。

基于竞争的MAC协议具有自组织的特性，而基于分配的MAC协议更加节能。将两者进行整合可获得更好的综合性能，为此学者们提出了混合MAC协议。ZMAC（Zebra MAC）是一种典型的混合型MAC协议[12]，将TDMA和CSMA的优势进行互补。其主要思想是可以根据竞争情况自适应地进行调整，在高竞争情况下类似 CSMA，在低竞争情况下类似 TDMA，从而充分发挥了 CSMA 和 TDMA 的优势。该协议在网络拓扑动态变化的情形下和时间同步易失效的情况下，依然能够保持很好的健壮性。Zhou. S 等人提出了应用自适应 MAC 协议（Application Adaptive MAC，A^2－MAC）[13]，将应用/感知活动的信息作为 MAC 层调度的暗示信息，其主要目的是为了通过高层信息来更好地节能和提高网络性能。A^2－MAC 是一种 CSMA/TDMA 的混合协议，有一个基于时间的帧结构，可通过随机或固定方式接入。可在节约能量和提高网络吞吐量方面取得较好的平衡。

无线传感器网络中各 MAC 层协议比较情况见表 4-2。从中可以看出无线传感器网络 MAC 协议都是以减少能耗为中心进行设计的。竞争型 MAC 协议的主要目标是动态调节睡眠和侦听的时间，使得节点尽量只在自己需要收发信息时才侦听信道，其余时间处于休眠状态，一方面降低节点能耗，另一方面也减小了和其他节点的冲突。在分配型 MAC 协议中，基本都是基于 TDMA 机制的改进协议，目的是设计一种高效的时隙分配方案来减少能耗。混合型 MAC 协议综合了前两种协议的优点，其性能更好，但是相对来说其机制其设计更加复杂。

表 4-2　无线传感器网络 MAC 层协议比较

协议名称	类型	是否同步	关键技术
SMAC	竞争	是	周期性侦听睡眠
TMAC	竞争	是	动态调节活动周期
WiseMAC	竞争	否	CSMA＋前导载波侦听
Sift	竞争	是	在不同时隙选择发送概率
SMACS	分配	否	TDMA＋多信道
ASCEMAC	分配	否	空转＋模糊逻辑调度
AI－LMAC	分配	是	TDMA＋位图时隙占用表
DMAC	分配	是	交错唤醒机制
ZMAC	混合	局部同步	TDMA＋CSMA
A^2－MAC	混合	泊松分布同步	应用自适应

4.3.3　无线传感器网络的路由协议

无线传感器网络作为一种无线多跳网络，由于无线信道的不稳定、信道间干扰、节点移动和失效等原因，使得传统互联网路由协议不再适应于无线传感器网络。移动组织网络与无线传感器网络比较类似，但是没有充分考虑无线传感器网络中能量的局限性，以及无线传感器网络的节点弱移动等特性，因此，往往不符合无线传感器网络的要求。

无线传感器网络是在移动自组织网络基础上发展起来的，因此无线传感器网络路由协议主要参考移动自组织网络的路由协议。但这两种网络的差异还是很大的，无线传感器网络节点不移动或很少移动，而移动自组织网络中节点频繁移动；无线传感器网络节点通信高能耗，数据计算低能耗，而这种差异在移动自组织网络中并不重要；无线传感器网络一般独立成网，主要用于监测功能，是以数据为中心的网络，移动自组织网络则能为分布式应用提供互联、计算能力；无线传感器网络节点可达上千，远大于移动自组织网络的几十个节点；无线传感器网络流量具有“多到一”（Many to One）和“一到多”（One to Many）的特点；无线传感器网络节点合作完成监测任务，与应用高度相关，数据相关性较大；无线传感器网络中节点一般没有统一编址（在某些应用中可对节点编址）。由于无线传感器网络的这些特点，给路由协议的设计带来了新的问题，所以必须设计新的路由协议。

1. 路由协议设计的考虑因素

无线传感器网络路由协议自身的特点决定了传统无线网络的路由协议不适用于它的应用场景。针对上述特点，在具体设计无线传感器网络路由时，需要考虑以下关键问题[10]。

- 简单节能。无线传感器网络中，能量是至关重要的考虑因素。为节能起见，路由协议应尽可能简单，并且能够高效传输信息。
- 减少冗余信息。在无线传感器网络中，临近的节点感知到的信息可能有很大的重复。为尽可能减少数据发送，路由协议设计需要考虑通过数据融合来有效减少信息冗余。
- 可扩展性。为适应网络拓扑的动态变化，路由协议应采用分布式的运行方式，使其易于扩展。
- 健壮性。为保证传感器节点的随时加入或退出不会影响到全局任务的正常执行，路由协议的设计应具备健壮性，有较强的容错能力。
- 保持负载平衡。通过更加灵活的路由策略，使得路由选择算法能尽可能利用剩余能量较多的路径，从而平衡节点的剩余能量，延长网络的生存期。
- 安全。为防止监测数据被盗取和得到伪造的监测信息，路由协议应具有良好的安全性能，降低遭受攻击的可能性。

2. 路由协议的分类

由于无线传感器网络与应用高度相关，单一的路由协议不能满足各种应用需求，因而人们研究了众多的路由协议。为揭示协议特点，可以根据协议采用的通信模式、路由结构、路由建立时机、状态维护、节点标识和投递方式等策略，运用多种分类方法对其进行分类[10]。无线传感器网络路由协议与移动自组织网络路由协议非常类似，所以基本上也可按照移动自组织网络路由协议分类方式来分。按照节点是否有层次结构可分为平面路由协议和分层路由协议；按照端到端路径数目可分为单径路由协议和多径路由协议；按照路径是否有源节点指定可分为源路由协议和分布式路由协议，等等。这些分类方法在第 3 章已经进行了讨论，这里不再赘述。按照节点是否有层次结构的分类方法基本涵盖了所有的路由协议，应用较广，因此，本节主要采用这种分类方法。

无线传感器网络路由协议还可根据其应用中的特点进行分类。由于相邻节点采集的数据比较接近，可根据数据在传输过程中是否进行聚合处理，将路由协议分为数据聚合的路由协议和非数据聚合的路由协议。另外，在一些具体应用中，还需考虑地理位置、能量感知、QoS、安全等因素，根据是否利用了这些信息也可对路由协议进行分类。这些信息不是路由协议必需的，但它们的使用可以优化路由协议的性能。为此，本章将在讲解优化的路由协议时介绍使用了这些信息的路由协议。

3. 平面路由协议

传感器网络中的平面路由协议往往以数据为中心进行路由和传输，在其过程中节点具有相同的地位和功能，节点间通过协同工作完成感知任务。

（1）洪泛协议和流言协议

洪泛协议和流言协议是两个最为经典和简单的传统网络路由协议[14]，也可应用到 WSN 中。在洪泛（Flooding）协议中，节点产生或收到数据后向所有相邻节点广播，数据报文直到过期或到达目的地才停止传播。但该协议具有以下严重缺陷。

- 内爆：节点几乎同时从相邻节点收到多份相同数据。
- 交叠：节点先后收到监控同一区域的多个节点发送的几乎相同的数据。
- 资源利用盲目：节点不考虑自身资源限制，在任何情况下都转发数据。

流言（Gossiping）协议是对洪泛协议的改进，节点在发送数据时不再采用广播的形式，而是随机选取一个相邻节点进行转发，有效地避免了内爆问题，但增加了时延。这两个协议不需要维护路由信息，简单易行，但扩展性很差。

（2）基于信息协商的路由协议 SPIN

基于信息协商的路由协议（Sensor Protocol for Information via Negotiation，SPIN）是一种经典的以数据为中心的路由协议[15]。该协议引入了元数据（Meta-data）的概念，用来描述感知数据，但其大小比原始感知数据小。SPIN 协议工作流程如图 4-1 所示，节点产生或收到数据后，为避免盲目传播，用包含元数据的 ADV 消息向相邻节点通告，需要数据的相邻节点用 REQ 消息提出请求，数据通过 DATA 消息发送到请求节点。

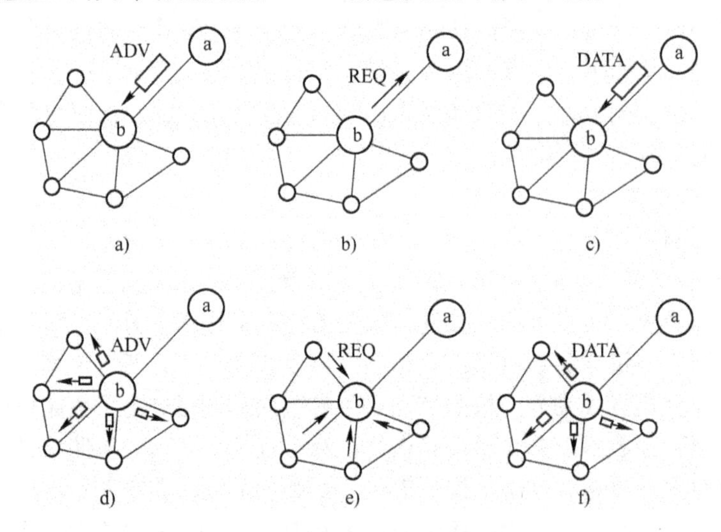

图 4-1　SPIN 协议的工作流程

a）ADV 扩散　b）数据请求　c）数据传送　d）ADV 扩散　e）数据请求　f）数据传送

SPIN 协议的优点在于，使用 ADV 消息减轻了内爆问题；通过数据命名解决了交叠问题；节点根据自身资源和应用信息决定是否进行 ADV 通告，避免了资源利用盲目问题。与 Flooding 协议和 Gossiping 协议相比，有效地节约了能量。但该协议也有一些不可避免的缺点，当产生或收到数据的节点其所有相邻节点都不需要该数据时，将导致数据不能继续转发，导致较远节点无法得到数据。当网络中大多节点都是潜在汇聚点时，该问题并不严重，但当汇聚节点较少时，这将成为一个很严重的问题。另外，当某汇聚节点对任何数据都需要时，其周围节点的能量容易耗尽。

（3）定向扩散协议DD

为了解决某些汇聚节点无法收到信息的问题，Intanagonwiwat 等人提出了定向扩散协议（Directed Diffusion，DD）[16]。DD也是一个经典的、基于数据的、查询驱动的路由协议，与SPIN协议中信息由源节点向汇聚节点扩散不同，DD协议中，信息传输是由汇聚节点来初始的。DD协议采用（属性，值）对来命名数据，其工作流程如图4-2所示。汇聚节点将查询任务封装成兴趣消息（Interest）的形式，周期性地将其洪泛到网络中去，从本质上来说，这一步的目的是设置一个监测任务。然后，沿途节点按需对兴趣进行缓存与合并，建立反向的从源节点到汇聚节点的梯度（Gradient）场，从而建立多条指向汇聚点的路径。兴趣地理区域内的节点则按要求启动监测任务，并周期性地上报数据，途中各节点可对数据进行缓存与聚合。汇聚点收到数据后，可从中选择一条最优路径作为强化路径，后续数据沿这条路径传输。

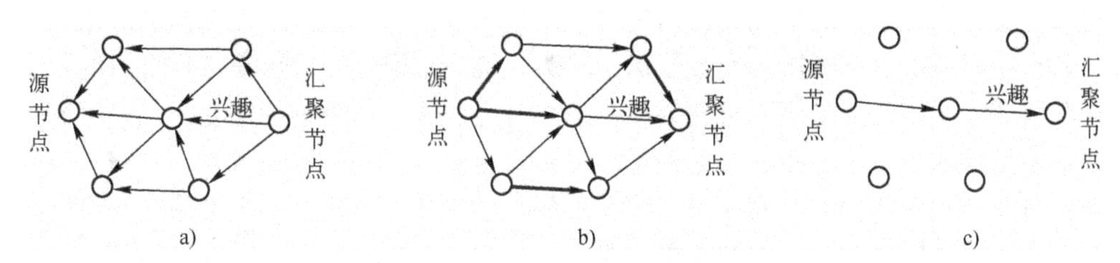

图4-2　DD协议的工作流程
a）兴趣扩散　b）梯度建立　c）强化路径

DD协议使用了多路径，因此健壮性好；使用了数据聚合，可以减少数据通信量；使用查询驱动机制按需建立路由，避免了保存全网信息。但梯度场的建立过程开销很大，因此DD协议适用于持续性查询的应用，而不适应于一次性查询的应用，也不适合环境监测这类查询较少但需要持续传递数据的应用。

（4）谣言协议

针对DD协议采用洪泛机制建立路径开销太大的问题，谣言（Rumor）协议做出了一些改进[17]，可看作SPIN协议和DD协议的综合。该协议借鉴了欧几里得平面上任意两条曲线交叉概率很大的思想，当节点监测到事件后将其保存，并创建称为Agent的生命周期较长的包括事件和源节点信息的数据报文，将其按一条或多条随机路径在网络中转发。收到Agent的节点根据事件和源节点信息建立反向路径，然后将Agent再次随机发送到相邻节点，并可在再次发送前在Agent中增加其已知的事件信息。汇聚节点的查询请求也沿着一条随机路径转发，当Agent数据报文的路径和查询请求路径交叉时则可建立起传输路径；如不交叉，汇聚节点可洪泛其查询请求。在多汇聚节点、查询请求数目很大、网络事件很少的情况下，Rumor协议较为有效。但如果事件非常多，维护事件表和收发Agent带来的开销会很大。

4. 分层路由协议

在分层路由协议中，网络通常被划分为簇（Cluster）。所谓簇，就是具有某种关联的网络节点集合。每个簇由一个簇头（Cluster Head）和多个簇内成员（Cluster Member）组成，低一级网络的簇头是高一级网络中的簇内成员，由最高层的簇头与基站（Base Station，BS）通信。这类算法将整个网络划分为相连的区域，簇头节点不仅负责簇内信息的收集和融合处理，还负责簇间数据转发，因此簇头节点的能量消耗非常高。为了延长整个网络的寿命，簇头节点的选择往往需要定期更新。

（1）低能耗自适应分层协议 LEACH

低能耗自适应分层协议（Low - Energy Adaptive Cluster Hierarchy，LEACH）是最早提出的分层路由协议[18]。为平衡网络各节点的能耗，簇头采用周期性按轮随机选举产生，每轮选举方法是：每个节点产生一个[0,1]的随机数，如果该数小于 $T(n)$，则该节点为簇头。$T(n)$按公式（4-1）计算。

$$T(n)=\begin{cases}\dfrac{p}{1-p\times\left(r\bmod\dfrac{1}{p}\right)}, & n\in G\\ 0, & 其他\end{cases} \tag{4-1}$$

式中，p 为网络中簇头数与总节点数的百分比；r 为当前的选举轮数；G 是最近 $1/p$ 轮不是簇头的节点集。成为簇头的节点在无线信道中广播这一消息，其余节点选择加入信号最强的簇头。节点使用一跳通信将数据直接传送给簇头，簇头也通过一跳通信将聚合后的数据直接传送给汇聚节点。该协议采用随机选举簇头的方式避免簇头过分消耗能量，提高了网络生存时间，采用数据聚合有效地减少了通信量。但协议也存在一些问题。首先，它需要节点支持射频功率自适应和动态调整。其次，协议无法保证簇头节点能遍及整个网络，很可能出现簇头节点集中出现在网络某一区域的现象。第三，由于簇头的频繁选举引发的通信，耗费了许多能量。

为此，学者们在 LEACH 的基础上做了一些改进，提出了 LEACH - C（LEACH-centralized）和 LEACH - F（LEACH-fixed）等协议[19]。这两个协议都采用集中式的簇头产生算法，由基站负责挑选簇头，可解决 LEACH 中每轮产生的簇头没有确定数量和位置的问题。LEACH - C 中，每个节点把自身地理位置和当前能量报告给基站，基站根据所有节点的报告计算平均能量来选取簇头，当前能量低于平均能量的节点不能成为候选簇头。但是从剩余候选节点中选出合适数量和最优地理位置的簇头集合是一个 NP 问题。为此，基站根据所有成员节点到簇头的距离平方和最小的原则，采用模拟退火（Simulated Annealing）算法解决问题。最后，基站把簇头集合和簇的结构广播出去。LEACH - F 中，簇的形成与 LEACH - C 一样，也是基站采用模拟退火算法生成簇。同时，基站为每个簇生成一个簇头列表，指示簇内节点轮流当选簇头的顺序。一旦簇形成之后，簇的结构就不再改变，簇内节点根据簇头列表依次成为簇头。与 LEACH 和 LEACH - C 相比，LEACH - F 最大的优点就是无须每轮循环都构造簇，减少了构造簇的开销。但是，LEACH - F 并不适合真实的网络应用，因为它不能动态处理节点的加入、失败和移动。同时，它还增加了簇间的信号干扰。

（2）传感器系统中能量有效的汇聚算法 PEGASIS

为了避免 LEACH 协议频繁选举簇头的通信开销，Lindsey 等人提出了传感器系统中能量有效的汇聚算法（Power - Efficient Gathering in Sensor Information System，PEGASIS）[20]。PEGASIS简化了网络中簇头的选取方式，利用贪心算法从离汇聚节点最远的传感器节点开始，依次连接下一个最近的传感器节点，从而将网络中所有节点连接起来形成一个簇，称为链。动态选举簇头的方法也很简单，设网络中的 N 个节点都用 $1\sim N$ 的自然数编号，第 j 轮选取的簇头是第 i 个节点，$i=j \bmod N$（j 为 0 时，i 取 N）。其他节点的数据采用多跳方式通过链逐跳传到簇头，簇头与汇聚节点采用一跳通信。运行 PEGASIS 协议时，每个节点首先利用信号的强度来衡量其所有邻居节点距离的远近，在确定其最近邻居时调整发送信号的强度，从而只有这个邻居能够听到。

该协议通过避免 LEACH 协议频繁选举簇头带来的通信开销以及自身有效的链式数据聚合，极大地减少了数据传输次数和通信量，显著节省了能量，与 LEACH 协议相比能大幅提高网络生存时间。但 PEGASIS 中簇头成为网络的关键点，其失效会导致路由失败。另外，PEGASIS 对于应用场景也有一些限制，它要求节点都具有与汇聚节点通信的能力，不适合大范围网络应用；成链算法要求节点利用信号的强度来衡量其他节点的远近位置，开销较大。

（3）阈值敏感的能量有效传感器网络路由协议 TEEN

阈值敏感的能量有效传感器网络路由协议（Threshold - Sensitive Energy Efficient Sensor Network，TEEN）从数据过滤的角度对 LEACH 做了一些改进[21]。在某些无线传感器网络的应用场景中，如果环境数据变化不太明显，采用 LEACH 协议周期性采集数据会收到许多重复的信息。为此，TEEN 提出了一种利用数据过滤的方法来减少传输的信息量。TEEN 采用与 LEACH 相同的聚簇方式，但簇头根据其与汇聚节点距离的不同会形成层次结构。聚簇完成后，汇聚节点通过簇头向全网节点通告两个门限值（分别称为硬门限和软门限）来过滤数据发送。当节点第一次监测到数据超过硬门限时，节点向簇头上报数据，并将当前监测数据保存为监测值（Sensed Value，SV）。此后只有在监测到的数据比硬门限大且其与 SV 之差的绝对值不小于软门限时，节点才向簇头上报数据，并将当前监测数据保存为新的 SV。该协议利用软、硬门限减少了数据传输量，且层次型簇头结构不要求节点具有大功率通信能力。但由于门限设置阻止了某些数据上报，不适合需周期性上报数据的应用。

APTEEN（Adaptive Periodic TEEN）是 TEEN 的扩展协议，可看作 LEACH 和 TEEN 两者的结合，既能周期性地采集数据又可以对突发事件做出快速反应[22]。APTEEN 中节点在发送数据时采用与 TEEN 相同的方式，另外增加了节点成功发送报告的最长时间周期（计数时间），如果节点在计数时间内没有发送任何数据，则强迫节点向汇聚节点发送数据。在节能方面，APTEEN 基于邻近节点监测同一对象的假设，由汇聚节点采用模拟退火算法将簇内节点分成睡眠—空转（Sleeping - idle）节点对，Sleeping 节点进入睡眠状态以节省能量，Idle 节点则负责响应查询，两个节点在簇头轮换时转换角色。

5. 优化的路由协议

无线传感器网络的路由协议与其应用密切相关，在一些具体应用中，底层硬件可能提供节点地理位置信息，从而大幅度简化路由协议的设计。另外，在一些应用中可能需要感知节点能量、保证 QoS、保证安全等，这也需要对无线传感器网络的路由协议进行专门优化。本节介绍一些常用的路由协议优化技术。

（1）基于位置的路由协议

在某些无线传感器网络应用中，需要知道突发事件的地理位置，具体的节点定位机制在 4.6 节介绍。在这种具体情况下，路由协议可以设计得更为简单有效。GEAR（Geographical and Energy Aware Routing）协议是一种典型的地理位置路由协议[23]。这种路由机制假设已知事件区域的位置信息，并假设每个节点知道自己的位置信息和剩余能量信息，通过简单的 Hello 消息交换机制获得所有邻居节点的位置信息和剩余能量信息。GEAR 适合向某个特定区域发送兴趣消息。

为扩展路由协议使用范围，Karp 等人提出了 GPSR（Greedy Perimeter Stateless Routing）协议，这也是一种典型的基于位置的路由协议[24]。协议中，各节点利用贪心算法尽量沿直线转发数据。在这种情况下，数据可能会到达没有比该节点更接近目的地的区域，导致数据无法传输，这种问题称为空洞。GPSR 采用右手法则沿空洞周围传输来解决此问题。该协议避免了在节点中建立、维护、存储路由表，节省了节点的存储空间，使用接近最短欧几里得距离的路由，减少了数据传输时延。GPSR 的缺点在于当网络中汇聚节点和源节点分别集中在两个区域时，由于通信量不平衡易导致连接两个区域的部分节点失效，从而破坏网络连通性。

TBF（Trajectory Based Forwarding）协议[25]与 GPSR 协议不同，信息不是沿着最短路径传播，而是通过参数在数据报文头中指定一条连续的传输轨道，如指定采用广播方式，或指定向某一区域发送数据。网络节点利用贪心算法根据轨道参数和邻居节点位置，将最接近轨道的邻居节点作为下一跳节点。

（2）能量感知路由协议

保障 QoS 的能量感知路由协议，可根据能量消耗和满足端到端延迟需要来寻找一条从源到网关的最优路径[26]。该协议将流量分为实时数据的通信量和非实时数据通信量，它还引入一个队列模型来管理两种流共存的情况。在这个队列模型中，用一个分类器来检查报文的类型，并把不同类型的数据报文放在不同的队列中，用一个调度模块来决定数据报文被传送的顺序。该协议分为两个阶段，首先不考虑端到端的延迟，为每一条链路简单计算花费，使用扩展 Dijkstra 算法来计算最小花费路径。在获得候选路径后，接着根据 QoS 需求检查它们，进一步选择能够满足端到端 QoS 要求的一条路径。如果流量每次都通过最小能耗路径的话，那么这条路上的节点很快会耗尽能量而造成路由失效，甚至可能造成网络被分割为两个部分。

为此，Chang 等人提出了最大化生存时间路由协议[27]，考虑了网络的生存时间。其中引入了代价函数的概念，将链路代价定义为$f(e_{ij},E_i)$，其中e_{ij}是节点i向节点j发送数据消耗的能量，E_i是节点i剩余的能量，代价函数是关于e_{ij}的增函数、E_i的减函数，通过选择代价最小的路径可保存节点能量，最大化网络生存时间。该协议最重要的贡献在于：利用网络流建模，采用线性规划方法来解决最大生存时间问题，通过数据流在传输过程中动态改变流向，从而达到最大化网络生存时间的目的。该协议的缺点是需要知道各个节点的数据产生速率。

（3）QoS 相关路由协议

SAR 协议是一种典型的应用在无线传感器网络中的保证 QoS 的路由协议[28]。汇聚节点的所有一跳相邻节点都以自己为根创建生成树，在创建生成树过程中考虑节点的时延、丢包率、最大数据传输能力等 QoS 参数，从而各个节点可反向建立到汇聚点的多条具有不同 QoS 参数的路径。发送数据时节点根据数据的 QoS 需求选择一条或多条路径进行传输。该协议的缺点是节点中的大量冗余路由信息耗费了存储资源，且路由信息维护、节点 QoS 参数与能耗信息的更新均需较大开销。

同样为提供 QoS 控制，ReInForM 协议采用了与 SAR 协议不同的考虑方式[29]。其中，路由从数据源节点开始，考虑到可靠性要求，将一个报文的多个副本从多条路径发送到目的节点。它首先由数据源节点根据传输的可靠性要求计算传输路径数目，再选择若干节点作为下一跳节点，并分配相应的转发路径。以此类推，一直到汇聚节点为止。

（4）考虑安全的路由协议

SPINS 协议旨在解决具有有限资源的无线传感器网络的安全通信问题[30]。它引入 SNEP 和 μTESLA 两个安全构件，通信双方采用两个同步的计数器，将其用于加密和消息认证码（Message Authentication Code，MAC），可获得数据机密性（满足语义安全）、数据认证、完整性及重放保护功能，而且通信开销也比较低（每个报文仅增加 8B）。μTESLA 使用对称密钥算法来实现认证广播，能满足资源高度受限的无线传感器网络。SPINS 协议具有低计算量、低存储量和低通信开销的优点。但仍然存在一些安全问题没有解决：第一，它不能解决隐藏信道的泄密问题；第二，虽然能保证单个节点的破解不会暴露其他节点的密钥，但没能解决泄密节点的许多其他问题。

INSENS 协议是一个面向无线传感器网络安全的入侵容忍路由协议[31]，借鉴了 SPINS 协议某些思想。利用类似 SNEP 的密码 MAC 来验证控制数据包的真实性和完整性，利用 μTESLA 中单向散列函数链所实现的单向认证机制来认证基站发出的所有信息，从而限制各种拒绝服务攻击和 Rashing 攻击。另外，该协议还通过每个节点只与基站共享一个密钥、丢弃重复报文、速率控制以及构建多路径路由等方法，限制了洪泛攻击，并使得恶意节点所能造成的破坏被限制在局部范围，而不会导致整个网络的失效。除了采用对称密钥密码系统和单向散列函数这些低复杂度的安全机制外，该协议还将诸如路由表计算等复杂工作从传感节点转移到资源相对丰富的基站上进行，以解决节点资源受限问题。尽管 INSENS 协议将破坏限制在入侵者周围及其下游区域，但是，当一个内部攻击者处在基站附近时，造成的破坏范围仍会很大。

6. 路由协议的比较

表 4-3 比较了前面讨论的典型无线传感器网络路由协议。路由协议性能均衡、良好的并不多，大多协议只是在某一方面或特定场景下表现出较好的特性，整体性能稍差。所以，尽管这些算法在拓扑管理、数据融合和传输等方面有很多优势，但也存在许多不足。平面路由协议在算法节能方面需要进一步提高；层次化协议的簇头选择开销较大，且簇头容易成为网络瓶颈制约网络性能，如何将簇头的负担简单有效地均衡分布在网络节点上仍值得继续研究。此外，在一些具体应用中可能需要将路由协议在某一方面进行优化，这种情况下也需要全面地考虑其他方面的性能。

表 4-3　无线传感器路由协议比较

协议名称	结构	数据融合	基于位置	QoS 支持	扩展性	节能	安全
Flooding	平面	没有	不是	没有	不好	不好	没有
Gossiping	平面	没有	不是	没有	不好	不好	没有
SPIN	平面	有	不是	没有	一般	好	没有
DD	平面	有	不是	没有	一般	好	没有
Rumor	平面	有	不是	没有	好	好	没有
LEACH	层次	有	不是	没有	好	很好	没有
PEGASIS	层次	有	不是	没有	好	很好	没有
TEEN	层次	有	不是	没有	好	好	没有

（续）

协议名称	结构	数据融合	基于位置	QoS 支持	扩展性	节能	安全
GEAR	平面	没有	是	没有	一般	好	没有
GPSR	平面	没有	是	没有	好	好	没有
TBF	平面	没有	是	没有	好	好	没有
保障 QoS 的能量感知协议	平面	没有	不是	有	一般	好	没有
最大化生存时间路由协议	平面	没有	不是	没有	一般	很好	没有
SAR	平面	有	不是	有	一般	好	没有
ReInForM	平面	没有	不是	有	好	好	没有
SPINS	平面	没有	不是	没有	不好	不好	有
INSENS	平面	没有	不是	没有	不好	不好	有

4.4 无线传感器网络的节点定位

网络中传感器节点的自身位置是大多数应用的基础。因为无论是用于军事侦察和地理环境监测，还是用于交通状况监测和工业生产过程等，很多获取的信息需要附带相应的位置信息，否则，这些数据就是不确切的，甚至失去意义。一方面，传感器节点必须明确自身位置才能详细说明“在什么位置或区域发生了特定事件”，从而实现对外部目标的定位和追踪；另一方面，了解传感器节点的位置分布状况有助于提高网络的路由效率，实现网络的负载均衡以及网络拓扑的自动配置等，从而改善整个网络的覆盖质量。更为重要的是，随着传感器网络技术的不断进步，会出现更多基于位置信息的协议和应用。正是基于上述原因，传感器网络的定位技术已经成为很重要的研究方向。

4.4.1 无线传感器网络节点定位概述

由于传感器网络通常需要在无人干预的情况下大规模地随机部署在环境较为恶劣、人类无法或不宜接近的区域，如战场、火山口附近，因此在部署时确定每个节点位置是不现实的。若在每个节点上都装备 GPS 定位系统，尽管目前已经研制成功了单芯片 GPS 解决方案并可集成到传感器节点上，但却因其造价昂贵而不适合于传感器网络节点廉价且需大量部署的特点。因此，必须针对无线传感器网络的特点，设计独特的节点定位机制和算法。

1. 节点定位模型

要计算一个点的坐标，需要一些参考点的坐标，这节讨论 3 种常用的坐标计算方法。

（1）三边测量法

在平面空间中，要求得一个点的坐标，至少需要知道它与 3 个点的距离。这就是三边测量法（Trilateration）的基本原理。计算过程参照图 4-3，其中，已知参考节点 A、B、C 的坐标分

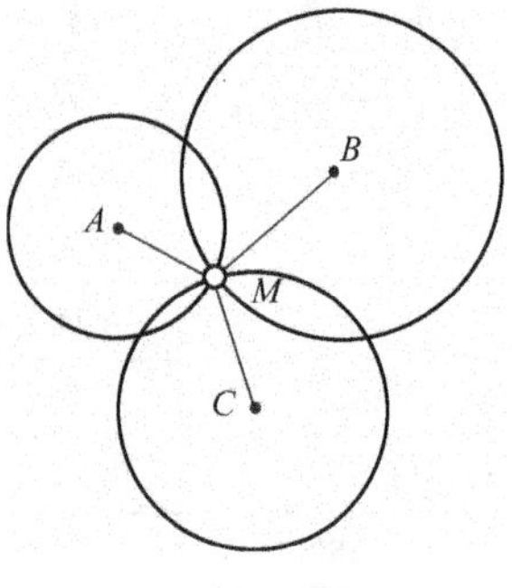

图 4-3　三边测量法图示

别为(x_1,y_1)、(x_2,y_2)和(x_3,y_3)，以及它们到目标节点 M 的距离分别为 d_1、d_2和 d_3，求 M 的坐标为(x,y)。由三条边的长度可列出方程组（4-2），解该方程组可以求出 M 的坐标。三边测量法的缺点是：若在测距过程中存在误差，上述三个圆将无法交于一点，以存在误差的$<d_1, d_2, d_3>$去解上述方程时便无法得到正确解。因此，在实际计算坐标时，一般不采用上述解方程的方法，而采用极大似然估计法或其他数值解法。

$$\begin{cases}(x-x_1)^2+(y-y_1)^2=d_1^2\\(x-x_2)^2+(y-y_2)^2=d_2^2\\(x-x_3)^2+(y-y_3)^2=d_3^2\end{cases} \tag{4-2}$$

（2）三角测量法

三角测量法（Triangulation）的计算方法如图 4-4 所示。其中，已知 A、B、C 三个节点的坐标分别为(x_1,y_1)、(x_2,y_2)和(x_3,y_3)，目标节点 M 相对于节点 A、B、C 的角度分别为$\angle AMB$，$\angle AMC$，$\angle BMC$，求 M 坐标为(x,y)。做一个过 A、M 和 B 的圆 O，根据内接圆性质有$\angle AOB=(2\pi-2\angle AMB)$。设圆心坐标 $O(x_0,y_0)$，半径为 r_1，可列出方程组（4-3），解该方程组能求出 O 的坐标和半径 r_1，得出 M 到一个已知点的距离。同理，利用另两个角可求出 M 到另外两个点的距离，依据三边测量法可求出 M 的坐标。该算法缺点在于计算太复杂。

$$\begin{cases}(x_1-x_0)^2+(y_1-y_0)^2=r_1^2\\(x_2-x_0)^2+(y_2-y_0)^2=r_1^2\\(x_1-x_2)^2+(y_1-y_2)^2=2\cdot r_1^2-2\cdot r_1^2\cos\angle AMB\end{cases} \tag{4-3}$$

（3）多边测量的极大似然估计法

多边测量（Multilateration）的极大似然估计法是实际坐标求解时常用的一种方法，它是三边测量法的变形，如图 4-5 所示。已知 $n(n>3)$个参考节点的坐标分别为 $P_1(x_1,y_1)$，$P_2(x_2,y_2)$，…，$P_n(x_n,y_n)$，到目标节点 M 的距离分别为 d_l，d_2，…，d_n，求 M 的坐标(x,y)。由 n 条边的长度可得出类似（4-3）的方程组。

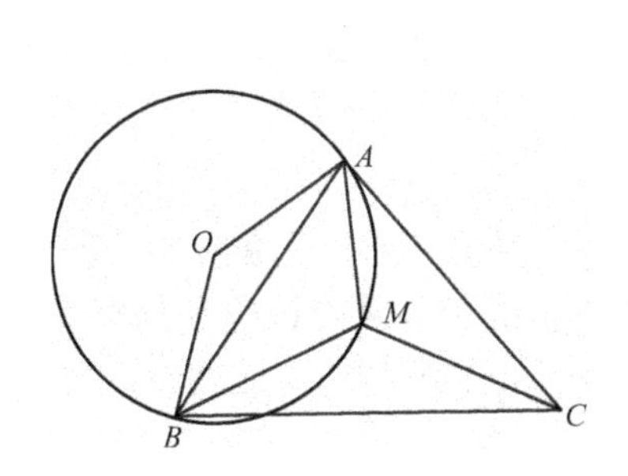

图 4-4　三角测量法图示

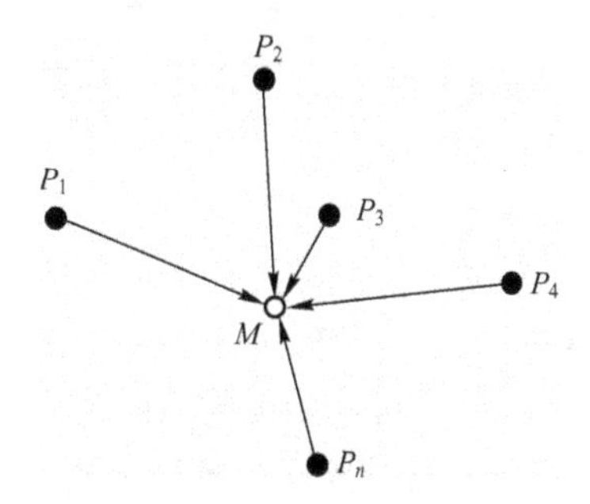

图 4-5　多边测量法图示

该方程组通常采用极大似然估计法（Maximum Likelihood Estimation，MLE）求解，从第一个方程开始分别减去最后一个方程，得到线性方程组表示为 $AX=b$，其中 A、X 和 b 如式 4-4所示，X 表示点 M 的坐标，从而进一步得到极大似然解$\hat{X}=(A^{\mathrm{T}}A)^{-1}A^{\mathrm{T}}b$。此方法在测距存在一定误差的情况下仍能达到相当高的定位精度，然而其缺点在于需要进行较多的浮点运算，其计算开销带来的能量消耗仍不容忽视，故而有必要寻求更为简单的替代算法。

$$A=2\begin{bmatrix} x_1-x_n & y_1-y_n \\ \vdots & \vdots \\ x_{n-1}-x_n & y_{n-1}-y_n \end{bmatrix}, b=\begin{bmatrix} x_1^2-x_n^2+y_1^2-y_n^2+d_n^2-d_1^2 \\ \vdots \\ x_{n-1}^2-x_n^2+y_{n-1}^2-y_n^2+d_n^2-d_{n-1}^2 \end{bmatrix}, X=\begin{bmatrix} x \\ y \end{bmatrix} \tag{4-4}$$

2. 节点定位算法的考虑因素

由于无线传感器网络的一些特殊性质，在设计定位算法时需要考虑以下几方面因素。

(1) 定位精度

定位技术首要的评价指标就是定位精度，一般用误差值与节点无线射程的比值表示。例如，当锚节点的通信半径为 R 时，定位精度为 $0.2R$ 表示定位误差与 R 的比值为 0.2。也有部分定位系统将二维网络部署区域划分为网格，其定位结果的精度也就是网格的大小，如微软的 RADAR，Wireless Corporation 的 Radio Camera 等。一般来说，定位精度越高节点的体积越大、消耗的能量越多，因而成本也更高，在设计算法时需要在这些方面进行权衡。

(2) 锚节点密度

锚节点定位通常依赖人工部署或 GPS 实现。人工部署锚节点的方式不仅受网络部署环境的限制，还严重制约了网络和应用的可扩展性。如果使用 GPS 定位，锚节点的费用会比普通节点高两个数量级，这意味着即使仅有 10% 的节点是锚节点，整个网络的价格也将增加 10 倍。因此，锚节点密度也是定位算法性能的重要考虑因素之一。

(3) 健壮性和容错性

通常，定位系统和算法都需要比较理想的无线通信环境和可靠的网络节点设备，但在真实应用场合中常会有一些问题。例如，外界环境中存在严重的多径传播、衰减、阴影、非视距（Non-line-of Sight，NLOS）、通信盲点等问题，造成节点间距离或角度测量误差增大。网络节点由于各种情况也可能失效。因此，定位系统和算法的软、硬件必须具有很强的容错性和自适应性，能够通过自动调整或重构以纠正错误、适应环境、减小各种误差的影响，提高定位精度。

(4) 能耗

能耗是对传感器网络的实现影响最大的因素之一。因此在保证定位精度的前提下，定位所需的计算量、通信开销、存储开销、系统附加设备等，也都会直接影响系统的能耗，成为定位算法设计的关键指标。

(5) 代价

定位系统或算法的代价可从几个方面来评价。时间代价包括一个系统的安装时间、配置时间、定位所需时间；空间代价包括一个定位系统或算法所需基础设施和网络节点的数量、硬件尺寸等；资金代价则包括实现一种定位系统或算法的基础设施、节点设备的总费用。

3. 无线传感器网络节点定位算法分类

无线传感器网络的定位算法已研究了许多年，成果较多。这些算法按照测距技术、计算方式、定位精度等重要的性能指标有以下几种分类方法。

(1) 基于测距技术的定位和无需测距技术的定位

按照定位过程中是否需要测量节点间的实际距离，可分为基于测距技术的定位和无需测距技术的定位。前者利用测量得到的距离或角度信息来进行位置计算，后者一般利用节点的连通性和多跳路由信息交换等方法来估计节点间的距离或角度，并完成位置估计。

(2) 集中式定位与分布式定位

按照计算定位信息的节点位置，可将定位算法分为集中式定位算法与分布式定位算法。前者将所需信息传送到某个中心节点，并由该节点进行定位计算。后者则依赖节点间的信息交换和协调，由各个节点自行计算。

(3) 粗粒度定位与细粒度定位

从定位计算的粒度来看，可将定位算法分为粗粒度与细粒度两类。根据信号强度或时间、信号模式匹配（Signal Pattern Matching）等来度量与参考节点距离的技术，称为细粒度定位技术；根据与参考节点的接近度来度量的，称为粗粒度定位技术。

(4) 绝对定位与相对定位

按照定位的结果可分为绝对定位与相对定位。绝对定位结果是物理位置，如经纬度；相对定位通常是以网络中部分节点为参考，建立整个网络的相对坐标系统。

(5) 递增式定位算法和并发式定位算法

根据计算节点位置的先后顺序可分为递增式定位算法和并发式定位算法。递增式的定位算法通常从锚节点开始，锚节点附近的节点首先开始定位，依次向外延伸。其主要缺点是定位过程中累积误差和传播测量误差大。并发式的定位算法中，所有的节点同时进行位置计算，能够较好地避免误差累积问题。

(6) 基于锚节点的定位算法和无锚节点的定位算法

根据定位过程中是否使用锚节点，可把定位算法分为基于锚节点的定位算法和无锚节点的定位算法。前者在定位过程中，以锚节点作为定位中的参考点，各节点定位后产生以锚节点为基点的整体绝对坐标系统。后者只关心节点间的相对位置，在定位过程中无需锚节点，各节点先以自身作为参考点，将临近的节点纳入自己定义的坐标系中，相邻的坐标系统依次转换合并，最后产生整体相对坐标系统。

4.4.2 基于测距的定位机制

在基于测距的定位机制中，网络中每个未知节点都需要测量其与各参考节点之间的距离或角度。此方法可得到节点间的相对位置信息，如果要获知节点的绝对位置信息，就要知道某个或某些节点的绝对位置坐标值，如某些锚点借助 GPS 获得的坐标。前面已经介绍过计算节点坐标的模型，下面关注如何计算未知节点与已知节点的距离或角度。

1. 信号到达时间 TOA

信号到达时间（Time of Arrival，TOA）的主要思想是使用一种速度已知的信号，通过测量信号在两点间的往返时间来计算两点间的距离，其中信号通常使用无线电或超声波。全球定位系统（Global Positioning System，GPS）是一种典型的采用无线电信号的 TOA 技术，由于微小的时间测量误差会带来巨大的测距误差，GPS 系统中对时钟及时间同步的要求非常高，GPS 卫星上装有价值昂贵、精度达到纳秒级的原子钟，GPS 接收机则采用精度略差的石英钟，并通过不断地与卫星进行时间同步来减小误差[32]。

超声波也可作为信号来测量两点间距离，然而超声波传播距离非常有限，同时易受干扰，需要增加声学发射机与接收机，并且两者需要处于直线可视范围内，易受非视距传播（Non-line-of Sight，NLOS）的影响。因传感器网络节点在尺寸、成本、功耗上的限制，上述采用无线电或超声波信号的 TOA 测距方法均不适用于无线传感器网络节点。

2. 信号到达时间差 TDOA

为了降低对时间同步的要求，学者们提出了信号到达时间差（Time Difference of Arrival，TDOA）算法。TODA 利用两种传播速度已知的信号，通过记录两种不同信号在节点间的传播时间差，来计算两节点间距离[33]。其中信号一般为无线电和超声波信号。发射节点同时发出两种信号，若无线信号传播速度为 v_1，超声波信号传播速度为 v_2，接收节点收到两信号的时间差为 Δt，则计算得出两节点间距离 d 为

$$d = \Delta t \times \frac{v_1 \times v_2}{v_1 - v_2} \tag{4-5}$$

与 TOA 相比，TDOA 不需要时间同步，对时间精度的要求较低，然而同样受到超声波传播中的 NLOS 限制，所以只适用于节点部署较为密集、障碍物较少的情况，而且使用成本较高[34]。

3. 信号到达角度 AOA

与前两种测距方法不同，信号到达角度（Angel of Arrival，AOA）将距离的测量转换为角度的测量。未知节点通过天线阵列或其他特殊接收设备，感知参考节点信号的到达方向，计算两节点之间的相对方位角，最后通过三角测量法计算未知节点坐标[35]。其缺点在于同样受外界环境影响，且需要增加额外的测量角度的硬件，在硬件尺寸和功耗上都难以接受。

4. 接收信号强度 RSSI

前面 3 种算法都没有考虑信号在传播过程中的衰减问题，在实际情况中，这种衰减是不可避免的。接收信号强度（Received Signal Strength Indicator，RSSI）就是一种利用信号衰减规律计算节点距离的方法。如果已经知道节点的发射信号强度，接收节点通过测量接收到该信号的信号强度，使用信号传播衰减模型［式（4-6）］可计算出两点间距离[36]。

$$P(d) = P(d_0) - 10 \times n \times \log\left(\frac{d}{d_0}\right) - \begin{cases} nW \times WAF, nW < C \\ C \times WAF, nW \geqslant C \end{cases} \tag{4-6}$$

式中，d 为收、发节点间的距离；d_0为参考距离；$P(d)$和 $P(d_0)$分别表示在发送点 d、d_0处的信号强度，$P(d_0)$的典型值为 $P(1) = 30$ dB；n 为信道衰减指数，表示路径长度和路径损耗之间的比例因子，一般取 2 ~4；nW 表示节点和基站间墙壁个数；C 表示信号穿过墙壁的阈值；WAF 称路径损耗附加值，表示信号穿过墙壁或障碍物的衰减因子，依赖于建筑的结构和使用的材料。

由于传感器节点具备通信能力，通信控制芯片通常会提供测量 RSSI 的方法，在接收参考节点广播自身坐标的同时即可完成 RSSI 的测量，因此这是一种低功率、低代价的测距技术。其缺陷主要在于信号衰减模型无法全面考虑实际传播过程中的复杂环境，如信号反射、多径干扰（Multi Path Interference）、NLOS、天线增益等，可能造成信号衰减情况与所提模型不符，从而带来测量误差。因此，基于 RSSI 的测距应视为一种粗糙的测距技术，有可能产生 ±50% 的测距误差，一般只能适用于对误差要求不高的场合。

4.4.3 无需测距的定位机制

无需测距的定位技术不用测量节点间距离或角度，其主要思想是根据网络的连通性确定网络中节点之间的跳数，通过参考节点间距离估算出每一跳的距离，并由此估算节点在网络中的位置。无需测距的定位技术降低了对节点硬件的要求，但定位的误差也有所增加。目前

主要有两类距离无关的定位方法，一类是先对未知节点和锚节点之间的距离进行估计，然后利用三边测量法或极大似然估计法进行定位；另一类是通过邻居节点和锚节点确定包含未知节点的区域，然后把这个区域的质心作为未知节点的坐标。

1. 质心定位算法

质心定位算法是南加州大学的 NiruPama Bulusu 等提出的一种仅基于网络连通性的室外定位算法[37]。质心是指多边形的几何中心，该算法的核心思想是：参考节点每隔一段时间，向邻居节点广播一个锚信号，信号中包含自身 ID 和位置信息。当未知节点接收到的来自不同参考节点的锚信号数量超过某一个预设门限或接收一定时间后，该节点就确定自身位置为这些参考节点所组成的多边形的质心。假如多边形的顶点坐标分别为$(x_i,y_i),i=1,\cdots,n$，其质心坐标为 $(x,y)=\frac{1}{n}(\sum_{i=1}^{n}x_i,\sum_{i=1}^{n}y_i)$ 。由于质心算法完全基于网络连通性，无需锚节点和未知节点之间的协调，因此简单、易于实现。

在此算法基础上，学者们又做了一些优化工作。2006 年陈春玉等人提出了一种降低信噪比的质心定位算法[38]，优化了传统质心算法的定位结果。2007 年 Jan Blumenthal 等人又提出一种加权的质心定位算法[39]，通过在质心定位算法中引入不同权重从而改进定位效果。

2. 基于距离向量和跳数的定位算法 DV-Hop

美国路特葛斯大学（Rutgers University）的 Niculescu 等人提出了另一种无需测距的定位技术——DV - Hop 算法[40]。该算法首先使用典型的距离矢量交换协议，使网络中所有节点获得距锚节点的跳数（Distance in Hops）。在获得其他锚节点位置和相隔跳数之后，锚节点计算网络平均每跳距离，将其作为一个校正值（Correction）洪泛至网络中。为了简化操作，一个节点仅接受获得的第一个校正值，而丢弃所有后来者，在大型网络中，可通过为数据包设置 TTL 域来减少通信量。当接收到校正值之后，节点根据跳数计算与锚节点之间的距离。最后，当未知节点获得与 3 个或更多锚节点的距离时，则可通过三边定位法计算自己的坐标。

下面举例说明，如图 4-6 所示，已知锚节点 L_1 与 L_2、L_3之间的距离和跳数。L_2 计算得到每跳距离的校正值为 $(40+75)/(2+5)=16.42$。假设 A 从 L_2 获得校正值，则它与 3 个锚节点之间的距离分别为 L_1：3×16.42，L_2：2×16.42，L_3：3×16.42，然后使用三边测量法确定节点 A 的位置。

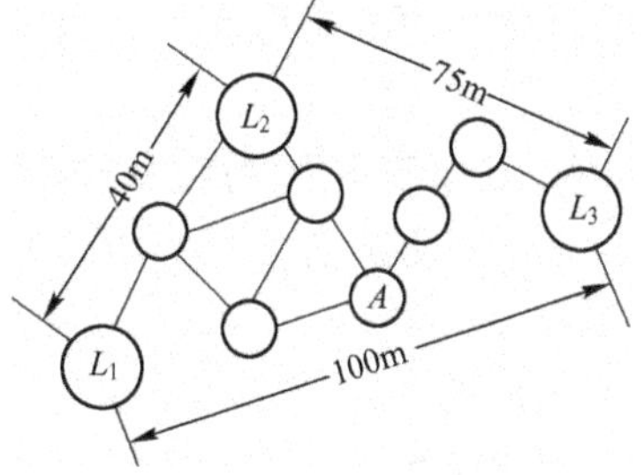

图 4-6　DV - hop 算法示意图

DV-Hop 算法提出了一种简单的估算节点位置的方法，但其应用有一定局限，仅在各向同性的密集网络中，校正值才能合理地估算平均每跳距离，所以该算法仍有待进一步优化。

3. 不定型（Amorphous）定位算法

MIT 的 Radhika Nagpal 等人提出了一种称为 Amorphous 的定位算法（Amorphous Localization Algorithm）。该算法可以看作是 DV - Hop 的增强版，引入了梯度值（Gradient）来表示节点距锚节点的跳数，一方面通过多点测量方法提高了梯度估计的精确度，另一方面修正了每跳距离的估计方法。

在计算梯度过程中，节点 i 收集邻居节点的梯度值，通过式（4-7）修正自己到锚节点

的梯度 S_i：

$$S_i = \frac{\sum_{j \in nbrs(i)} h_j + h_i}{|nbrs(i)| + 1} - 0.5 \tag{4-7}$$

式中，h_i表示节点 i 与锚节点之间的跳数；$nbrs(i)$表示节点 i 的邻居节点集合。在计算每跳距离时，考虑到跳数不能代表节点与锚节点之间的直线距离，因此不定型算法采用公式(4-8)来修正每跳距离 d。

$$d = r(1 + \mathrm{e}^{-n_{\mathrm{local}}} - \int_{-1}^{1} \mathrm{e}^{-\frac{n_{\mathrm{local}}}{\pi}(\arccos t - t\sqrt{1-t^2})} \mathrm{d}t) \tag{4-8}$$

式中，r 表示节点通信半径；n_{local}表示网络平均连通度，即网络中节点的平均邻居节点数。

当获得三个或更多锚节点的梯度值后，未知节点 i 使用 $S_i \times \mathrm{HopSize}$ 计算与每个锚节点距离，并使用最大似然估计法估算自身位置。试验显示，当网络平均连通度在15以上时，节点无线射频存在10%偏差，定位误差小于20%。但该算法有两个缺点：一个是需要预知网络平均连通度；另一个是需要较高的节点密度。

4. 凸规划定位算法

加州大学伯克利分校的Doherty等提出了一种完全基于网络连通性诱导约束的定位算法，即凸规划算法[41]。该算法将节点间点到点的通信连接视为节点位置的几何约束。例如，若节点的通信半径为20 m，那么两个节点进行通信所蕴含的几何约束就是这两个节点的距离必定小于或等于20 m，这样产生一系列相邻的约束条件就蕴涵着节点的位置信息。将这些约束条件组合起来，就可以得到此未知节点可能存在的区域。该算法将节点定位问题转化为凸约束优化问题，然后使用线性矩阵不等式、半判定规划或线性规划等方法得到一个全局优化的解决方案，确定节点位置。

同时该算法也给出了一种计算未知节点有可能存在的矩形空间的方法。根据未知节点与参考节点之间的通信连接和节点无线通信半径，可以估算出节点可能存在的区域，并得到相应矩形区域，然后以矩形的质心作为未知节点的位置。凸规划是一种集中式定位算法，参考节点比例为10%的情况下，定位误差约等于节点的通信半径。为了高效工作，参考节点需要部署在网络的边缘，否则外围节点的位置估算会向网络中心偏移。

5. 近似三角形内点测试法APIT

近似三角形内点测试法（Approximate Point-in-Triangulation Test，APIT）是由弗吉尼亚大学的He等人提出的[42]，其理论基础是PIT，如图4-7所示。假如存在一个方向，沿着这个方向M点会同时远离或接近A、B、C，那么M位于三角形ABC外；否则M就位于三角形ABC内。

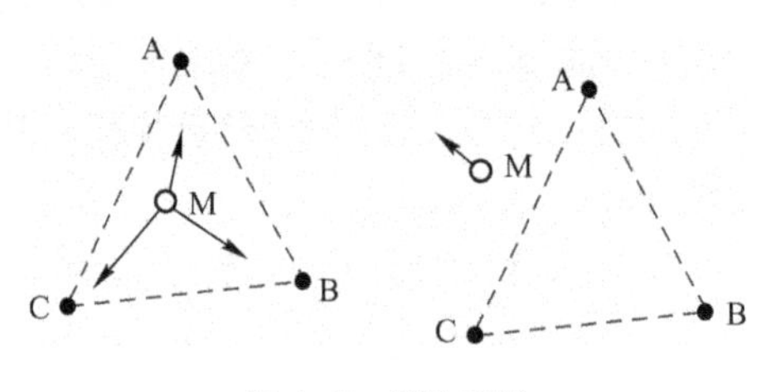

图4-7 PIT理论

APIT定位具体包括以下4个步骤。

1）收集信息：未知节点收集临近锚节点的信息，如位置、标识号、接收到的信号强度等，邻居节点之间交换各自接收到的锚节点的信息。

2）APIT测试：基于上述邻居节点之间的交互，计算未知节点是否在不同的锚节点组合成的三角形内部。

3）计算重叠区域：统计包含未知节点的三角形，计算所有三角形的重叠区域。

4）计算未知节点位置：计算重叠区域的质心位置，作为未知节点的位置。

实验显示，APIT 误差概率相对较小（最坏情况下 14%）；平均定位误差小于节点通信半径的 40%。在无线信号传播模式不规则和传感器节点随机部署的情况下，APIT 算法的定位精度相对较高，性能稳定；但 APIT 测试对网络的连通性提出了较高的要求。

4.4.4　定位机制的对比分析

对许多应用来说，位置是必需的信息，所以节点定位成为无线传感器网络的一项关键技术。目前节点定位方面也已有较多研究成果，本节根据定位算法的一些性质，如计算方式、定位粒度、定位方式、健壮性、能耗等，对前面介绍的各种定位算法进行比较分析，见表 4-4。

表 4-4　无线传感器网络定位算法比较

协议名称	测距技术	计算方式	粒度	定位方式	定位精度	健壮性	能耗
TOA	基于测距	分布式	细	并发式	较高	差（依赖于时间同步）	大
TDOA	基于测距	分布式	细	并发式	较高	好	较大
AOA	基于测距	分布式	细	并发式	低	差	大
RSSI	基于测距	分布式	细	并发式	低	差	小
质心定位	无需测距	分布式	粗	递增式	低	好	小
DV - hop	无需测距	分布式	粗	递增式	良好	好	较大
Amorphous	无需测距	分布式	粗	递增式	良好	差	大
凸规划	无需测距	集中式	粗	并发式	高	一般	大
APIT	无需测距	分布式	粗	递增式	高	好	一般

基于测距的定位算法一般为细粒度，无需测距的定位算法一般为粗粒度。在计算方式上，由于无线传感器网络是一种典型的自组织、分布式网络，所以一般采用分布式计算方式。各种算法在定位精度、健壮性、能耗等方面性质也不尽相同，可根据实际应用的需要选择合适的定位算法。

4.5　无线传感器网络的时间同步算法

传感器网络是典型的分布式系统，需要大量节点协作才能完成区域内的监控感知工作，而协作的基础是各个节点能够按照某种顺序工作，甚至基于时钟同步的传输通信。因此对传感器网络而言，时钟同步是极其重要的问题。

4.5.1　无线传感器网络时间同步概述

在计算机网络中，因各硬件的时钟都不精确，在某时刻节点间的本地时钟彼此可能发生偏差，导致观察到的时间或时间间隔可能发生偏移。在无线传感器网络中，对时间同步有着很高的需求。第一、传感器节点间需要协调运转和共同合作来完成复杂的传感任务，而成功协作的基本要求是节点间的时钟同步。第二、为了能够在传感器网络中节约能量，节点需要在恰当的时间休眠或关闭某些耗能大的设备，这也需要节点间保持时间同步。第三、在一些应用中，传感器节点所获得的数据必须具有准确的时间和位置信息，否则采集的信息就是不完整的。所以，时间同步成为传感器网络中的一项重要支撑技术，具有重要的研究价值。

1. 时间同步模型

计算机设备大部分配置了硬件振荡器来协助计算机计时，硬件振荡器的角度频率决定了时钟运行的速率。由于各种物理因素的影响，所有时钟都易于发生偏移，振荡器的频率可能发生不可预知的变化。对于网络中的节点 i，它的本地时钟可以近似为

$$C_i(t)=a_i(t)\cdot t+b_i(t) \tag{4-9}$$

式中，t 表示时间；$a_i(t)$表示时钟漂移（drift），即时钟速度（频率）的变化率；$b_i(t)$是节点 i 的时钟与真实时刻的偏移量。网络中两个节点的时间关系可表示为

$$C_1(t)=a_{12}C_2(t)+b_{12} \tag{4-10}$$

在节点1和节点2之间，a_{12}为相对漂移，b_{12}为相对偏移量。如果两节点时钟都已完全同步，则它们的相对漂移为1，表示两时钟具有相同速率；如果它们的相对偏移量为0，表示此刻它们具有相同值。

因各硬件的时钟都不精确，在某时刻节点间的本地时钟彼此可能发生偏移，需要纠正时钟频率和偏移量，也就是时钟同步的过程。同步可能是全球的，使所有节点的时钟都相等，也可能只是局部的，使某些区域内节点的时钟相同。这些只是时钟瞬间值的相等（纠正偏移量），是达不到真正的同步，之后时钟会发生偏移。因而在进行时钟同步时，要么使时钟的频率和偏移量都相等，要么反复地纠正偏移量来保持时钟同步。

2. 时间同步的考虑因素

时钟同步方法依赖于节点间一些交互的信息。为了同步，一个节点可以产生一个时间戳并发送给另一个节点。然而，由于网络传输时间的不确定性或物理设备接收的时间不确定性，使得该时间戳在到达接收端之前，将面临各种延时。这个延时使得接收端不能准确地比较两个节点的本地时钟，从而不能精确地实现同步。

影响时间同步的延时可分为4部分：发送时延、访问时延、传输时延和接收时延。发送时延是指发送端将信息转移到网络接口所需时间；访问时延是指数据包等待MAC服务花费的时间，如等待信道空闲或TDMA中合适的时隙所花费的时间；传输时延指信息在发送端和接收端之间传输所需时间；接收时延指接收端网络接口接收到信息并将其转移到主机以进行处理所需时间。

除了延时问题外，由于无线传感器网络还有一些独特的性质，如节点能量有限、节点数量大、节点容易损坏等特点，所以在时间同步方面还要考虑其他的问题。主要说来，有几个方面的因素。

- 能量效率：这是无线传感器网络中任何协议和算法都要考虑的因素。
- 可扩展性：许多无线传感器网络应用需要部署大量的传感器节点，同步技术应该能够有效适应网络中节点数目和密度扩展的特点。
- 精确度：对于不同的应用和同步的目的，精确度的要求具有很大的差别。
- 健壮性：即使在部分节点失效的情况下，同步技术在网络的剩余部分也能保持有效。
- 同步范围：时间同步技术可以给网络内所有的节点提供时间，也可给局部区域内的部分节点提供时间。由于可扩展性的问题，在大型无线传感器网络中要实现全网同步是

很困难的，或需要很大的代价（考虑到能量和带宽消耗）。

- 成本和物理尺寸：时间同步技术要充分考虑到传感器节点的尺寸小、成本低廉的问题。
- 即时性：在某些进行紧急情况探测的无线传感器网络应用中（如气体泄漏、入侵侦察等），需要将发生的事件直接发送到网关，不容许有任何延迟。这就要求节点始终进行预同步，防止事件发生后才进行同步所造成的延时。

3. 无线传感器网络时间同步算法分类

J. Elson 和 K. Romer 在 2002 年 8 月的 HotNets 国际会议上首次提出和阐述了无线传感器网络时间同步机制的研究课题，此后高校、科研机构也都纷纷开始这个领域的研究。目前对无线传感器网络时间同步的研究主要集中在 3 个方面：一是尽量减少同步算法对时间服务器及信道质量的依赖，缩短可能引起同步误差的“关键路径”；二是从能耗的角度，研究节能、高效的同步算法；三是从安全的角度，提高同步算法的安全性。

根据实现机制的不同，无线传感器网络时间同步算法可分为接收者—接收者同步（Receiver-Receiver synchronization）、发送者—接收者成对同步（Sender-Receiver Pair-Wise Synchronization）、发送者—接收者单向同步（Sender-Receiver One-Way Synchronization）、接收同步（Receiver-only Synchronization）。接收者—接收者同步是根据记录收到触发包的时间来进行同步，发送者—接收者成对同步基于节点间双向信息交换的传统模型进行收发节点间的同步，发送者—接收者单向同步主要是基准节点定期广播包含当前时钟读数的同步信令。接收同步方法中，一部分传感器节点通过监听一对传感器节点所交换的定时信息而进行同步，因此这批传感器节点无需发送任何信息就可达到同步。大部分现存时钟同步协议依赖于其中一种或两种方法。

4.5.2 接收者—接收者同步算法

接收者—接收者同步是根据接收者记录的收到触发包的时间来进行同步，当出现触发事件时，每个节点用本地时间记录触发事件，然后计算相对其他所有节点时钟偏移量的平均值，对本地时钟进行相应调整。

1. 参考广播同步 RBS 算法

参考广播同步 RBS（Reference - Broadcast Synchronization）算法是由加州大学 Jeremy Elson 等人在 2002 年提出的[43]。其核心思想是“第三方广播”，即让参照节点利用物理层广播周期性地向网络中其他节点发送参照广播（Reference Broadcast），广播域中的节点用自己的本地时钟记录各自的包接收时间，然后交换记录的时间信息，通过这种方式，接收节点能够知道彼此的时钟偏移量，然后计算偏移矩阵 offset。

$$\forall i \in n, j \in n: \mathrm{offset}[i,j] = \frac{1}{m}\sum_{k=1}^{m}(t_{j,k} - t_{i,k}) \tag{4-11}$$

式中，$t_{i,k}$表示接收节点 i 收到参照广播 k 时的时间；n 为接收节点数目；m 为参照广播次数。偏移矩阵中的值为节点间时钟偏移的平均值，可用它对本地时钟进行相应调整。当每个节点都得到它相对其他所有节点的时钟偏移量的平均值时，所有接收到同一参照广播消息的接收节点便获得了一个相对网络时间。

这种采用接收者之间进行同步的方法，避免了发送方对同步精度造成的影响，提高了同步精度。但是 RBS 要求网络有物理广播信道，可扩展性不好；另一方面消息交换开销太大，对于有 n 个节点的网络，需要 $O(n^2)$ 次的消息交换，导致能耗太大，不适合能量有限的应用场合。

2. 参考插值协议 RIP 算法

为了解决 RBS 方法中能量浪费的问题，提出了参考插值协议 RIP（Reference Interpolation Protocol）算法[44]。RIP 利用来自参考包发射节点和基站节点的广播信息来进行时间同步。首先，参考节点广播参考包，邻近传感器节点和基站节点接收到参考包后，记录下各自的本地时间，参考节点自己也会记下参考包发送时的时间。当基站节点接收到参考包后，将此时自己的时间作为参考值广播出去，这个时间可以是全球统一时间。根据基站的全球时间，邻居节点和参考节点修改它们的本地时钟，经过这一处理后，所有节点都同基站达到了同步。

下面举例说明。参照图 4-8，A、B、C 为参考结点，节点 2、3 是网关节点，初始时，节点 1 为基站节点。RIP 方案的时间同步过程如下。

1）基站节点 1 发送一个消息包来启动同步。

2）参考节点 A 收到基站的启动包后，发送参考包 RP（Reference Packet），并记录下发送参考包的时间，每个节点收到参考包后记录下此时的本地时间。

3）基站节点 1 广播其所收到参考包的时间，每个节点收到节点 1 所发送的信息包后，将其与之前所记录的本地时间比较，来纠正本地时钟。

4）网关节点 2 转变为基站，重复上述过程，直到所有节点取得同步。

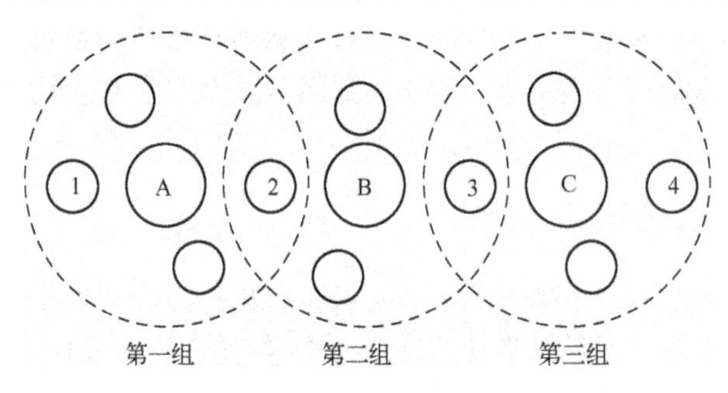

图 4-8 RIP 算法多跳同步过程

RIP 协议中，每个传感器节点在单跳范围内只需接收两个数据包，即参考包和基站的带有全球时间的同步包，减少由于时钟同步所导致的控制信息包的数量，节省了能量。另外，RIP 协议用参考包来同步所有的传感器节点，减少了由于发送时间和存取时间的不确定性所带来的同步错误。RIP 协议的一个问题在于其假设节点收发参考包是在同一时间，忽略了传输时间的不确定性。当然，在高度密集部署的传感器节点间，传输时间是可忽略不计的。RIP 协议的另一个缺点是由于多跳同步引起的误差积累，而且该算法没有估计时钟的频率偏差，所以时钟保持同步的时间较短。

4.5.3 发送者—接收者成对同步算法

基于节点间双向信息交换同步的模型，发送者—接收者成对同步协议通常采用客户机—服务器的交互架构。基准节点收到待同步节点所发送的同步请求后，回馈包含当前时间的同步报文，待同步节点据此估算时延并校准时钟。

1. 传感器网络时间同步协议 TPSN

加州大学网络和嵌入式系统实验室 Saurabh Ganeriwal 提出的传感器网络时间同步协议 TPSN（Timing-sync Protocol for Sensor Networks），是一种典型的双向成对同步协议，其同步过程分两个阶段：层次发现阶段和同步阶段[45]。

层次发现阶段的目的是在网络中产生一个分层的拓扑结构，并给每个节点都赋予一个层次号。在网络刚建立时，首先选取一个根节点并赋予层次号 0，然后由它广播一个层次发现报文进行初始化，报文中封装有发送者的标识和层次号。当其他节点收到层次发现报文后，将报文中的层次号加 1 作为自身的层次号，然后再广播一个新的层次发现报文，重复这个过程，直至网络中的所有节点都被赋予一个层次号。

同步阶段由根节点的 time_sync 报文发起。当接收到这个报文后，第一层的节点发起与根节点的双向消息交换，如图 4-9 所示。为了最小化无线信道冲突，每个节点都要等待一个随机时间。节点一旦接收到根节点的回复消息，就可利用双向成对同步公式 (4-12) 计算其与根节点之间的时间偏移和传播延迟，并调整自身时钟与根节点的时钟同步。第二层节点监听到第一层的一些节点与根节点的通信后，发起与第一层节点的双向消息交换，重复这个过程，最终使所有节点都与根节点同步。该过程中，下层节点不可避免地会与多个上层节点同步。

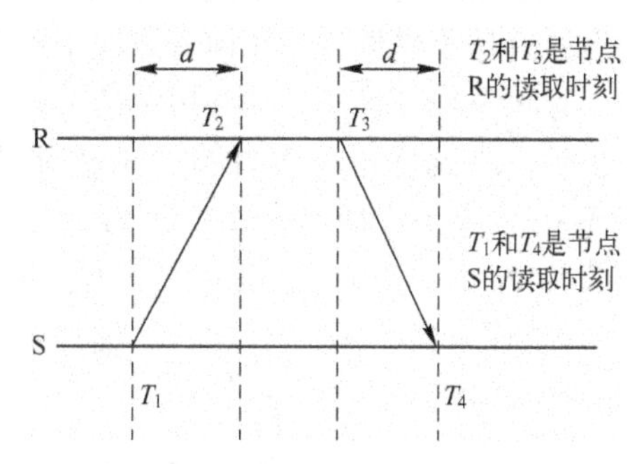

图 4-9　相邻节点 S 和 R 之间的消息交换

$$\begin{cases} T_2 - T_1 = delay + offset \\ T_4 - T_3 = delay - offset \end{cases}$$
$$\begin{cases} delay = [(T_2 - T_1) + (T_4 - T_3)]/2 \\ offset = [(T_2 - T_1) - (T_4 - T_3)]/2 \end{cases} \tag{4-12}$$

TPSN 协议在 MAC 层为发送节点和接收节点标记时间戳，排除了发送时间、访问时间和接收时间的影响，提高了算法的精度（可达到两倍于 RBS 的同步精度）。该协议中任意节点同步误差取决于它距离根节点的跳数，而与网络中节点总数关系不密切，使 TPSN 同步精度不会随网络节点数目的增加而大幅降低。此外，每个节点同步的能耗以及构造层次树的总能耗，在节点数增加时几乎不变，这都使得 TPSN 具有较好的扩展性。

TPSN 协议的缺点是，一旦根节点失效，就要重新选择根节点并重新开始上述两个过程，增加了计算和能量开销。该协议要求网络构造层次结构，使得它不适合于移动性较大的网络。除此以外，采用洪泛广播方式构造层次树的通信开销较大，而且由于同步误差累积导致该协议中节点同步误差依赖于距离根节点的跳数。

2. 基于簇的分层时间同步算法 CHTS

早期的 RBS、TPSN 都没有考虑多跳网络中同步误差累积的情形。基于簇的分层时间同步算法（Cluster-based Hierarchical Time Synchronization，CHTS）[46] 考虑了此问题，并通过缩减基准参考节点到各个节点的平均跳数，达到了减小误差和节约能量的目的。

分簇思想在网络中选择几个节点作为簇头，其余的传感器节点作为簇头的成员，每个成员采集到数据后不是直接发送到基站，而是发送到簇头，簇头把收集到的簇成员的数据经过压缩后，发送到基站。CHTS 的同步过程分三步：簇头树的生成，簇成员树的生成，以及时间同步过程。

首先是簇头树的生成。整个无线传感器网络中有一个唯一的簇头基准节点（全局时钟），它首先广播簇头发现报文，包含跳数信息。接收到此报文的高性能节点加入簇头，然后将发送该簇头发现报文的节点作为父节点，将收到的跳数加 1 作为自己的跳数并进一步发送广播报文。在此期间，如果簇头收到跳数比父节点低的或者跳数相同但信号比较强的报文，就会改变它们的父节点，当簇头自己的跳数改变后，它们会重新广播发现报文。

簇成员可以分为三类：直接可达簇头的节点；在簇头射频范围内但不可直接到达簇头的节点；超出簇头射频范围但仍是该簇头的成员节点。簇成员树的构造过程类似于簇头树构造过程，只是簇成员节点在构造过程中不会改变它们的父节点。

时间同步过程中，簇头树中的节点利用前面讲到的双向成对同步方式实现同步。在簇头同步后，簇头会先和簇内的一个相邻节点进行同步，利用双向成对机制最终计算出偏移（Offset），簇头广播偏移值和 T_2的值（T_2为双向成对同步算法中的 T_2），簇内的节点则进一步通过 $offset = offset_{\text{chosen}} + T_{2\text{chosen}} - T_{2\text{own}}$来计算自身的偏移。

分簇思想分层次进行同步，缩短了待同步节点与参考点的距离，减小了同步误差，节约了能量。但簇头承担了相对较多的工作，可能成为网络的瓶颈。

4.5.4 发送者—接收者单向同步算法

发送者—接收者单向同步的主要思想是选取某一节点充当时间基准点，定期广播包含当前时钟读数的同步信令，其他节点接收到该同步信令后，估算时延等参数并调整自己的逻辑时钟值，与基准点达成同步。节点在和基准点同步后作为新的基准点，逐步向外同步，直至覆盖整个网络。

1. 洪泛时间同步协议 FTSP

洪泛时间同步协议（Flooding Time Synchronization Protocol，FTSP）[47]是由 Vanderbilt 大学的 Branislav Kusy 等人在 2004 年提出的，使用单向广播消息实现发送节点与接收节点之间的时间同步，综合考虑了能量感知、可扩展性、健壮性、稳定性和收敛性等方面的要求。

FTSP 协议中的数据传输过程如图 4-10 所示。发送节点在 MAC 层为同步字节后的每个字节标记时间戳，接收节点在接收同步字节后也做同样的标记，当消息传输完后，接收节点可从中采集 8 对数据（发送时间/到达时间），在这 8 对数据上采用线性回归法估计出两个节点间相对的时间偏差和时间速率。

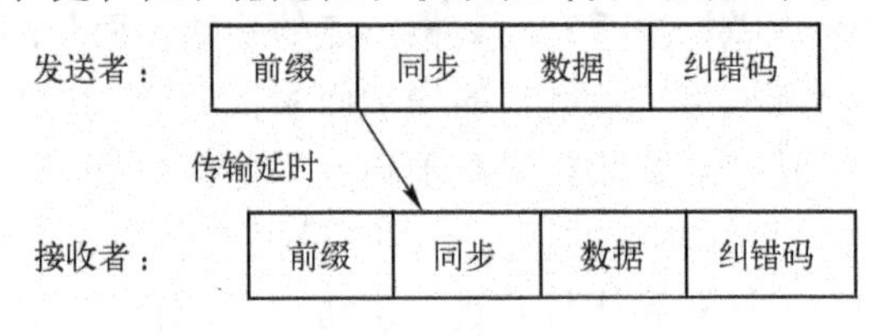

图 4-10　FTSP 中的数据传输过程

FTSP 协议也提供了多跳时间同步，多跳机制采用树的结构，根节点就是选中的同步源，级别为 0，根节点广播域内的节点属于级别 1，依此类推。级别 i 的节点同步到级别（i-1）的节点。根节点由下述网络协议选定：如果节点在 ROOT_TIMEOUT 时间内没有监听到同步消息，它就宣布自己为新的根节点；为确保网络中仅有一个根节点，如果一个根节点听到来自节点号更低的节点的时间同步消息，就放弃自己的根节点状态。

FTSP 算法通过对收发过程的分析，把时延进一步细分为发送中断处理时延、编码时延、传播时延、解码时延和接收终端处理时延等，进一步降低了时延的不确定性。另外，通过发射多个信令报文，使得接收节点可以利用最小方差线性拟合估算自己和发送节点的漂移和偏移差。该协议设计了良好的根节点选举机制，针对根节点失效、新节点加入以及拓扑结构变化等情况进行了优化，使得算法的健壮性很好，适合军事应用等恶劣环境下的应用。

2. 基于比例的时间同步协议 RSP

FTSP 协议需要在传输过程中增加多个时间戳，开销太大。为此，Jang Ping Sheu 等人提出了基于比例的时间同步协议（Ratio-based Time Synchronization Protocol，RSP）[48]，只使用两个连续同步消息，并在 MAC 层加入消息时间戳。

RSP 的同步过程如图 4-11 所示。基准点在 T_1，T_3连续发送两个同步消息，所有邻居节点都能在其本地时间 T_2，T_4收到两个消息。利用 4 个时间戳可拟合出一条直线，来反映参考节点和待同步节点间的时间关系，并可根据式（4-13）由本地时间来估算参考节点上的时间。

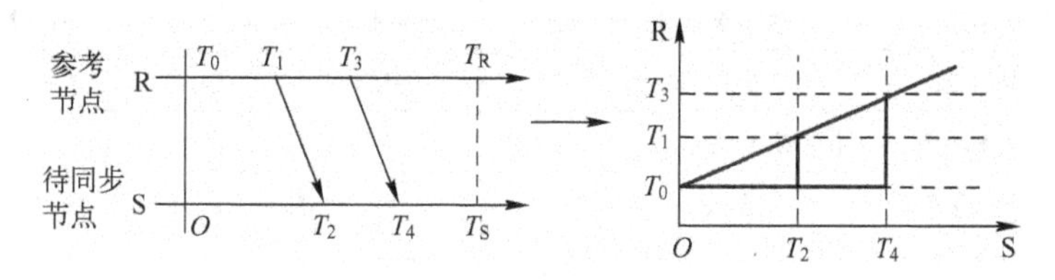

图 4-11　RSP 同步过程

$$T_R = T_S \times (T_3 - T_1)/(T_4 - T_2) + (T_1 \times T_4 - T_2 \times T_3)/(T_4 - T_2) \tag{4-13}$$

由于上述计算没有考虑节点间时钟晶振频率漂移的情况，随着时间的延长，$(T_3 - T_1)$或$(T_4 - T_2)$的值可能会变化，为了提高时间同步的准确性，可以设置两个阈值 α 和 β，每一个节点都保留有最近的 k 个时间，当$(T_3 - T_1)$或$(T_4 - T_2)$超过 α 时，再重新选一对 T_1，T_2。为了减少数值计算误差，要求新的 T_1，T_2必须满足$(T_3 - T_1)$或$(T_4 - T_2)$大于阈值 β。

4.5.5　接收同步算法

接收同步可以看作发送者—接收者成对同步的改进方案，在两节点间基于双向成对同步的过程中，其他在它们的通信范围内的节点都能监听到同步消息，这些节点无需进行通信就可校准各自的时钟参数，因此节省了消息传递次数，也节省了能量。

成对广播同步（Pairwise Broadcast Synchronization，PBS）[49]是一种典型的接收同步算法。其工作原理如图 4-12所示，假设节点 P 是参考节点，节点 P 和节点 A 利用双向定时信息交换完成同步。在此过程中，在节点 P 和节点 A 共同覆盖范围内的所有节点，如节点 B，都能收到一系列的同步信息，利用这些信息，节点 B 同样能与父节点 P 同步，而无需额外的同步信息的传输。

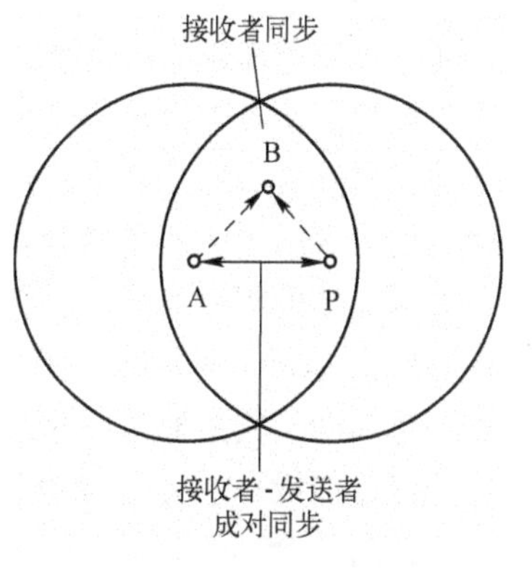

图 4-12　接收同步模型

与 TPSN、RBS、FTSP 等同步协议相比，PBS 中同步信息报文的数量并不依赖于网络中传感器节点的数目，能量消耗小，网络的可扩展性好。在同步精度方面，PBS 可通过与一系列不同组中的节点进行同步，最终达到整个网络的同步，能达到与 RBS 一样的同步精度。

4.5.6 同步算法的比较

由于无线传感器网络在应用环境中表现出来的特点不同，对时间同步的要求也不一样，下面就以上几种算法的同步类型、同步方式、同步精度、算法复杂性以及算法收敛时间等进行比较，如表 4-5 所示。

表 4-5 无线传感器网络同步算法比较

算法名称	同步方式	漂移同步/偏移量同步	复杂度	同步精度	分层结构	能量效率	可扩展性
RBS	参考广播	都考虑	一般	较高	否	低	差
RIP	参考广播	偏移量	一般	一般	否	高	好
TPSN	广播+双向	偏移量	一般	较高	是	一般	好
CHTS	广播+双向	偏移量	一般	一般	是	低	一般
FTSP	广播+单向	都考虑	高	高	是	一般	一般
RSP	广播+单向	都考虑	高	高	是	一般	一般
PBS	广播+双向+监听	偏移量	低	较高	否	高	好

通过对各种协议总结对比可发现，许多时间同步算法在同步过程中都用到了分层树结构，这与路由协议中寻找路由的方法类似，因此可以考虑借助路由协议的思想来研究时间同步。在多种条件衡量下，没有一种算法是最优的，对于不同的应用要求可以从多方面权衡来选择合适的算法。每个算法都有其优缺点，可以通过相互借鉴来设计出更好的同步算法。

4.6 本章小结

无线传感器网络是在移动自组织网络的基础上发展起来的一种新兴的无线多跳网络，其目的是为了在某一区域获取用户感兴趣的信息。无线传感器网络是当今信息领域新的研究热点，涉及多个学科，有着巨大的应用价值。

在无线传感器网络中，能耗是非常突出的问题。从节点角度考虑，通信单元是耗能最大的一个部分。所以无线传感器网络硬件方面的挑战仍然是如何设计高可靠性、低功耗、低成本的传感器网络节点。在物理层设计方面，现在已提出了 M-ary，ACMP，UWB 等技术，但其性能仍无法满足无线传感器网络的要求。

无线传感器网络 MAC 层研究的主要目标是设计一种低能耗的分布式共享信道访问协议。现有协议主要分为竞争型、分配型和混合型 3 类。竞争型 MAC 协议是在 SMAC 的基本思路上发展起来的，其主要改进是设计一种合理的睡眠—工作调度方法，使得节点仅在需要收发时才开启通信设备。分配型 MAC 协议基本上是在 TDMA 的基础上进行改进，其发展方向是设计一种高效合理的时隙分配方法，在节能的基础上提高网络吞吐量。混合型 MAC 协议将两种 MAC 协议的优势结合起来，是高性能、低能耗 MAC 协议的发展趋势之一。

无线传感器网络中的路由协议在考虑能耗问题和面向应用的同时，可以进一步细分为两大类：平面路由协议和分层路由协议。平面路由协议中，为了节约能量，需限制路由信息洪泛的范围，通常只需在汇聚节点和感知到信息的源节点间形成传输路径即可。分层路由协议可以更好地节约能量，因为普通节点只需通过一跳方式将信息传给簇头，但簇头可能成为网络的瓶颈，其合理选择和更新是这类协议的一个重要研究方向。由于无线传感器网络的应用极其广泛，在具体应用场景中对路由协议都会提出不同的要求，需要根据实际情况对路由协议进行优化。

节点定位和时间同步是无线传感器网络面临的两项重要支撑技术。节点定位技术可以分为基于测距的机制和非测距的机制。前者通过测量未知节点和锚节点之间的距离或角度来计算节点位置，虽然定位精度高，但需要在节点上增加一些设备；后者通过计算多边形质心或估算未知节点与锚节点距离，从而计算节点位置，对节点硬件要求较低。时间同步技术有多种实现机制，对发送者和接收者有着不同的要求，能达到不同的同步粒度和精度，在能耗、可扩展性等方面也不尽相同。总的来说，选择何种技术与具体的应用场景和需求有着密切的关系。

习题

1. 无线传感器网络是在移动自组织网络的基础上发展起来的无线多跳网，请结合实例谈一下你对无线传感器网络概念以及特点的理解，并比较无线传感器网络与移动自组织网络的相同点和不同点。

2. 无线传感器网络可用来监测环境、采集信息等，而移动自组织网络并不适合这些应用场景。请从应用的角度说明相比移动自组织网络，无线传感器网有何不同之处？

3. 无线传感器网络具有节点布设密集、节点结构简单且易于失效、网络拓扑结构变化频繁等特点，无线传感器网络的特点导致其面临着一些特有的问题。请针对这些问题，说明设计中要考虑的至少4项因素。

4. 传感器节点是无线传感器网络中最基础的组成部分，一般传感器节点都需要哪几个模块，各有什么作用？如果要将无线传感器网络布设在森林防火系统中，还需要增加什么模块？

5. 在传感器节点的数据处理单元设计中，可以采用现场可编程门阵列FPGA、微控制器、或微处理器。请问这三类设备各有什么优缺点？如果用传感器节点采集温度，应选择哪类设备？如果采集图像呢？

6. 因为编程直接操作传感器节点上的硬件比较困难，所以学者们专门为传感器节点设计了轻量级操作系统，来屏蔽复杂的硬件设备。现在比较流行的有TinyOS，Mantis OS，MagnetOS三种系统。请结合你的理解说明在设计传感器节点操作系统的过程中，都需要考虑哪些因素？

7. 无线传感器节点有很大的市场，许多硬件制造商都生产传感器节点，请查阅资料并列举出至少5种主流的无线传感器节点，比较它们的各个硬件模块和操作系统，说明它们各有什么特点，适用于什么环境？

8. 工业科学医学频段ISM是无需注册的公用频段。结合前面学过的知识，请说明都有哪些无线标准工作在ISM频段？

9. 调制编码方法是物理层中的关键技术之一，调制是指用模拟信号承载数字或模拟数据，编码是指用数字信号承载数字或模拟数据。二进制编码和多进制编码是两种使用较广的物理编码方式，请问两者各有什么优缺点，各适用于什么情况?

10. 相对移动自组织网络，无线传感器网络的 MAC 层需要将能耗作为主要考虑的因素，结合你的理解说明可能造成能量浪费的原因，如何避免这些问题?

11. SMAC 协议是一种经典的无线传感器网络协议，其主要目的是为了减少能量消耗并支持较好的可扩展性，对通信延时和节点间公平性要求较低。该协议通过什么方法来提高节能水平，这种方法有什么优点和缺点?

12. TMAC 协议对 SMAC 协议做了一些改进，可以动态调节调度周期。它通过什么方式来实现睡眠和侦听状态及其切换? 其中引入了参数 TA 来表示最小空闲侦听时间，请问对 TA 参数的设置有什么要求?

13. SMACS 是一种典型的分配型无线传感器 MAC 协议，引入了异步调度通信机制和邻居节点发现机制，能有效地进行信道分配。请说明其中异步调度通信机制的含义。

14. 基于协商的路由协议 SPIN 和定向扩散协议 DD 是两种典型的平面路由协议，请说明平面路由协议的基本技术特点以及面临的主要技术问题。

15. 分层路由协议中的关键技术之一是簇头选择算法，低能耗自适应分层协议 LEACH 作为最早提出的分层路由协议，专门设计了 $T(n)$ 函数来选择簇头。请分析说明分层路由协议中簇头选择的目标和难点。

16. 阈值敏感的能量有效传感器网络路由协议 TEEN 使用了硬门限和软门限来过滤传输数据，请解释这两个门限的使用方法，并说明这样做有什么优势和劣势?

17. 节点定位是无线传感器网络面临的重要支撑技术，节点定位技术可以分为基于测距的机制和非测距的机制。请说明这两类技术的特点。

18. 基于距离向量和跳数的定位算法 DV-hop 需要使用三边定位法来计算节点坐标，其与 TOA 相比有什么优点? 两者在计算精确度和复杂性方面有什么不同?

19. 节点之间的时间同步是无线传感器网络面临的重要技术难题。从实现机制角度来看，无线传感器网络中的同步算法可分为哪些类型? 每种类型对同步双方各有什么要求?

20. 参考插值协议 RIP 是一种接收者—接收者同步协议，其实现比较简单，精确度较高。RIP 协议中，节点的通信范围对同步精度有较大影响。请说明通信范围太大或太小，对该协议有何影响?

21. 大鸭岛海燕行为监测网络是无线传感器网络的典型应用，该项目采用分层的无线传感器网络来监测海燕的行为。请查阅相关资料，从组网节点、组网方式、网络协议、网络目的等角度分析该项目。

22. 假设学校图书馆有 3 个入口和出口，现在要统计不同时段进出图书馆的学生人数。需要哪些种类的传感器节点，需要如何布设网络?

参考文献

[1] TinyOS. http://www.tinyos.net.

[2] Mantis. http://mantis. cs. colorado. edu.

[3] Magnetos. http://www. cs. cornell. edu/People/egs/magnetos.

[4] E Shih, S Cho, N Ickes, R Min, A Sinha, A Wang, A Chandrakasan, Physical Layer Driven Protocol and Algorithm Design for Energy – Efficient Wireless Sensor Networks[C]. In Proceedings of ACM MobiCom01, 2001:272 – 286.

[5] 王殊,阎毓杰,胡富品,屈晓旭. 无线传感器网络的理论及应用[M]. 北京:北京航空航天大学出版社,2007.

[6] R A Scholtz, M Z Win. Impulse Radio in Wireless Communications: TDMA vs. CDMA [M]. Kluwer Academic Publishers, 1997.

[7] Ho M, Taylor L, Aiello G R. UWB Architecture for Wireless Video Networking[C]. In Proceeding of IEEE International Conference on Consumer Electonics, 2001: 18 – 19.

[8] Fortana R, Ameti A, Richley E, et al. Recent Advances in Ultra Wideband Communications Systems[C]. In Proceeding of IEEE Conference on UWB Systems and Technologies, 2002: 129 – 133.

[9] Welborn M, Miller T, Lynch J, et al. Multi – User Perspectives in UWB Communications Networks[C]. In Proceeding of IEEE Conference on UWB Systems and Technologies, 2002: 271 – 275.

[10] 李晓维,徐勇军,任丰原. 无线传感器网络技术[M]. 北京:北京理工大学出版社,2007.

[11] 李珂, 马骋, 王凯,等. 传感器网络节点硬件设计综述[C]. 2008 中国仪器仪表与测控技术进展大会论文集(Ⅲ), 2008.

[12] Injong Rhee, AjitWarrier, Mahesh Aia, et al. Z – MAC:A Hybrid MAC for Wireless Sensor Networks[C]. Proceedings of the 3rd International Conference On Embedded Networked Sensor Systems. 2005: 90 – 101.

[13] ZhouS, LiuR, EverittD, ZicJ. A2 – MAC: An Application Adaptive Medium Access Control Protocol for Data Collections in Wireless Sensor Networks[C]. International Symposium on Communications and Information Technologies, 2007, 1131 – 1136.

[14] Haas Z J, Halpern J Y, Li L. Gossip – Based Ad Hoc Routing[C]. In Proceeding. of the IEEE INFOCOM. New York: IEEE Communications Society, 2002:1707 – 1716.

[15] J Kulik, WR Heinzelman, H Balakrishnan. Negotiation – Based Protocols for Disseminating Information in Wireless Sensor Networks [J]. Wireless Networks, 2002, 8 (2 – 3): 169 – 185.

[16] Intanagonwiwat C, Govindan R, Estrin D, Heidemann J. Directed Diffusion for Wireless Sensor Networking[J]. IEEE/ACM Trans. On Networking, 2003, 11(1):2 – 16.

[17] Braginsky D, Estrin D. Rumor Routing Algorithm for Sensor Networks[C]. In Proceeding of the 1st Workshop on Sensor Networks and Applications. Atlanta: ACM Press, 2002: 22 – 31.

[18] Heinzelman W, Chandrakasan A, Balakrishnan H. Energy Efficient Communication Protocol for Wireless Microsensor Networks[C]. In Proceeding of the 33rd Annual Hawaii Interalnational Conference on System Sciences. Maui: IEEE Computer Society, 2000:3005 – 3014.

[19] Heinzelman W. Application Specific Protocol Architectures for Wireless Networks [D]. Boston: Massachusetts Institute of Technology, 2000.

[20] Lindsey S, Raghavendra CS. PEGASIS: Power Efficient Gathering in Sensor Information Systems[J]. IEEE Aerospace and Electronic Systems Society, 2002:1125 – 1130.

[21] Manjeshwar A, Agrawal DP. TEEN: A Protocol for Enhanced Efficiency in Wireless Sensor Networks[C]. In Proceeding of the 15th Parallel and Distributed Processing Symp. San Francisco: IEEE Computer Society, 2001: 2009 – 2015.

[22] Manjeshwar A, Agrawal DP. APTEEN: A Hybrid Protocol for Efficient Routing and Comprehensive Information Retrieval in Wireless Sensor Networks[C]. In Proceeding of the 2nd International Workshop on Parallel and Distributed Computing Issues in Wireless Networks and Mobile Computing. IEEE Computer Society, 2002: 195 – 202.

[23] Yu Y, Estrin D, Govindan R. Geographical and Energy Aware Routing: A Recursive Data Dissemination Protocol for Wireless Sensor Networks[P]. UCLACSD TR – 01 – 0023, Los Angeles: University of California, 2001.

[24] Karp B, Kung H. GPSR: Greedy Perimeter Stateless Routing for Wireless Networks[C]. In Proceeding of the 6th Annual Intertional Conference. on Mobile Computing and Networking. Boston: ACM Press, 2000:243 – 254.

[25] Niculescu D, Nath B. Trajectory based Forwarding and Its Applications[C]. In Proceeding of the 9th Annual International Conference. on Mobile Computing and Networking. San Diego: ACM Press, 2003:260 – 272.

[26] Akkaya K, Younis M. An EnergyAware Qos Routing Protocol for Wireless Sensor Networks [C]. In the Proceeding of IEEE Workshop on Mobile and Wireless Networks(MWN2003), Providence, Rhode Island, 2003: 710 – 715.

[27] Chang J, Tassiulas L. Maximum Lifetime Routing in Wireless Sensor Networks[J]. IEEE/ACM Trans. On Networking, 2004, 12(4): 609 – 619.

[28] Sohrabi K, Gao J, Ailawadhi V, Pottie GJ. Protocols for Self – organization of a Wireless Sensor Network[J]. IEEE Personal Communications, 2000, 7(5): 16 – 27.

[29] Deb B, Bhatnagar S, Nath B. ReInforM: Reliable Information Forwarding Using Mutiple Paths in Sensor Networks[C]. In Proceeding of IEEE International Conference on Local Computer Networks, 2003: 406 – 415.

[30] Perrig A. SPINS: Security Protocols for Sensor Networks[J]. Wireless Networks , 2002 , 8 (8) :521 – 534.

[31] Deng J, Han R, Mishra S. INSENS: Intrusion – tolerant Routing in Wireless Sensor Networks[C]. In Proceeding of the 2nd IEEE International Workshop on Information Processing in Sensor Networks. 2003 :349 – 364.

[32] P Deng, P Z Fan, An Efficient PositionBased DynamicLocation Algorithm[C]. International Workshop on Autonomous Decentralized Systems,2000: 36 – 39.

[33] L Cong, W Zhuang. Hybrid TDOA/AOA Mobile User Location for Wideband CDMA CellularSystems[J]. IEEE Transactions on Wireless Communications, 2002. 1(3):439 – 447.

[34] F Gustafsson, F Gunnarsson. Positioning Using Time – Difference of Arrival Measurements [C]. IEEE International Conference on Acoustics, Speech andSignal Processing, 2003, VI: 553 –6.

[35] Alan Mainwaring, Joseph Polastre, Robert Szewczyk, David Culler, John Anderson. Wireless Sensor Networks for Habitat Monitoring[C]. In ACM International Workshop on Wireless Sensor Networks and Applications (WSNA'02), Atlanta, GA, 2002:88 –97.

[36] A Ault, X Zhong, E J Coyle. KNearest Neighbor Analysis of Received Signal Strength Distance Estimation Across Environments[C]. 1st Workshop on Wireless Network Measurements, 2005.

[37] Nirupama Bulusu, John Heidemann, Deborah Estrin. GPS – less LowCost Outdoor Localization for very Small Devices[J]. IEEE Personal Communications,2000,2(1):28 –34.

[38] Chunyu Chen,Maoliu Lin. An Improved Adaptive Centroid Estimation Algorithm[C]. IEEE Region 10 Conference ,2006: 1 –4.

[39] Jan Blumenthal, Ralf Grossmann, Frank Golatowski, Dirk Timmermann. Weighted Centroid Localization in Zigbee based Sensor Networks[C]. IEEE International Symposium on Intelligent Signal Processing, 2007: 1 –6.

[40] Nicolescu D, Nath B. Ad Hoc Positioning Systems(APS)[C]. In Proceeding of the 2001 IEEE Global Telecommunications Conference. Vol. 5,SanAntonio:IEEECommunications Society,2001:2926 –2931.

[41] DohertyL,Pister KSJ,Ghaoui LE. Convex Position Estimation in Wireless Sensor Networks [C]. IEEE Twentieth Annual Joint Conference of the IEEE Computer and Communications Societies (INFOCOM 2001),2001:1655 –1663.

[42] He T,Huang CD,Blum BM,Stankovic JA,Abdelzaher T. Range – Free Localization Schemes in Large Scale Sensor Networks[C]. In Proceeding of the 9th Annual International Conference. on Mobile Computing and Networking. 2003: 81 –95.

[43] J Elson, L Girod, D Estrin, Fine Grained Network Time Synchronization Using Reference Broadcasts[C]. Proceeding Fifth ACM SIGOPS Operating Systems. Review, Boston, MA, 2002:147 –163.

[44] Jo Youngtae, Park Chongmyung, Lee Joahyoung, et al. Energy Effictive Time Synchronization in Wireless Senor Network[C]. International Conference on Computational Science and its Applications, 2007: 547 –553.

[45] S Ganeriwal, R Kumar,M B Srivastava. Timing Sync Protocol for Sensor Networks[C]. First International Conference on Embedded Networked Sensor System, ACM Press, 2003: 138 –149.

[46] Hyunhak Kim, DaeyoungKim ,SeongeunYoo. Cluster based Hierarchical Time Synchronization for Multihop Wireless Sensor Networks[C]. Proceedings of the 20th International Conference on Advanced Information Networking and Applications ,2006,2:318 –322.

[47] M Maroti, G Simon, B Kusy, ALedeczi. The Flooding Time Synchronization Protocol[C]. Proceeding 2nd International Conference on Embedded Networked Sensor Systems, ACM

Press, 2004:39 - 49.

[48] Jang Ping Sheu, Wei Kai Hu, Jen Chiao Lin. Ratio based Time Synchronization Protocol in Wireless Sensor Networks[C]. Proceedings of the 46th IEEE Conference on Decision and Control. New Orleans, LA, USA, 2008, 39(1):25 - 35.

[49] Noh KyoungLae, Serpedin, Erchin. Pairwise Broadcast Clock Synchronization for Wireless Sensor Networks[C]. IEEE International Symposium on World of Wireless, Mobile and Multimedia Networks, 2007:1 - 6.

第5章　移动IP技术

随着无线接入技术的快速发展，无线接入已经成为IP互联网的一种重要接入类型，并为无线和移动互联网业务的广泛开展奠定了基础。虽然传统IP互联网能够提供多种业务，但它无法提供对移动性的支持。这一缺陷使得移动节点从一个无线接入网络漫游到另一个无线接入网络时，由于其地址发生变化，从而引起路由失效并导致通信中断。

如图5-1所示，当移动节点从接入网络1移动到接入网络2时，由于移动节点（Mobile Node，MN）所分配到的IP地址发生了变化，而通信对端的主机无法获知MN的新IP地址，因此仍然将分组发送到MN原来的IP地址，即原来的网络位置，最终导致MN在移动后无法正确地接收分组，乃至无法被其他主机访问。产生这种问题的根本原因在于，在传统的IP网络中，IP地址不仅标明了主机的身份，同时也标明了主机的位置。

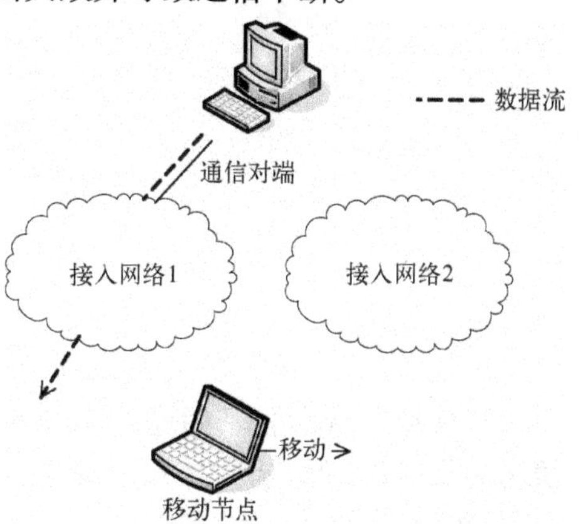

图5-1　传统IP网络支持移动的缺陷

为了解决这一问题，互联网工程任务组IETF提出了移动IP（Mobile IP，MIP）构架，作为IP网络支持移动性的扩展协议簇。5.2节、5.3节分别详细介绍MIP在当前IPv4互联网和下一代IPv6互联网中的两种基本协议机制：MIPv4[1]和MIPv6[2]。5.4节和5.5节介绍切换优化机制和移动IP技术其他研究热点。最后一节是本章小结。

5.1　移动IP概述

为了理解移动IP的概念，先看一个现实生活中的例子。假设有个失散多年没有联系的朋友小张，这时如果需要尽快找到他，那用什么办法能找到他呢？如果小张不仅换了手机号码，甚至连他曾经使用的电子邮件也废弃不用了，MSN等即时通信也早已更换了。那么这时，究竟如何才能找到他呢？

如果想尽一切办法，仍然不能直接找到他，那自然会考虑是否能通过其他人来找到小张。通常情况下，若能联系到小张父母的话，那问题就迎刃而解。当然，这里存在若干前提：前提一、假设小张父母的联系方式是多年没有变化的（即固定的联系方式）；前提二、小张每更换一个新地方，总会有新的联系方式；前提三、小张每当获得新的联系方式后，总会告知他父母。

移动IP技术正是将现实生活中的这个常用解决方法运用到了IP网络的移动性上。在移动IP网络中，部署了称为家乡代理的实体。一旦移动用户离开了原来的网络，则必须告知家乡代理它的当前位置。这样，当任何一台主机想向移动主机发送消息的时候，只需联系家乡代理，由家乡代理将分组转发到移动主机的当前位置。

作为当前 IPv4 互联网和下一代 IPv6 互联网的移动性扩展技术，MIPv4 和 MIPv6 可使 MN 在不同接入网络之间切换时，通信对端主机无需获知 MN 的当前位置，也能将分组正确地发送给 MN。换句话说，MN 的网络接入点变化不会影响对端主机使用固定的 IP 地址与之通信。

MIP 是一个独立于物理层和链路层的技术。如图 5-2 所示，MIP 可以工作在以太网、令牌环网、无线局域网等网络之上。任何使用移动 IP 的上层应用对用户的移动都应当是无感知的，即移动 IP 使用户的移动对上层透明。

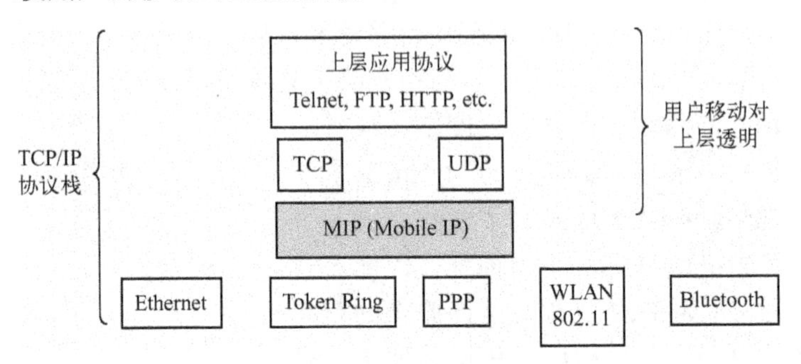

图 5-2　移动 IP 所在的协议栈位置

由于移动 IP 不仅能透明地支持节点移动，还能兼容各种异构的接入技术，因此，该技术成为融合多种无线/有线接入网络的统一平台，如图 5-3 所示。在后续几节中，将分别介绍移动 IP 的基本原理和性能优化的关键技术。

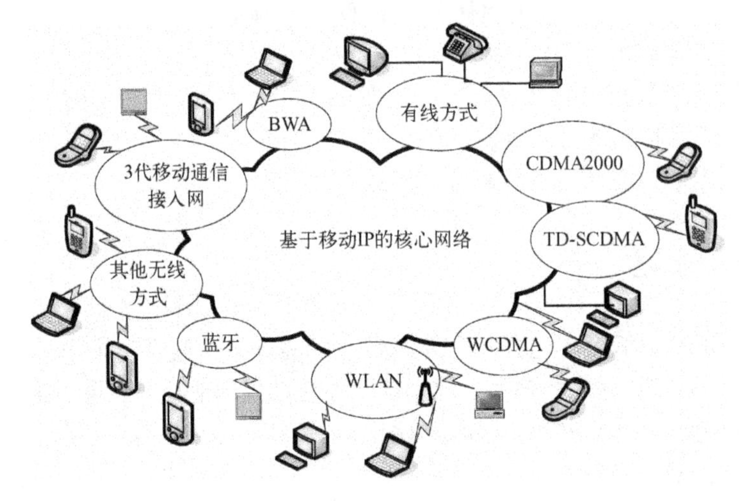

图 5-3　融合多种异构接入技术的移动 IP 网络

5.2　移动 IPv4

移动 IPv4（MIPv4）在原有 IPv4 协议的基础上，增加了对节点移动性的支持以及数据分组在移动节点间路由的支持。IETF 最早于 1996 年提出了移动 IP 基本协议之后，公布了一系列 MIPv4 相关的协议，包括主机移动性支持协议 RFC2002、IP-in-IP 封装协议

RFC2003[3]、最小封装协议 RFC2004[4]、移动 IP 的应用 RFC2005 和 IP 移动性支持管理对象的定义 RFC2006[5]等，奠定了移动 IPv4 的整套技术基础。2002 年，IETF 颁布了移动 IPv4 的新规范 RFC3344[1]，取代了 RFC2002，并对 RFC2002 中的不完善之处进行了补充和改进。

5.2.1　移动 IPv4 概述

移动 IPv4 使得移动节点在 IPv4 网络中移动时，即使接入网络的位置发生变化，也不会影响它和通信对端的通信，保持业务的连续性，节点的移动和 IP 地址的变化对 IP 层以上完全透明。下面主要参考 RFC3344 介绍移动 IPv4 原理。

1. 基本术语

在移动 IPv4 中，有如下一些重要术语。

（1）移动节点 MN

移动节点（Mobile Node，MN）是指一台主机或路由器，其物理位置从一个子网或网络切换到另一个子网或网络。移动节点在网络中移动时，可以始终用相同的 IP 地址与网络中的其他节点进行通信。对于移动节点 MN 是主机的情况，有时也叫作移动主机（Mobile Host，MH）。

（2）通信对端节点 CN

通信对端节点（Correspondent Node，CN），也称通信对端，是与移动节点通信的对应节点，它可以是移动的，也可以是静止的。在研究 MN 移动性时，为了方便考虑，通常假定存在一个或者多个通信对端 CN，与 MN 进行通信。

（3）家乡代理 HA

家乡代理（Home Agent，HA）是位于移动节点归属地的网络（家乡网络）的某个特定路由器，其功能是维护该移动节点 MN 的位置信息，并通过隧道技术向移动到外地网络的 MN 转发数据分组。

（4）外地代理 FA

外地代理（Foreign Agent，FA）是移动节点正在访问的网络上的某个特定路由器，它向移动到这个网络上的移动节点提供服务，包括分配转交地址、转发注册信息和路由等。对于移动节点的家乡代理通过隧道技术发来的数据分组，FA 负责将其解封装后转交给移动节点；对于移动节点发送的数据分组而言，FA 相当于默认网关。

（5）家乡地址 HoA

家乡地址（Home Address，HoA）是分配给移动节点的“永久”地址。不论移动节点 MN 是否在家乡网络，MN 的家乡地址始终保持不变。因此，家乡地址 HoA 可看作移动节点 MN 的身份标识。

（6）转交地址 CoA

转交地址（Care of Address，CoA）是移动节点在外地链路上获得的临时 IP 地址，是连接家乡代理和移动节点的隧道的出口。在注册过程中，移动节点向家乡代理注册其转交地址，告知家乡代理自己现在的位置（即转交地址 CoA）。因此，转交地址 CoA 可看作是移动节点 MN 的临时位置标识。

（7）家乡链路 HL

家乡链路（Home Link，HL）是指移动节点归属到本地网络（家乡网络）时，MN 用来接入的链路。家乡链路 HL 所在网络与移动节点的家乡地址具有相同的网络前缀。

(8) 外地链路 FL

外地链路 (Foreign Link，FL) 是指，除家乡链路以外，移动节点在移动后所连接的其他链路。外地链路 FL 通常处于外地网络 (Foreign Network) 中。

2. 移动 IPv4 的基本原理

移动 IPv4 的功能实体及基本工作原理如图 5-4 所示。当移动节点连接到家乡链路上时，它与固定节点一样工作，不需要使用移动 IP 的功能。当移动节点离开家乡网络而连接到外地链路上时，移动节点通过特定方式获取转交地址 CoA，之后向家乡代理注册该转交地址。注册完成后，家乡代理会负责维护移动节点 CoA 和 HoA 的绑定 (即对应关系)，并建立一条到 CoA 的双向隧道。在双向隧道建立之后，通信对端节点就可以和移动节点进行通信。

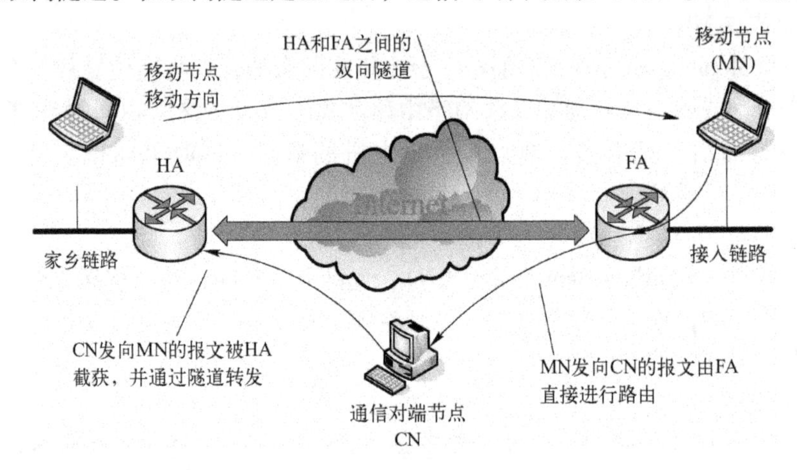

图 5-4 移动 IPv4 功能实体及原理

当通信对端节点向移动节点发送数据时，其发送的数据分组首先被路由到移动节点的家乡网络。家乡代理截获此分组后，通过查找注册绑定信息找到移动节点的当前转交地址，家乡代理进而使用隧道技术将分组封装后发往转交地址。拥有转交地址的实体 (外地代理或移动节点本身) 将分组解封装，然后交给移动节点。反之，移动节点会直接将分组发送给对端节点 CN。

从移动 IPv4 的原理可看出，其关键在于移动节点、家乡代理、外地代理三者的信息交互，其中涉及代理发现、移动节点注册、数据传输等问题。下面将就这些技术的细节分别进行介绍。

5.2.2 代理发现

一个移动节点进入某个网络后，采用代理发现确定是处于家乡网络，还是处于外地网络。代理发现的途径主要有两个：代理通告和代理请求。家乡代理和外地代理都会周期性地广播包含自身信息的分组，这一分组称为代理通告。代理通告分组是在 ICMP 路由通告分组基础上扩展形成的，扩展部分格式如图 5-5 所示。每个代理通告分组可以携带多个可供移动节点使用的转交地址。MIP 规定，当 MN 连续 3 次以上收不到来自移动代理的代理通告时，就认为该代理对于它已经失效。当移动节点接到代理通告时，它就可以确定自己目前连接到网络的位置。

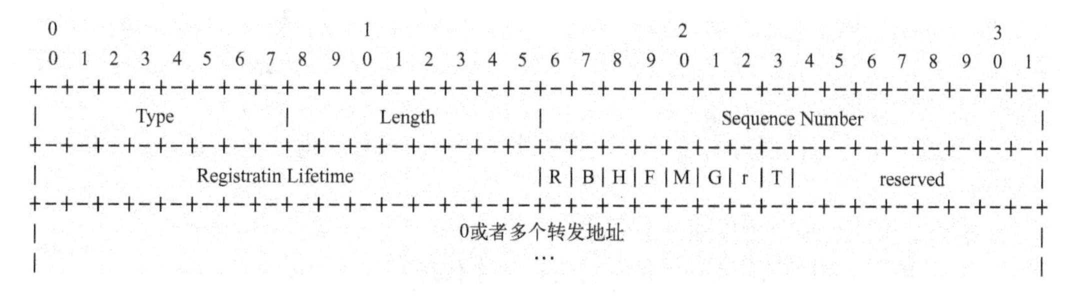

图5-5　移动代理通告扩展

当一个移动节点没有接收到代理通告，或者该移动节点不能通过链路层协议或其他方式确定其转交地址时，它需要通过发送代理请求的方式来进行代理发现。代理请求分组的格式同ICMP协议的路由请求分组一样，但其TTL（Time to Live）域必须设置为1。

如果一个移动节点MN收到的代理通告分组中扩展部分的“H”位（表示家乡Home）被置为1，那么MN可以得知自己现在处于家乡网络中。处于家乡网络中的移动节点无需使用移动IP服务。如果一个节点是刚刚从其他网络回到家乡网络的，则它应当与家乡代理解除注册。如果代理通告分组中扩展部分的“F”位被置为1，那么MN就可以判断出自己现在处于外地网络中，此时它需要获得一个转交地址。

转交地址标识了移动节点当前的物理连接位置，其网络前缀必须与移动节点当前所在外地网络的前缀相同。具体来说，转交地址分为两类。第一类是以外地代理自身的IP地址作为转交地址，可从外地代理的代理通告中获得，称为“外地代理转交地址”（Foreign Agent Care of Address）。由于同一个外地代理可以同时为多个移动节点服务，因此多个移动节点可能会同时使用同一个“外地代理转交地址”。此时，外地代理依靠链路层地址（如MAC地址）来识别不同的移动节点。这类方式值得特别注意，因为该IP地址配置方式与通常网络中的IP地址配置不同，“外地代理转交地址”并非为每个MN配置一个唯一（哪怕是外地网络中唯一）的IP地址，而是多个MN共同使用同一个配置在外地代理某个接口上的IP地址。第二类与通常的IP地址配置方式相同，是移动节点某个端口从外地网络直接获得的IP地址，如采用DHCP方式获得的转交地址，称为“配置转交地址”（Co-located Care of Address）。这种情况下，不同的移动节点需要使用不同的“配置转交地址”。

5.2.3　移动节点注册

在移动节点获得转交地址后，移动节点接下来就要向家乡代理注册。所谓注册，是指移动节点将自己当前的信息（例如转交地址）通告给它的家乡代理，以便家乡代理能够建立转发服务机制。注册过程涉及移动节点、外地代理和家乡代理三方，其目的是在一个移动节点的家乡代理处建立该移动节点的家乡地址和其转交地址之间的有时限的绑定关系。这样，家乡代理可以把发往移动节点的分组转发到其转交地址处。

注册有两种方式：一种是移动节点通过外地代理向家乡代理注册，另一种是移动节点直接向家乡代理注册，分别对应于上述两种转交地址。如果移动节点采用外地代理转交地址，必须采用前一种方式注册。当一个移动节点采用配置转交地址时，若它收到了来自所在链路的外地代理的代理通告且其中“R”位被设置为1，则它必须通过该外地代理向家乡代理注册，否则它可以直接向家乡代理注册。通过“R”位强制移动节点通过外地代理进行注册，是为了某些对安全性要求较高或者需要计费的网络而服务，因为在这些情况下外地代理需要监控移动节点的注册过程。

移动节点采用外地代理转交地址时，通过外地代理向家乡代理注册主要有4个步骤，如图5-6所示。

1）移动节点向外地代理发送注册请求。

2）外地代理对注册请求进行处理并转发给家乡代理。

3）家乡代理处理注册请求并向外地代理发送注册应答，其中包含接受注册或拒绝注册的信息。

4）外地代理对注册应答进行处理并将结果告知移动节点。

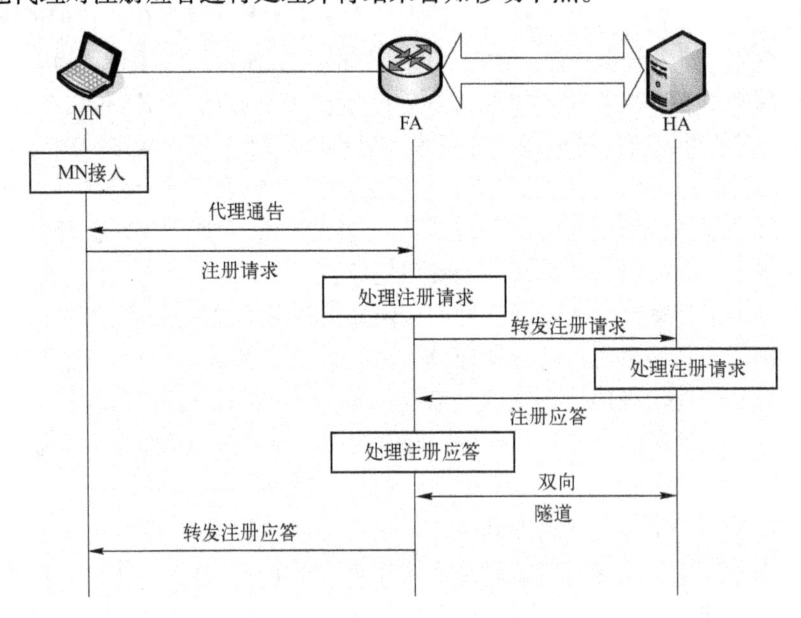

图5-6　移动IPv4注册流程

移动节点直接向家乡代理注册主要有两个步骤：首先，移动节点直接向家乡代理发出注册请求；然后，家乡代理向移动节点发送注册应答，接受或拒绝注册请求。为加快注册过程，注册请求和注册应答两种消息都封装在UDP分组中发送，而不采用基于三次握手建立连接后才能进行数据收发的TCP。

5.2.4　数据传输

IP网络中，数据传输必须发生在两个有确定IP地址的节点间，数据沿着路由算法选定的路径从源节点传输到目的节点。在移动IP环境中，通信对端只知道移动节点的家乡地址（即永久地址），而移动节点用来表示位置信息的转交地址可能不断发生变化，这会导致以家乡地址为目的地的单纯路由机制失效。要在移动IP环境中实现数据传输，必须考虑移动节点、外地代理和家乡代理之间的协议交互，以及在该协议交互的基础上进行的数据传输。

当移动节点位于家乡网络时，按照传统的方式实现数据传输。当移动节点位于外地网络时，需要将当前转交地址向家乡代理进行注册，家乡代理同意注册请求后，会维护一个移动节点家乡地址和转交地址的映射关系，并建立一条从家乡代理到转交地址的双向隧道。

通信对端 CN 向移动节点 MN 发送分组的过程如图 5-7 所示。由于分组的目的地址是移动节点的家乡地址，所以该分组首先被网络路由转发到移动节点的家乡网络。家乡代理在家乡网络中为移动节点服务，监听检查所有到来的分组，如果发现其目标地址和某个注册的移动节点的家乡地址相同，则家乡代理截获该分组。然后，家乡代理使用 IP 隧道技术，将原始 IP 数据分组封装在一个新的 IP 数据包中，作为该数据包的有效载荷，并将新 IP 数据包分组头中的目的地址置为移动节点的转交地址，从而将原始数据包转发到处于隧道终点的转交地址处。

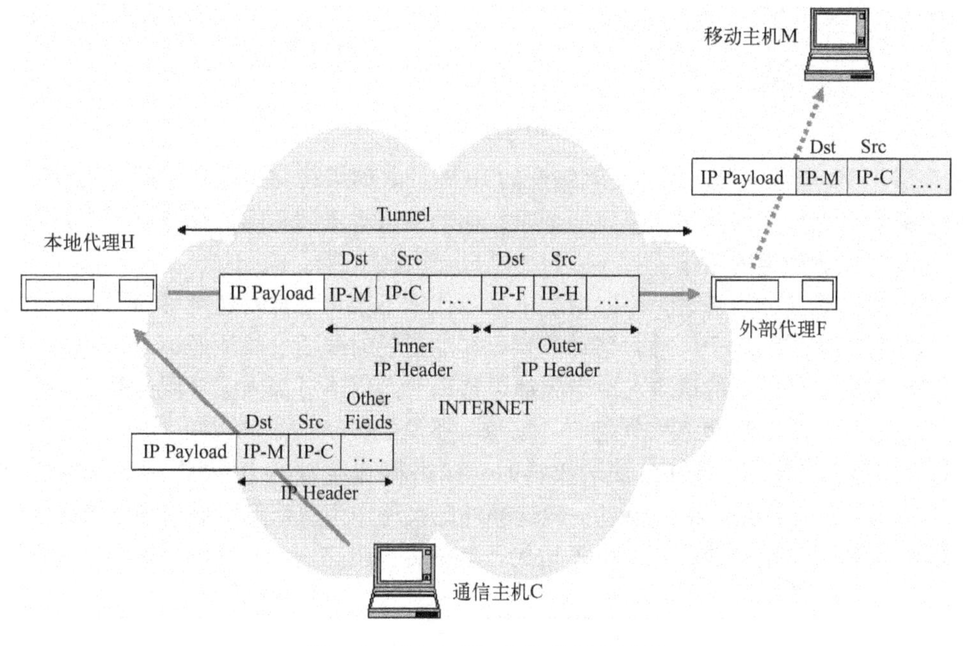

图 5-7　CN 向 MN 发送分组的过程

RFC2003[3] 和 RFC2004[4] 中分别定义了两种隧道封装技术。RFC2003 定义了 IP-in-IP 封装，这种封装在分组原先的 IP 头外又增加了一个完整的 IP 头。分组内层 IP 头的源地址是 CN 的地址，目的地址是 MN 的家乡地址；而外层 IP 头的源地址是家乡代理 HA 的地址，目的地址是 MN 的转交地址 CoA。针对 IP-in-IP 封装下两个 IP 头有不少冗余字段的问题，RFC2004 进行了优化并定义了 IP 最小封装，删除了内层 IP 头中重复出现的 Ver、HL、TOS 等字段，从而将分组头进行了压缩，如图 5-8 所示。在 IP 最小封装中，内外层源和目的地址的填写方法与 IP-in-IP 封装相同。

当分组到达转交地址后，针对两种转交地址各有处理方法。如果转交地址为外地代理转交地址，当外地代理从隧道收到某个以它为目的地址的封装分组后，则外地代理首先对该分组解封装，然后检查所维护的访问列表（所有以它作为代理的移动节点的列表），并将所收到分组的内层目的地址与访问列表中移动节点的家乡地址进行比较。如果找到匹配的地址，则将解封装后的原始分组转发给相应的移动节点，否则就丢弃该分组。此时的转发工作主要

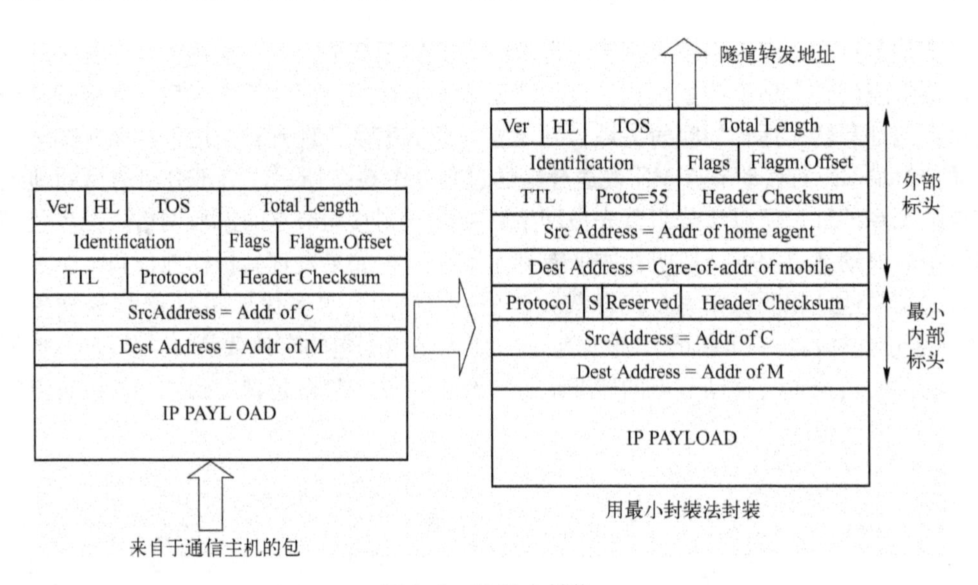

图 5-8　IP 最小封装

依靠链路层 MAC 地址进行，而不是网络层的 IP 地址。如果转交地址是配置转交地址，即转交地址为移动节点自身的某网卡接口地址时，移动节点本身就是隧道的终点，它自身完成解除隧道并取出原始分组的工作。

对于广播和组播分组来说，一般情况下家乡代理不会将信息发送给移动节点，除非移动节点提出明确的要求。对于广播，移动节点可在注册的时候通过将注册请求分组的“B”位置 1 来提出接收广播分组的请求。对于组播，移动节点可通过加入家乡网络的组播组来提出接收请求。转发广播分组和组播分组的过程与单播类似。

当移动节点向通信对端节点发送数据时，该过程和通常的 IP 网络中的情况类似，如图 5-9所示。在外地链路中移动节点一般选择外地代理作为默认路由器，移动节点将需要发送的数据分组直接交给外地代理，由外地代理负责将分组路由到相应的目的地，无需使用隧道技术。

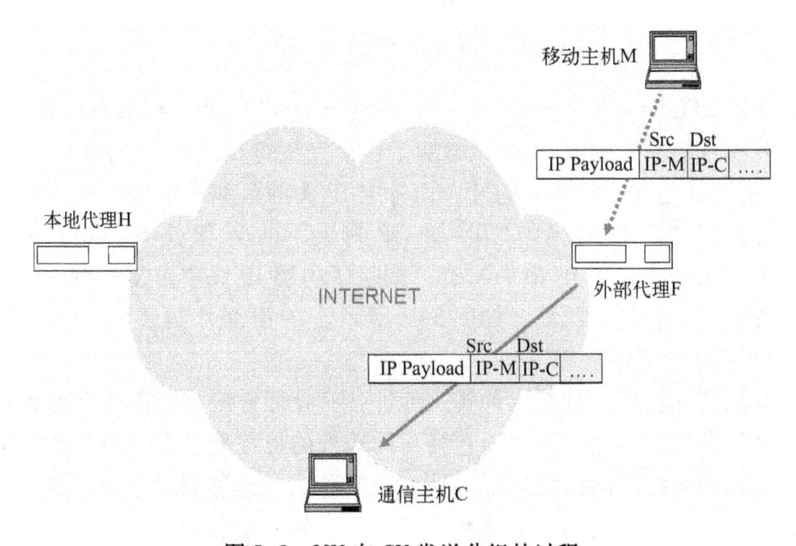

图 5-9　MN 向 CN 发送分组的过程

5.2.5 链路层地址解析

局域网内的分组收发，在不同层次上有不同的地址类型。比如，网络层有IP地址，每个分组的IP头中含有目的IP地址和源IP地址；而数据链路层上有MAC地址，每个帧帧头中则含有目的MAC地址和源MAC地址。若需要一台计算机接收一个分组，必须在分组外面的数据链路层帧头中填写该计算机的MAC地址作为目的地址，而将该分组的网络层IP头中的目的IP地址填写为该计算机的IP地址。

在数据传输过程中，需要考虑以下问题：家乡代理的IP并不是MN的家乡地址，那么它如何截获发往MN的数据包呢？这就需要用到地址解析协议（Address Resolution Protocol，ARP）。ARP的目的是将IP地址与MAC地址对应起来。移动IP为了使HA能够监听到目的地为HA的数据包，通常在ARP使用方法的基础上引进ARP的两种特殊使用方法：代理ARP（Proxy ARP，即PARP）和免费ARP（Gratuitous ARP，即GARP），有时也称为无为ARP。

代理ARP是指当某个被请求节点不能或不愿对ARP请求做出应答时，由代理节点代为发出ARP回复的机制。代理节点将其MAC地址填在回复分组中，从而使得收到回复的节点将这个MAC地址和它最初请求的IP地址关联起来。这样，该节点此后就会将发往这个IP地址的分组，在数据链路层以这个MAC地址为目的地址，传送到代理节点处。

当一个MN在外地网络注册时，其HA可以使用代理ARP来回复它收到的关于该MN的MAC地址请求，如图5-10所示。当HA监听一个ARP请求时，如果HA确认该请求的IP地址是在它上面注册的已经移动到外地的MN的地址，那么它会使用代理ARP技术将自己的MAC地址回应给这一请求，使得发送ARP请求的节点得知请求的IP地址对应于家乡代理的MAC地址，从而将信息发给HA，即数据链路层目的地址为HA的MAC地址，而网络层目的IP地址仍然为MN的家乡地址。

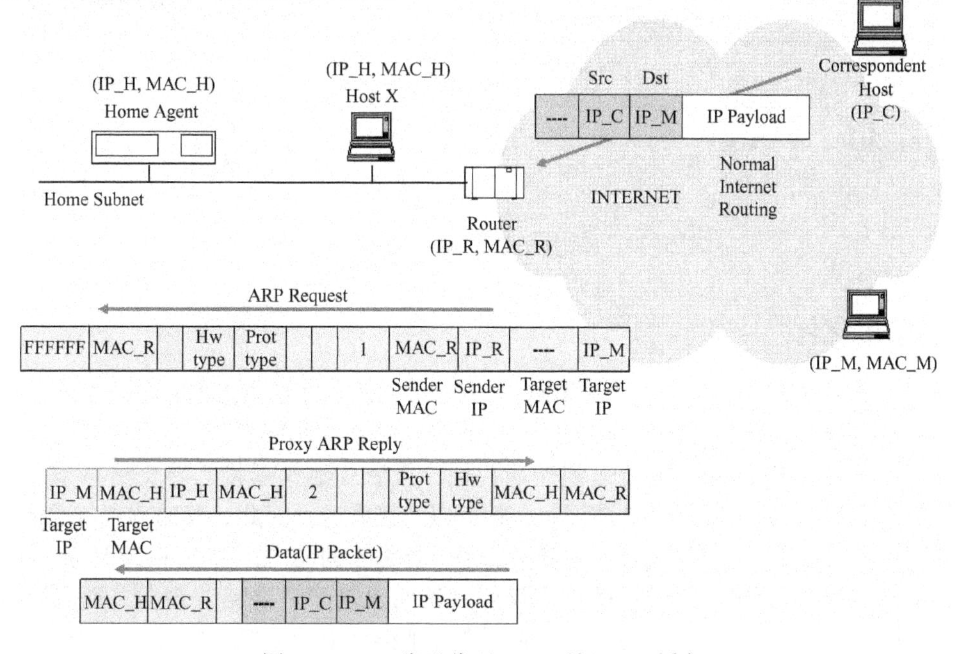

图5-10 HA发送代理ARP更新MAC缓存

代理 ARP 是 HA 在收到 ARP 请求时才发送的，另一种能加强 HA 截获发往 MN 分组的方法是免费 ARP。与使用代理 ARP 时 HA 只能被动等待 ARP 请求不同，HA 可以使用免费 ARP 来主动更新其他节点 ARP 缓存中的记录。一条免费 ARP 分组可以是 ARP 请求，也可以是 ARP 回复分组。无论是哪种情况，都需要将分组中的源地址和目标地址两个域都设为缓存中要更新的地址，并且 ARP 发送者的硬件地址设置为更新后的 MAC 地址。任何收到免费 ARP 分组的节点都需要对其 ARP 缓存做出指定的更新。

当 MN 到达外地网络并向 HA 注册后，HA 使用免费 ARP 更新家乡网络中各个节点的 ARP 缓存，如图 5-11 所示。该 ARP 分组的 IP 地址为移动节点家乡地址，MAC 地址为 HA 的 MAC 地址。家乡网络中其他节点收到该分组后，将 MN 的 IP 地址和 HA 的 MAC 地址关联起来。需要注意的是，如果该 MN 在 HA 处是第一次建立绑定，那么这个免费 ARP 分组是必须发送的。当 MN 回到其家乡网络时，HA 需要再次利用免费 ARP，使得家乡网络中的各个节点重新将 MN 的 IP 地址与 MN 自己的 MAC 地址关联起来。免费 ARP 分组必须在 HA 所在的网络中以广播的形式发送，为了保证该分组的可靠性，免费 ARP 分组必须广播数次。

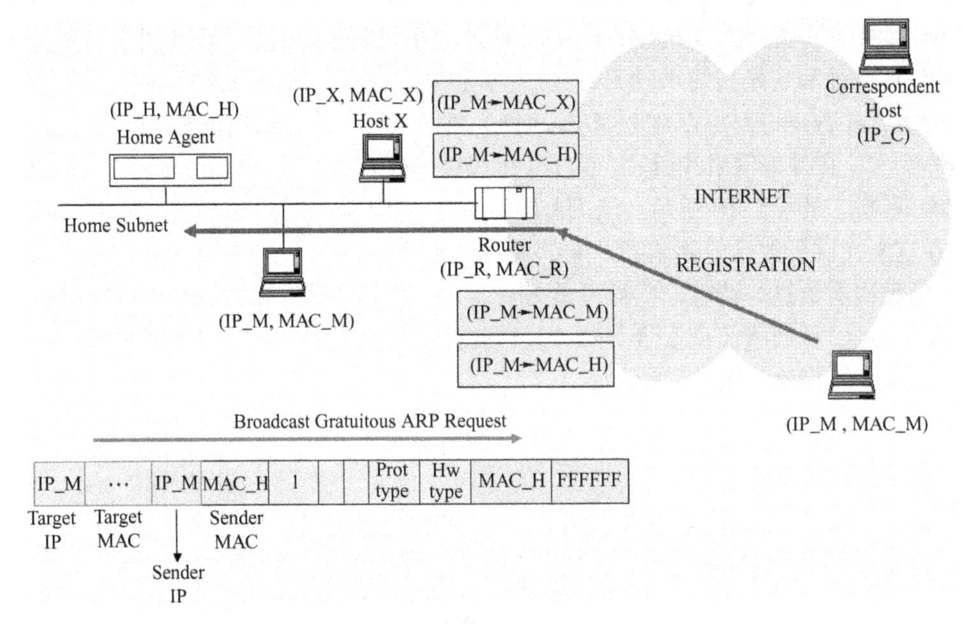

图 5-11　HA 发送免费 ARP 更新 MAC 缓存

5.2.6　路由优化

在移动 IPv4 方案中，存在着“三角路由”问题。通信对端节点 CN 向处于外地链路的移动节点 MN 发送数据时，数据先被发送到移动节点的家乡代理 HA，然后再通过家乡代理与外地代理 FA 所构成的隧道被传送到外地代理，最后外地代理将其转交给移动节点。然而，移动节点给通信对端节点发送数据时，却可以直接发送。因此，移动节点与通信对端的来回数据通路，形成一个类似三角形的路由路径，称为三角路由，如图 5-12 所示。

显然，这种路由通常不是最优的，不仅因为其间出现了“绕路”现象，而且造成了路由不对称等问题。特别是，当移动节点与它所在外地链路上的主机通信时，性能最差。为了解决这个问题，在移动 IP 的基础上发展出了路由优化方案，允许通信对端节点通过某种方

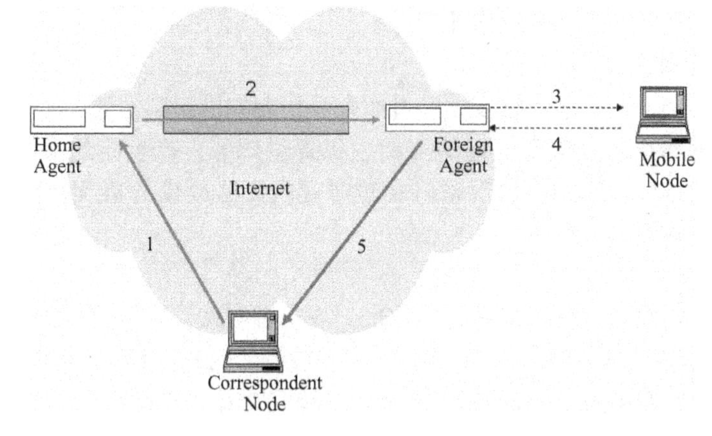

图 5-12　移动 IP 所面临的三角路由问题

式直接与外地代理或移动节点之间进行通信。这里简要介绍两种路由优化机制：通信对端节点路由优化方案[6]和通信代理路由优化方案[7]。

通信对端节点路由优化方案中，每个 CN 都维护一个移动绑定缓存，每个绑定项是有关 MN 家乡地址与转交地址的映射，且有一定的生存时间，超过生存期的绑定将被从缓冲区中删除。CN 只有在收到并认证了移动节点 MN 的移动绑定时，缓存才能被创建或更新。CN 向 MN 发送数据包时，如果有目的 MN 的绑定，那么 CN 可以使用绑定的转交地址将数据报进行隧道封装，直接通过隧道将数据报传送给 MN 的转交地址 CoA。如果没有该 MN 的绑定项，数据报仍然发到 MN 的 HA 处，HA 收到数据报后，将数据报通过隧道传送给 MN 的 CoA，同时向 CN 发送一个绑定更新消息，使得 CN 能够建立绑定缓存。

为了避免更新主机协议栈负担过重，人们提出了网络侧的解决方案，即通信代理路由优化方案，由网络侧的路由器来负责隧道的建立和分组封装转发等工作。该方案在路由体系中引入一种新的通信代理 CA。CA 是在 CN 所在网络上的一个代理，负责管理 CN 与移动主机通信时的寻址、隧道建立、数据传输等工作。该方案的工作流程如下：CA 像 HA 和 FA 一样发送代理通告，将 CA 自身的存在性告知管辖范围内的节点。当 CN 向 MN 发送数据时，它并不知道 MN 已移动，仍向 MN 所在的家乡网络发数据包。当 HA 截获数据包后，一方面将该数据包转发到 FA，另一方面向 CN 发送一条消息，其中包括 MN 目前的状态，如转交地址等。CN 收到 HA 发来的消息后，得知 MN 已移动，则向通信代理 CA 进行登记，告知关于 MN 的转交地址信息，请求建立通信代理至外地代理的通道。此后 CN 就可以把发往 MN 的数据包发给通信代理，由通信代理截获后通过隧道直接发往外地代理，进而由外地代理转发给用户，从而优化了路由。

可以看出，通过采用这类路由优化机制，可以有效减少分组在各个节点和移动代理之间转发的次数，提高了路由效率。

5.2.7　安全问题

由于移动 IP 技术需要移动节点注册和代理节点转发等机制，使得移动 IP 中存在较为严重的安全性隐患。根据移动 IP 的工作原理，若网络中存在恶意的攻击者，其能够在家乡链路、移动节点所在的外地链路、通信对端所在链路或移动节点与通信对端节点间的任何地点发动攻击。具体的攻击形式包括以下几种。

（1）拒绝服务攻击 DoS

攻击者冒充移动主机，告诉家乡链路上的家乡代理它已回到本地，于是绑定的转交地址被取消，家乡代理终止向漫游到外地的移动主机提供服务，产生拒绝服务攻击。由于 DoS 攻击工具泛滥，及其所针对的协议层缺陷在短时间内无法改变的事实，使得 DoS 成为流传最广、最难防范的攻击方式。

（2）中途攻击

中途攻击是针对路由优化方案进行的攻击。攻击者与移动主机同在家乡链路，它先冒充 CN，告诉 MN 它是移动的并恰好与 MN 同在一个链路上，获得 MN 的信息后，再冒充 MN 向真正的 CN 发绑定更新消息，注册自己的地址为转交地址，这样攻击者将自己置于 MN 和 CN 之间，产生中途攻击。

（3）路由优化取消

路由优化取消也是针对路由优化方案进行的攻击。攻击者向 CN 发送 MN 不可到达消息，于是 CN 删除绑定更新，取消与 CN 的直接路由，分组改为通过 HA 发往 MN，路由优化被取消。

以上出现的种种安全威胁，归根结底是由于通信对端节点、移动节点、代理服务器间缺乏充分信任造成的。因此，在它们之间建立较强安全关联以及安全信任机制，是应对上述种种安全威胁的关键。目前与移动 IP 安全体系相关的技术包括以下几种：公钥体系结构 PKI、互联网密钥交换 IKE、IP 安全性体系结构 IPSec、新的 AAA 协议 Diameter 等。PKI 和 IKE 主要作为通信各方互相认证的机制，IPSec 可以防止分组在传输过程中被篡改或被窃听，主要用于隧道机制中。Diameter 基本协议是 IETF 组织提出的一种新的 AAA 协议[8]，基本 Diameter 协议使用的是对等实体（Peer-to-Peer）通信模型，它并不单独使用，通过在其上增加各种命令或属性可为各种应用提供服务。

5.3 移动 IPv6

由于 IPv4 地址日益紧缺以及 IPv6 协议的优越性，IPv6 已经被业界公认为下一代互联网的基本协议。在 IPv6 基本协议的基础上，2002 年 IETF 提出了移动 IPv6 标准的草案 Mobility Support in IPv6。2004 年，IETF 颁布了移动 IPv6 协议 RFC3775[2]，进一步规范了移动 IPv6。

5.3.1 移动 IPv6 概述

移动 IPv6 在 IPv6 协议的基础上增加了移动性支持[9]。与移动 IPv4 协议类似，当移动节点离开其家乡网络时，传递到移动节点家乡地址的 IPv6 数据包需要被路由到该节点的转交地址。移动 IPv6 协议要求通信对端节点能够缓存移动节点家乡地址及其转交地址的绑定关系，从而可以将数据包直接发送到该移动节点的转交地址。为了支持这项操作，移动 IPv6 定义了一份新的 IPv6 协议以及一个新的目的地址可选项。所有的 IPv6 节点，无论是移动的还是静止的，都能够和移动节点进行通信。

移动 IPv6 协议支持节点穿过同构网络的移动，也适合节点穿过异构网络的移动。例如，移动 IPv6 支持节点在以太网的不同网段间移动，同样也支持节点从以太网到 WLAN 的移动，在移动过程中移动节点的 IP 地址保持不变。移动 IPv6 协议关心的一个关键问题是解决网络层的移动性管理。对于其他一些移动性管理的应用，例如在一个无线局域网范围内的多个无线 AP 之间的切换问题，已能够用链路层技术得到解决，不需要使用移动 IP。

本节首先分析移动 IPv4 存在的问题，然后通过对移动 IPv6 协议规定的几个基本操作来说明移动 IPv6 的工作机制，最后对移动 IPv4 和移动 IPv6 进行比较。

1. 移动 IPv4 存在的问题

虽然移动 IPv4[1]能实现 IPv4 网络的移动性支持，但还存在如下问题。

（1）三角路由问题

在移动 IPv4 中，所有发送到移动节点的数据包都通过其家乡代理来路由，结果导致家乡网络负载增加，数据包的传送延时也较长。

（2）部署问题

移动 IPv4 要求每个外地网络都有外地代理。如果没有外地代理，那么移动节点将需要从外地网络上获得一个全球可路由的 IPv4 地址。然而，由于 IPv4 地址的缺乏，这一点很难保证。

（3）入口过滤“Ingress-Filtering”问题

ISP 的边际路由器可能会将源 IP 地址不正确的数据包丢弃。在移动 IPv4 中，当移动节点离开家乡网络并且连接到外地的 ISP，如使用自己的家乡地址作为源 IP 地址来发送数据包，入口过滤机制可能会将这些数据包丢弃。

（4）认证和授权问题

IP 安全性体系结构 IPSec 在 IPv4 中是可选项，而且移动 IPv4 中只是利用这一机制进行移动 IPv4 节点的认证，因此移动 IPv4 的认证和授权机制较差。

2. 术语解释

在移动 IPv6 中，由于 IPv6 具有邻居发现机制，所以无需部署外地代理实体。但是在移动 IPv6 中，依然存在移动节点、家乡代理、家乡链路、外地链路、转交地址、绑定等几个概念，由于其定义与移动 IPv4 相同，这里不再赘述。下面介绍几个在移动 IPv6 中比较重要的新增术语。

（1）绑定更新（Binding Update，BU）

绑定更新是移动节点用来告诉通信对端节点或移动节点的家乡代理自己当前的绑定。绑定更新把移动节点的转交地址发送给家乡代理来完成注册，其地址可选项可以放在一个单独的 IPv6 报文中，也可以放在其他 IPv6 报文中捎带传输。

（2）绑定应答（Binding Acknowledgement，BA）

如果绑定更新要求一个答复，则家乡代理或通信对端节点给移动节点发送一个绑定应答，以表明它成功收到了移动节点的绑定更新。与绑定更新一样，绑定应答可以在单独的 IPv6 报文中发送，也可以与别的数据一起在 IPv6 报文中捎带发送。向移动节点发送绑定应答的方法与向移动节点发送其他数据包时一样。

（3）绑定更新请求（Binding Refresh Request，BRR）

绑定更新请求被通信对端节点用于请求移动节点建立绑定关系。典型的情况是绑定生存时间接近过期时使用。

（4）绑定错误（Binding Error，BE）

通信对端节点使用 BE 消息把一些和移动性相关的错误信息传达给移动节点。

3. 移动 IPv6 基本原理

无论移动节点是否连接在家乡链路，通信对端节点总是希望通过家乡地址寻址。因此，可以分两种情况分析移动 IPv6 的基本工作原理。当移动节点在家乡网络时，发送到家乡地址的数据包使用传统的互联网路由机制转发至移动节点的家乡链路，其工作方式与固定的主机和路由器的工作方式相同。

移动 IPv6 基本工作流程如图 5-13 所示。当移动节点连接到外地链路时，采用 IPv6 定义的地址自动配置方法得到外地链路上移动节点的转交地址，然后移动节点通过注册过程把自己的转交地址通知给家乡网络中的家乡代理 HA。移动节点的转交地址和家乡地址的这种关联称为“绑定”。

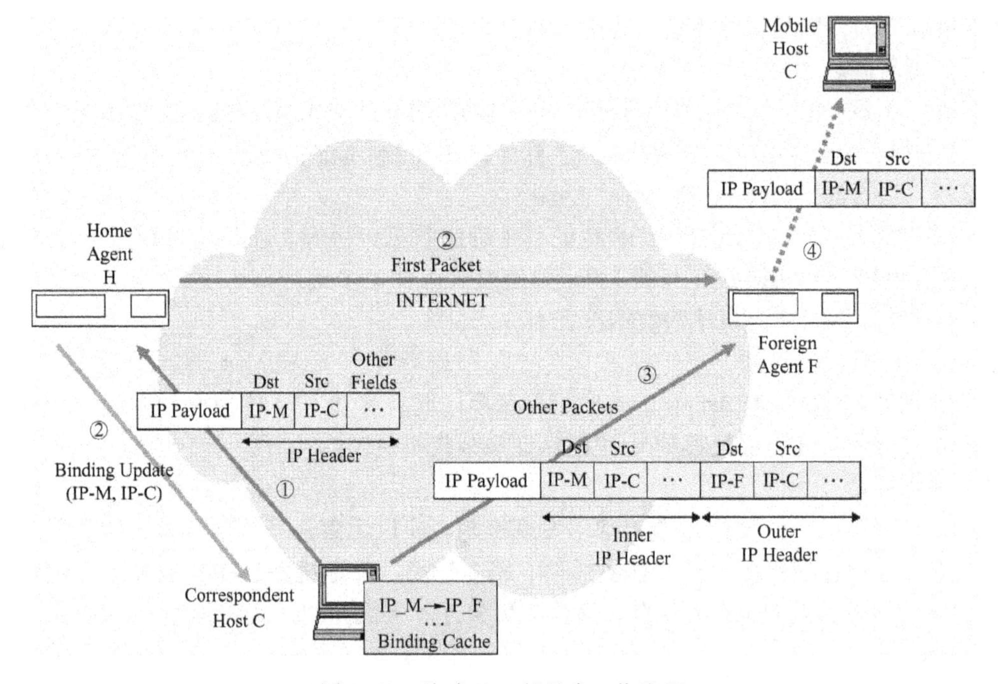

图 5-13 移动 IPv6 的基本工作流程

如果通信对端节点不知道移动节点的转交地址，则它发出的数据包的路由方式与移动 IPv4 机制相同。数据包先被路由到移动节点的家乡网络，家乡代理再将数据包通过隧道转发到移动节点的转交地址。与移动 IPv4 不同之处在于，IPv6 的家乡代理在处理数据包时，可以采用绑定更新将移动节点当前的转交地址告知通信对端节点，使得通信对端节点在后续的通信过程中，可以将分组直接发送给漫游在外地的移动节点。换句话说，如果通信对端节点已经知道移动节点的转交地址，它可以利用 IPv6 报头经过隧道封装从而把数据包直接送给移动节点。

在相反方向与移动 IPv4 类似，移动节点发出的数据包经过反向隧道直接送给通信对端节点而不经过家乡代理。当网络使用“入口过滤”技术时，移动节点可以先将数据包通过隧道送给其家乡代理，由家乡代理把数据包发送给通信对端节点。此外，在有些情况下，如果可以保证操作时的安全性，移动节点也可将它的转交地址告知给通信对端节点。

5.3.2 移动节点注册

与移动 IPv4 协议不同的是，移动 IPv6 中的注册并不需要外地代理。移动节点的注册过程包括以下两步。

1. 确定移动节点的位置

在移动 IPv6 中，移动节点通过 ICMPv6 路由搜索[10]来确定自己的位置，该方法与移动 IPv4 中的代理搜索十分相似，两者的主要区别在于：移动 IPv6 利用 ICMPv6 路由搜索来确定自己的位置，移动 IPv4 则用代理搜索的方式判断移动节点是否在外地链路上。IPv6 邻节点搜索中定义的路由器搜索包括两条消息：路由广播（Router Advertisements，RA）和路由请求（Router Solicitation，RS）。路由广播 RA 消息是家乡代理和路由器在连接链路上周期性地进行广播的消息；路由请求 RS 消息是没有足够时间等待下一个到达的路由广播消息时，移动节点所发出的请求消息。路由搜索消息不需要认证。

当移动节点连接到外地链路时，可以采用被动地址自动配置或者主动地址自动配置来获得转交地址。在被动地址自动配置中，移动节点只是向服务器申请一个地址，并将这个地址当作自己的转交地址。与 IPv4 的情况对应，IPv6 中的“被动”地址分配协议是动态主机配置协议 DHCPv6。另外，点对点协议 PPP 的 IPv6 配置协议也提供了一种服务器向移动节点提供转交地址的方法。

主动地址自动配置是 IPv6 中新增加的功能，移动节点首先生成一个与链路有关的接口标记，该标记用来标识移动节点上与外地链路相连的接口。移动节点检查路由广播消息中的前缀信息，以决定当前链路上有效的网络前缀。移动节点将该有效网络前缀和接口标记关联形成自己的转交地址。

2. 将转交地址通知其他节点

移动 IPv6 采用通告方式将转交地址通知其他节点，同移动 IPv4 一样，家乡代理可以将转交地址作为隧道出口，以将数据包转发给连接到外地链路的移动节点。另外，通信对端节点也可以利用转交地址将数据包直接发送给移动节点，而不需要将数据包路由到家乡代理处。当移动节点回到家乡链路时，也必须通知家乡代理。移动 IPv6 通告使用了绑定更新 BU、绑定应答 BA、绑定更新请求 BRR 三条消息，它们都是通过在移动 IPv6 的基础上进行扩展来实现的。下面介绍移动 IPv6 报头及 3 种消息的格式[2,9]。

（1）移动 IPv6 报头

移动 IPv6 报头是一种新的 IPv6 扩展报头，它的主要作用是承载移动节点、通信对端节点、家乡代理在绑定建立和管理过程中使用的移动 IP 信息。移动报头的格式如图 5-14 所示，其中，Payload Proto 为有效载荷协议，用来区分后面所接消息的类型。

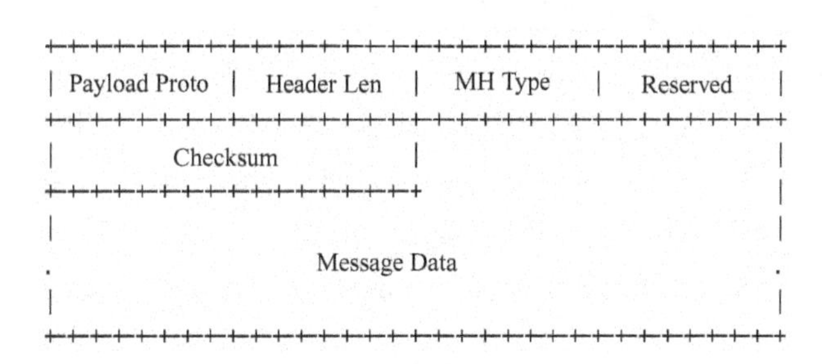

图 5-14　移动 IPv6 报头的格式

（2）绑定更新消息

移动节点用绑定更新消息告知其他节点其新的转交地址。对于含有绑定更新消息的分组，其源地址是移动节点的转交地址，目的地址是通信对端节点的地址。绑定更新消息的格式如图5-15所示，其中一些重要标志位意义如下。

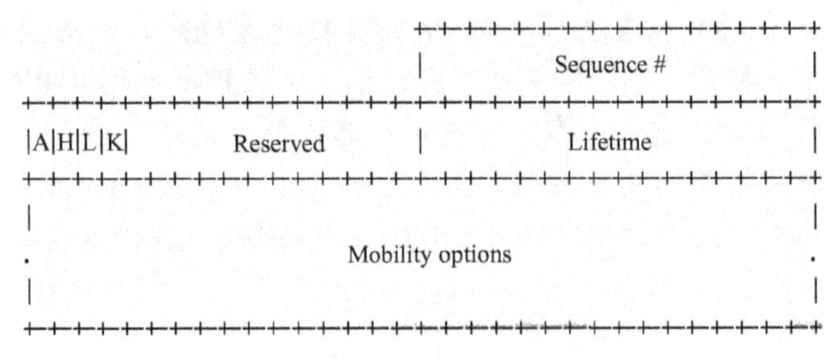

图5-15　移动IPv6绑定更新消息

- Acknowledge（A）：如被设置，表示移动节点请求家乡代理或通信对端节点对绑定更新进行确认。
- Home Registration（H）：如被设置，表示移动节点请求接收者提供家乡代理服务，数据包目的地址与移动节点的家乡地址应该采用相同的子网前缀。
- Link - Local Address Compatibility（L）：如被设置，表示移动节点报告的家乡地址与其本地链路地址有相同的接口标识符。
- Key Management Mobility Capability（K）：如果该位被清除，则被用来建立移动节点和家乡代理之间的IPSec安全机制将不再存在。如果使用手动的IPSec配置，则该位必须被清除。只有在发送给家乡代理的BU中该位才有效，且在其他的BU中须清除该位，通信对端节点可以忽略该位。
- Sequence #：顺序号，16位，被家乡代理用于标识绑定更新，也可用于匹配绑定确认和绑定更新。
- Lifetime：生存时间，16位，表示绑定过期前剩余的时间单位数。
- Mobility Options：移动选项，长度可变，包含0个或多个TLV（类型—长度—值）编码移动选项。

（3）绑定应答消息BA

绑定应答消息用于对收到的绑定更新消息进行确认，该消息中一些重要标志位意义如下。

- Status（状态）：8位，表示绑定更新的接受状态。
- Key Management Mobility Capability（K）：如果该位被清除，则在移动节点和家乡代理之间不使用IPSec安全机制进行通信。此时，对应的通信对端节点的K位值为0。
- Sequence #（顺序号）：BA中顺序号的值从BU中顺序号字段复制而来，表示对相应BU的确认，从而被移动节点用来匹配BA和BU。
- Lifetime（生存时间）：该字段的值以4 s为单位，表示相应表项在绑定缓存中的保留时间。

（4）绑定更新请求消息BRR

当通信对端节点所保存的绑定信息快要过期时，通信对端节点给移动节点发送绑定更新请求消息（Binding Refresh Request，BRR），以请求移动节点更新它的移动性绑定。接收到绑定刷新请求报文的移动节点应该向通信对端节点发送绑定更新报文，以使通信对端节点更新它所持有的绑定信息。

5.3.3　数据传输

如果通信对端节点已经与移动节点建立了绑定关系，通信对端节点知道移动节点的转交地址，那么该通信对端节点可以利用 IPv6 路由扩展报头直接将数据包发送给移动节点。这些数据包不需要经过移动节点的家乡代理，它们直接经过从源节点到移动节点的优化路由得以传送。

如果通信对端节点尚未与移动节点建立绑定关系，通信对端节点不知道移动节点的转交地址，那么，通信对端节点将移动节点的家乡地址放到目的 IPv6 地址域中，并将它自己的地址放到源 IPv6 地址域中，然后将数据包发到合适的下一跳节点上。与移动 IPv4 的思路相同，采用上述方式发送的数据包将被送到移动节点的家乡链路。在家乡链路上，家乡代理截获这个数据包，并将它通过隧道送往移动节点的转交地址。移动节点将数据包拆封，并将内层数据包交给高层协议处理。

在相反方向上，移动节点可以直接向通信对端节点发送数据包。对于移动节点在外地网络时所发送的数据包，在发送时若使用移动节点的家乡地址作为源地址，则需要移动 IP 进行加入家乡地址选项的处理。当存在“入口过滤”时，移动节点可以采用类似移动 IPv4 的解决办法，先将数据包通过隧道送给家乡代理，隧道的源地址为移动节点的转交地址，接着家乡代理再把数据包送给通信对端节点。此外，移动 IPv6 还可以利用 IPv6 扩展头的优势，在 IPv6 报头中使用转交地址作为源地址，而在家乡地址选项中使用移动节点的家乡地址，数据报就能安全地通过任何实现了“入口过滤”的路由器。

5.3.4　移动 IPv6 与移动 IPv4 的比较

移动 IPv6 机制与移动 IPv4 机制基本相同，为 IPv6 互联网提供了移动性支持。与此同时，移动 IPv6 在移动 IPv4 的基础上，结合了 IPv6 的优势对移动 IPv4 做出多项改进，主要体现在以下几个方面[1,2~14]。

（1）充分利用 IPv6 地址空间

IPv4 的地址空间为 32 位，而 IPv6 的地址空间为 128 位，因此 IPv6 有着巨大的地址空间。移动 IPv4 机制采用外地代理以及外地代理转交地址，从而可以使用单一转交地址同时为多个移动节点服务。移动 IPv6 则充分利用了 IPv6 的地址空间优势，直接采用配置转交地址的方式，不再需要网络地址翻译机制和外地代理，从而使移动 IPv6 的部署更加简单、直接。

（2）解决三角路由问题

基本的移动 IPv4 机制存在三角路由问题。为了避免三角路由造成的带宽浪费，移动 IPv6 包含了路由优化机制，支持路由优化是移动 IPv6 协议的一个基本部分，而不是一些非标准的扩充。

（3）提供层次结构

移动 IPv6 不仅能够提供大量的 IP 地址以满足移动通信的飞速发展，而且可以根据地区注册机构的政策，来定义移动 IPv6 地址的层次结构，从而减小路由表的大小并加快注册和切换过程。层次移动 IPv6 将在 5.5.1 节中讨论。

(4) 内嵌的安全机制

虽然两种移动 IP 标准都支持 IPSec（IP 安全协议），而且在今天的 IPv4 网络中已经使用了 IPSec，但是 IPSec 安全机制是移动 IPv4 标准的可选部分，而在移动 IPv6 标准中则成为一项重要的组成部分。通过 IPv6 中的 IPSec 可以对 IP 层上的通信提供加密/授权。

(5) 地址自动配置

IPv6 中主机地址的配置方法要比 IPv4 中多，任何主机 IPv6 的地址配置都可以采用被动地址自动配置和主动地址自动配置。这意味着在 IPv6 环境中的编址方式能够实现更加有效的自我管理，使得节点在移动过程中的地址分配、增加和更改易于实现，并且降低了网络管理的成本。

(6) 服务质量保证

服务质量是一个综合性的问题，涉及多种因素，从协议的角度来说，移动 IPv6 与移动 IPv4 相比，其优点是提供区分服务。IPv6 的报头增加了一个长度为 20 位的流标记域，该流标记域使得中间节点都能够确定数据流的服务等级，尽管目前流标记的确切使用方法尚未标准化，但可以肯定的是它可以用来支持未来基于服务水平和其他标准的新的计费系统等。移动 IPv6 还通过另外几种方法改善服务质量，主要有提供永久连接，防止服务中断以及提高网络性能等。

5.4 移动 IP 的切换优化机制

移动 IP 技术使得移动节点 MN 可以使用一个“永久”IP 地址在网络中移动，实现随时随地接入并被其他用户访问。但在移动过程中，当 MN 从一个接入点移动到另一个接入点，或者从一个子网移动到另一个子网时，存在一定的切换时延，同时还可能发生数据包的丢失，这对某些对时延要求高的上层业务产生影响。这就需要一种低时延、平滑的切换技术来解决这一问题，因此，切换优化是移动 IP 技术中的一个重要研究课题。

5.4.1 移动 IP 切换优化机制概述

在移动 IP 中，MN 在移动到另外一个接入点或网络时，需要获得新的 CoA，并通过向 HA 重新注册以便将最新的 CoA 告知 HA，这一过程称为切换。在切换过程中，移动节点无法被通信对端节点访问。整个切换过程可以分为两个阶段：移动检测阶段和重新注册阶段。因此影响移动 IP 切换延时的因素主要有 3 个：移动检测时延、重新注册时延、恢复由于切换引起丢包的时延。各种切换优化技术的目的，即是要减少切换的延迟和丢包率。

根据切换发起方来分，切换可以分为两种：网络控制和 MN 控制。前者由网络中的接入路由器来决定 MN 的连接点，并与 MN 建立连接。后者由 MN 决定新的连接点，并且在新连接点处建立连接。MN 由一个网络接入点切换到另一个接入点时，会马上进行数据链路层切换（即二层切换），也称为硬切换。二层切换过程是由各个子网所使用的底层通信技术决定的。如果跨越 IP 子网，还需要网络层切换（即三层切换），也称为软切换。三层切换可以由子网间的二层切换触发。

为了达到广泛的适用性，在移动 IP 的设计中，网络层（三层）与数据链路层（二层）是相互独立的，这也就导致了下列固有延迟的产生：只有在和新 FA 的二层切换完成后，才能开始网络层MIP注册过程，且注册过程持续时间非零。同时，由于切换过程中HA不知道MN的最新CoA，通过隧道发送到原先外地网络的IP包就会被丢弃，这就产生了丢包问题。通常来说，由通信的端系统（如TCP协议发送端）来恢复丢失的数据包，会造成很大的时延。此外，当切换频繁或者MN距离HA很远时，影响更大。

切换技术优化机制有两个研究方向，一个是利用二层切换触发三层切换，通过加快切换过程来降低延迟；另一个是着眼于利用隧道转发机制，使得MN能够继续通过切换前的旧代理收发数据，从而减少丢包。

下面介绍几种典型的移动IP快速切换和切换优化技术：移动IPv4低延迟切换技术，包括预先注册切换和过后注册切换等方法；移动IP平滑切换技术；移动IPv6快速切换技术，包括预先切换和基于隧道的切换两种技术。

5.4.2　移动IPv4低延迟切换优化机制

在移动IPv4中，当MN离开一个网络后，并不会触发MIP网络层的切换和重新注册。只有MN在一段时间后（通常为FA发送代理公告周期的三倍），仍未收到原来FA发来的代理公告，才认为MN本身已经离开原来FA所管辖的网络，进而才会与新的代理发起网络层的切换。

为了减少切换的时延，一个直观的方法是提高代理公告的频率，但这样做会导致更多的网络资源被代理公告所占用，从而减小了带宽的利用率。因此，IETF工作组提出了二层触发（L2 Trigger）方案[11]，即二层发生切换时，由二层立即通知三层正在发生的切换，使三层提前做好准备，以减少额外开销，降低时延。

此外，造成切换延迟的主要原因有两个：一个是MN只能和直接相连的FA通信，因此MN只有在完成了二层切换后，才能向新FA发起注册过程；另一个是注册过程需要花费时间，在这一时间内，MN不能收发数据包。因此，要解决这两种问题，可以分别使用如下方法：允许MN在仍然连接在旧FA上时，就能与新FA通信，这就是预先注册切换；在完成注册之前，由旧FA向MN提供数据转发，这就是过后注册切换。

1. 二层触发

二层触发是在二层切换的过程中，发送一些二层事件消息（Event Notification），并引起三层的相应动作。当MN离开旧的接入点，或连接到新的接入点时，都会产生这样的二层事件消息。

在移动切换过程中，涉及的实体包括移动节点（MN）、旧外地代理（MN原来连接的FA）和新外地代理（MN将要连接的新FA）。某些二层信息可以向网络提供预先触发信息，而另外一些可以向MN提供预先触发信息。根据二层触发的触发器不同，可将其分为移动触发、源触发、目的触发、链路启用触发和链路停用触发等几种。事件消息的接收者可以是MN，也可以是旧FA或新FA。同时，可以向上层提供的参数和信息也随触发器的不同而有所不同，但一般来说，都要包括MN的IP地址，旧FA或新FA的IP地址，或以上实体的MAC地址等[15]。

2. 预先注册切换

预先注册切换法允许移动主机发起提前切换，MN在网络的辅助之下可以在二层切换完成之前执行三层切换[11]。这个三层切换可以由网络发起，也可以由MN发起。相应地，MN

和FA利用二层触发器触发特定的三层切换事件。实际上，通过预先注册切换可以使MN在二层切换前利用旧FA提前进行注册。

预先注册的操作过程如图5-16所示。在三层的注册切换之前，旧FA向新FA发送路由请求通告消息（RtSol），新FA发送路由广播消息（RtAdv）答复旧FA。然后旧FA用新FA的相关信息向MN发送代理广播（ProxyRtAdv）。当MN收到代理广播之后，就能在二层切换完成之前，通过旧FA向新FA发起注册。这样，当二层切换完成之后，MN不必再进行三层切换就马上可以通过新FA收发数据了。

上述三层切换可以由网络发起，也可以由MN发起。在网络发起切换的情况下，预先注册切换可以由旧FA通过二层的源触发发起，也可以由新FA通过二层的目的触发发起。此时外地代理可以从二层触发消息中获得MN的IP地址和新（旧）FA的IP地址，从而发起切换。在MN发起切换的情况下，由MN通过接收二层消息并确认自己已移动，进而启动切换过程。预先注册切换的方法除了在移动切换情况下对代理请求消息进行了一定扩展外，没有引入新的消息，与原有的移动IPv4是完全兼容的。

3. 过后注册切换

过后注册切换对移动IPv4协议进行了扩展，允许旧FA和新FA利用二层触发建立两者间的双向隧道，使得MN在新FA的子网下可以继续使用旧FA[11]。这就可以减小丢包率，最小化了切换对实时应用造成的影响。MN在新FA上的三层注册过程根据需要可以推迟。

过后注册的数据转发路径如图5-17所示。移动节点在新FA上的注册没完成之前，它可以继续使用旧FA的CoA。新旧FA之间可以利用二层触发器建立一条双向隧道，发往MN的分组先到达旧FA，通过隧道传给新FA，进而转发给MN，这样可以减少通信中断时间。这个过程中，旧FA变成MN的移动性锚点，称之为锚外地代理（Anchor FA，aFA）。这种方法尤其适用于MN快速移动的情况，即MN在向新FA注册之前又向第3个FA移动，第3个FA通知锚FA，把双向隧道的一端从新FA移向第3个FA，另一端仍连接到锚FA，直到MN完成移动IP的注册过程。

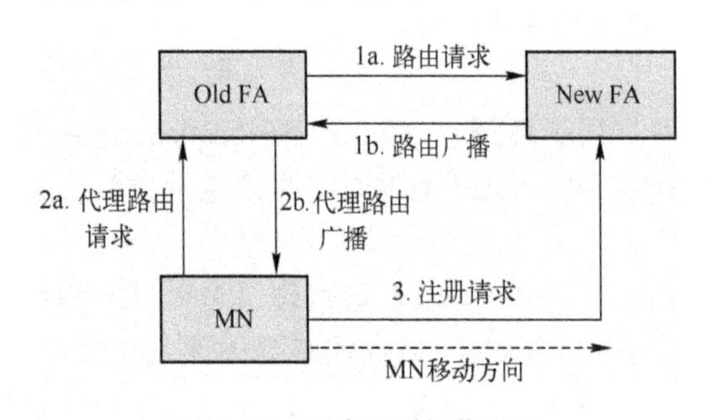

图5-16 预先注册操作过程

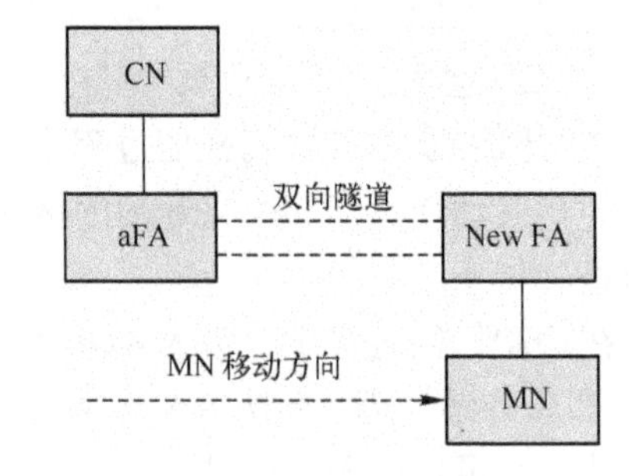

图5-17 过后注册的数据转发路径

4. 联合切换

联合切换法是预先注册切换和过后注册切换的综合。如果预先注册切换可以在二层切换完成之前进行，那么联合切换法实际上就是一个预先注册切换。然而，如果预先注册切换不能在二层切换完成之前进行，那么旧FA就会为MN启动转发通信的服务，就像过后注册切换中所规定的那样。

可以看出，联合切换法的实质是，当一个预先注册切换不能保证在二层切换完成之前完成时，将过后注册切换作为一种有效的备用机制。

5.4.3　移动 IP 平滑切换技术

平滑切换是指能够保证尽量低丢包率的切换。随着 VoIP 等实时应用的出现，切换的平滑性变得格外重要，这时必须考虑最小化丢包率，进行平滑的切换。

缓存机制是一种常用的平滑切换方法。Kuang Yeh Wang 等人提出了一种缓存机制[16]，由 MN 要求当前子网的路由器缓存发向它的数据包，直到 MN 完成向新子网内路由器的注册过程。这就保证了在切换和注册完成之前，发向旧地址的数据包也不会丢失。一旦注册完成，MN 在新网络中就有了合法的 CoA，此时，可以在新旧路由器之间建立隧道，将缓存的数据包从先前的路由器转发过来。这一方案减少了移动过程中数据包丢失的可能性。但采用缓存方法解决切换平滑性问题也存在不足之处。例如，缓存大小的设置就是一个需要仔细考虑的问题，过大的缓存会浪费存储资源，同时也会在转发缓存数据时占用过多宝贵的无线网带宽，过小的缓存则仍有可能导致数据报的丢失。

对于实时应用，在切换过程中要考虑状态信息转移问题。当网络带宽有限时，如无线蜂窝网络，可能采用压缩 IP 报头和传输报头，充分利用可用带宽。这时报头压缩上下文需要从一个 IP 访问点（如路由器）重新定位到另一个 IP 访问点，平滑切换可以通过移动 IPv6 的“绑定更新”消息来获得这种携带转移的状态信息。

IETF 提出了一种基于 IPv6 的平滑切换框架[13,14]，使得切换可以实现低延迟、低分组丢失和最小化移动主机通信中断。MN 连接到一个新接入点时，与其相关的一些状态信息可能需要发送给新的移动代理。切换可以分为网络控制移动协助（Network Controlled Mobile Assisted，NCMA）和移动控制网络协助（Mobile Controlled Network Assisted，MCNA）。在 NCMA 中，网络知道 MN 将要切换到哪个新移动代理，因此当 MN 的新接入链路建立后，其原先的移动代理能和新移动代理取得联系，并传送状态信息。

在 MCNA 中，移动主机为了进行状态传输，需要发送一些必要的消息。按照移动 IPv6 的规定，MN 在配置了新转交地址之后，需要向新移动代理发送绑定更新消息。在 IPv6 平滑切换框架中，绑定更新消息需要附加一个平滑切换初始化（Smooth Handover Initiate，SHIN）选项。图 5-18 表示了这种绑定更新消息的结构：SHIN 被放在了绑定更新请求之前，并且整个消息被封装了一个新的 IPv6 头部。SHIN 包括了这样几个子选项：SHIN 目的地选项头，新移动代理子选项，新旧移动代理同时使用的子选项以及旧移动代理使用的子选项。

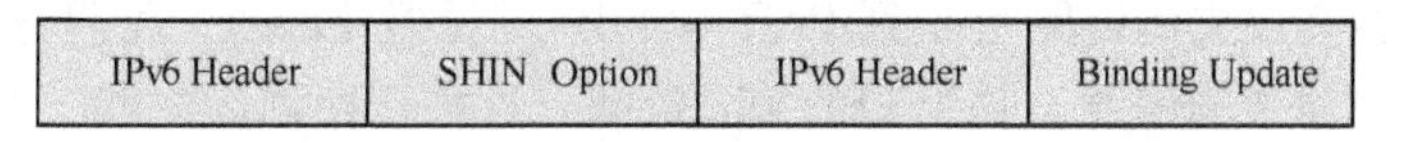

图 5-18　带有平滑切换发起选项的绑定更新消息

当新的移动代理收到带有 SHIN 的绑定更新后，它可以对其中的各个子选项进行识别，并向 MN 的旧移动代理发送一个平滑切换请求消息（Smooth Handover Request，SHREQ）。当旧的移动代理收到这一消息时，它首先会对新的移动代理进行认证，以确保它是一个被 MN 授权的代理。随后它会发送一个平滑切换回复消息（Smooth Handover Reply，SHREP）。该消息中包含适当的结构，用于进行上下文状态信息的传输。虽然旧的移动代理通过 SHREP 将状态信息发给了新的移动代理，但这些信息在旧代理处不应当马上被销毁。这是因为一旦发生了 SHREP 消息的丢失，旧代理就需要重新构造一个 SHREP，并将其再次发送给 MN 的新的移动代理。

5.4.4 移动 IPv6 快速切换优化机制

移动 IPv6 协议针对移动 IPv4 存在的种种不足之处进行了改进，例如采用可靠的路由器发现和地址配置功能，取代了代理发现过程和 FA 配置的 CoA，避免了三角路由问题等。但移动 IPv6 中同样存在切换延迟和丢包的问题，需要进行切换优化。移动 IPv6 的切换优化机制可分为预先切换和基于隧道的切换[17]。

（1）移动 IP 快速切换

IETF 基于预先切换的思想提出了快速切换（Fast Handovers for MIPv6，FMIPv6）[12]。FMIPv6 与 MIPv4 快速切换机制的原理基本相同，其基本思想都是让 MN 在和旧的接入路由器还保持着二层连接时，就发起三层切换，并通过在新旧接入路由器间建立隧道来维持到 MN 的分组转发。但两者在信令设计和交互方面有所不同，在移动 IPv6 的预先切换技术中，旧的接入路由器称为 PAR（Previous Access Router），新接入路由器称为 NAR（New Access Router）。此外，引入了（AP-ID，AR-Info）元组来描述接入路由器信息，其中 AP-ID 表示接入点标识，AR-Info 表示该 AP 接入的路由器接口信息，包括路由器 IP 地址、MAC 地址和网络前缀。

根据切换过程中切换预测信息的接收方的不同，预先切换可以分为网络发起切换和 MN 发起切换两类。在网络发起切换的情况下，当 MN 和 PAR 还保持二层连接时，如果 PAR 预测到 MN 将进行切换，将启动 MN 和新的 AR（NAR）之间的三层信令交互。在这种情况下，PAR 将主动发送代理路由公告 PrRtAdv，而不是由 MN 发送代理路由公告请求 RtSolPr。

在 MN 发起切换的情况下，MN 会根据接收到的二层消息预测到自己将会移动到新的网络中，并且启动与 PAR 的信令交互来实现三层的切换。首先，MN 向 PAR 发送路由公告请求 RtSolPr，请求将接入点 AP 的 ID 解析为特定子网的信息。PAR 回复 PrRtAdv，其中包含了一个或多个（AP-ID，AR-Info）这样的元组。通过 PrRtAdv 消息提供的新 AP 所对应的子网信息，MN 可以知道它的新 CoA（NCoA）。随后，当链路层的切换事件发生时，MN 会向 PAR 发送快速绑定更新分组（Fast Binding Update，FBU），使得 PAR 将 PCoA 和 NCoA 绑定起来，以便使后面到达 PAR 的数据包能够通过隧道到达 MN 的 NAR，避免在切换过程中丢包。

根据 MN 是否在原先的链路上收到 PAR 对 FBU 的回复 FBack，可将这类快速切换分为两类。如果 MN 在原来的链路上收到 FBU 和 FBack，这种切换称为先验式（Preactive）快速切换；如果 MN 在新链路上收到 FBack，这种切换称为反应式（Reactive）快速切换。

先验式快速切换的流程如图 5-19 所示，当 MN 向 PAR 发送了 FBU 之后，PAR 可以通过交互切换初始分组（Handover Initiate，HI）和切换应答分组 Hack 来确定 NAR 是否接受了 NCoA。MN 在 FBU 中给出的 NCoA 会携带在 HI 中，NAR 可以同意这一 NCoA，或者自己为 MN 分配 NCoA 并写在 HAck 中，随后 PAR 可以通过 FBack 将这一 NCoA 返回给 MN。在这种情况下，MN 必须使用 NAR 分配的 NCoA，而不是它最初在 FBU 中指出的 NCoA。如果 MN 能够在原先的链路上收到 FBack，这意味着当 MN 在切换到 NAR 时，数据包的隧道传输已经开始了，此时 MN 应当立即向 NAR 发送快速邻居公告（Fast Neighbor Advertisement，

FNA)，使得到达并缓存在 NAR 的数据包能够立即转发给 MN。

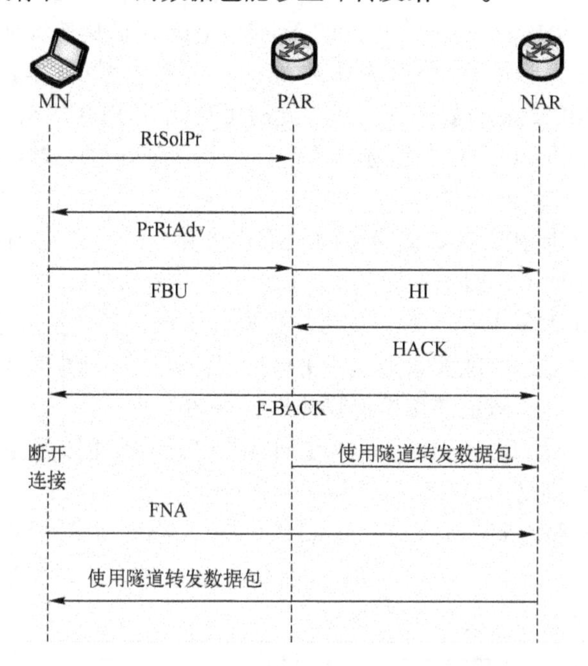

图 5-19　先验式快速切换的信令交互过程

反映式快速切换的流程如图 5-20 所示，如果 MN 没有在原先的链路上收到 FBack，这可能是由于 MN 还没有发送 FBU，或者 MN 在发送 FBU 之后，收到 FBack 之前已经离开了原先的链路。为了使得 NAR 能够立即开始转发数据包，并且为了使 NAR 确认 NCoA 是否可用，MN 应当把 FBU 封装在 FNA 中向 NAR 发送。如果 NAR 检测到 NCoA 已经被其他节点使

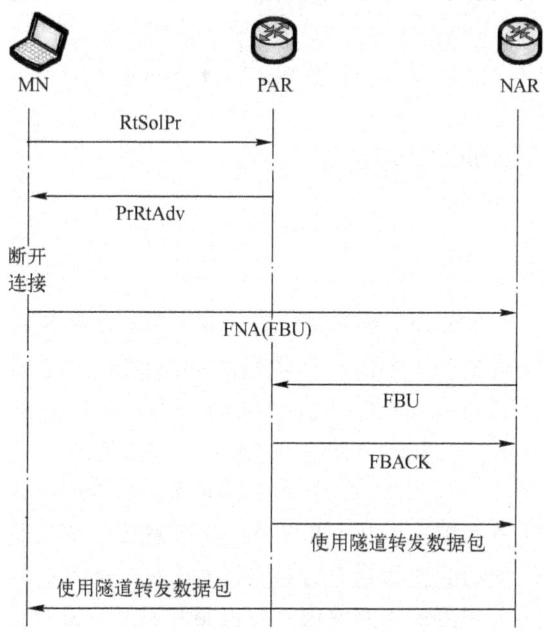

图 5-20　反应式快速切换的信令交互过程

用，它会丢弃 FNA 内层的 FBU，并且发送一个带有邻居广播回复选项的路由公告（Router Advertisement，RA），给 MN 提供一个可用的 NCoA，这对于避免地址冲突是非常必要的。在这种情况下，MN 无法确定 PAR 是否成功地处理了 FBU。因此，当 MN 连接到 NAR 时，NAR 会立即重新向 PAR 发送 FBU。应当注意此时 FBU 不是由 MN 来发，而是由 NAR 转发给 PAR 的，PAR 回复 FBack 来完成隧道的建立。其余流程与先验式快速切换方法类似。

（2）基于隧道的切换

基于隧道的切换是指在 MN 与新 AR 的二层连接建立后，不启动三层切换并获得新的 CoA，而是在两个网络的 AR 之间建立隧道，MN 通过隧道从前一个网络接收数据。这种做法减少了获得新 CoA 的时间开销，对于实时的数据传输很有意义。这是因为，MN 在切换的过程中转交地址没有改变，这就大大降低了丢包的可能性。特别是当 MN 在多个子网之间进行快速移动和切换时，基于隧道的切换优势体现得更加明显。

基于隧道切换的过程如图 5-21 所示，在旧 AR 和新 AR 处都需要二层触发器[8]。这里的两个基本的触发器分别是 L2 - ST（L2 Source Trigger）和 L2 - TT（L2 Target Trigger）。与此同时，在旧 AR 上需要增加一个 L2 - LD（L2 Link Down）触发器来触发连接断开，在新的 AR 和 MN 上需要增加一个 L2 - LU（L2 Link Up）触发器来表示二层切换的完成。其信令及流程与快速切换非常类似，这里不再详述。

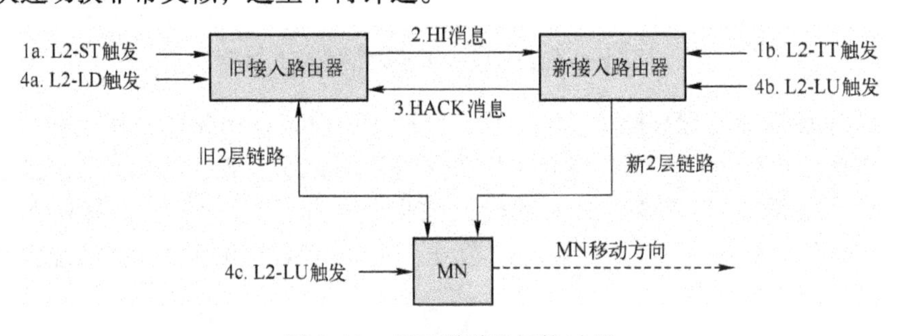

图 5-21　基于隧道的切换过程

5.5　移动 IP 技术其他研究热点

5.5.1　微移动协议

移动 IP 作为 IP 协议关于移动性管理的扩展方案，虽然能使用户在移动过程中无需更换 IP 地址也能实现不间断的通信，但不能支持主机的高速移动。因为移动 IP 协议规定：一旦移动节点 MN 发生切换，MN 必须向家乡代理 HA 进行注册。在这样的操作流程下，当主机移动速度越快，MN 发生切换的频率越高，将导致 MN 频繁向 HA 进行注册。这个过程对 MN 来说，会增大切换时延，导致用户获得的 QoS 下降；对系统来说，会增加冗余信令，且信令的冗余会随着网络规模的扩大以及主机与 HA 距离的增加而增加。

为了解决上述问题，学者们在移动 IP 的基础上提出了一些扩展移动管理方案。这些方案的主要思想是将网络分区，使整个网络由若干区域组成。MN 在区域内的移动称为域内移动，也叫微移动；MN 在区域间移动称为域间移动，也叫宏移动。当微移动发生时，使用扩展的移动管理方案来进行移动性管理；当宏移动发生时，使用移动 IP 来进行移动性管理。

由于作用范围不同，移动 IP 又被称为宏移动管理方案，扩展的移动管理方案又被称为微移动管理方案。

目前存在多种微移动管理协议，如蜂窝 IP[15]、蜂窝 IPv6[18]、切换优化的无线 Internet 架构（HAWAII）[19]、层次移动 IPv6[20]、移动 IPv4 区域注册[21]、移动 IPv6 区域注册[22]、区域移动 IPv6[23]、电信移动 IP（TeleMIP）[24]和域内移动主机协议（IDMP）[25]等。根据主机定位方式的不同，可以把众多的微移动协议分为两大类：基于主机路由的微移动协议和基于隧道的微移动协议[26]，如图 5-22 所示。

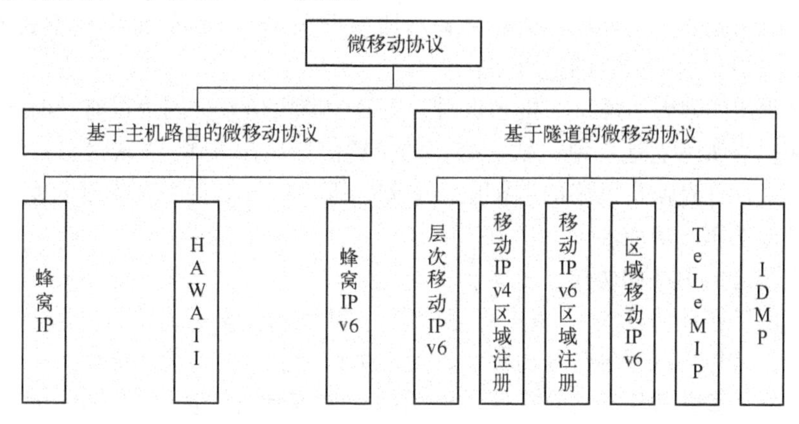

图 5-22 微移动协议的分类

本节首先对基于主机路由型和基于隧道型的微移动协议进行分析，然后对比这些微移动协议的主要性能。

（1）基于主机路由的微移动协议

基于主机路由的微移动协议[17~19]的基本思想如图 5-23 所示。该类协议为区域中的每个 MN 分配一个 IP 地址作为标识，与移动 IP 中获得 CoA 的方法类似，该地址可能是网关（网关通常作为代理）的地址[17,18]，也可能是网关采用类似动态主机配置协议（Dynamic Host Configuration Protocol，DHCP）为 MN 分配的地址。MN 在获得该地址后，将其作为 CoA 并向 HA 注册。当 MN 在区域内移动时，该地址保持不变，可作为 MN 的标识。

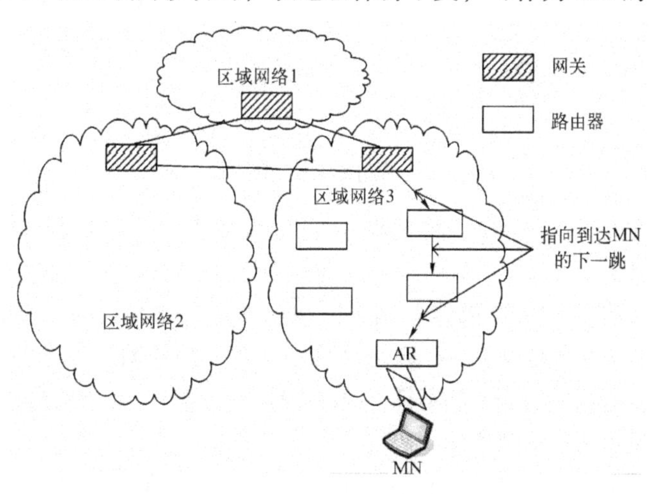

图 5-23 基于主机路由的微移动协议

由于MN在区域内的标识CoA不变，使得该类协议更适合于目前IETF提出的一些QoS模型，如资源预留协议RSVP和多协议标签交换（Multiprotocol Label Switching，MPLS）[27]等。因为这些QoS模型在设计时，均认为主机的标识是不变的。然而，不变的标识使得网络在定位主机的时候，需要采用主机路由方式。这种方式要求区域内从网关到MN之间的沿途路由器记录与MN相关的路由信息。

为了达到这一目的，MN需要隐式（如发送探测分组）或显式地发送信令至网关，使网关至MN之间的路由器记录能路由至MN的下一跳信息。为了使该信息能准确地反映出到达移动主机的路由，基于主机路由的微移动管理协议要求MN周期性地发送隐式或显式信令，以更新网络节点中与MN相关的路由信息。

这样，当MN切换到另外一个接入点时，无效的路由信息会因为没有及时更新而被相应的路由器删除，这实际上是一种“软状态”的位置信息保存方式。“软状态”方式增加了网络中的信令冗余，并且使得网络的可扩展性变差，因为位置信息的查找复杂度会随着网络内主机数量的增加而急剧增加。

（2）基于隧道的微移动协议

基于隧道的微移动协议[20~25]基本思想如图5-24所示。该类协议为区域中的每个MN分配两个地址：一个作为区域内的身份标识，另一个作为区域内的位置标识。为了将这两个地址绑定，基于隧道型的微移动协议在区域内引入区域移动管理实体（Regional Mobility Entity，RME）来代替HA管理MN在区域内的移动。

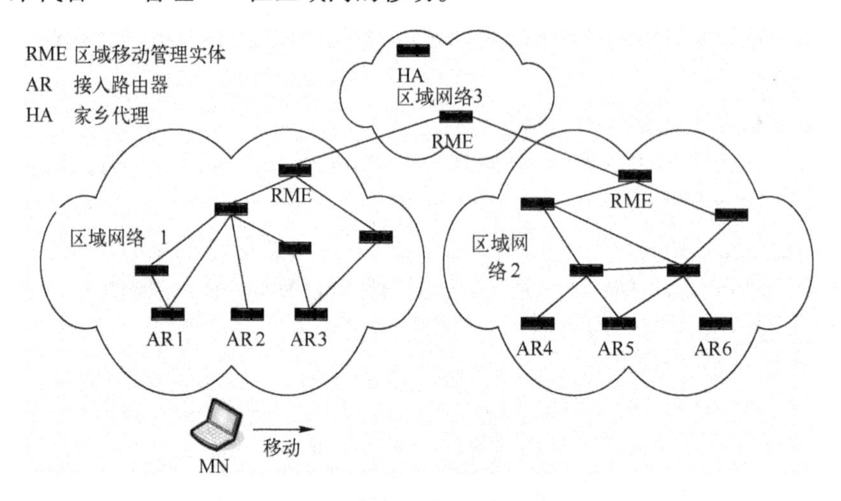

图5-24 基于隧道的微移动协议

当MN发生微移动时，MN仅需向RME进行区域注册，告知RME自己的当前位置。只有当MN发生域间移动时，MN才需向HA进行家乡注册，告知HA自己的当前区域。这样，无论MN在域内如何移动，RME都能获知MN在区域内的确切位置，从而能将分组正确地通过隧道方式转发给MN，实现了MN的域内移动对HA的透明。由于位置信息仅保存在本区域的RME中，且位置信息的保存不需要MN使用周期性的信令或分组进行更新，因此，基于隧道的微移动协议可扩展性较好。

表5-1对比了几种微移动协议的主要性能，包括切换管理机制、是否使用寻呼机制、隧道机制、是否支持主机的空闲状态等。

表 5-1　几种微移动协议的比较

协　议	切换管理机制	寻呼机制	隧　道	对空闲主机的支持
蜂窝 IP	硬切换	是	否	支持
	半软切换			
HAWAII	基于转发的切换方式	是	否	不支持
	基于非转发的切换机制			
层次移动 IPv6	不支持平滑、快速切换	否	是	不支持
电信移动 IP	支持快速切换	是	是	支持
IDMP	支持快速切换	是	是	支持

5.5.2　代理移动 IP 技术

移动 IP 能支持节点在网络中的自由移动，保证节点在移动过程中不改变上层应用所使用的 IP 地址，从而不中断正在进行的网络通信及上层应用业务。但是移动 IP 需要移动节点通过本身的扩展以支持上述功能，特别是修改移动节点的协议栈。然而，因为移动节点的数量很多，因此其扩展的开销是非常大的，而且在实际应用中，甚至很难确定某节点将来是否移动而需要支持移动 IP 协议。为了使得移动节点无需任何修改，也能随时接入网络并被通信对端联系，从而享受类似于移动 IP 的服务，IETF NETLMM（Network based Localized Mobility Management）工作组对移动 IP 协议进行了改进，提出了代理移动 IP。

代理移动 IP 即 PMIP（Proxy Mobile IP），是一种移动性管理方案。与移动 IP 协议相比，代理移动 IP 协议的最大优点在于，将移动 IP 中移动节点需要处理的移动性管理工作转移到了网络中，也就是由网络来实现这些功能。这使得客户端无需任何修改，就可在网络中自由移动，而且移动节点地址始终保持不变，节点对移动完全无感知。

类似移动 IP，代理移动 IP 也有两个版本：代理移动 IPv6（PMIPv6）和代理移动 IPv4（PMIPv4）。代理移动 IPv6 是最早提出的代理移动 IP 协议，之后在其基础上扩展出了代理移动 IPv4 协议，支持移动节点运行 IPv4 和通信网络为 IPv4 网络的场景。两者的原理基本相同，这里将主要参照代理移动 IPv6 来讲述代理移动 IP 的基本原理。

代理移动 IP 使得主机无需参与任何与移动性相关的报文交互，也能够实现在网络中的自由移动，从而避免了移动 IP 中所需要的移动主机协议栈更新。在代理移动 IP 中，网络代替主机负责 IP 移动性管理，网络中的移动性管理实体负责跟踪主机的移动和收发所需的移动性管理报文等操作。

代理移动 IP 体系结构中，核心功能实体是本地移动锚点 LMA 和移动接入网关 MAG，它们共同管理本地域内的移动节点。如图 5-25 所示，本地移动锚点 LMA 是本地移动性管理域内的一个路由器，负责维护移动节点的可达性状态，控制本地域内的移动节点，同时它是移动节点网络前缀的拓扑锚点。移动接入网关 MAG 位于移动节点接入网络上，代替移动节点进行移动性管理并监测移动节点在接入链路上的移动，同时初始化相应的绑定注册信息并发送到移动节点的 LMA 处。MAG 可向移动节点转发来自 LMA 的数据包，同时也可向 LMA 转发来自移动节点的数据包。

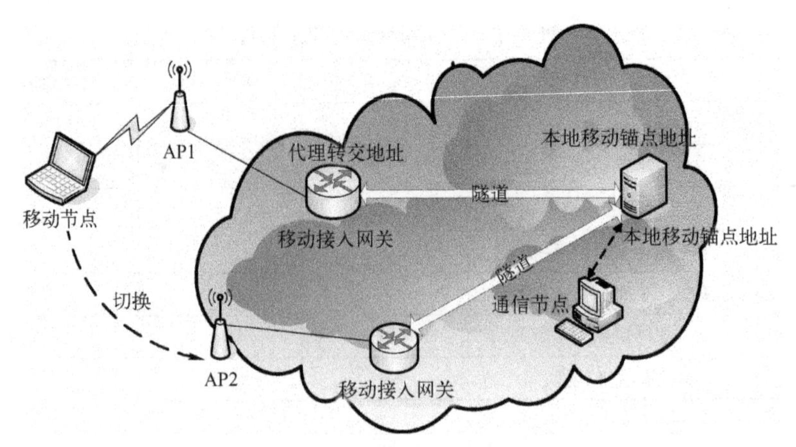

图 5-25 代理移动 IP 基本原理

代理移动 IP 中，当节点连接到 MAG 后，MAG 代替 MN 会与其 LMA 联系，并获得节点家乡网络信息，MAG 进而广播与 LMA 所在网络的网络前缀，使得移动节点（MN）连接到 MAG 时，仍会认为自己在家乡网络上，从而保持 IP 地址不变。当 CN 通过 LMA 与 MN 进行通信时，LMA 将 MN 的位置映射到连接 MN 的 MAG 地址，并管理该 MAG 和 LMA 之间的双向隧道，利用该隧道向 MAG 转发 CN 发往 MN 的数据包。MAG 收到上述数据包后，将其直接发给链路上的移动节点 MN。

目前，业界已经达成共识：IPv4 到 IPv6 的共存将是长期的，IPv4 到 IPv6 的过渡问题备受关注。现在主要有 3 种机制来解决 IPv4 到 IPv6 过渡问题：双栈机制、隧道技术以及网络地址和协议转换技术。

双栈机制通过在主机上配置 IPv4 和 IPv6 协议栈来提供对两种模式的完整支持，但这样会增加网络的复杂度；隧道技术在 IPv6 的数据包外添加 IPv4 头，通过封装使得 IPv6 的数据包可以在 IPv4 网络中进行传输；网络地址和协议转换机制在 IPv4 和 IPv6 的交界处进行地址和协议转换，以解决过渡问题。

在代理移动 IP 中，通常要求通信双方的协议实现在同样的网络基础架构中，然而通过隧道和双栈技术，为 IPv4/IPv6 共存提供了可行性。例如，一个在代理移动 IPv6 域的移动节点，可以运行在 IPv4、IPv6 或双栈模式下。同样，当 LMA 与 MAG 之间采用 IPv4 网络连接时，即形成代理移动 IPv4 域，此时移动节点也可使用 IPv4、IPv6 或双栈模式。图 5-26 给出了 IPv6 节点使用代理移动 IPv4 域的应用场景。

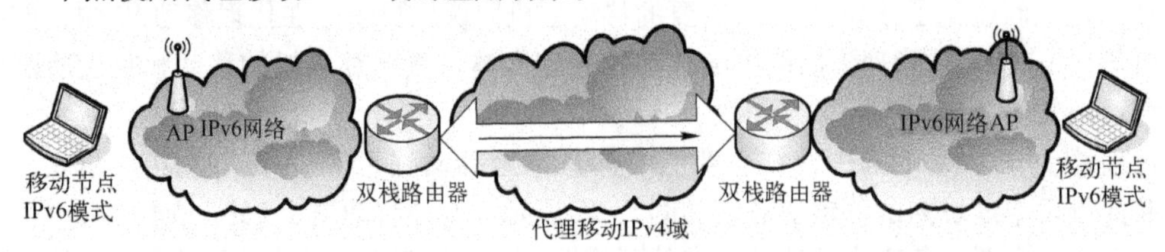

图 5-26 IPv6 节点接入代理移动 IPv4 域

5.5.3 网络移动性 NEMO

当人们在火车、飞机上使用无线接入设备时，许多设备会随着承载平台的移动而一起移动。这种情况下移动 IP 设备数量较多，如果为每一个设备分别提供移动 IP 支持，这需要每个设备都支持移动 IP 协议，而且移动性检测、注册等协议开销很大。由此，人们提出了整个 IP 网络（如整列火车上的网络）对移动性提供支持的方案 NEMO（Network Mobility），主要研究了子网作为一个整体在互联网范围内移动时所引起的网络可达性、效率和安全等方面的问题[28]。本节介绍 NEMO 基本协议以及 NEMO 网络的应用模型，在此基础上给出了网络移动性的未来研究方向。

网络移动（NEMO）基本协议是对 MIPv6 的扩展，能支持网络移动性，且向后与 MIPv6 兼容[29]。NEMO 和移动 IP 最大的不同之处在于它将移动支持功能从移动节点上转移到移动网络中的路由器上，路由器可以改变连到互联网的接入点并保持网络移动对其他节点的透明性。NEMO 基本可以保证当移动路由器改变它在互联网中的连接点或者整个网络移动时，移动网络中所有节点的任务仍能保持连续性。

NEMO 移动网络中的路由器扮演了双重角色：相对于移动网络外部，它像一个普通的支持移动 IP 的节点；对于移动网络内部，它作为整个网络移动的管理节点，负责网络内其他节点的网络接入。

当 MR 离开家乡网络到达外地网络，它会从外地网络获得一个 CoA，并以该 CoA 向其家乡代理进行注册，家乡代理和移动路由器间建立双向隧道，这一过程类似移动 IP。但通信过程与移动 IP 略有不同，通过 NEMO 转发数据包的路径如图 5-27 所示。来自通信对端节点 CN 的 IP 数据包，基于传统的路由方法将 IP 包送到 MR 的家乡代理，通过隧道到达 MR，由 MR 解封装后转发到移动网络中的节点。

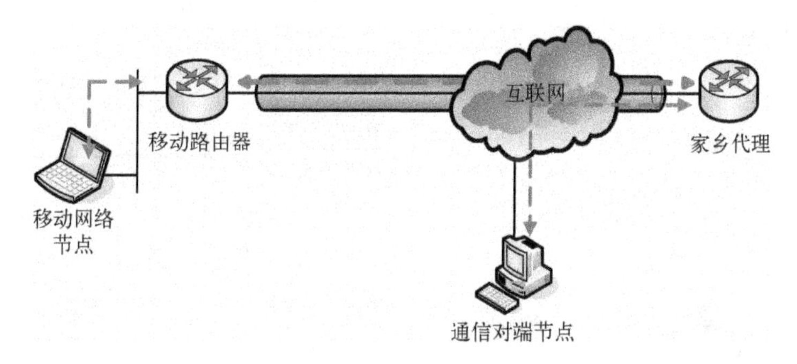

图 5-27　移动网络节点与通信对端节点通过 NEMO 的数据传输

值得特别注意的是，NEMO 与移动 IP 不同，反向的数据包通过同样的路径发往 CN，即移动网络节点发送数据包经移动路由器封装通过隧道发送至其家乡代理，家乡代理通过传统路由方法转发至通信对端节点。

5.5.4　移动 IP 组播技术

互联网是一个得到广泛应用的通信平台，人们不仅需要使用文件下载、消息发布、发送电子邮件等服务，还希望它能提供一些新型的服务，如移动电视、多媒体远程教育以及网络间协同工作等。这些服务要求网络能够提供更高的带宽、更好的实时性等。在这种情况下，组播显示了强大的性能优势。它提供的点到多点、多点到多点的通信方式能够有效地提高网络的利用率，节省发送者自身的资源，同时使应用具有良好的可扩展性。

另一方面，随着便携式移动终端支持多媒体业务能力的提高以及无线接入高速数据传输能力的增长，移动用户也希望能获得上述新型业务，这使得移动组播成为当前的研究热点。

组播最早由 Stephen Dee[30]提出，它是将分组从一个源节点向网络的多个终端节点发送的技术。在组播中，分组仅在路由树的分叉处进行复制和转发，而不需要源节点多次重复发送同样的数据。图 5-28 给出了组播的通信过程，其中 S 是源节点，当它想向 D1 和 D2 发送分组时，只将相同的数据发送一次。如果需要，则在中间节点进行分组复制，每条链路中最多只出现一次相同的分组。

组播技术中，把需要接收相同数据的主机组成一个集合，称为一个组播组，每个组播组有一个组播地址。发送方所发出的数据包中，使用该组的组播地址作为目的地址，路由器根据组播组中的组播地址自动复制数据发送给接收方。组播中的主机可以在同一个物理网络中，也可以来自不同的物理网络。组播有以下 3 个特征[31]。

- 兼容 IP 服务：使用 UDP 协议（User Datagram Protocol）[32]发送数据分组，提供尽力发送（Best-effort）服务。
- 开放：组播源节点不需知道组播组成员的信息。
- 组结构动态变化：任意节点可以随时加入或离开组播组。

图 5-29 给出了组播的体系结构，当主机希望加入或者退出某个组播组时，需要使用 Internet 组管理协议[33]（Internet Group Management Protocol，IGMP），或者 IPv6 中的 MLD（Multicast Listener Discovery）协议[34]。通过 IGMP/MLD 协议，本地组播路由器可以对组成员的状态进行管理。

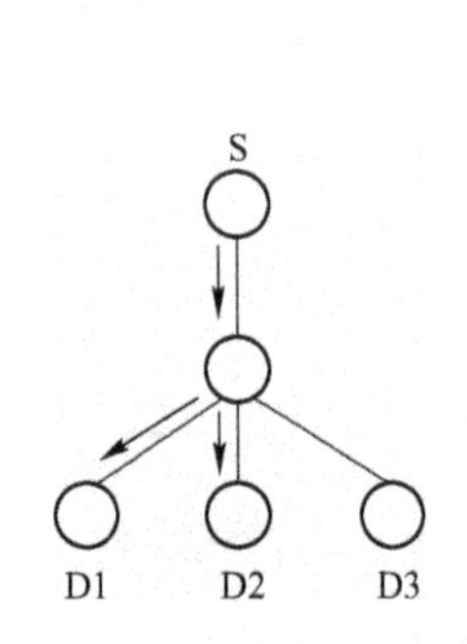

图 5-28 组播的通信过程

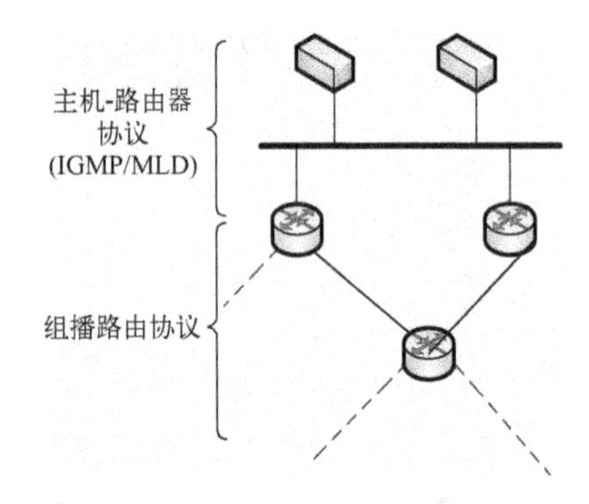

图 5-29 组播模型的架构

组播路由器使用组播路由协议建立和维护组播转发树[35]。常见的域内组播路由协议有 DVMRP[36]（Distance Vector Multicast Routing Protocol）、CBT[37]（Core Based Tree）、MOSPF[38]（Multicast Extensions to OSPF）、PIM-SM[39]（Protocol Independent Multicast-Sparse Mode）以及 PIM-DM（Protocol Independent Multicast-Dense Mode）[40]等，域间组播路由协议有 BGMP[41]（Border Gateway Multicast Protocol）等。

在移动互联网络中，组播不仅要处理动态的组成员关系，还需要解决动态的成员位置变化问题，这给移动组播带来了一系列新的挑战。目前互联网中使用的组播协议在建立组播树时，通常都假设其成员是静态的，没有考虑成员位置的动态变化。如果每当成员节点移动后就重新建立组播树，这将产生很大的开销，影响组播树的稳定性；如果不改变组播树则又会带来路由冗余，甚至导致错误转发。另外，节点的移动除了会带来切换延迟，还会引入组播转发树的更新延迟，这些都会导致部分组播分组接收的中断。图 5-30 对移动组播面临的问题进行了总结[13~16]。

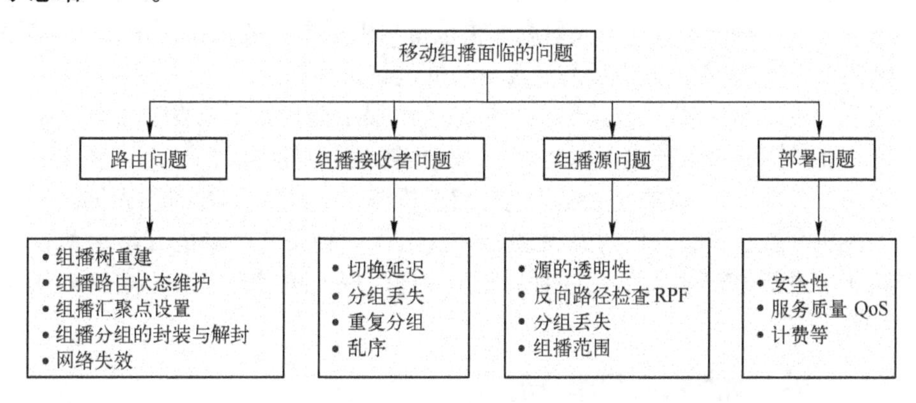

图 5-30　移动组播面临的新问题

5.5.5　网络接入检测

当 IPv6 节点监测到或猜测链路层连接发生了改变时，它需要检测 IP 层地址或路由是否仍然有效或是否需要改变。如果网络层的连接（即接入路由器）发生改变，节点需要重新进行网络层配置和移动注册等，例如重新发送绑定更新信息。如图 5-31 所示，移动节点改变接入点由 AP1 到 AP2，链路发生改变，需要进行移动注册；由接入点 AP2 到 AP3 则仍在同一链路上，这时无需进行重配置和初始化移动性过程。如何快速有效地检测网络层接入位置和接入路由器的变化，是网络接入检测（Detecting Network Attachment，DNA）需要解决的问题。

DNA 机制最主要的目标是检测当前接入链路的 ID 来确定现有 IP 配置的有效性，从而确定链路是否发生改变而需要进行初始化新的配置过程。该过程需要最大限度地减少因检测当前接入链路 ID 而带来的延迟，以免上层服务崩溃。DNA 机制应尽量利用现有信令机制，特别是本地链路范围内的信令，且应当与其他机制兼容，例如，支持 DNA 机制的节点应该能与不支持 DNA 机制的节点同时工作。

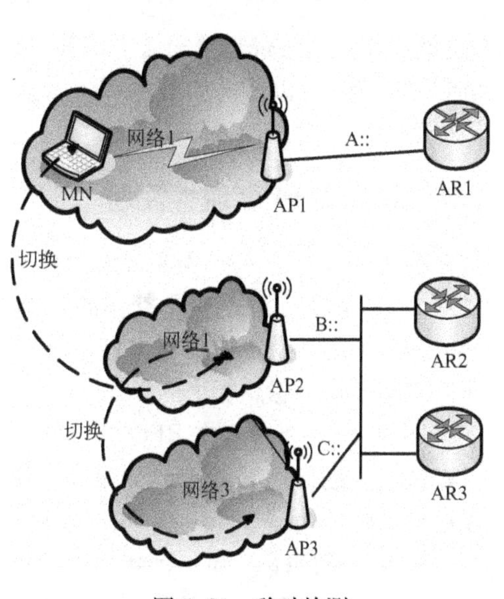

图 5-31　移动检测

无线链路环境比有线链路环境更加多变，无线链路没有明确的界限。这样主机可能同时处于多个接入点覆盖的区域。无线链路的连接性非常不稳定，链路 ID 检测非常困难。例如要花费很多的时间来检测链路改变。所以在无线环境下，DNA 机制应可以感知路由器在不同链路上的可达性。此外，DNA 机制还应当考虑主机接入多个链路的情况。

DNA 工作组定义了一系列网络接入检测的目标，描述了现有的问题和可能的解决方案[42]。IPv6 中的 DNA 需要 3 套功能支持：未修改路由器的环境下，主机要能快速检测链路改变；主机要能通过查询路由器来确认链路 ID（Link Identification）；路由器要能持续、快速地响应上述查询（Fast RA）。相关研究成果包括主机检测链路广播前缀以进行链路识别的机制，以及需要 DNAv6 路由器支持的更为有效的链路识别机制。

通常来说，可以通过 IP 层或其他层的链路检测提示信息，来触发初始化网络层检测连接是否改变。各种网络接入技术可以向 IP 层提供链路层的各种状态信息，例如链路层的事件消息可以协助 IP 层对网络配置的变化进行快速检测[43]。此外，针对接入链路层频繁而快速的变化，主机需要快速、有效的 IP 配置检测过程。一种研究思路是 IPv6 主机使用邻居发现机制及其扩展进行 DNA 检测，另一种思路则是通过现有网络配置来支持 IPv6 网络中主机的 DNA 检测[44,45]。

5.5.6 移动 IPv4 动态家乡代理分配

移动 IPv4 中，MN 通过注册请求报文向某个家乡代理 HA 进行注册，但该 HA 对该 MN 来说可能不是一个最优的选择，这里的最优可以是基于地理位置远近的考虑，也可以是基于 HA 的负载均衡或者其他考虑。这就需要动态地为 MN 分配 HA，在分配时考虑 HA 的优化问题。

IETF 的 mip4 工作组在 RFC4433 中定义了一种消息机制，可以用于 HA 的动态分配和重定向，从而能让 MN 选择一个最优的 HA[46]。当 MN 要求进行动态 HA 分配时，它必须使用 MIP 的网络接入标识（Network Access Identifier，NAI）扩展。它可以在初始的注册请求中将 HA 域设为 ALL-ZERO-ONE-ADDR。如果该请求被接受，HA 会回复一个注册成功的消息，其中包含了该 HA 的地址。另一方面，被请求的 HA 可以选择向 MN 建议使用另一个 HA，在这种情况下，它会发送一个拒绝的注册回复，并且在一个 HA 重定向扩展中写明它推荐的 HA 地址。此外，该机制也定义了一种 HA 请求扩展，用来使 MN 指定它所偏好的 HA。该消息机制使得 MN 可以请求和接受一个动态分配的 HA，但对于网络如何为 MN 选择 HA 并没有做出明确的规定。

5.5.7 移动 IPv4 区域性注册

在移动 IPv4 中，一个 MN 每次改变 CoA 时都要向其 HA 注册。如果它访问的网络和其家乡网络相距很远，注册信令交互的延迟就会很大。如果将 MN 向 HA 的注册改为向 MN 所访问的子网中的某个本地节点进行，就可以在很大程度上解决这一问题。移动 IPv4 区域性注册即是基于这一思想提出的。

IETF 的 mip4 工作组在 RFC4857 中提出了一种区域性注册的解决方案，使得 MN 可以在它所在区域内进行注册[47]。该方案是 MIPv4 协议的一个可选扩展，其中引入一种新的网络节点：网关外地代理（Gateway Foreign Agent，GFA），如图 5-32 所示。GFA 的地址通过 FA 在访问域内进行广播，当一个 MN 第一次到达这个域时，它会向其 HA 进行注册，在这次注册过程中，它将 GFA 的地址作为其 CoA 向 HA 注册。当它在这个域的不同 FA 之间进行移动时，MN 只需要向 GFA 进行区域性注册即可，不需要再向 HA 进行注册。

在简单的情况下，区域性注册对 HA 是透明的。在节点的支持下，区域性注册还可以提供 GFA 的动态分配。虽然该方案关注的是在所访问的外地网络内的区域性注册，但区域性注册在家乡网络中也可以实现。

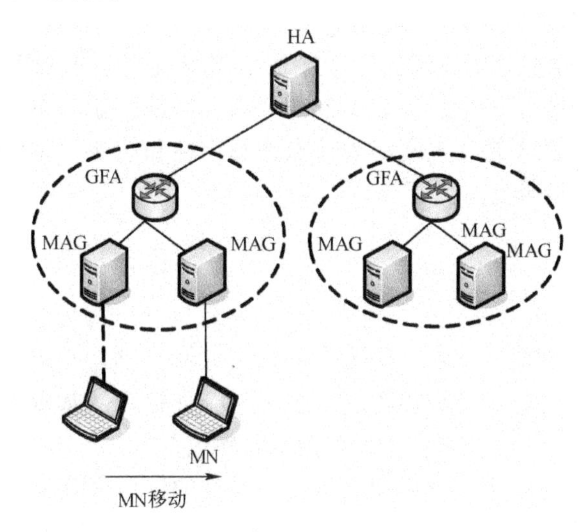

图 5-32 区域性注册示意图

5.6 本章小结

移动 IP 是由 IETF 所提出的在网络层支持用户漫游和切换的重要解决方案。作为一种独立于物理层和链路层的技术，移动 IP 可以兼容各类异构的接入协议，并使得用户移动对上层应用保持透明。本章详细介绍了移动 IP 的原理、关键技术和改进措施。

移动 IP 的基本协议有两个版本：移动 IPv4 和移动 IPv6。移动 IP 能保证节点在移动过程中不改变自己的 IP 地址。这样，即使其接入网络的位置发生变化，也不会影响它和通信对端的通信，保持业务的连续性。由于移动 IP 协议具有切换时延大、切换分组丢失率高等缺陷，因此学者们提出了两类解决方案。一种是对移动 IP 的切换过程进行优化，包括使用二层信息触发三层切换来减少时延，在新旧外地代理间建立隧道来减少丢包等措施。另一种是通过使用网络分区的方法，包括移动管理分层，使得用户的微移动对外部网络透明，从而减小注册时延和切换时延。

在移动 IP 的基础上，针对不同的应用场景，又发展出了其他的移动管理协议。考虑到移动 IP 需要修改客户端，在现实应用中代价太大。为此，学者们提出了代理移动 IP 协议，无需修改客户端，由网络来管理移动节点的移动，而无需移动节点感知并处理移动事件，因此移动节点也不需要升级协议栈。在一些应用场景中（如火车或飞机上），当载体移动时，数量众多的节点会同时发生移动，随着网络接入点的移动而整个网络都会发生移动。此时，为单个移动节点提供移动 IP 服务开销太大。这种需求推动下，产生了网络移动（NEMO）协议，用来管理整个网络移动时用户的接入。

随着移动 IP 技术的发展，人们对其性能及其所支持的传输模式提出了更多要求。组播作为一种点到多点的通信方式，能够有效地提高网络的利用率，节省发送者自身的资源，同时使得应用具有良好的可扩展性，在通信带宽严重受限的无线移动场景下需求更为迫切。这使得移动IP组播技术成为一个研究热点。移动组播在移动IP技术基础上，对家乡代理、外地代理的功能进行了针对组播的补充，在路由效率、切换延迟、分组丢失率、协议处理开销方面，移动IP组播技术还有待进一步改进。

虽然移动IP从1996年诞生到现在已经有20余年历史了，但随着人们对移动性的要求不断提高，移动IP在实际应用中还有很多尚待解决的问题，如加快网络切换的检测、为节点合理选择HA/FA、利用多链接提高移动节点的稳定性和性能、在异构网络中的移动性管理等问题，仍值得进一步研究。

习题

1. 本章着重讲解了移动IP协议，介绍了其主要实体、信令流程、工作过程等方面的内容。移动IPv4协议是一种移动性管理协议，请概述移动IPv4的基本原理。与传统的基于有线连接的网络管理协议相比，它有什么显著的不同和优点？

2. 在移动性管理中，各个实体之间会通过一系列的信令交互来互通消息，触发各种操作的执行。移动IPv4涉及MN、FA和HA三个实体的一系列信令交互。请简述移动IPv4中的信令交互流程以及信令交互过程中各实体进行的操作，并说明每个信令的作用。

3. 当移动节点从家乡网络漫游到外地网络上时，在MIPv4框架下，移动节点需要向家乡代理进行注册。请问注册报文采用UDP封装还是采用TCP封装传输？为什么？

4. 在移动IP框架下，移动节点移动到外地网络时，不仅具有家乡地址，而且会获得转交地址。请问这两个地址的作用是什么？这两个地址的分配方式有哪些？

5. 移动IPv4节点在外地链路上时，可以通过代理发现机制，得到转交地址。在不同的网络环境下，转交地址可为配置转交地址或者外地代理转交地址。请分析这两种转交地址的差异及其适用的网络环境。

6. 尽管移动IPv4协议针对安全问题进行了一些优化，但仍然存在安全隐患。加强移动IPv4的安全性是移动IPv4研究中的重要课题。移动IPv4中存在哪些潜在的安全隐患？请针对每一种安全隐患举一个具体的例子进行说明，并提出一种可能的解决方案。

7. 改进和优化路由性能是移动IP领域的研究热点之一，路由优化对提高网络性能有重要意义。众所周知，移动IPv4中存在三角路由问题。请说明三角路由问题的含义，并阐述一种解决该问题的路由优化方案。

8. 移动IP研究中的一个重要问题是其部署与应用，即怎样将移动IP技术在不同的网络环境和不同的二层接入技术下进行部署，并满足上层各类应用的需求。请举例说明移动IP的3种应用场景，并说明在这些具体的场景中移动IPv4所解决的主要问题。

9. 现有多种公开发布的移动IPv4源代码，安装运行这些代码对深入理解移动IPv4技术很有意义。请搜索一种现有的移动IPv4代码实现，并尝试安装和运行它。建议3个同学组成一个小组，进一步搭建一个移动IPv4系统，并测试其功能。

10. 移动IPv6采用通告的方式，将移动节点的转交地址告诉家乡代理和通信对端节点。移动IPv6通告使用了绑定更新、绑定应答和绑定刷新请求3条消息。请问这3条消息各自有什么作用？请举例说明。

11. IPv6已经成为下一代互联网的重要基础，为此人们提出了移动IPv6协议。试比较移动 IPv6 和移动 IPv4 的工作原理，说明移动 IPv6 是怎样解决移动 IPv4 中“三角路由问题”的。

12. 为了在 IPv4 的互联网中支持移动性，移动 IPv4 增加了 FA 和 HA，修改了 MN 协议栈；而为了在 IPv6 的互联网中支持移动性，移动 IPv6 则增加了 HA，并通过修改 CN 协议栈来进行路由优化。试分析为什么移动 IPv4 和移动 IPv6 定义的实体不同，并比较二者的可实施性。

13. 移动 IPv6 节点确定它正连接在外地链路上时，得到转交地址的方法有两种，分别为被动地址自动配置和主动地址自动配置。请介绍这两种地址配置方式，并分析它们的区别以及所适用的情况。

14. 有人认为：“既然已经提出了移动 IPv6，而且它比移动 IPv4 更具优势，那么，现在移动 IPv4 就没有存在的必要了。”请谈谈你对这种观点的看法。

15. 微移动协议是移动 IP 的扩展协议，这类协议的提出是为了减小移动 IP 的切换时延，请问是否在任何情况下，微移动协议都能比基本的移动 IP 更好？如果不是，请问两者的适用范围如何确定？

16. 微移动协议可以分为两大类：基于主机路由的微移动协议和基于隧道的微移动协议，请问这两大类微移动协议的基本特征是什么，各自有什么优点和缺点？

17. 移动组播面临很多挑战，它不仅要处理动态的组成员关系，还要处理动态的节点位置关系。请问移动组播具体需要解决哪些方面的问题，这几方面的问题所面临的主要困难是什么？

18. 通过本章的例子可以看到，网络移动性支持具有广泛的应用前景。请问网络移动性的主要研究方向是什么？请试举一个实际应用场景来结合说明。

19. 移动 IP 工作组已经提出了 Mobile IPv4 和 Mobile IPv6 两个协议，作为主机移动性支持的基本方案。请结合 IPv4 和 IPv6 网络的特点，分析 NEMO 在 IPv4 和 IPv6 上的差异，分析差异存在的原因。

20. IETF 通过对移动 IPv6 的扩展，提出了网络移动性基本支持协议，从而当网络发生移动时，提供了移动网络中每个节点的可达性和会话的连续性。网络移动性基本支持协议定义了两种运行模式：隐式方式和显式方式。请结合具体情况来描述两种模式的特点。

21. 网络移动性支持是对当前移动 IP 协议的扩展，使得一个路由器作为移动代理来保持整个网络中 IP 设备的移动性。请结合网络移动性的特点，分析网络移动性中实现路由优化所面临的主要问题，结合移动 IP 中的现有方案，考虑移植到网络移动性中的可行性。

22. 代理移动 IP 技术是一种新的无线移动互联网移动性管理方案。请结合移动 IP 存在的问题，来介绍代理移动 IP 的主要特点。

23. 目前，关于代理移动 IP 的工作流程描述主要基于 IPv6 网络，而在 IPv4 网络中不存在 Router Solicitation 和 Router Advertisement 这一对消息。请结合 IPv4 网络的情况来描述代理移动 IP 的具体工作流程。

24. 移动 IP 实现中的一个主要问题是对移动节点的接入检测。结合不同的链路情况，设计并尝试编程实现在无线网络环境和以太网环境下对移动节点的接入检测功能。

参考文献

[1] C PerKins. IP mobility support for IPv4 [S]. RFC3344,2002.
[2] Jhonson D,Perkins C,Arkko J. Mobility Support in IPv6 [S]. RFC3775,2004.
[3] C Perkins. IP Encapsulation within IP[S]. RFC2003,1996.
[4] C Perkins. Minimal Encapsulation within IP[S]. RFC2004,1996.
[5] D Cong,M Hamlen,C Perkins. The Definitions of Managed Objects for IP Mobility Support using SMIv2[S]. RFC 2006,1996.
[6] Charles Perkins,David B,Johnson. Route Optimization in Mobile IP[S]. Draft-ietf-mobile-optim-08. txt,1999.
[7] P Calhoun,J Loughney,E Guttman,et al. Diameter Base Protocol[S]. RFC 3588,2003.
[8] 孙利民,等. 移动IP技术[M]. 北京:电子工业出版社. 2003.
[9] David B Johnson,Charles E Perkins,Jari Arkko. Mobility Support in IPv6[S]. Internet draft,2002.
[10] Simpson W. Neighbor Discovery for IP Version 6 (IPv6)[S]. RFC1970,1996.
[11] K EI Malki. Low Latency Handoffs in Mobile IPv4[S]. RFC 4881,2007.
[12] R Koodli. Fast Handovers for Mobile IPv6[S]. RFC 4068,2005.
[13] Rajeev Koodli,Charles E Perkins. A Framework for Smooth Handovers with Mobile IPv6[S]. draft-koodli-mobileip-smoothv6-00,2000.
[14] Govind Krishnamurthi. Buffer Management for Smooth Handovers in IPv6[S]. draft-krishnamurthi-mobileip-buffer6-01,2001.
[15] Campbell A,Gomez J,Kim S,et al. Design,Implementation and Evaluation of Cellular IP [J]. IEEE Personal Communications,2000,7(4):42-49.
[16] Perkins,Kuang Yeh Wang. Optimized Smooth Handoffs in Mobile IP[C]. IEEE International Symposium on Computers and Communications. IEEE,1999:340-346.
[17] 汪存富,蔚承建. 无线局域网中移动IP快速切换技术研究[J]. 计算机世界,2005,2:10-11.
[18] Zach D,Dionisios G,Andrew C. Cellular IPv6[OL]. http://draft-shelby-seamoby-cellularipv6-00. txt,2003-05-01.
[19] Ramjee R,Varadhan K,Salgarelli L,et al. HAWAII:A Domain-based Approach for Supporting Mobility in Wide-area Wireless Networks[J]. IEEE/ACM Transactions on Networking,2002,10(3):396-410.
[20] Soliman H,Castelluccia C,Malki KE,et al. Hierarchical Mobile IPv6 Mobility Management (HMIPv6) [S]. RFC4140,2005.
[21] Gustafsson E,Jonsson A,Perkins C. Mobile IPv4 Regional Registration [S/OL]. http://ietf-mobileip-reg-tunnel-09. txt,Internet Draft,IETF,2004.
[22] Perkins C. Mobile IPv6 Regional Registrations [S]. draft-malinen-mobileip-regreg6-00. txt,Internet Draft,IETF,2000.

[23] Kyungjoo S. Regional Mobile IPv6 Mobility Management[S/OL]. http://draft-suh-mobileip-rmm-00. txt,2003.

[24] Das S,Misra A,Agrawal P. TeleMIP:Telecommunications-Enhanced Mobile IP Architecture for Fast Intra-domain Mobility[J]. IEEE Personal Communications,2000,7(4):50-58.

[25] Subir Das,Archan Misra,Kaushik Chakraborty,Sajal K Das. IDMP:An Intradomain Mobility Mangement Protocol for Next Generation Wireless Networks[J]. IEEE Wireless Communications,2002,40(6):38-45.

[26] A Campbell,J Gomez,S Kim. Comparison of IP Micromobility Protocols[J]. IEEE Wireless Communications,2002,9(1):72-82.

[27] Rosen E,Viswanathan A,Callon R. Multiprotocol Label Switching Architecture [S]. RFC 3031,2001.

[28] T Ernst. Network Mobility Support Goals and Requirements[S]. RFC 4886,2007.

[29] V Devarapalli,R Wakikawa,A Petrescu,P Thubert. Network Mobility (NEMO) Basic Support Protocol[S]. RFC 3963,2005.

[30] Deering S. Multicast Routing in a Datagram Internetwork [D]. Department of Computer Science,Stanford University,1991

[31] Diot C,Levine B N,Lyles B,Kassem H,Balensiefen D. Deployment Issues for the IP Multicast Service and Architecture[J]. IEEE Network,2000,14(1):78~88

[32] Postel J. User datagram protocol[S]. RFC768,1980.

[33] Fenner W. Internet Group Management Protocol,Version 2[S]. RFC 2236. 1997.

[34] Vida R,Costa L,Ed. Multicast Listener Discovery Version 2(MLDv2)for IPv6[S]. RFC 3810,2004.

[35] Sahasrabuddhe L H,Mukherjee B. Multicast Routing Algorithms and Protocols:A Tutorial [J]. IEEE Network,2000,14(1):90~102.

[36] Waitzman D,Partridge C,Deering S. Distance Vector Multicast Routing Protocol (DVMRP) [S]. RFC 1075,1988

[37] Ballardie A. Core Based Trees (CBT) Multicast Routing Architecture[S]. RFC 2201, 1997.

[38] Moy J. Multicast Extensions to OSPF[S]. RFC 1584,1994.

[39] Estrin D,Ed. Protocol Independent Multicast-Sparse Mode(PIM-SM):Protocol Specification[S]. RFC2362,1998.

[40] Adams A, Nicholas J, Siadak W. Protocol Independent Multicast-Dense Mode (PIM-DM):Protocol Specification(Revised)[S]. RFC3973,2005.

[41] Thaler D. Border Gateway Multicast Protocol (BGMP): Protocol Specification [S]. RFC3913,2004

[42] JH Choi,G Daley. Goals of Detecting Network Attachment in IPv6[S]. RFC 4135,2005.

[43] S Krishnan,Ed N Montavont,E Njedjou,S Veerepalli,A Yegin Ed. Link-Layer Event Notifications for Detecting Network Attachments[S]. RFC 4957,2007.

[44] S Narayanan,G Daley,N Montavont. Detecting Network Attachment in IPv6[S]. Best Cur-

rent Practices for hosts DNA Working Group,2006.

[45] S Narayanan,G Daley,N Montavont. Detecting Network Attachment in IPv6[S]. Best Current Practices for routers DNA Working Group,2005.

[46] M Kulkarni,A Patel,K Leung. Mobile IPv4 Dynamic Home Agent (HA) Assignment[S]. RFC4433,2006.

[47] E Fogelstroem,A Jonsson,C Perkins. Mobile IPv4 Regional Registration[S]. RFC4857, 2007.

第 6 章　移动互联网传输机制

由于无线链路具有高度不可靠性，使得传统的 TCP 传输机制在无线移动互联网上无法直接应用，无线 TCP 传输机制面临着数据包的随机丢失、时延较大、频繁切换与链路中断等挑战。为了实现服务质量保证，学术界和产业界对无线移动互联网的传输机制进行了深入研究，以解决传统的 TCP 无法适用于无线移动环境中的问题。

本章 6.1 节是传统传输技术概述，包括 TCP 的基本机制、无线 TCP 技术所面临的问题、单跳以及多跳无线 TCP 传输机制。6.2 节介绍新兴传输层协议 QUIC 及其基本特性、所面临的挑战和未来方向。6.3 节探讨了无线环境下的其他传输机制，6.4 节进行总结并展望无线传输技术的未来发展方向。

6.1　传统传输技术

当前的网络协议栈是基于 TCP/IP 架构实现的，IP 进行 IP 数据包的分割和组装，该协议并不保证数据包能够顺利发送到接收节点；TCP 则是建立在 IP 协议之上的面向连接的、可靠的传输层协议，虽然 TCP 基于字节流，但其采用滑动窗口机制完成数据包的有序收发[1]。无线环境的特性为传统 TCP 传输机制带来了诸多的挑战，其中包括单跳和多跳无线 TCP 传输机制，需要学术界和产业界进行深入研究。

6.1.1　TCP 的基本机制

TCP 包括传输连接的建立、维护与释放机制[2]以及拥塞控制机制[3]等。TCP 使用三次握手机制实现传输连接的建立，如图 6-1 所示。在介绍三次握手机制之前，首先介绍原语的概念。原语是由若干个机器指令构成的完成某种特定功能的一段程序，具有不可分割性。原语的执行必须是连续的，在执行过程中不允许被中断。常见的网络传输服务原语包括 LISTEN、CONNECT、SEND、RECEIVE 和 DISCONNET。

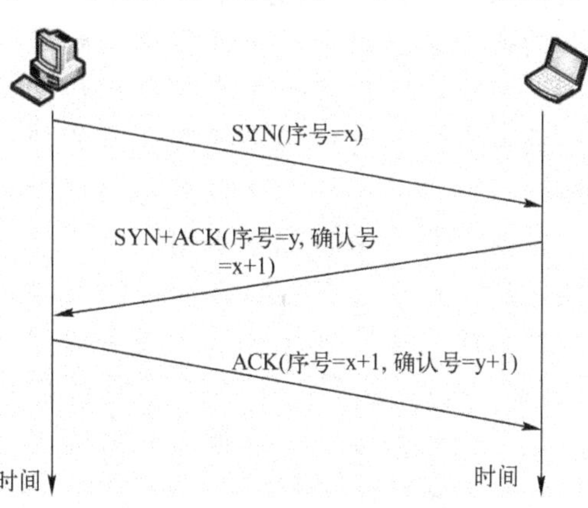

图 6-1　TCP 协议的连接建立过程

源节点执行 CONNECT 原语，同时指定需要连接的 IP 地址和端口、最大 TCP 分段长度以及可选的用户数据（比如用户密码）等，CONNECT 原语发送一个序号为 x 并且确认号为 0 的 SYN 数据报文，然后等待应答。目的节点接收到该 SYN 报文时，查看本节点上是否有进程在指定的端口上进行监听，如果没有的话，那么向源节点返回拒绝连接请求的消息。如果某个进程正在监听该端口，那么就由该进程接收此 TCP 数据段，然后向源节点回送序号为 y 并且确认号为 x + 1 的确认 SYN ACK

报文。源节点接收到该报文之后，发送一个序号为 x+1 并且确认号为 y+1 的 ACK 报文进行确认，从而建立 TCP 连接。

TCP 连接建立之后，采用滑动窗口机制传输数据，如图 6-2 所示。该图中窗口的大小是 9，源节点如果收到对前两个字节的确认，则将滑动窗口向右滑动 2 个字节，循环执行该步骤就可以完成数据的传输。在该阶段，如果出现数据包的丢失，那么发送窗口缩小为原来的一半，同时将超时重传的时间间隔扩大一倍，从而保障数据传输的可靠性和流量的可控性。

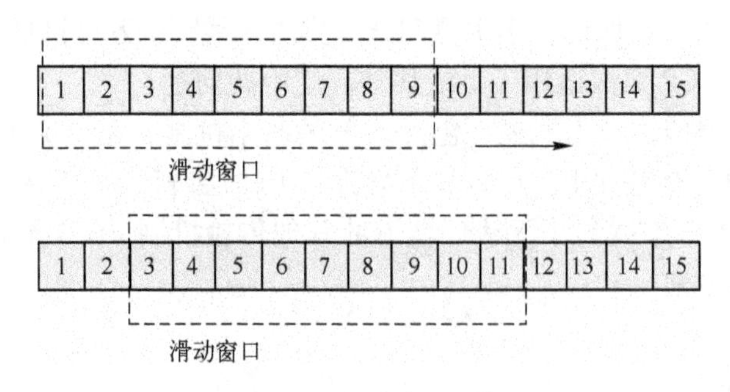

图 6-2 滑动窗口机制

源节点和目的节点都可以发送 FIN 数据段请求释放连接，当 FIN 数据段被确认时，来自 FIN 数据段发送端的数据传送停止；当两个方向上的数据传送都停止时，连接得以释放，如图 6-3 所示。为了释放一个连接，通常需要 4 个 TCP 数据段：每个方向上的一个 FIN 和一个 ACK。但是当第一个 ACK 和第二个 FIN 包含在同一个数据段中时，数据段的数量可以降为 3 个。

当计算机网络的负载超过网络的处理能力时发生拥塞，从而导致计算机网络传输数据的丢失，因此学术界设计了 TCP 拥塞控制机制[4]。发送节点需要维护两个窗口：反映接收方准许接收数据量的流控窗口和反映网络拥塞程度的拥塞窗口。发送节点一次可以传送的最大字节数量是两个窗口的最小值。在建立连接之后，发送节点将拥塞窗口的大小初始化为该连接上当前使用的最大数据段长度，然后发送具有该长度的数据段。如果该数据段在一定时间内得以确认，那么拥塞窗口变成两倍的最大数据段长度，循环执行上述过程，直到发生超时或者达到接收方准许的窗口长度，这就是慢启动算法，如图 6-4 所示。另外，为了使得拥塞窗口的长度线性增长，拥塞控制机制进一步使用阈值参数。当超时发生时，阈值被设置为当前拥塞窗口的一半。也就是说，将拥塞窗口减少一半，然后从这个点开始慢慢增长。

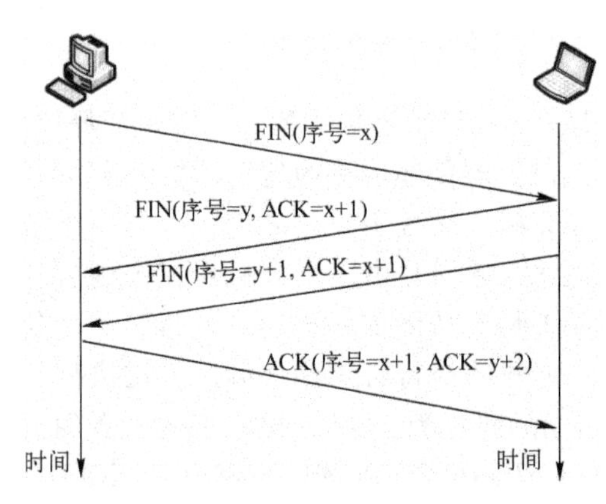

图 6-3 TCP 协议的连接释放过程

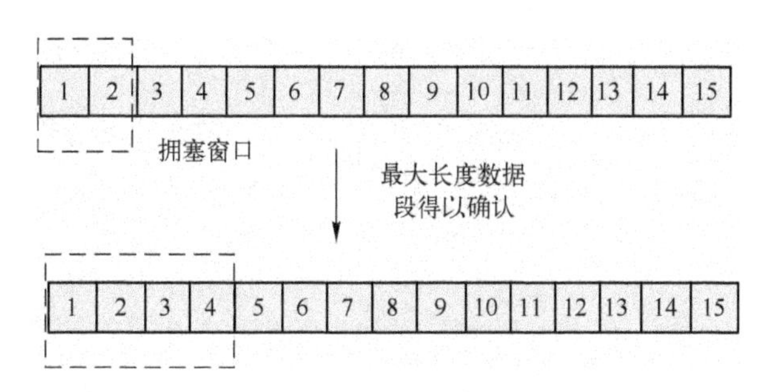

图6-4　慢启动算法

6.1.2　无线TCP面临的挑战

由于无线环境所具有的节点移动性、拓扑结构动态性以及能量有限性，尤其是由于无线链路具有高度不可靠性，传统的TCP传输机制在无线移动互联网上无法直接应用。无线TCP传输机制面临着严峻的挑战，存在很多问题需要深入研究。

（1）数据包的随机丢失

移动互联网由于信道之间的干扰、节点的移动、多径衰落等原因，误码率较高。实验证明，有线网络的误码率为10^{-6}到10^{-9}，而无线移动互联网的误码率则高达10^{-1}到10^{-2}，差异非常大[5]。在移动互联网中采用传统TCP传输机制会将数据包丢失的原因判断为网络拥塞，并启动相应的拥塞控制机制，从而导致发送节点的拥塞窗口保持一个很小的数值，仅仅发送少量的数据，使移动互联网吞吐量下降，而此时正确的做法应当是增大吞吐量以加快重传。

（2）时延较大

由于移动互联网带宽较低、信道接入的不对称性和不公平性等原因，无线移动互联网的时延较大并且改变频繁，进而可能引发数据包重传，导致网络性能急剧下降。

（3）能量有限

当移动节点的电池耗尽时，该移动节点在没有任何警告的情况下中断链路。在该链路中断期间的数据传送导致大量数据包丢失，传统TCP传输机制会将该数据包丢失的原因判断为网络的拥塞，从而导致移动互联网性能的下降。

因此，由于传统的TCP传输机制缺乏有效的错误检测机制，也就是说，传统的TCP传输机制只能检测出数据包丢失的发生，而不能检测出数据包丢失的原因，并且没有有效的错误恢复机制。互联网的误码率较低，将数据包的丢失作为拥塞的结果处理。但是，对于移动互联网而言，存在许多与拥塞无关的数据包丢失的原因，需要根据不同的原因做出不同的处理，因此上述情况成为无线TCP面临的重要挑战。

6.1.3　单跳无线TCP传输机制

单跳无线网络如图6-5所示，是有线网络的固定节点（Fixed Host，FH）与无线节点（Wireless Host，WH）之间的网络，二者之间通常通过基站（Based Station，BS）或者访问点（Access Point，AP）加以连接。单跳无线TCP传输机制是一个传统的问题，其所面临的主要挑战包括数据包的随机丢失、频繁切换等。

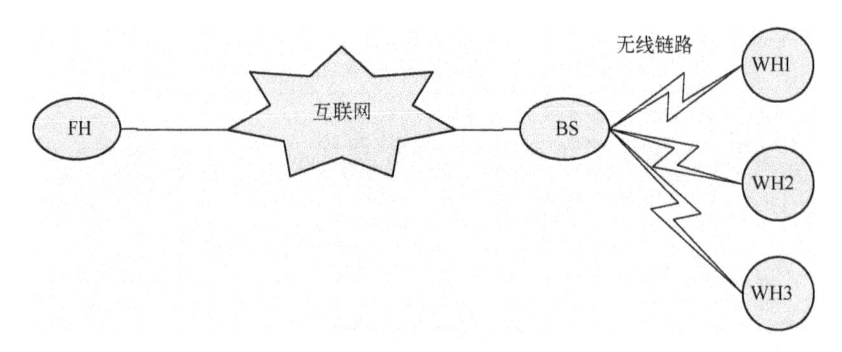

图 6-5 单跳无线网络

根据单跳无线 TCP 传输机制所解决的问题，可以将其分为丢包恢复和连接管理，前者主要用于解决数据包随机丢失和延迟的恢复问题，采用的方法包括链路层丢包恢复机制和丢包原因的通知机制；后者主要用于解决切换和链路中断等问题，采用的方法包括分离链路机制和端到端连接机制，如图 6-6 所示[6]。

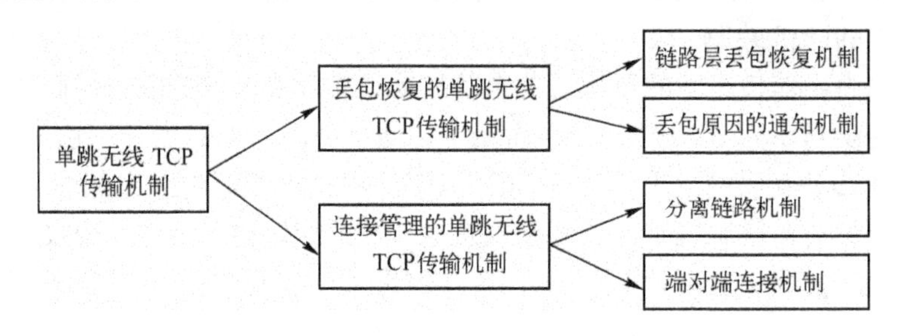

图 6-6 单跳无线 TCP 传输机制

1. 链路层丢包恢复机制

链路层丢包恢复机制的主要思路是在数据链路层上通过数据包重传机制或者错误纠正机制屏蔽无线链路所造成的影响。该机制的优点是，不需要改动移动节点的传输层工作机制，独立于高层协议实现数据传输的可靠性保证。该机制的缺点是链路层的计算负担较高。

传统的链路层丢包恢复机制是前向纠错机制（Forward Error Correction，FEC）和自动重传请求机制（Automatic Repeat Request，ARQ）[7]。在前向纠错机制中，源节点给所发送的消息增加冗余比特，接收节点可以使用该冗余比特进行错误的纠正，以恢复受到损毁的数据包。该机制不会与 TCP 协议本身的数据包重传机制相冲突，但是需要额外的存储空间，并且由于需要发送冗余比特所以信道利用率不高，适用于如 VoIP 等时延敏感的无线移动互联网业务。

在自动重传请求机制中，源节点给所发送的消息增加的冗余比特仅仅用于校验，当校验不成功时请求重传该数据包。可见，该机制冗余比特较少，但是自动重传请求机制可能会与 TCP 协议本身的数据包重传机制相冲突，并且增大了数据传输的时延，适用于时延不敏感并且丢包不频繁的无线移动互联网。为了解决前向纠错机制存在的冗余问题和自动重传请求机制存在的重传冲突问题，学术界提出了混合自动重传请求机制，在使用自动重传机制的同时，利用前向纠错机制降低分组丢失所造成的重传的概率。

Ayanoglu 等学者提出了链路层的非对称性移动访问机制（Asymmetric Reliable Mobile Access In Link-layer，AIRMAIL)[8]，该机制采用上述混合自动重传请求机制。另外，接收节点根据无线链路的情况，向源节点发送建议采用的纠错级别，如比特级纠错、字节级纠错或者数据包级纠错，从而实现数据的稳定传送。该机制同时考虑到源节点和目的节点数据处理能力的差异和数据链路的不对称性，自适应地由数据处理能力较强的节点承担较多的计算负担。该机制的时间代价较高，并且节点需要维护较多的缓冲区。

为了减小移动节点所需要维护的缓冲区，Balakrishnan 等学者提出了监听 TCP 机制(Snoop TCP)[9][10]。该机制在基站上增加监听代理（Snooping Agent），监控从基站发给移动主机的 TCP 数据段以及从移动主机返回的确认，并且将该消息缓存起来。如果监听代理发现发给移动主机的 TCP 数据段，在一段时间内产生相应的确认消息，那么该监听代理重新发送该数据段，如图 6-7 所示。

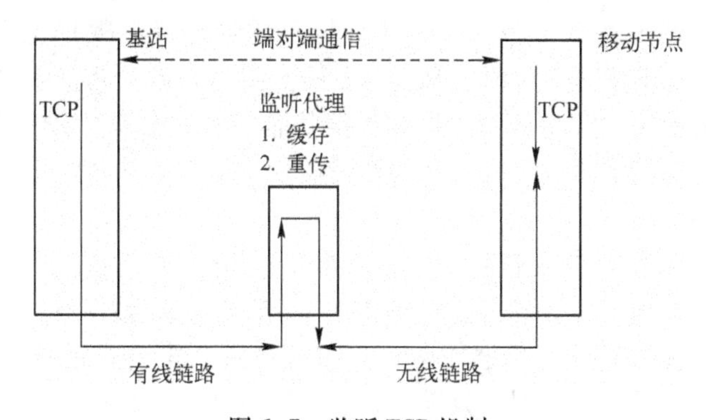

图 6-7　监听 TCP 机制

为了降低基站的负担，Parsa 等学者提出了传输层无感知的链路增强协议（Transport Unaware Link Improvement Protocol，TULIP)[11]，其思路与监听 TCP 机制相同，但是移动主机直接将数据包缓存并且按序传递给下一跳。为了进一步优化链路连接中断时的应对机制，减小链路连接中断对于数据传输的影响，Seok 等学者在监听 TCP 机制的基础上进一步优化[12]，提出当基站与移动节点之间的链路连接中断时，基站向源节点发送零窗口通知，源节点收到零窗口控制之后冻结计时器并暂停数据包的发送，从而避免源节点进入慢启动过程使 TCP 拥塞窗口减半。

在监听 TCP 机制及上述优化机制中，链路层的丢包恢复机制对于网络层、传输层以及应用层而言是透明的，但是当无线链路的丢包率很高时，源节点可能在等待确认时发生超时并且调用拥塞控制算法。

为了提高监听 TCP 机制在丢包率较高时的性能，Vangala 等学者提出基于 TCP 选择确认机制的监听协议[13]。接收节点有选择地告知哪些数据段没有收到，发送节点精确地重传这些遗漏的数据组，而不是重传拥塞窗口中的所有数据包，从而减少不必要的重传带来的负担，在分组损坏率较高时能够大幅度提高性能。为了进一步提高监听和重传的准确度，Sun 等学者提出了基于新的选择确认机制的监听协议 SNACK - NS（New Snoop)[14]。该协议将监听 TCP 机制的监听代理分为两个组件：SNACK 代理和 SNACK - TCP，前者部署在基站上，后者部署在移动节点上，从而能够获得无线链路上数据包丢失的精确信息，提高丢包恢复的性能。

综上所述，链路层丢包恢复机制主要通过无线链路本地重传丢失的数据包，实现独立于上层协议的链路层丢包恢复，并降低无线链路的高误码率造成的影响；但是在长时间链路断开的情况下，该机制无法防止发送节点启动拥塞控制算法。典型的链路层丢包恢复机制是监听TCP机制，而基于TCP选择确认机制的监听协议和基于新的选择确认机制的监听协议则进一步提高了监听TCP机制的性能。

2. 丢包原因通知机制

丢包原因通知机制的主要思路是接收节点根据中间节点发送的数据包丢失的相关信息，精确地判断数据包丢失的原因并且通知发送节点，通过区分拥塞造成的数据包丢失和无线链路断开造成的数据包丢失，从而使发送节点能够采取正确的应对措施，防止丢包后不加区分地立即启动拥塞控制算法。该机制要求移动节点能够获得数据包丢失的相关信息。

Bakshi等学者提出精确的显式错误状态报告机制（Explicit Bad State Notification，EBSN）[15]，以区分拥塞造成的数据包丢失和无线链路质量造成的数据包丢失。在该机制下，基站发现无线链路的通信质量不好时，马上向发送点发送消息，调整数据包大小并更新超时时间，避免不必要的超时。实验表明，显式错误状态报告机制对无线局域网有50%的性能提升。该机制要求基站能够探测无线链路的通信质量，加重了基站的负担。

3. 分离链路机制

分离链路机制的基本思路是把有线链路和无线链路分离，将源节点与目的节点之间的TCP连接分为如图6-8所示的两个单独的连接：源节点与基站之间的连接，以及基站与移动主机之间的连接。基站只是简单地在两个方向上为两个连接复制分组。两个路径都应用TCP协议，但流量、错误控制机制、数据包大小以及消息的失效时间可以完全不同。这种方案的优点是把有线网络和无线网络的流量和拥塞控制分开，使得基站能处理更多的工作，减少了移动主机的负担。缺点是在一定程度上违反了TCP端到端传输语义。

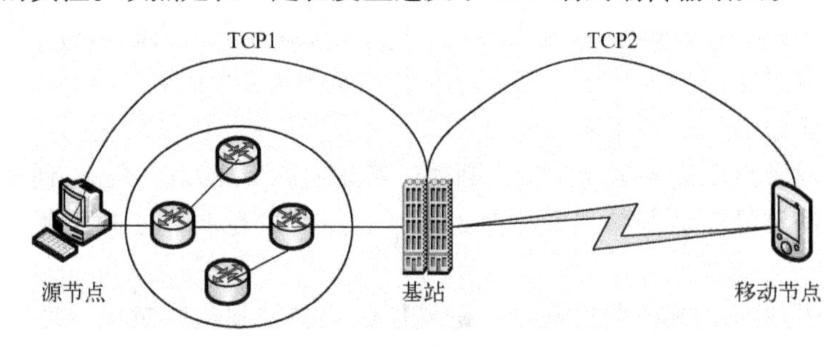

图6-8　分离链路机制

基站和管理节点需要缓冲发送给移动节点的数据包，因此，在无线链路的吞吐量较低并且移动节点较多时，基站和管理节点很容易用尽缓冲区空间。移动节点传输协议需要通知发送节点可用的缓冲区空间，并且移动节点传输协议和间接的TCP机制都违背了TCP语义，没有维护端到端的特性，而移动TCP机制则保持了端到端的特性。在频繁断路并且具有较低切换延迟的情况下，移动TCP机制具有较好的应用前景。

Bakre和Badrinath提出的间接TCP机制（Indirect-TCP，I-TCP）是最早采用分离链路思想的无线TCP传输机制[16]。源节点和移动节点之间的连接被分离成为两部分：源节点和支持移动的路由节点（Mobility Support Router，MSR）之间的连接，MSR和移动节点之间的连接。发往移动节点的数据包首先被MSR接收，MSR向源节点发送确认消息，然后将该数据包转发到移动节点。该机制的缺点在于，不能维护 TCP 的端到端语义，并且降低了整体网络的性能。

为了提高网络性能，Brown 等提出移动 TCP 机制 M - TCP[17]。TCP 连接在管理节点 SH (Supervisory Host) 处被分离，固定主机 FH 用传统的 TCP 协议发送数据到管理节点 SH，而管理节点 SH 用 M - TCP 协议发送数据到移动主机，如图 6-9 所示。M - TCP 协议规定，只有当收到来自移动主机的确认时，才发送确认到固定主机，从而该机制维持了端到端的特性。该机制的缺点在于，移动节点和管理节点的计算负担较重。

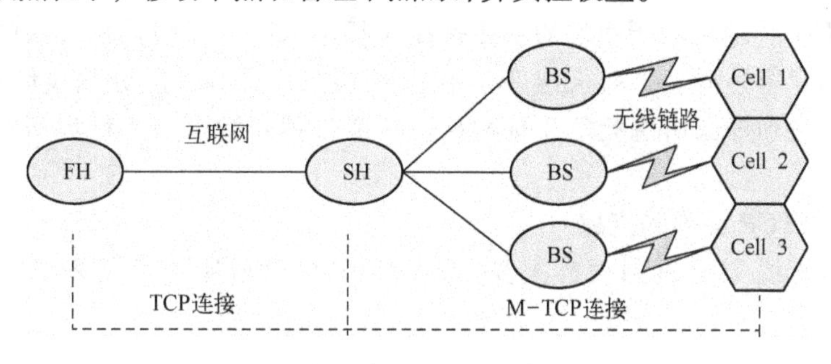

图 6-9 M - TCP 机制

为了降低移动节点的计算负担，Wang 等学者提出移动节点传输协议 (Mobile - End Transport Protocol，METP)[18]。该协议在固定主机 FH 和基站之间使用传统的 TCP 协议，而在无线链路上采用较传统网络更为简单的协议，该协议使用更小的头部，并且只处理无线链路是最后一跳的情况。

4. 端到端连接机制

端到端连接机制的主要思路是通过修改实际协议，使得无需中间节点就能够实现连接管理。该机制要求源节点和目的节点采用特定机制处理由于拥塞和高误码率导致的丢包，并需要判断该高误码率是不是由于节点的移动所造成的。该机制维持了 TCP 的端到端语义，与原有协议的兼容性比较好，并且该机制可以应用于不同的网络环境，但是需要对源节点和目的节点的 TCP 算法进行修改。

Goff 等学者提出 Freeze - TCP 机制以解决频繁断路和切换所出现的连接问题[19]。由于移动节点可能检测到无线信号的强度，并且能够预测可能的切换，有些情况下甚至能够预测到暂时的链路中断，因此可以由移动节点负责连接信号的挂起。当移动节点发现连接可能丢失时，可以提前把发送端的发送窗口设置为零，同时保持拥塞窗口不变。该机制不需要在基站上做任何修改，也不需要在发送节点或者中间节点上做任何修改，修改仅仅局限于移动节点，因此和已有体系结构的兼容性也很好。但是，该机制要求移动节点能够预测断路，否则其性能会大大降低，所以该机制的准确度不高，适用范围有限。

为了提高移动节点判断链路中断的准确性，Fu 等学者提出 TCP - Veno 机制[20]。移动节点监测网络拥塞的级别，根据检测到的网络拥塞级别来调整慢启动算法的阈值，并判断丢包的原因是拥塞还是链路错误。TCP - Veno 机制有效地提高了无线移动互联网的网络利用率，但是在断路和切换频繁时性能较差。

为了提高断路和切换频繁时的性能，Wu 等学者提出基于抖动的 TCP 机制 JTCP (Jitter based TCP)[21]。该机制使用抖动率区分拥塞和断路，抖动率是一定时间间隔内由于抖动产生的丢包数量。JTCP 通过连续的应答消息到达时间的差异计算抖动率，然后区分因拥塞造成的丢包和其他原因引起的丢包。

综上所述，端到端连接机制对现有协议做出的改变较小，保留了 TCP 的端到端语义，不依赖于中间节点，具有良好的应用前景。但是，该机制需要对一些节点的 TCP 算法进行修改，如何减少上述修改值得深入研究。

6.1.4 多跳无线 TCP 传输机制

多跳无线 TCP 传输机制所面临的主要挑战包括难以区分无线传输失败的原因、频繁路由失败、信道的竞争性等。多跳无线 TCP 传输机制可以分为，区分无线传输损失与拥塞、降低路由失败损失和降低信道竞争 3 种类型。本节分别介绍以上 3 种类型的多跳无线 TCP 传输机制。

1. 多跳无线 TCP 面临的挑战

相对于单跳无线 TCP 机制而言，多跳无线 TCP 传输机制由于其多跳特性面临着新的挑战。

（1）无线传输错误

无线传输会有比有线信道更高的误码率，该特性对多跳 TCP 造成严重的影响。其最直接的后果就是造成了无线传输信道的可靠性比有线信道低，不够可靠的底层传输信道会产生意外的丢包。但是从有线链接发展起来的 TCP 协议将所有的丢包现象都认为是由拥塞引起的。这样，在无线环境下的 TCP 协议会经常不必要地激发拥塞控制机制，造成流量降低和链路利用不足，大大降低网络性能[22]。不仅如此，由于多跳无线网络的多跳特性，各跳的传输错误造成的影响会被累积。

（2）路由失败以及网络分割

无线移动互联网的节点具有移动性。当两个相邻节点之间产生相对移动导致一个移出另一个的传输范围时链接断开，造成路由失败。与传输错误相同，由于节点的移动性产生的丢包，TCP 也不能将其和因拥塞产生的丢包区分开来[23]。一般情况下，发现一条新的路径所需要的时间比 TCP 发送节点的重传超时长很多。如果在超时前没能发现新路径，TCP 发送节点将会开启拥塞控制机制。这就造成已经被减少的 TCP 传输量会进一步被缩减。

更糟糕的是，由于节点的移动，网络可能被分割成非连通图[24]。而当发送节点和接收节点可能处于不同子图时，TCP 会开启指数下降（Exponential Backoff）机制，即每当发生重传超时，就将下一次传输的重传超时翻倍。这种情况下，即使发送节点和接收节点之间的链路得以恢复，倍数增长的重传超时也会使链路处于非活动状态长达 1 ~ 2 min。

（3）传输媒介竞争与不公平性

在无线移动互联网中，传输节点可能要依靠物理层的载波检测（Carrier Sensing）机制来检测哪条信道空闲[25]，例如在 IEEE802. 11 DCF 中即是如此。这一探测机制存在着隐藏终端和暴露终端问题。但是在无线多跳网络中，隐藏终端和暴露终端问题在某节点的整个传输范围内都存在。传输范围是指对于某一个正在传输数据的节点，一个被发出的数据包可以被成功接收的范围。

图 6-10 是隐藏终端问题示意图。节点 A 和 C 都有一帧数据要传给节点 B。A 不能探测到 C 因为 A 在 C 的传输范围外。这样可以说 C（或 A）对于 A（或 C）来说是隐藏的。因

为 A 和 C 的传输范围并不互斥，这样在 B 处就产生了包冲突[26]。这些冲突会使得 A 和 C 对于 B 的传输产生问题。

由上面的分析可以看出，在无线多跳网络中，竞争不再是对于链路的竞争，而是传输范围的竞争。

图 6-11 是暴露终端问题示意图。暴露终端是指当发送节点的传输范围内有其他两个节点的传输时，发送节点的传输可能会被延误。假设 A 和 C 都在 B 的传输范围内，A 在 C 的传输范围之外。假设当 C 有帧要发给 D 时，B 正在和 A 产生传输。由于载波探测机制，C 因为 B 的传输而探测到信道忙，这样 C 对 D 的传输将会被阻止。但实际上 C 对 D 的传输是完全可以的，并不会影响 A、B 间的通信。这一问题会大大降低信道的利用率。

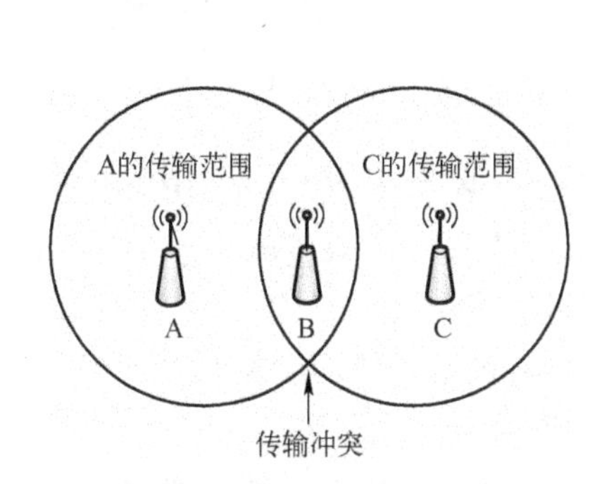

图 6-10　隐藏终端问题

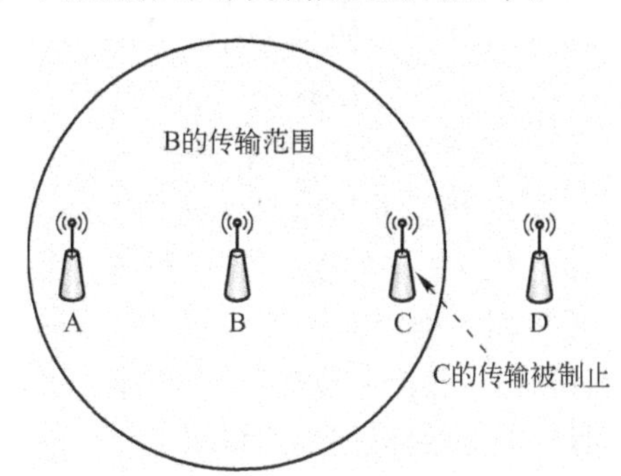

图 6-11　暴露终端问题

所以，无线多跳网络中的竞争也不再仅仅是对单条线路、某个节点的竞争，而是产生在一个范围内，如果这个范围内有多个节点，那么它们都将受到影响。

同时，TCP 的指数下降机制总是对最后成功的传输者有利，于是就会产生媒介利用的不公平。后来的传输者可能长时间处于等待然后重试的状态中，一直无法与它邻近的节点通信。但是几次重试之后如果通信仍不成功，该节点将会进入新路径发现进程，在一条新的传输路径被发现之前将会一个包也发不出去。并且这种不公平会随着传输路径的增多而被放大。

上面从成因的角度分析了无线网络中 TCP 协议面临的种种问题，下面按照上述问题进行分类，分别介绍无线环境中对 TCP 协议的改进措施。

2. 区分无线传输损失与拥塞

无线网络与有线网络最大的区别在于，丢包的原因不仅仅在于拥塞，还有可能因为无线传输错误或者路径的暂时断开。于是，如何区别对待无线传输损失造成的丢包与由于拥塞而产生的丢包成为最直接的一类 TCP 改进方法。

(1) TCP—反馈

Chandran 等提出的 TCP—反馈机制（TCP-Feedback，TCP-F）[27]是最开始用于处理无线移动互联网中的拥塞控制问题的方法之一。该机制禁用 TCP 拥塞控制机制以防网络引起的非拥塞相关的丢包以及路由失败导致的超时事件。在路由失败发生时，中间节点通过路由失败通知（RFN）通知 TCP 数据包的发送节点；在发现新路由时，中间节点通过路由重新建立通知（Route Re-establishment Notification，RRN）来通知 TCP 数据包的发送节点。

图 6-12 是 TCP—反馈机制的发送节点 TCP 状态机的扩展部分。在这一机制中，发送节

点在建立连接状态时还可以到达一个新增的打盹（Snooze）状态。TCP—反馈机制依靠传输经过的中间节点的网络层来发现当前的路径是否可用。当中间节点探测到线路上的一个连接失败时，中间节点产生一个RFN信息，向上传递给发送节点。发送节点收到一个RFN信息时，则进入“打盹”状态。在这个状态中，发送节点停止传输，停止所有计时器计时，冻结TCP状态，例如拥塞窗口、重传超时等。如果一个之前产生过或者转发过一个RFN的节点又得知一个可以到达目标节点的新路径，它产生一个RRN信息并且将它传送到发送节点。当发送节点收到了一个RRN时，它的TCP会话存有之前冻结状态的值，恢复到链接建立状态继续传输。为避免一个TCP - F会话因RRN信息丢失而不确定地保持在打盹（Snooze）状态，需添加一个额外的计时器。即当一个节点长时间处于打盹状态时，计时器超时，离开打盹状态，进入正常TCP流程。

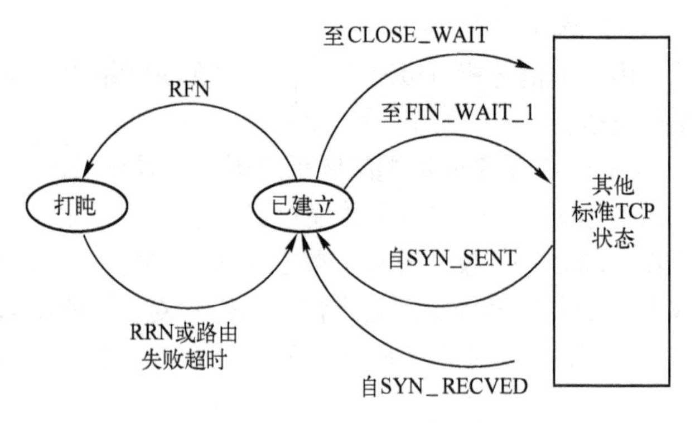

图6-12　发送方TCP状态机

（2）明确链路故障通知ELFN

明确链路故障通知（Explicit Link Failure Notification，ELFN）[28]使用来自底层的反馈，准确地通知TCP处于连接中还是路由失败。万一出现链路失败，发送节点进入待命模式(Standby Mode)，该模式相当于TCP-F的打盹状态。但是，与TCP-F提议不同的是，ELFN没有用到在链路重新建立时的通知机制。TCP - ELFN发送节点在待命模式下定期发送探查包（Probing Packet）。探查包并不是特殊控制包，而仅仅是发送队列中的第一个数据包。一旦探查包被目的节点承认收到，发送节点立即离开待命模式。

对于路由失败通知，ELFN也没有引入特殊控制包。要么将通知信息捎带在路由协议发送的路由失败信息中（例如实际应用中的DSR），要么用一个ICMP主机向该目的发送不可达信息。ELFN受到了广泛的关注，学术界和产业界做出了许多改进。

1）TCP—再计算TCP-RC。

TCP—再计算（TCP-ReComputation，TCP-RC）[29]特别关注在路径重建后路由属性变化的问题。作为ELFN机制的扩展，TCP-RC建议基于新路由的属性来重新计算TCP拥塞窗口大小（Congestion Window Size，CWND）和慢启动阈值参数（Slow Start Threshold，SS-THRESH）。在TCP-RC中，用路径属性、路径长度和往返时间来确定新的CWND和SS-THRESH，二者与它们之间的数值有关。通过ns - 2模拟比较发现，TCP-RC比普通TCP在性能上有一定的提升，但是由于实验中没有考虑ELFN机制本身带来的性能提高，实验结果并不精确。

2）跨层信息知晓。

ELFN存在这样一个问题：在状态冻结之前仍然有一定数量的数据包和ACK丢失了。这样在状态被恢复时就会产生负作用：丢包或者ACK会造成超时或者多次确认。

跨层信息知晓（Cross - layer Information Awareness）[30]是通过广泛应用来自DSR路由协议缓存的路由信息实现对ELFN的改进。它引入了两种机制：早期包丢失通知（Early Packet

Loss Notification，EPLN）和最大努力 ACK 递交（Best – Effort ACK Delivery，BEAD）。EPLN 给 TCP 发送各节点无法被补救的丢包的序列号。发送节点就可以禁用重传计时器，通路一建好便重传各自的信息包。BEAD 在中间节点产生 ACK 丢失通知，并将它们送到 TCP 接收节点。这样避免了 ACK 的永久丢失。转发这一丢失通知的节点，如果可能的话，将会给 TCP 发送节点发送带有最大受影响包的序列号的 ACK。否则，当一条新路径可用时，TCP 接收节点会重发带有最大序列号的 ACK。

3）ELFN 类措施的共同缺陷。

Monks 等指出，尽管 ELFN 确实改善了 TCP 的性能，但是也会有性能退化的情形出现。在有许多活动的连接存在的场合下这一点尤为突出。原因是类似 ELFN 的机制会把 TCP 行为变得更具侵略性[31]，在网络上会有更多数目的数据包。因此，MAC 层的争夺通常会变得更加激烈。这就会导致更多的冲突，更高的 MAC 层丢包率最终导致错误的连接断开探测；于是发出错误的路由失败通知，启动不必要的路径发现程序。这一普遍存在的现象在实际的移动无线移动互联网中应该充分考虑。

（3）移动自组织网络 TCP

移动自组织网络 TCP（Ad Hoc TCP）[32] 的主要思想是在网络层和传输层间增加名为 ATCP 的中间层，以确保在高传输错误时甚至路由失败时采取正确的行为。这里 TCP 发送节点可以进入坚持、拥塞控制或者重传的状态，分别对应着产生路径断开，真正拥塞控制和高传输错误比率 3 个事件的发生。发送节点通过应用明确拥塞通知信息 ECN 和 ICMP 的目标不可达信息来得知该进入哪一个状态。图 6-13 是 ATCP 发送节点的状态机示意图。

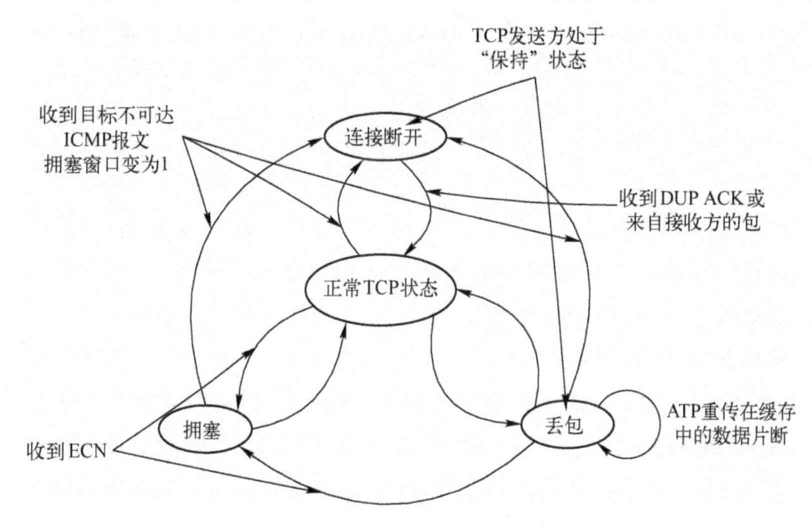

图 6-13 ATCP 发送方的状态机

发送节点在收到目的不可达信息时，进入“保持”状态。TCP 在发送节点被冻结，而且在新的路径被发现之前将不会有新的包被发出，因此不会引发拥塞控制。当收到 ECN 时，拥塞控制直接引发无需等待超时事件。如果产生丢包而且 ECN 并未被标志，ATCP 就假设这次丢包只是简单的传输错误，并简单地重传丢失的包。

该机制尽量保持与标准 TCP 的兼容性。ATCP 被实施在传输层以下的一个额外的层次上，将与 TCP 的交互缩减到最少。

(4) 带有缓冲能力和序列信息的TCP

在带有缓冲能力和序列信息的TCP（TCP with Buffering Capability and Sequence information，TCP-BuS）中[33]，仍然采用网络层准确通知机制并进一步优化。

在TCP-BuS中，一旦发生路由失败，中间节点就对信息包进行缓存而不是加以丢弃，目的是为了不重新发送所有这些信息包。为了避免出现被缓存了的包在线路重新建好后成功发送，但是在信息源处已经超时的现象，这些包的超时时间被加倍。因为重传超时时间翻倍，从源节点到断开节点间的包在这一加倍的超时耗尽之前不会被重传，但是这其中可能存在丢包，因此引入选择性重传请求机制，即目的节点可以请求选择性重发丢失包。由于无需等待超时，被缓存包会比因为丢失而被重传的包更快地到达目的节点，这样，目的节点可能提出重复的确认信息。为此，TCP-BuS不发送这些快速重传包的请求，重复得到了避免。

同时，TCP-BuS使用明确通知机制：应用两种控制信息通知源路径失败与路径重新建立。这两种信息叫作明确路由断开通知（Explicit Route Disconnection Notification，ERDN）和明确路由成功通知（Explicit Route Successful Notification，ERSN）。为了发现一条重新建立的路径，明确通知和探测包，即TCP-F和ELFN发现新路径的方法，都被TCP-BuS应用。

(5) 增强的中间层通信和控制机制ENIC

增强的中间层通信和控制机制（Enhanced Inter-layer Communication and Control，ENIC）[34]将与ELFN类似的路由失败处理和TCP SACK以及DACK机制结合在一起。与TCP-BuS比较而言，ENIC对于中间节点的协助要求更少。与TCP-F不同，在ELFN中一旦发生了路由失败或者一条路径恢复都不会单独发送的特别通知信息，而是重新使用路由协议的通知。ELFN不在中间节点缓存信息包，当路径断开时，队列中待发送的包将被丢弃。在ENIC中，不仅是发送节点，接收节点同样会被通知路由失败。和发送节点一样，接收节点冻结自己的状态，典型的例子就是DACK机制。当路径断开时，确认包无论如何也无法到达源节点。

在ENIC中，当路径改变后，发送节点会启发式地计算新的重传超时时间。这一计算基于新旧路径的跳数。这种计算在之前的改进措施中都不进行，因此可以说ENIC是第一个考虑路径重建后路由性质的潜在变化的方案。

(6) 固定重传超时Fixed RTO

固定重传超时Fixed RTO是一种基于发送节点的无需依赖网络反馈的技术[35]，使用启发式的算法来区分路由失败与拥塞。当发送节点连续两次遇到重传超时事件时，同时在第二次重传超时前，没有收到前面已经丢掉包的ACK，发送节点即可认为这是发生了路由失败事件。这时重发带有确认包，但是并不将重传超时加倍。可以将不断重发最后一个未确认包这一机制理解成是固定间隔的发送探测包，来探测路径是否重新建立。这是与标准TCP中的指数下降机制相左的。RTO将会被固定，直到路径重新建立，即收到重传包的ACK。

Dyer等人对Fixed RTO的性能做了评估。他们的报告指出，应用Fixed RTO可以带来很显著的性能提升。然而，这一协议只能限定在无线网络中使用，不能与有线网络通信，这就给它的广泛应用带来了很大的限制。同时，仍然需要证明在拥塞现象发生时两个连续的重传超时是路由失败的充要条件。

(7) 带有异常检测和回应的 TCP

由于跨层的解决方法的部署和维护过于复杂，因此 Wang 和 Zhang 提出了与前面描述过的大多数方法不同的纯端到端的机制，即带有异常检测和回应的 TCP[36]（TCP with Detection of Out - of - Order and Response，TCP DOOR）。

TCP DOOR 利用数据包和/或异常传递的 ACK 来表示路由变更，而且不用明确的反馈。接收节点可以通知发送节点异常数据包，发送节点发现抵达的 ACK 异常。有两种机制可以作为异常事件的回应。当异常包被收到时，发送节点可以暂时禁用 TCP 拥塞控制机制以保持它的状态变量为常数。此外，它可能回滚到之前的某个状态。因此拥塞控制机制可能已经造成的影响被抵消。最后的这一机制被称作立即恢复（Instant Recovery)。期望的效果与冻结类似，在被错误改变的 TCP 参数被回复以后，像没有发生路由变化一样继续节点间的连接。

仿真实验发现无论从发送节点还是从接收节点来探测异常事件都完全足够。两种探测的结合并不会带来显著的、更好的结果。最佳性能通过结合暂时禁用拥塞控制和立即恢复这两种机制获得。该机制主要在混合 Ad Hoc 和有线网络情景中适用，因为在这些场合中采用基于反馈的方法格外困难。当采用反馈方法可能时，仍然建议采用反馈的手段。

3. 降低路由失败的损失

当无线移动互联网经常发生的路由失败情况时，仅仅防止错误的激发拥塞控制机制显得不足，从而学术界提出尽量减少甚至消除路由失败对传输性能带来的影响。

(1) 先占路由

Goff 等学者提出了路由失败的早期发现方案[37]。先占路由（Preemptive Routing）的思想是在路由失败真正发生之前预见到路由的失败，并且尽早初始化新的路径发现。这么做的初衷是为了避免或者至少减少断开连接的时间。尤其对于 TCP 而言，由于断开时间对于它的性能有很大的副作用，因此这会大大改进 TCP 的性能。

当收到一个信息包时，路径上的每一个节点检查收到包的信号强度。如果它在一个给定的阈值之下，则发送给源节点一个警告。为了减轻比如小范围衰退造成的短期影响，作者提出利用指数平均算法或者利用在路径上发送小的 ping 包的方法来确认。仿真实验结果说明采用先占路由 TCP 性能会极大地提高。

(2) 基于信号强度的链路管理

另外一个预测路由失败的方法是 Klemm 等学者提出的基于信号强度的链路管理（Signal Strength-based Link Management)[38]。IEEE 802.11 MAC 在出现拥塞时不能准确地判断链路断开。两个节点移出传播范围和出现拥塞的区域导致无法成功发送 RTS，这两种情况不能很快地被分辨出来。

为了解决上述问题，每一个节点保存与它相隔一跳的邻居的信号强度的历史记录，使路由协议得以预先推测出发生了断路事件。如果一个正在使用中的连接即将断开，节点通知路由协议，提早开始新路径的搜索。除了基于信号强度的链路管理之外，该方案的新颖之处还在于它的反作用链路管理机制（Reactive Link Management Mechanism)，即暂时增大发送功率以便重新建立一条刚刚断开的链路。一旦出现拥塞阻止数据的发送，在包被丢弃之前的 RTS/CTS 重试数目会增加。这样，传输路径上的其他节点收到了增加的 RTS/CTS 就可以知道这时产生了拥塞而不是链路断开。

（3）后备路径路由

后备路径路由（Backup Path Routing）[39]的目标是利用多路径的路由来提高 TCP 链接的可用性。由于在无线网络中平均往返时间测量准确性低以及包传递的无序性，同时因为数据包的分组发送以及到达后的处理乱序等问题会带来更大的开销，传统的多路径路由（Multipath Routing）会使得 TCP 性能降低。Lim H 等人提出了多路径路由的变种方案，即后备路径路由。后备路径路由协议为源到目的的连接维护多条线路，但是每次只使用其中的一条。当正在使用中的路径断开时，协议能够很快地切换到另一条。通过仿真发现，为每一个目的节点维护一条优先路径和一条替代路径能够得到最好的 TCP 性能。

（4）Atra 框架

Atra 框架（Atra Framework）是 Anantharaman 等学者提出的针对 DSR 路由协议的解决方案[40]，主要目标是将路由失败损失降到最小，主要机制是预测机制以及一旦出现路由失败时给源节点加以快速通知的通知机制。用来达到这一目标的机制叫作对称路由销（Symmetric Route Pinning）、路由失败预测（Route Failure Prediction）和前摄路由错误（Proactive Route Errors）。

对称路由销强迫 TCP 确认包使用与它们相应的数据包相同的路径。通常，在 DSR 中可以用不同的路径。作者认为，用不同的路径有增加路由失败的可能，即使在多条路径条件下，任何一条路径失效会导致整体路径失败。因此，使用多条路径导致总体路由失败的概率是它采用的各条路径失败概率的叠加，大于它采用的任何一条路径失败的概率。

在 Atra 中的路由失败预测机制与先占路由方案相似：路径上的每一个节点估计收到信号的强度趋势。一旦预测到路由失败，采用第三个机制，前摄路由错误通知所有连接着的源目前正在用断开的链路。这与标准的 ELFN 机制是不同的，ELFN 中只有不能把信息包传递给 MAC 层的源节点才会被通知，这意味着共用这一断开链路的链接需要分别发现自己出现的问题。

4. 降低信道竞争与增强公平性

TCP 的公平问题是互联网 TCP 传输机制的研究重点之一，而无线 TCP 又增加了隐藏终端和暴露终端问题，所以该问题值得深入研究。

（1）基于竞争的路径选择协议 COPAS

基于竞争的路径选择协议（The Contention-based Path Selection Proposal，COPAS）[41]致力于解决无线链路中由于竞争而产生的 TCP 性能下降问题。该协议将前向和反向路由分离，也就是为 TCP 数据和 TCP ACK 消息选择不同的路径；其次是动态竞争平衡，主要由动态更新不相邻路由组成。当某一路径的竞争超过了某一阈值时，该阈值叫作下降阈值（Backoff Threshold）一条新的低竞争的路径会被选择来代替高竞争的路径。在该协议中，无线路径中竞争的程度采用一定时间间隔内，某一节点开启指数下降策略的次数来度量。同样的，每当一条链路断开时，除了初始化路径重建过程之外，COPAS 重新指定 TCP 用第二条备选路径。

通过比较 COPAS 和 DSR 可以发现，COPAS 在 TCP 传输量和路由开销方面比 DSR 做得好。TCP 传输量的增强达到 90% 之多。但是用户也提出 COPAS 更适用于网络环境相对稳定的条件下。当节点移动非常迅速时，使用不相邻前向和反向路由会增大路由失败的概率。

（2）链路随机提早探测 Link RED

链路随机提早探测（Link Random Early Detection，Link RED）[42]的目标是通过在链路层监测重传的平均次数来降低无线信道中的竞争。当重传平均次数比给定的阈值大时，根据 RED 算法计算丢弃/标记的概率[43]。因为该算法在包上做标记，所以链路 RED 可以和 ECN 耦合使用来通知 TCP 发送节点拥塞水平。不过，与单纯的通知不同的是，Link RED 使用 MAC 层的计时器，对其采取指数下降机制，增加超时时间。

（3）邻居随机提早探测 Neighborhood RED

因为无线网络中的拥塞并不是发生在某一个单个节点上，而是在邻近的多个节点组成的一个区域内，所以单一节点上的本地包队列并不能充分地反应网络拥塞状态。因此，Xu 等学者定义了一个新的分布式的队列，叫作邻居队列[44]。在某一节点处，邻居队列应包括所有能够影响该节点传输的包。但如果不引入相当大的通信开销这一信息是很难得到的。在实际应用中，Xu 等学者引入了一个简化的邻居队列。它将某一节点的本地队列和它的一条邻居的传入/传出队列聚合在一起。这样，RED 算法就可以基于邻居队列的平均长度进行计算。该算法使用分布式的算法来计算平均队列大小。在这个算法中，时间被分成离散的时隙。在每一个时隙中，测量信道的闲置时间。应用这一测量结果，节点估计信道利用率和平均邻居队列大小。用时隙的大小来控制这一估计的准确性。

6.2　新兴传输层协议 QUIC

如今互联网面临着各种挑战，例如低延迟通信，用户数据的隐私安全，以及新的传输层技术的部署问题。QUIC（Quick UDP Internet Connections）是一个用于解决这些问题的新传输层协议。QUIC 的第一次工作组会议在 2016 年 11 月的 IETF -97 会议上召开，并受到了业界的广泛关注。这也意味着 QUIC 开始了它的标准化过程。

6.2.1　QUIC 协议概述

随着对网络安全、低延迟以及处理更多网络连接的需求不断增加，在很多情况下，上层应用会受到传输层 TCP 协议的限制。在不使用 TCP Fast Open[45]扩展的情况下，TCP 的握手过程伴随着一个 Round-Trip Time（RTT）的延迟。TCP 的丢包重传机制会影响同一连接上的数据传输速度。

为了解决这些问题，提出了新的传输层协议 QUIC。QUIC 融合了包括 TCP，TLS，HTTP/2 等协议的特性，但基于 UDP 传输。QUIC 的目标之一就是减少连接延迟，在理想的情况下可以直接发送数据（所谓的“0-RTT”机制）。QUIC 在提供多路复用功能的同时，避免了线头阻塞（Head-of-Line Blocking），并且为丢包恢复提供了更多的反馈信息。同时，QUIC 基于 UDP，运行在用户域而不是系统内核，使得 QUIC 协议可以快速地更新和部署。

如今，IETF 的 QUIC 工作组正在负责 QUIC 协议的标准化进程。IETF 社群对于 QUIC 的标准化工作表现出了很大的兴趣。一个初步的 QUIC 协议版本已经用在谷歌服务以及 Chrome 浏览器当中，并且被某些第三方开发者部署。需要注意的是 QUIC 的标准化工作完全开放，IETF 社群中的每个人都可以提出自己的建议，最终确定一个最佳方案。所以最后的标准化协议与现在使用的版本可能会存在较大的不同。

QUIC 的协议栈结构如图 6-14 所示。QUIC 使用了类似于 TCP 协议的拥塞控制和丢包恢复机制，同时提供了更多的信息反馈。此外，QUIC 融合了 TLS 1.3 的握手机制，要求所有连接必须加密。强制性加密所有连接的目的，一是为了保护数据的安全隐私，二是为了防止中间盒（Middle Box）设备对数据包信息进行更改，以免妨碍 QUIC 协议在未来的升级。此外，QUIC 还使用了 HTTP/2 的多路复用功能，但避免了 TCP 带来的线头阻塞问题，因为 TCP 需要同一连接上不同流的数据都按序传输。

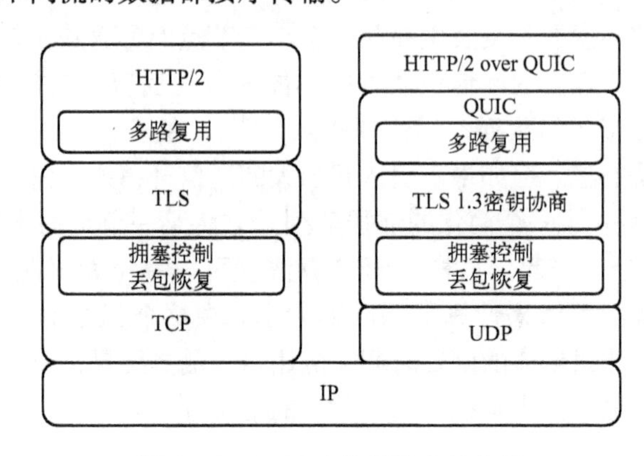

图 6-14　QUIC 在协议栈中的位置

6.2.2　建立连接

如今很多服务都需要安全及可靠的网络连接，而 TCP + TLS 经常被用于实现这个目的。TCP + TLS 1.2 需要至少两个 RTT 才能建立一个安全可靠的连接，会造成一定的延迟开销。QUIC 改进了连接建立的过程，将 TLS 1.3 的握手与传输层握手结合，在绝大多数情况下使用零 RTT 建立一个安全可靠的连接。当客户端与同一个服务器再次通信时，载荷数据可以在第一个数据包中直接发送。

（1）第一次连接建立

在成功进行版本协商的情况下，客户端与服务器第一次建立连接时只需要一个 RTT。如图 6-15a 所示，QUIC 的第一次连接建立过程比 TCP + TLS 1.2 少了两个 RTT 的时延，比 TCP + TLS 1.3 少了一个 RTT 的时延。QUIC 将传输握手与 TLS 握手相结合，在握手数据包中携带了 TLS 的秘钥和证书协商信息以及 QUIC 的相关初始化参数。

当 QUIC 客户端第一次和服务器建立连接的时候，客户端发送一个 Client Hello 消息给服务器，以进行秘钥协商和请求 QUIC 传输参数，消息中包含了一些基本的 QUIC 选项和参数，包括连接标识符（Connection Identifier）、建议的协议版本（Version Number）等。客户端根据自己建议的 QUIC 协议版本对握手数据包进行封装。如果服务器不支持客户端建议的协议版本，它会触发客户端进行额外的版本协商过程。否则，服务器回复 Server Hello 消息、证书和可以让客户端下次与服务器建立连接时使用的配置信息。这个握手过程需要一个 RTT 的时间完成。

客户端与服务器第一次建立连接时协商的配置参数以及客户端的 IP 地址包含在一个加密的"source - address token"中，并存储于客户端。当客户端再次与同一服务器建立连接时可以通过它认证客户端的身份。客户端同时会把与服务器第一次建立连接时协商的 TLS 参数以及服务器的 Diffie-Hellman 秘钥值包含在“server config”中，当客户端再次与同一服务器建立连接时可以通过它计算出客户端和服务器的共享秘钥。这些信息是 QUIC 实现 0-RTT 连接建立的基础。

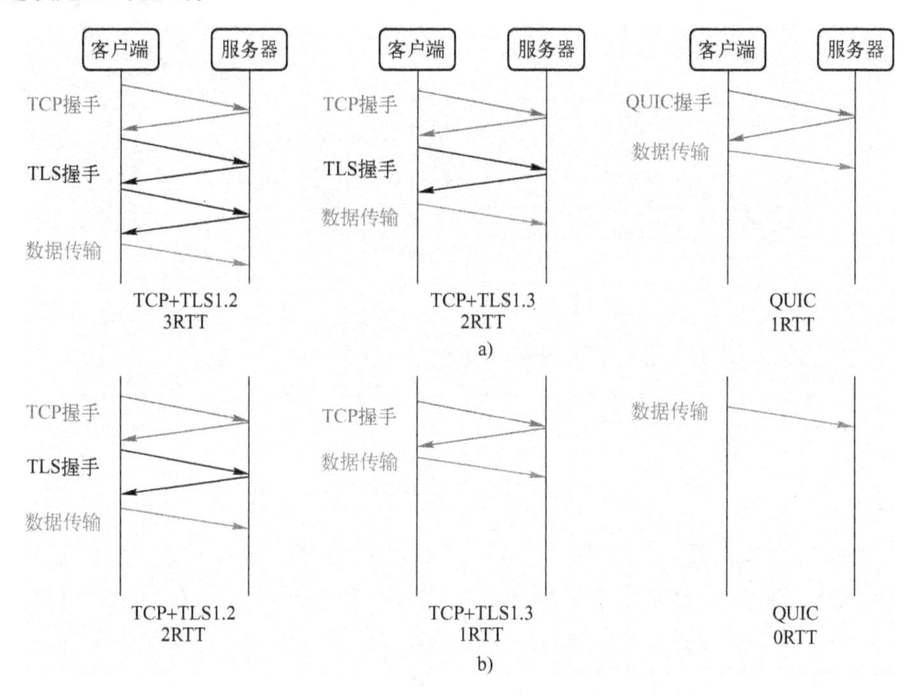

图6-15 补充协议的握手延迟
a）第一次建立连接 b）再次建立连接

（2）0-RTT 连接建立

在实际网络场景中，很多连接都是在之前通信过的客户端与服务器之间建立的。如果服务器可以识别出之前通信过的客户端，将可以减少连接建立延迟。QUIC 利用缓存信息避免了传输握手和秘钥协商的过程，让客户端可以直接发送加密消息给与其通信过的服务器，如图 6-15b 所示。这样同一个客户端与服务器建立连接时避免了传统 TCP＋TLS 协议的握手延迟，这也是 QUIC 降低连接延迟的主要因素。

要恢复一个加密的连接，客户端将第一次与该服务器建立连接时缓存的 source-address token 和 sever-config 发送给服务器，同时直接发送加密的请求消息。服务器通过 source-address token 中包含的信息认证客户端的身份，并通过 server-config 中包含的 Diffie-Hellman 秘钥值计算出它们的共享秘钥。服务器可以利用共享秘钥解密客户端发送的请求消息，并立刻发送加密的回复消息给客户端。这使得 QUIC 在大多数情况下能实现 0-RTT 建立安全可靠的连接。

6.2.3 多路复用

多路复用是一种可以让多个数据流在一个传输连接上发送的技术。浏览器通常会在访问一个网站时打开多个 TCP 连接，因为 HTTP/1.1 只能一次请求一个资源，如图 6-16a 所示，客户端与服务器之前会经常建立多个很短的TCP连接传输数据。这不仅会造成额外的延迟，也会造成管理多个连接的额外开销。

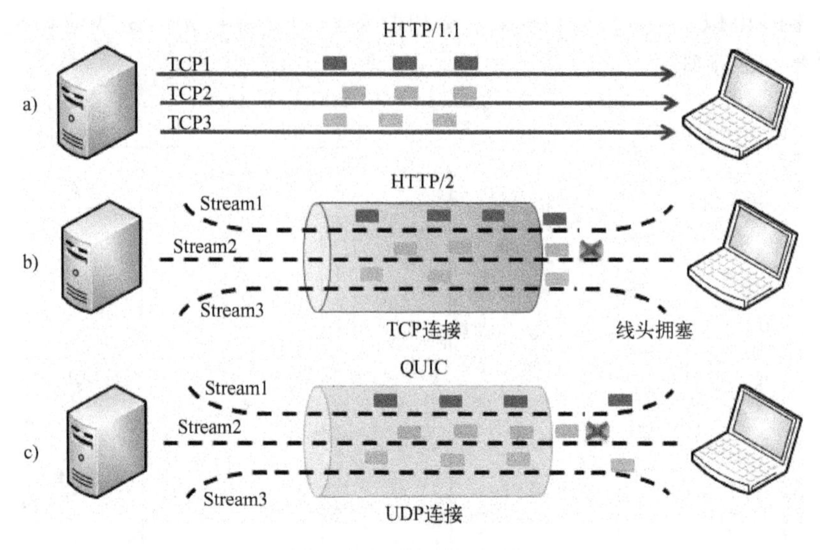

图6-16 多路复用对比

HTTP/2将多个数据流在一个TCP连接上进行多路复用，每个流是一个资源的请求—响应交互，避免了建立多个TCP连接的问题。虽然每个流的有效载荷数据是独立的，但是同一个TCP连接上的数据需要按序传输给上层应用，当一个流的数据发生丢失时，其他流的数据都需要等待，从而造成线头阻塞，如图6-16b所示。

QUIC支持多个HTTP数据流在一个连接上的多路复用，但不需要在一个连接上按序传输数据。QUIC保证了每个流的数据都是按序传输的，但一个流发生的数据丢失不会对同一连接上的其他流造成影响，避免了线头阻塞问题，如图6-16c所示。

QUIC采用了类似于HTTP/2 over TCP的两层流控机制。基于连接的流控，让接收端可以根据实际网络情况调整为自身连接上所有数据流分配的聚合缓冲区大小。基于数据流的流控，让接收端可以调整每个流上接收数据的大小，避免一个流占据所有的缓冲区资源，从而影响其他流的传输。

6.2.4 拥塞控制和丢包恢复机制

QUIC提供了一个可嵌套的拥塞控制接口，让QUIC可以对不同的拥塞控制算法进行试验和部署。IETF的QUIC工作组目前计划将NewReno[46]和CUBIC[47]作为QUIC的默认拥塞控制机制。这样做是为了避免新拥塞控制协议所造成的复杂性，同时对已有TCP协议更加公平。Cubic是一个广泛使用的TCP拥塞控制机制，并且是IETF的TCPM工作组正在标准化的一项重要工作。

相对于TCP，QUIC为拥塞控制提供了一个不一样的环境。首选，它融合了很多已有TCP丢包恢复机制的研究成果，包括F-RTO[48]和Early Retransmit[49]。此外，QUIC提供了更详细的反馈信息用于丢包检测。例如，QUIC利用单调递增的数据报文编号，让QUIC协议可以区分重传的数据和最初发送的数据，避免了TCP的重传二义性问题，QUIC

的这个特性与 TCP RACK[50] 的思想类似。此外，数据报文被接收到的时刻与 ACK 发送的时刻之间的延迟会被记录在 QUIC 的 ACK 消息中。这个信息可以用来更准确地计算传输路径的 RTT 值。QUIC 同时继承了 TCP 的选择性确认机制（Selective Acknowledgments）[51] 机制，并支持高达 255 个 ACK 范围，远高于传统的 TCP 选择确认机制，这使 QUIC 有着更强的丢包恢复能力。

6.2.5 挑战及未来方向

QUIC 第一次工作组会议的初步工作组文稿在会后被广泛接受。目前 QUIC 的主要文稿聚焦于 QUIC 传输协议本身的设计[52]、拥塞控制和丢包恢复机制[53]、利用 TLS 1.3 进行秘钥协商[54]，QUIC 与应用层协议 HTTP/2 之间的映射[55]。QUIC 的工作组章程计划在当前任务完成的基础上，下一步将多径（Multipath）和选择性的前向纠错编码（Forward-error Correction）加入到 QUIC 当中。此外，QUIC 工作组也集中讨论如何制定一个关于 QUIC 的管理和适用性文档，平行于实际的 QUIC 协议。除此之外，QUIC 还提供了一些其他的潜在研究方向。

（1）特殊网络场景下的拥塞控制

传输协议的拥塞控制机制需要适应不同的场景及不同的网络特性。拥塞控制研究的挑战之一就是无线网络场景。传统的 TCP 拥塞控制机制将丢包认作网络拥塞的发生。对于无线网络而言，丢包很多情况是由于传输错误，尤其是对于移动用户的场景。QUIC 提供的更加细粒度的信息可以用于区分其他的丢包场景和网络拥塞场景，从而可以在非拥塞相关的高丢包场景下大幅提高性能。

具有短流低延迟特性的数据中心[56]，对用户认知延迟要求极高的虚拟现实应用等其他特定的网络场景都可以从 QUIC 协议提供的更准确的反馈信息和低延迟连接中受益。此外，利用 QUIC 的用户域特性可以针对不同网络场景定制不同的 QUIC 协议版本。QUIC 协议提供了一个平台，让人们可以快速地实验和部署新的功能，并对协议进行扩展。

（2）前向纠错

丢包会导致拥塞控制窗口的减少从而降低吞吐量，不管丢包是不是由网络拥塞造成的。然而，即使网络拥塞发生了并且发送频率合理地降低了，丢包仍然会因为基于重复确认或重传超时的缓慢恢复机制而造成额外的延迟。前向纠错编码技术（Forward Error Correction）将冗余信息和数据报文一块发送，从而可以恢复丢失的数据报文信息，避免了重传所造成的时延。

前向纠错的代价之一是编码与解码所造成的额外的时间开销，这有悖于 QUIC 的低延迟设计原理。此外，冗余信息的量级会影响前向纠错的数据恢复能力，所以冗余信息的恢复能力需要与其造成的带宽消耗进行权衡。前向纠错可以用于在高丢包场景下提高性能，例如无线网络场景，但是它同时也会造成更高的能量消耗，对于功率受限的移动终端而言这是一个关键的问题。虽然前向纠错技术在链路层已经广泛部署了，但是如何将其应用于像 QUIC 和 TCP[57] 这样的传输层协议仍然有待研究。

（3）基于应用的优化

现在 IETF 的 QUIC 工作组正在集中制定如何将 HTTP/2 映射到 QUIC 上，作为 QUIC 与应用层协议结合的第一步。但 QUIC 在未来肯定会承载更多的应用。QUIC 的未来版本会结合前向纠错技术，并且可以应用于实时通信、流媒体等容许丢失却延迟敏感的服务。QUIC的性能可以基于上层应用的需求进行优化，这需要提供一个接口，让上层应用可以配置，例如内容类型和丢包容许程度等。

(4) 优先级

网站内容通常会隐含网页对象之间的依赖关系，在一定程度上会影响性能[58]。例如，一个 JavaScript 文件可能用于触发另一个网页对象的加载，需要提前运行。鉴于 QUIC 可以提供多个独立数据流用于访问网页对象，QUIC 可以针对依赖关系定制不同数据流的优先级。然而，设置优先级的制定需要考虑众多因素，包括动态的对象加载时间和实时的网络状态，这是一个未来潜在的研究方向。

(5) 安全与隐私

QUIC 通过集成 TLS 的安全机制，强制性加密所有的连接，提供了安全的数据传输。然而，如同 TLS 1.3 协议，QUIC 的 0-RTT 恢复机制同样会造成新的安全威胁。一个典型的安全问题是重放攻击或篡改之前连接握手的数据报文。此外，这类攻击会强制客户端与服务器进行完整的握手过程，消耗计算资源和存储空间，这会成为潜在的拒绝服务攻击途径[59]。这个方向值得进一步分析和研究。

QUIC 未加密的信息例如连接标识符（Connection Identifier）可能会造成潜在的检测攻击（Pervasive Monitoring Attack）威胁。然而，为了支持防火墙、负载平衡器、NAT 穿透等常用技术，并实现经济上可行的网络管理，有些信息是必要的。为了在保护隐私的同时实现 IP 地址迁移等功能，有些人提倡 QUIC 针对每个连接使用新的标识以防止可关联性[60]。这个争论是 QUIC 工作组正在进行的一个讨论话题，在多路径功能加入 QUIC 后这会成为一个更为关键的问题。

6.3 其他传输机制

很多无线环境的特点使得 TCP 端到端的拥塞控制机制效率低下[45]。因此，一些学者并不试图通过对协议的局部调整使得 TCP 的性能变好，而是提出新的可靠的无线传输协议[46]。这些方案性能较高，但是牺牲了 TCP 兼容性，甚至有些方案只能在没有任何其他传输层协议的环境下使用。然而，因为多跳无线网络通常都是一个相对小且封闭的环境，有些应用环境下，上述限制可以得到满足。

6.3.1 基于速率的显式流控制

基于速率的显式流控制（Explicit Rate-based Flow Control，EXACT）[47,48]是最具代表性的非 TCP 解决方案。EXACT 属于显式流控制协议，依据速率调节传输流量。它依靠网络组件（比如路由器）来测量网络拥塞状态并且用显式控制信息通知传输终端。

每一个分组的 IP 包头里装有准确的拥塞信息，并且可以被中间路由器修改，用以表示允许的数据传输速率。每一个中间节点对每一个经过它们的流都有专门的变量记录它们的状态。所有的节点决定当前与邻居的带宽，并且为每一个流计算公平的本地带宽。中间节点在所有传输中的包内插入准确的速率信息，来传递到达接收节点流向上的瓶颈处的最小带宽。每个节点检查它能够提供给这个流的速率是否比当前包头中指定的速率低。如果低，则在转发包之前，将包头中的速率替换成这一较低的值。这样瓶颈速率被报告给终点。包到达终点后，这一瓶颈速率会被复制并反馈给数据传输起点的确认包中，进而通知起点。

这一可以被修改的 IP 包头称为流控制包头，它有两个区域含有速率信息：准确速率 ER（Explicit Rate）和当前速率 CR（Current Rate）。ER 记录一个流被允许的最大传输速率，它在发送节点处设定，随后在经过每一个中间节点时被修改成为它当前被允许的数据传输速率。CR 也是在发送节点处被初始化为当前传输速率，并且在传输过程中被中间节点修改用来通知可能的速率减少。每一个中间节点保存当前流的 CR 来计算它们应该被分到的带宽。这一机制的作用是：一方面，有了这个机制中间路由器不会提供给一个流多余的带宽给它使用；另一方面，当发送节点被允许把它的速率提高到当前水平以上时，会收到通知。

尽管在 EXACT 中发送节点通过来自接收节点的反馈来调整发送速率，但是当反馈丢失（比如发生路由失败）时发送节点还是可能会使网络超载。于是，EXACT 在传输层部署了安全窗口机制。简言之，发送节点发送的包必须都在安全窗口内，发送节点不允许发出比安全窗口多的未被答复的包。但是，这一安全窗口与 TCP 的滑动窗口有着本质的不同，它只是对包的传输进行限制，减少当反馈丢失时发送节点可能带来的无谓流量，它并没有类似 TCP 的重传机制。

EXACT 可以有可靠（TCP - EXACT）和不可靠（UDP - EXACT）两种使用形式。它没有重传计时器，取而代之的是一个具有严格的单调增序列号的 SACK 设计：当一个未被接收者回复的分组序列号距离最大的已答复分组的序列号过远时，它将被重传。

该协议会导致额外的复杂度以及在传输的中间节点上的额外开销，比如存储流状态信息、速率分配计算以及对分组进行标记。当某一节点上有非常多的高速流通过时，这一开销是非常可观的。因此，EXACT 的适用范围有一定限制，它不适用于大范围的广域网，仅适用于小范围的无线移动互联网。

6.3.2　移动自组织网络传输协议

移动自组织网络传输协议（Ad Hoc Transport Protocol，ATP）[49]是一个性质与 EXACT 类似的协议。该协议也不使用重传超时，而使用具有严格标准的拥塞控制机制以区分拥塞与断路，只需要来自接收节点的很有限的反馈。与 EXACT 不同的是，ATP 的中间节点不需要任何特定流的状态变量。所有节点计算通过它们的所有包的延迟的指数平均数。这一延迟由一个包在节点本地队列中的等待时间和它们在传输前的等待时间两部分组成。延迟值与包所在的流无关。

与 EXACT 中的速率信息相似，如果当前延迟值比包头中的延迟大，它将由转发的数据包向前捎带。这样，包的路径上的最大延迟就被传递给了接收节点。接收节点综合这一信息然后将它反馈给发送节点。基于这一信息发送节点可以调整它的速率。为了在一个新的连接建立初期找到一个好的速率，发送节点发送一个探测包沿着中间节点路径收集网络当前的状态信息。

同时，ATP 具有一个可选的确认机制设计。它并不是为每一个数据包提供反馈包，而是选择周期性地发送反馈包，来表明链路可靠。每一个反馈包，代表着一大块数据包的传输成功，因此需要的反馈包数目相对较少。

6.3.3 无线显式拥塞控制协议

无线显式拥塞控制协议（Wireless Explicit Congestion Control Protocol，WXCP）不是一个完全的重新设计，而是有线网络 XCP 传输协议的优化[50]。尽管 XCP 与 TCP 在一些基本概念上存在共同点，XCP 仍然与标准 TCP 不兼容。该协议使用明确的反馈和多重拥塞标记[51]。为避免对最高可用带宽的探测，它在中间节点中计算这些反馈信息。

每个启用了 WXCP 的网络节点中使用的拥塞标记是本地可用带宽、本地队列长度和平均链路层重传次数。最后一条特别用于帮助探测一个流对它自己的干扰，即属于同一个流的包在同一冲突域中竞争传输媒介。综合反馈是这 3 个标记函数，任意标记函数的权重是其影响。拥塞控制即基于这一综合反馈来进行。

而公平控制在 WXCP 中是与拥塞控制分开处理的。拥塞控制按照上述的综合反馈的指示进行，而公平控制基于包头中包含的数据流信息。因为不同连接的流量需求不同，所以 WXCP 中的公平控制试图达到时间公平而不是流量公平。

WXCP 是基于窗口的方法，同时又整合了一些基于速率的元素。当网络较差时，发送节点可以由默认的基于窗口的控制机制转换成较慢的基于速率的控制机制，如果不切换的话，基于窗口的发送节点法可能会不允许更进一步的包发送——因为出现小的拥塞窗口、丢失 ACK 或者重复的 ACK 事件。这称作搜索状态（Discovery State），允许发送节点不断地检测当前丢包形式。

基于窗口的传输管理可能带来的问题是，当瞬间收到很多确认包时，相应的发送节点会进入一个发送爆发期，即瞬间有大量的接下来的包被允许发送。为了缓和这一问题，WXCP 基于速率想法引入了一种节拍机制，即设定一个最大允许的发送阈值，记为 B 个包。假设当下的拥塞窗口大小为 W。当 $W < B$ 时，照常按照窗口机制发送。当 $W > B$ 时，即进入节律发送阶段（Pacing Phase），取上一次测到的往返时间 RTT，则以均匀速率 W/RTT 发送。当收到被如此处理的包的确认时，节律发送阶段停止，其他包开始继续按照窗口模式发送。

6.4 本章小结

本章主要讨论了传统 TCP 传输技术、新兴传输层协议 QUIC 及其他传输机制。针对拥塞所致的丢包和非拥塞所致的丢包，在传输层采取不同的应对措施。为了使移动互联网的 TCP 性能与互联网的 TCP 性能接近，学术界和产业界提出了许多方案。单跳无线 TCP 传输机制中存在无线传输错误、路由失败等问题。相对于单跳无线 TCP 传输机制而言，多跳无线 TCP 机制面临更多的挑战，如网络分割、传输媒介竞争与不公平性等。

TCP 传输机制的公平性问题值得进一步研究[52,53]。在无线移动互联网上，TCP 的不公平性非常显著。对于具有多个数据流的无线移动互联网而言，各个竞争性的数据流上的吞吐量显著不同，尤其是较短路径的数据流和较长路径的数据流之间的吞吐量差异更大。与提高端到端吞吐量相比，公平性更加值得关注。由于相对于有线链路的带宽而言，无线链路的带宽有限，所以每个数据流公平地分享带宽非常重要。

与互联网的兼容性也是需要进一步研究的问题。为了与有线互联网连接从而实现普适计算，移动互联网的 TCP 传输机制应当与互联网完全兼容。就这一点而言，非 TCP 传输机制具有很大的局限性，仅仅在特定应用环境中才能使用。兼容性具体体现在以下两个方面：保持 TCP 的端到端语义；当有线互联网和无线移动互联网连接时 TCP 性能的提高。另外一个重要领域是，无线 TCP 技术性能的测试指标和测试机制，目前缺乏统一的标准。

QUIC 是一个新兴的传输层协议，结合了现有众多协议的研究成果，部署于用户域，方便了协议快速的升级与部署，为传输协议的研究提供了新的可能性。还有其他非 TCP 传输技术，例如基于速度的显式流控制、移动自组织网络传输协议和无线显式拥塞控制协议。这些方案性能较高，但是牺牲了 TCP 兼容性。

本章重点讨论了移动互联网传输机制。多数无线 TCP 技术旨在提高吞吐量，有些无线 TCP 技术则进一步考虑能量的节省和与现有结构的兼容。不改变 TCP 的端到端语义的、节省能量的无线 TCP 技术是该领域的研究方向。

习题

1. TCP/IP 协议栈构成了互联网的基础，而 TCP 传输连接的建立、维护与释放机制构成了 TCP 协议的基础。请画出 TCP 传输连接的建立、维护与释放机制的示意图，并结合示意图谈一下你的理解，尤其是三次握手机制、滑动窗口机制、连接释放机制和 TCP 拥塞控制机制。最后介绍一下慢启动算法的基本思路。

2. 请阐述无线环境所具有的特点，并结合这些特点阐述在无线环境下直接使用 TCP 传输机制所面临的问题。

3. 链路层丢包恢复机制不需要改动移动节点的传输层工作机制，独立于高层协议实现数据传输的可靠性保证。请介绍链路层丢包恢复机制的基本思路以及优缺点。链路层丢包恢复机制包括前向纠错机制 FEC、自动重传请求机制 ARQ 和混合自动重传请求机制，请介绍 3 种机制的基本思路。

4. 链路层的非对称性移动访问机制 AIRMAIL 是一种典型的混合自动重传请求机制，请谈一下该机制的基本思路。基于 TCP 选择确认机制的监听协议能够减少不必要的重传带来的负担，请谈一下该协议的基本思路。

5. 监听 TCP 机制在基站上增加监听代理，借助该监听代理实现无线 TCP 传输的优化。请结合图 6-7 谈一下该机制的基本思路。为了降低基站的负担，降低链路连接中断对于数据传输的影响，提出了一些监听 TCP 机制的优化机制，请介绍一下这些优化机制。

6. 丢包原因通知机制要求中间节点能够获得数据包丢失的相关信息，借助一定机制防止“一旦发生数据包丢失，马上启动拥塞避免算法”所带来的负担。请介绍该机制的基本思路，并且评价该机制的优缺点。

7. 精确的故障基站通知机制 EBSN 和精确的拥塞通知机制是两种典型的丢包原因通知机制。在这两种机制中，基站或者节点需要对无线链路的通信质量和拥塞的出现进行探测。请介绍这两种机制的基本思路，并且评价两种机制的优缺点。

8. 分离链路机制把有线和无线网络的流量和拥塞控制分开，使得基站能处理更多的工作，减少了移动主机的负担，但是在一定程度上违反了 TCP 的语义。请结合图 6-8 介绍分离链路机制的基本思路。

9. 间接的 TCP 机制和移动 TCP 机制是两种典型的分离链路机制，都是将源节点与目的节点之间的TCP连接分为两个单独的连接。请介绍两种机制的基本思路，并且评价两种机制的优缺点。

10. 端到端连接机制维持了TCP的端到端语义，与原有协议的兼容性比较好，并且该机制可以应用于不同的网络环境，需要对源节点和目的节点的TCP算法进行修改。请介绍该机制的基本思路。

11. Freeze-TCP机制、TCP-Veno机制和基于抖动的TCP机制是3种典型的端到端连接机制，在这3种机制中移动节点需要承担链路中断的判断功能。请介绍3种机制的基本思路，并且评价3种机制的优缺点。

12. 由于多跳无线传输的特性，多跳无线TCP传输机制相对于单跳无线TCP传输机制面临着新的挑战。请结合多跳无线传输的特性，介绍多跳无线TCP传输机制面临的主要问题以及解决的基本思路。

13. TCP—反馈机制禁用TCP拥塞控制机制以防网络引起的非拥塞相关的丢包以及路由失败导致的超时事件，是最开始用于处理无线移动互联网中的拥塞控制问题的方法之一。请结合图6-12介绍该机制的基本思路。

14. 明确链路故障通知ELFN使用来自较低层的反馈，准确地通知TCP处于连接中还是已经路由失败，并采取相应的措施应对。ELFN受到了广泛的关注，学术界和产业界做出了许多改进。请介绍该机制的基本思路，并介绍两种该机制的改进方案。

15. 移动自组织网络TCP在网络层和传输层间增加名为ATCP的中间层，以确保在高传输错误甚至路由失败时采取正确的行为，TCP数据包的发送节点可以采用不同状态应对不同事件的发生。请结合图6-13介绍该机制的基本思路。

16. QUIC协议融合了诸多现有协议的研究成果，并在它们的基础上提供了新的功能。请列举QUIC分别融合了哪些协议的功能，并描述QUIC相对于已有协议的主要改进包括哪些。

17. TCP的公平问题是互联网TCP传输机制的研究重点之一。基于竞争的路径选择协议COPAS是一种增强公平性的机制。致力于解决无线链路中由于竞争而产生的TCP性能下降，请介绍该机制的基本思路。

18. 链路随机提早探测和邻居随机提早探测是两种典型的TCP公平机制，这两种机制通过提前的预测来降低无线信道中的竞争。请介绍链路随机提早探测和邻居随机提早探测的基本思路并加以比较。

19. 很多无线环境的特点使得TCP端到端的拥塞控制机制效率低下，所以可以提出新的可靠的无线传输协议以解决无线移动互联网的TCP性能问题。请介绍一两种典型的非TCP传输机制，并结合这些非TCP传输机制的特点，探讨非TCP传输机制的优点、缺点以及适用范围。

参考文献

[1] W Richard, SSEEVENS W R. TCP/IP Illustrated Volume 1: The Protocols[M]. Addison Wesley Longman, 1994: 303~305.

[2] Internet Engineering Task Force(IETF). RFC793: Transmission Control Protocol [S/OL].

ftp://ftp. rfc - editor. org/in - notes/rfc793. txt.

[3] Internet Engineering Task Force(IETF). RFC2581:TCP Congestion Control [S/OL]. ftp://ftp. rfc - editor. org/in - notes/rfc2581. txt.

[4] Andrew S Tanenbaum. 计算机网络[M],潘爱民,译. 北京:清华大学出版社,2004,467 ~ 470.

[5] H Balakrishnan, S Seshan, E Amir, R Katz. Improving TCP/IP Performance over Wireless Networks[C]. Proceedings of ACM MOBICOM,1995:2 - 11.

[6] Sardar B, Saha D. A Survey of TCP Enhancements for Last-hop Wireless Networks[J]. IEEE Communications Surveys & Tutorials,2006,8(3):20 ~ 34.

[7] A Chockaligam, M Zori, V Traili. Wireless TCP Performance with Link Layer FEC/ARQ[C]. 1999 IEEE International Conference on Communications 1999(ICC 99),1999,2(6 ~ 10): 1212 ~ 1216.

[8] Ender Ayanoglu, Sanjoy Paul, Thomas F LaPorta, Krishan K Sabnani, Richard D Gitlin. AIRMAIL: A Link-layer Protocol for Wireless Networks[J]. ACM Wireless Networks,1995,1 (1):47 ~ 60.

[9] H Balakrishnan, S Seshan, R H Katz. Improving Reliable Transport and Handoff Performance over Cellular Wireless Networks[J]. ACM Wireless Networks,1995,1(4):469 ~ 481.

[10] H Balakrishnan, R H Katz. Explicit Loss Notification and Wireless Web Performance[C]. IEEE GLOLECOM,1998:1 - 5.

[11] C Parsa, J Garcia Luna Aceves. TULIP: A Link-level Protocol for Improving TCP over Wireless Link[C]. IEEE WCNC,1999,3:1253 - 1257.

[12] S J Seok, S B Joo. A - TCP: A Mechanism for Improving TCP Performance in Wireless Environments[C]. IEEE Broadband Wireless Summit,2001.

[13] S Vangala, M Labrador. The TCP SACK-aware-snoop Protocol for TCP over Wireless Networks[C]. IEEE VTC,2003,4:262 ~ 283.

[14] F Sun, Vok Li, SC Liew. Design of SNACK Mechanism for Wireless TCP with New Snoop [C]. IEEE WCNC,2004,5(1):1046 ~ 1051.

[15] B S Bakshi, et al. Improving Performance of TCP over Wireless Networks[C]. IEEE ICDCS 1997:365 ~ 373.

[16] Bakre A Badrinath B R. I - TCP: Indirect TCP for Mobile Hosts[C]. Proceedings of the 15th International Conference on Distributed Computing Systems,1995:136 ~ 143.

[17] Pkevin Brown, Psuresh Singh. M - TCP: TCP for Mobile Cellular Networks[C]. ACM SIGCOMM Computer Communication Review,1997,27(5):19 ~ 43.

[18] KY Wang, S K Tripathi. Mobile - end Transport Protocol: An Alternative to TCP/IP over Wireless Links[C]. IEEE INFOCOM,1998,3:1046 ~ 1053.

[19] T Goff, et al. Freeze - TCP: A True End-to-End TCP Enhancement Mechanism for Mobile Environments[C]. IEEE INFOCOM,2000(3):1537 ~ 1545.

[20] C P Fu, S C Liew. TCP Veno: TCP enhancement for transmission over wireless access networks[J]. IEEE JSAC,2003,21(2):216 ~ 228.

[21] E H K Wu, M Z Chen. JTCP: Jitter-based TCP for Heterogeneous Wireless Networks[J]. IEEE JSAC, 2004, 22(4): 757 ~ 766.

[22] Xiang Chen, Hongqiang Zhai, Jianfeng Wang, Yuguang Fang. TCP Performance over Mobile Ad Hoc Networks[J]. Canadian Journal of Electrical and Computer Engineering 2004, 29(1): 129 – 134.

[23] Christian Lochert, Björn Scheuermann, Martin Mauve. A Survey on Congestion Control for Mobile Ad Hoc Networks[J]. Wireless Communications and Mobile Computing 2007, 7: 655 – 676.

[24] Feng Wang, Yongguang Zhang. A Survey on TCP over Mobile Ad – Hoc Networks[OL]. http://www. cs. utexas. edu/ ~ wangf/Chapter – 14 – P. pdf.

[25] Ahmad Al Hanbali, Eitan Altman, Philippe Nain. A Survey of TCP over Mobile Ad Hoc Networks[J]. IEEE Communications Surveys 2005, 7(1 – 4): 22 – 36.

[26] Al Hanbali A, Altman E, Nain P. A Survey of TCP over Mobile Ad Hoc Networks[D]. Inria, 2004.

[27] K Chandran, S Raghunathan, S Venkatesan, R Prakash. A Feedback-based Scheme for Improving TCP Performance in Ad Hoc Wireless Networks[J]. IEEE Personal Communications Magazine, 2001, 8(1): 34 ~ 39.

[28] G Holland, N Vaidya. Analysis of TCP Performance over Mobile Ad Hoc Networks[C]. In Proceedings of ACMMOBICOM 99, Seattle, Washington, 1999.

[29] Zhou J, Shi B, Zou L. Improve TCP Performance in Ad Hoc Network by TCP – RC[C]. In PIMRC'03: Proceedings of the 14th IEEE International Symposium on Personal, Indoor and MobileRadio Communications, 2003, 1: 216 ~ 220.

[30] Yu X. Improving TCP Performance over Mobile Ad Hoc Networks by Exploiting Cross-layer Information Awareness[C]. In MobiCom'04: Proceedings of the 10th Annual International Conference on Mobile Computing and Networking, New York, NY, USA, ACM Press, 2004: 231 ~ 244.

[31] Monks JP, Sinha P, Bharghavan V. Limitations of TCP-ELFN for Ad Hoc Networks[C]. In MoMuC'00: Proceedings of the 7th IEEE International Workshop on Mobile Multimedia Communications, 2000.

[32] J Liu, S Singh. ATCP: TCP for Mobile Ad Hoc Networks[J]. IEEE Journal on Selected Areas in Communications, 2001, 19(7): 1300 ~ 1315.

[33] Kim D, Toh C-K, Choi Y. TCP – Bus: Improving TCP Performance in Wireless Ad – Hoc Networks[C]. In ICC'00: Proceedings of the IEEE International Conference on Communications, 2000, 3: 1707 ~ 1713.

[34] Sun D, Man H. ENIC—An Improved Reliable Transport Scheme for Mobile Ad Hoc Networks[C]. In GLOBECOM'01: Proceedings of the IEEE Global Telecommunications Conference, 2001, 5: 2852 ~ 2856.

[35] T Dyer, R Boppana. A Comparison of TCP Performance over Three Routing Protocols for Mobile Ad Hoc Networks[C]. In Proceedings of ACM MOBIHOC, 2001: 56 ~ 66.

[36] Wang F, Zhang Y. Improving TCP Performance over Mobile Ad – Hoc Networks with Out–of –order Detection and Response[C]. In MobiHoc'02: Proceedings of the 3rd ACM International Symposium on Mobile Ad Hoc Networking & Computing, 2002: 217 ~ 225.

[37] Goff T, Abu – Ghazaleh NB, Phatak DS, Kahvecioglu R. Preemptive Routing in Ad Hoc Networks[J]. In Elsevier Journal of Parallel and Distributed Computing 2003: 63(2): 123 – 140.

[38] Klemm F, Ye Z, Krishnamurthy SV, Tripathi SK. Improving TCP Performance in Ad Hoc Networks Using Signal Strength based Link Management[C]. In Elsevier Ad Hoc Networks 2005: 3(2): 175 – 191.

[39] Lim H, Xu K, Gerla M. TCP Performance over Multipath Routing in Mobile Ad Hoc Networks[C]. In ICC'03: Proceedings of the IEEE International Conference on Communications, 2003, 2: 1064 ~ 1068.

[40] Anantharaman V, Park S – J, Sundaresan K, Sivakumar R. TCP Performance over Mobile Ad–Hoc Networks: A Quantitative Study[J]. Wireless Communications and Mobile Computing, 2004, 4(2): 203 ~ 222.

[41] C Cordeiro, S Das, D Agrawal. COPAS: Dynamic Contention – Balancing to Enhance the Performance of TCP over Multi–Hop Wireless Networks[C]. Proceedings of IC3N, 2003: 382 ~ 387.

[42] S Floyd, V Jacobson. Random Early Detection Gateways for Congestion Avoidance[J]. IEEE Transactions on Networks. 1993, 1(4): 397 ~ 413.

[43] Fu Z, Zerfos P, Luo H, Lu S, Zhang L, Gerla M. The Impact of Multihop Wireless Channel on TCP Throughput and Loss[C]. INFOCOM'03: Proceedings of the 22nd Annual Joint Conference of the IEEE Computer and Communications Societies, 2003, 3: 1744 ~ 1753.

[44] Xu K, Gerla M, Qi L, Shu Y. TCP Unfairness in Ad Hoc Wireless Networks and a Neighborhood RED Solution[J]. Wireless Networks, 2005, 11(4): 383 ~ 399.

[45] Internet Engineering Task Force (IETF). RFC7413: TCP Fast Open. [S/OL]. ftp://ftp. rfc – editor. org/in – notes/rfc7413. txt.

[46] Internet Engineering Task Force (IETF). RFC6582: The NewReno Modification to TCP's Fast Recovery Algorithm [S/OL]. ftp://ftp. rfc – editor. org/in – notes/rfc6582. txt.

[47] Internet Engineering Task Force (IETF). draft – ietf – tcpm – cubic – 02: CUBIC for Fast Long – Distance Networks [S/OL]. https://tools. ietf. org/id/draft – ietf – tcpm – cubic –02. txt.

[48] Internet Engineering Task Force (IETF). RFC4138: Forward RTO – Recovery (F – RTO): An Algorithm for Detecting Spurious Retransmission Timeouts with TCP and the Stream Control Transmission Protocol (SCTP) [S/OL]. ftp://ftp. rfc – editor. org/in – notes/rfc4138. txt.

[49] Internet Engineering Task Force (IETF). RFC5827: Early Retransmit for TCP and Stream Control Transmission Protocol (SCTP) [S/OL]. ftp://ftp. rfc – editor. org/in – notes/rfc5827. txt.

[50] Internet Engineering Task Force(IETF). draft - cheng - tcpm - rack - 00:RACK:a time - based fast loss detection algorithm for TCP [S/OL]. https://tools. ietf. org/html/draft - cheng - tcpm - rack - 00.

[51] Internet Engineering Task Force(IETF). RFC2018:TCP Selective Acknowledgment Options [S/OL]. ftp://ftp. rfc - editor. org/in - notes/rfc2018. txt.

[52] Internet Engineering Task Force(IETF). draft - hamilton - quic - transport - protocol - 01: QUIC:A UDP - Based Multiplexed and Secure Transport[S/OL]. https://www. ietf. org/archive/id/draft - hamilton - quic - transport - protocol - 01. txt.

[53] Internet Engineering Task Force(IETF). draft - iyengar - quic - loss - recovery - 01:QUIC Congestion Control And Loss Recovery[S/OL]. https://tools. ietf. org/id/draft - iyengar - quic - loss - recovery - 01. txt.

[54] Internet Engineering Task Force(IETF). draft - thomson - quic - tls - 01:Using Transport Layer Security (TLS) to Secure QUIC[S/OL]. https://tools. ietf. org/id/draft - thomson - quic - tls - 01. txt.

[55] Internet Engineering Task Force(IETF). draft - ietf - quic - http - 00:Hypertext Transfer Protocol (HTTP) over QUIC[S/OL]. https://tools. ietf. org/id/draft - ietf - quic - http - 00. txt.

[56] Alizadeh,Mohammad,et al. Data Center TCP (dctcp)[C]. In SIGCOMM'10:Proceedings of the 2010 Conference on Applications,Technologies,Architectures,and Protocols for Computer Communications,New Delhi,Delhi,India,ACM Press,2010:63 - 74.

[57] Cui,Yong,et al. End-to-end Coding for TCP[J]. IEEE Network. 2016,30(2):68 ~ 73.

[58] Wang,Xiao Sophia,et al. How Speedy is SPDY? [C]. In NSDI'14:11th USENIX Symposium on Networked Systems Design and Implementation,2014:387 ~ 399.

[59] Cr Lychev,Robert,et al. How Secure and Quick is QUIC? Provable Security and Performance Analyses[C]. In S&P'15:IEEE Symposium on Security and Privacy,2015:214 ~ 231.

[60] Petullo,W Michael,et al. MinimaLT:minimal-latency Networking Through Better Security [C]. In CCS'13:Proceedings of the 2013 ACM SIGSAC Conference on Computer & Communications Security,2013:425 ~ 438.

第7章 移动云计算

移动云计算作为移动互联网和云计算结合的产物，近年来发展迅速，催生出众多新的信息服务和应用模式，得到了学术界和工业界的广泛关注。移动云计算为解决移动终端资源受限问题提供了一种有效方式，但在用户动态移动、终端电量有限、数据中心网络性能受限的情况下，仍然面临诸多研究挑战。研究者围绕移动云计算关键技术、数据中心网络展开研究。

本章7.1节对移动云计算进行概要介绍，包括移动云计算的目标和体系架构。7.2节重要介绍移动云计算的关键技术，包括计算迁移技术、基于移动云的位置服务以及移动终端节能技术。7.3节围绕数据中心网络展开介绍，包括数据中心概述、数据中心网络架构、无线数据中心网络架构以及无线数据中心网络性能优化。7.4节分析了移动云计算的发展趋势，并展望其未来的发展方向。

7.1 移动云计算概述

近年来，随着云计算的快速发展和智能移动终端的普及，两者融合于一个新的快速增长的移动云计算领域，为移动用户提供更加丰富的应用以及更好的用户体验。移动云计算的主要目标是应用云端的计算、存储等资源优势，突破移动终端的资源限制，为移动用户提供更加丰富的应用以及更好的用户体验。其定义一般可以概括为移动终端通过无线网络，以按需、易扩展的方式从云端获得所需的基础设施、平台、软件等资源或信息服务的使用与交付模式。

作为云计算在移动互联网中的应用，移动云计算能够满足移动终端用户随时随地从云端获取资源和计算能力的需求，不受本地物理资源的限制。移动云计算的体系架构如图7-1所示。移动用户通过基站等无线网络接入方式连接到Internet上的公有云。公有云的数据中

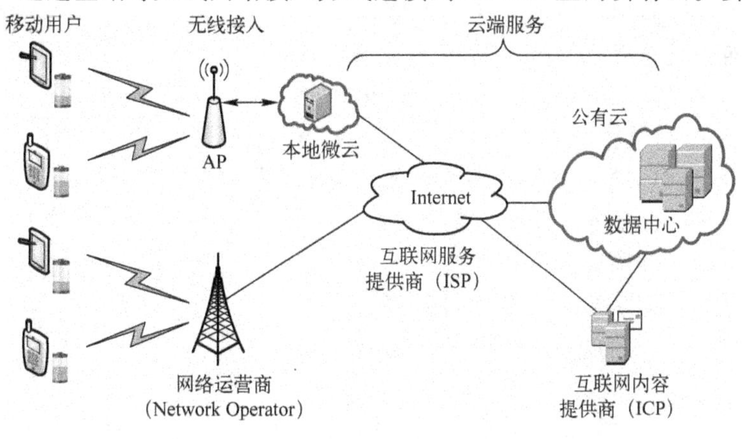

图7-1 移动云计算架构图

心分布部署在不同的地方，为用户提供可扩展的计算、存储等服务。内容提供商也可以将视频、游戏和新闻等资源部署在适当的数据中心上，为用户提供更加丰富高效的内容服务。对安全性、网络延迟和能耗等方面要求更高的用户，可以通过局域网连接本地微云，获得具备一定可扩展性的云服务。本地微云也可以通过 Internet 连接公有云，以进一步扩展其计算、存储能力，为移动用户提供更加丰富的资源。

移动云计算由云计算发展而来，天然继承了云计算的应用动态部署、资源可扩展、多用户共享以及多服务整合等优势。另外，移动云计算还具有终端资源有限性、用户移动性、接入网异构性以及无线网络的安全脆弱性等特有属性。

7.2 移动云计算关键技术

随着移动云计算的发展，移动云计算的关键技术应运而生，诸如计算迁移技术、基于移动云的位置服务、移动终端节能技术等。上述技术推动了移动云计算的发展，本节将围绕上述关键技术展开介绍，包括技术概念、技术特点及技术细节等相关内容。

7.2.1 计算迁移技术

计算迁移技术的出现最早可以追溯到 Cyber Foraging 的提出，这个概念是指通过将移动终端的计算、存储等任务迁移到附近资源丰富的服务器执行，减少移动终端计算、存储和能量等资源的需求。随着云计算的发展，计算迁移开始应用于云环境中，成为移动云计算的重要支撑技术。计算迁移的总体目标主要包括扩展 CPU 处理能力、节约移动终端能耗、减少服务延迟和节约处理成本等。

计算迁移可以概括为代理发现、环境感知、任务划分、任务调度和执行控制等步骤。然而，并不是所有计算迁移方案都包含全部步骤。其中，最为核心的执行控制主要涉及如何连接到一个可靠的远程代理，传递执行所需的信息，远程执行并返回计算结果，其具体迁移步骤如图 7-2 所示。

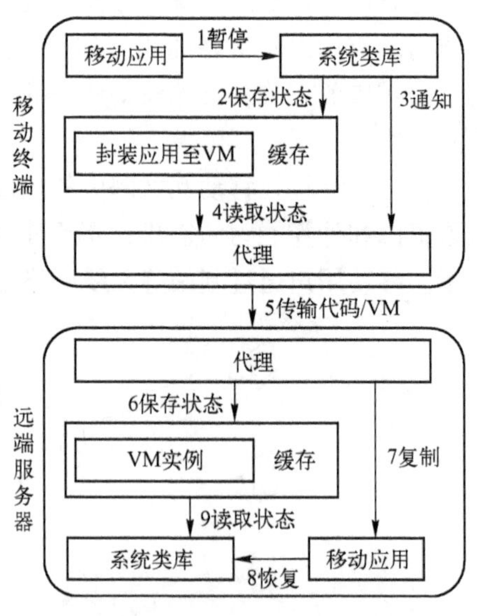

图 7-2 计算迁移步骤图

当移动应用程序需要迁移时，应用程序向操作系统类库发送暂停请求并保存当前运行时状态；系统类库向本地代理发送通知信息；本地代理读取此状态，并将代码或者虚拟机（Virtual Machine，VM）迁移至远端代理中；远端代理创建新的实例，复制应用程序运行，并将处理结果返回至移动终端。

计算迁移方案一般按照划分粒度进行分类，主要包括基于进程、功能函数的细粒度计算迁移，以及基于应用程序、VM 的粗粒度计算迁移等，如图 7-3 所示。

细粒度的计算迁移方案将应用程序中计算密集型的部分代码或函数以进程的形式迁移到云端执行。这类方案需要程序员通过标注修改代码的方式对程序进行预先划分。程序运行

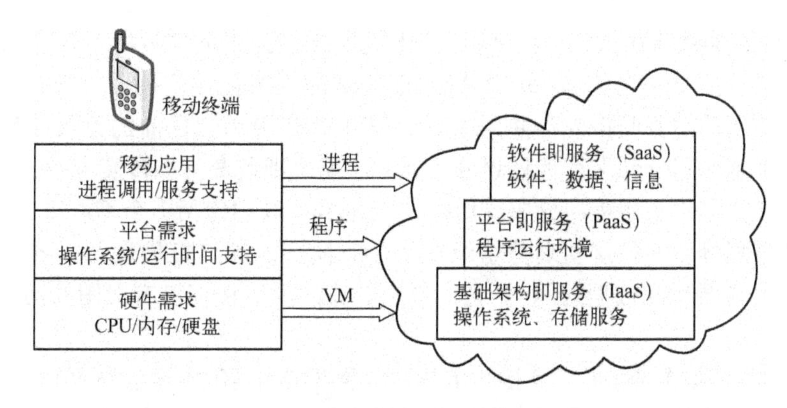

图 7-3　移动云计算中的计算迁移方案

时，依据迁移策略，只对那些能够靠远程执行且节约资源的部分进行计算迁移。粗粒度的计算迁移将全部程序甚至整个程序的运行环境以 VM 的形式迁移到代理上运行。这类迁移方式不需要预先对应用程序的代码进行标注修改，减少了程序员的负担。然而，这类方案的适用性具有一定的局限[1]，例如与用户有频繁交互的程序就无法应用此类方案。

1. 细粒度计算迁移

细粒度的计算迁移需要对程序进行预先划分标注，只迁移计算密集型代码部分，以实现尽可能少的数据传输。依据迁移策略，细粒度计算迁移一般可以分为静态划分和动态划分两类方案。在程序运行过程中，静态划分方案依据程序员的预先标注策略实施迁移；动态划分方案则可以根据系统负载、网络带宽等状态的变化，动态调整划分迁移区域，提高迁移效率和可靠性。

（1）静态划分方案

早期的计算迁移技术大多采用静态划分方案，程序员通过修改和标注，将应用程序静态地分成两个部分，一部分在移动终端执行，另一部分在远程服务器执行。在 Protium[2] 中，程序员将应用程序分成显示部分和服务部分，显示部分在移动终端运行，服务部分在存储能力和 CPU 计算资源丰富的代理服务器上运行。两部分通过应用程序定义的协议进行交流。如果程序包含复杂的交叉状态和显示管理，那么就需要改写程序，这给程序员造成了很大的负担。另外，由于程序员不可能精确掌握程序在 CPU 和内存上的能量消耗，而且网络状态（带宽，RTT）也是动态变化的，因此这种静态标注的划分方法并不能保证程序执行的能量消耗最小化。

为了确保迁移决策的有效性，Li 等人[3] 提出了基于能耗（包括通信能量和计算能量）预测的划分方法。通信能量消耗取决于传输数据的大小和网络带宽，计算能量消耗取决于程序的指令数。基于计算和通信消耗，得到最优化的程序划分方案。对于一个给定的程序，通过分析计算时间和数据传输能耗构造一个消耗图，静态地将程序分为服务器任务和用户端任务。消耗图通过基于分支定界的任务映射算法获得，以最小化计算和传输的总能量。该算法通过修剪搜索空间以获得最优的解决方案。它们的模型用到了任务开始、任务终止、数据发送和数据请求等 4 种信息。原始的程序代码中需要进行迁移调用的部分会依据这些信息修改。远程管理也需要根据这些信息进行上下文的状态迁移。

Yang 等人[4] 提出的方案综合考虑了多种资源的利用情况，包括 CPU、内存和通信代价

(例如带宽资源)，将移动终端上的一些任务无缝地迁移到附近的资源比较丰富的笔记本计算机（称为代理）上。这种用户—服务器的迁移结构主要包括监视器、迁移引擎、类方法等模块。资源监视器主要监控内存使用情况、CPU 的利用率和目前的无线带宽。迁移引擎将应用分成一个本地划分和多个远程划分。类方法模块则负责将类转换为一个可以远程执行的方法模块。该方案将应用程序分成（k+1）个划分，其中包括1个不可以迁移的划分和k个不相交可迁移划分，并将这些划分组织成一个有向图，顶点集代表 Java 类，边集代表类之间的相互作用（调用和数据访问)。它们提出的算法可以根据该有向图给出接近最优解的迁移方案。

Misco[5]实现了集群式服务，支持将数据分发到网络上多个节点并行处理应用数据，以进一步提高计算迁移的执行效率。主服务器是一个集中式监视器，负责 MapReduce 的实现。应用程序被静态地切分成映射（Map）和归约（Reduce）两个部分。映射函数将输入的数据进行处理，生成中间的键值 <key,value> 对，并将所有生成的键值对归类，组成相应数据块节点。所有数据块节点通过归约函数产生最后结果，并返回给主服务器。映射（Map）和归约（Reduce）函数在应用开发过程中通过开发者确认，为移动应用提供分布式平台。

静态划分方案大多假设通信开销和计算时间可以在处理之前通过预测、统计等方法获得。划分方案一旦确定，在任务处理过程中将保持不变。然而，由于移动终端的差异性和无线网络状态的复杂性，计算、通信等开销很难准确预知。

（2）动态划分方案

为了克服静态划分方案无法适应环境动态变化的不足，动态划分方案可以根据连接状态的变化调整迁移划分区域，及时适应环境变化，充分利用可用资源。动态迁移决策的基本原理如图7-4所示。a，b，c 为应用程序输入，r 为应用程序输出，应用程序运行过程中会经历 X_1，X_2，X_3和 X_4四个计算节点。默认 X_1和 X_2在移动终端执行，X_3和 X_4在云端执行。根据策略设置，在网络带宽比较好的时候，系统可以把 X_2动态迁移至云端执行。

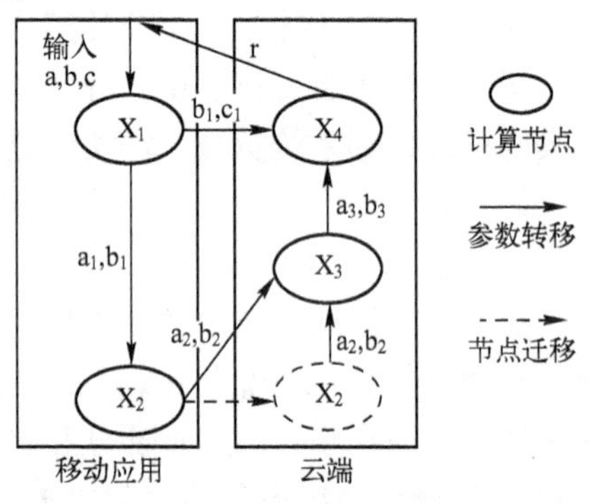

图7-4 动态迁移决策图

Chun 等人[6]提出的解决方案综合考虑移动终端电量、网络连接状态和实时带宽等3种因素的变化，针对这3种环境的不同变化情况分别给出了解决方案，并针对迁移决策问题设计了普适性的形式化模型，但并没有给出详细的系统设计与实现。在此之后，学术界又相继提出了一系列针对特定应用的计算迁移系统。例如，针对图像识别和语音识别应用的 Cogniserve[7]，针对环境感知应用的 Odessa[8]，针对社交应用的 SociableSense[9]以及针对云游戏的 Kahawai[10]等。

MAUI[1]的提出旨在提供一个通用的动态迁移方案并尽量降低开发人员的负担。程序员只需要将应用程序划分为本地方法和远端方法，而无需为每个程序制定迁移决策逻辑。程序运行过程中，MAUI 事件分析器基于收集的网络状态等信息动态决策哪些远端方法需要迁移至云端执行。代理执行模块按照决策执行相应的控制和数据传输工作。该系统通过向服务器发送 10KB 的数据的简单方法评估网络的平均吞吐量，对于变化剧烈的无线网络，其预测的准确性有待提高。Thinkair[11]也是一个线程级的动态迁移方案。与 MAUI 相比，该系统重点对服务端进行了增强，可以为迁移任务动态分配服务内存等资源，提高了系统运行的可靠性。Comet[12]则在 MAUI 和 Thinkair 的基础上，利用分布式内存共享技术和虚拟机同步技术支持多线程的并行迁移，进一步提高了计算迁移的性能。Zhou 等人[13]设计的计算迁移系统，可以在程序运行时基于无线信道、云端资源等上下文环境进行动态决策，在微云、公有云等多个云端动态选择服务者，实现代码级的细粒度计算迁移。

需要注意的是，细粒度迁移导致了额外的划分决策的消耗，因此划分算法的优劣直接影响了迁移效率，而且并不总是能获得最优解。另外，无论是依赖于程序员修改应用程序源代码方案，还是利用远程执行管理来计算近似划分的方案，都会引入额外的开销，导致消耗更多的 CPU 能量或增加程序员的负担。

2. 粗粒度计算迁移

粗粒度计算迁移将整个应用程序封装在 VM 实例中发送到云端服务器执行，以此减少细粒度计算迁移带来的程序划分、迁移决策等额外开销。Cyber Foraging 将附近计算能力较强的计算机作为代理服务器，为移动终端提供计算迁移服务。在执行应用程序时，移动终端首先向服务搜索服务器发送迁移请求。服务搜索服务器向移动终端返回可用的代理服务器的 IP 地址和端口号。移动终端继而可以向相应的代理服务申请计算迁移服务。每个代理服务器运行多个独立的虚拟服务，保证为每个应用程序提供孤立的虚拟服务空间。Cyber Foraging 利用局域网低延迟、高带宽的特性为移动终端提供高效的计算迁移服务。然而，基于代理发现和 VM 模板的部署方法，时间开销和资源开销都比较大。

针对广域网传输延迟过长的问题，Satyanarayanan 等[14]最先提出微云（Cloudlet）的概念，把微云定义为一种可信任的、资源丰富的计算设备或一群计算设备向附近的移动终端提供计算资源。Cloudlet 模式克服广域网时延问题，通过局域网提供低延时、高带宽的实时交互式服务。Cloudlet 模式可以进一步细分为移动微云模式和固定微云模式，其架构如图 7-5 所示。固定微云模式以计算能力较强的台式计算机提供云计算服务，通常这种连接方式能够提供较大的带宽和计算资源。移动微云通过移动终端组建微云，旨在随时随地提供接入服务。

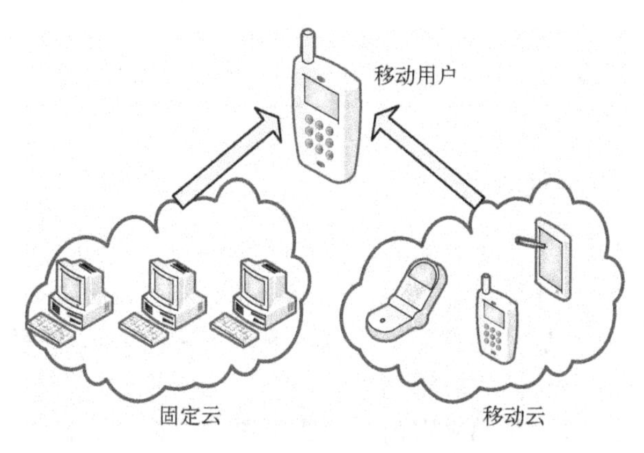

图 7-5　Cloudlet 架构分类

与 Cyber Foraging 依赖服务搜索服务器进行代理发现的机制不同，Cloudlet[14]将移动终端上运行的应用程序以 VM 的形式直接映像迁移至附近指定服务器执行，简化了移动终端功能。服务器通过互联网与云端数据中心相连，可以将复杂的计算任务和延时要求不高的任务迁移到云端执行，进一步提高计算迁移的处理能力。此框架的不足在于，将移动终端运行环境整体克隆到服务器，对服务器的资源管理能力以及硬件水平都提出了更高的要求。

虚拟执行环境（Virtualized Execution Environment）[15]不再依赖专用的服务器，而是利用VM技术直接在云端为移动终端建立运行环境。云端为每个应用创建新的虚拟机实例，将迁移的VM克隆至虚拟机实例中执行。该方案通过在移动终端的操作系统和硬件间设置中间件，以支持运行时负载迁移、移动终端和云服务器中虚拟机实例的同步，还支持传输状态的暂停和恢复机制。然而，中间件及同步机制给移动终端带来了计算与流量的额外开销。

Clonecloud[16]同样采用VM技术直接在云端建立运行环境，不需要操作系统和应用程序作任何额外的改动。Clonecloud还针对不同类型的应用设计了3种不同的迁移算法来进一步优化迁移效率。除了将语音识别、图像处理等计算密集型的任务迁移到云端，还将安全性检测也迁移至云端服务器，进一步减轻终端负担。然而，基于应用程序多样性的迁移策略增加了移动终端的开销，单线程的部署方式也增加了系统运行时的抖动。为了克服无线网络不稳定等弊端，Tango[17]通过部署多副本的方式，在服务器与移动终端同时执行计算任务，将最快返回的执行结果作为输出，进一步提高了系统的可靠性。表7-1对上述主要计算迁移方案进行了对比分析。

表7-1　各计算迁移方案对比分析

系统框架	操作平台	决策	目标	粒度	划分	迁移支持	管理模式
Misco[5]	移动云节点	代理	延迟	方法级	静态	程序级	集中式
MAU[1]	云服务器	代理/移动终端	能耗	方法级	动态	程序级	集中式
Thinkair[11]	云服务器	移动端	延迟/能耗	线程级	动态	系统级	集中式
Comet[12]	云服务器	×	延迟	多线程	动态	系统级	集中式
Cogniserve[7]	云服务器	×	性能/能耗	应用程序	×	程序级	集中式
Cyber foraging[18]	本地分布式	代理	延迟	应用程序	×	系统级	集中式
Cloudle[14]	本地服务器	×	延迟	应用程序	×	系统级	分布式
Cloneclou[16]	云服务器	×	性能/能耗	VM	动态	系统级	集中式
Virtualized Execution Environment[19]	云服务器	×	×	应用程序	×	系统级	集中式

7.2.2 基于移动云的位置服务

位置服务作为移动云计算不可或缺的一项支撑技术，一直得到学术界的广泛关注。Zhou等[20]围绕位置服务的体系架构，对主流定位技术、位置索引及查询处理等技术进行了总结，以便全面深入地认识了位置服务。基于GPS等传统定位技术的位置服务覆盖范围大，技术成熟，已经在军事、交通等诸多领域得到了广泛应用。然而，由于其存在穿透力弱，定位能耗大等问题，已经无法完全满足精确室内定位、用户动作识别等新的移动应用需求。例如，购物中心的自动导购指引服务、智能家居中的病人监护等。移动云计算模式已经被用来构建新型的位置服务解决这些问题，并成为其重要支撑技术。

1. 室内轨迹追踪与导航

由于室内空间范围小，对导航的精度要求更高。另外，建筑物内部的空间结构、拓扑关系比室外复杂得多，这对室内导航技术提出了更高的要求。当前针对室内轨迹追踪与导航的研究主要通过群智的方式收集移动用户沿途拍摄的照片[21][22]、手机信号强度[23]，并与加速、惯性等手机传感器数据融合，追踪用户行动轨迹，绘制建筑物内部平面图，进而实现实时的定位导航。这些历史信息的收集、存储以及运算处理，需要耗费大量的存储与计算资源，这是普通移动终端无法胜任的。因此，大多数解决方案都是基于公有云或者通过构建微云模式服务器设计实现的。

针对构造室内地图需要进行现场勘测，耗费大量人力物力的问题，LiFS[23]通过收集用户移动过程中的手机信号强度，构造高维信号强度指纹空间，将此映射为室内平面图。Jigsaw[24]，iMoon[22]等系统则通过从移动用户处收集照片构建3D点云，以此为基础在云端服务器上构造建筑物内部地图。iMoon还允许用户拍照后上传到云端，与云端存储的地图进行匹配，以实现实时定位。Dong等人[25]利用基于密度的冲突检测技术对iMoon进行改进，进一步提高了系统在障碍物位置的信息完善度，以及众包初始阶段的定位性能。Travi-Navi[21]，FOLLOWME[26]等系统通过收集用户上传的照片、手机WiFi信号强度指纹，实现用户行动轨迹记录，并采用加速、惯性等手机传感器数据进行校正。然后，基于这些轨迹信息绘制室内平面图，实现室内高精度的导航服务。

2. 室内精确定位与动作识别

近年来兴起的智能家居、体感游戏等新型应用，不仅对目标物体的定位精度提出了更高要求，还需要对用户的特定动作进行识别。当前针对室内精确定位与动作识别的研究通常以移动终端的无线信号强度（Received Signal Strength Indicator，RSSI）[27]、信号抵达时间（Time Of Arrival，TOA）和信号抵达角度（Angle Of Arrival，AOA）[15][28]等数据为输入，通过数学模型求解位置坐标。这些数据的存储、处理以及复杂的求解运算一般都需要在云端完成。

（1）精确室内定位

Lim等人[27]将定位的Wi-Fi访问点（Access Point，AP）增加到3个，将收集到的RSS和AOA信息发送到云端服务器，执行三角测量算法进行实时跟踪定位，将定位精度提高到0.5～0.75 m。ArrayTrack[28]基于AOA实现移动终端的室内定位和实时跟踪，并通过MIMO技术和多路径抑制算法来减少室内多路径反射的影响，将定位精度进一步提高到几十厘米级，同时将时延控制在100 ms左右。为了提高TOA在有限的无线信道中的分辨率，ToneTrack[29]利用捷变频技术提高带宽利用率。AP在相邻信道获得3个数据包的情况下，就可以达到90 cm的定位精度。SpotFi[30]利用超分辨率算法和估算技术计算多径分量的AoA，在普通AP上实现了40 cm的定位精度。WiTrack2.0[31]基于人体反射的无线电信号，在服务器端执行傅里叶变换，实现了同时对5个人的定位，定位精度达到11.7 cm。

（2）动作识别

基于Wi-Fi的人体动作识别是当前学术界研究的热点之一。WiHear[32]通过专门的定向天线获取由唇形变化带来的信道状态信息（Channel State Information，CSI）变化，在云端服务器上运行机器学习算法，根据人体发音时唇形的不同来辨别发出的单词，并基于上下文进行纠错。由于并没有有效的消除噪声，因此该系统需要通过定向的天线来得到更高的精度。WiDeo[33]基于目标物体动作对Wi-Fi信号反向散射的反射，实现对目标物体的定位及动作识别，在多人同时做动作的环境下，能达到7 cm的识别精度。E-eyes[34]利用不同运动动作带来 CSI 振幅不同来辨别包括洗澡、走路、洗碗等 9 种日常用户的行为，但基本是以位置为导向的判断方法。CRAME[35]除了可以像 E-eyes 一样识别人们的日常行为动作外，还通过 CSI-speed 和隐式马尔可夫模型推测用户的移动速度和动作的幅度变化。在 CRAME 研究的基础上，提出了识别键盘敲击动作的 WiKey[36]，识别准确率达到 93.5%。也有一些学者基于 RFID、VLC 甚至声音实现人体动作识别、位置标记等。Yang 等人[37]提出 Tadar 系统，通过 RFID 识别墙体另一侧的人体动作变化。Luxapose[38]、PIXEL[39]等系统则尝试利用移动设备内置的照相机捕捉 LED 灯光的高频闪烁实现定位。基于 VLC 的 LiSense 系统[40]，利用遮挡二维阴影信息重新构造人体的三维骨架图。EchoTag[41]则是通过手机扬声器主动发出声音信号，由麦克风感测回声的方式，实现精度 1 cm 的室内位置标记。

3. 海量位置信息管理

在移动云计算环境中，一方面，定位技术不断发展，为移动应用提供越来越精准的位置信息；另一方面，随着用户数量的增长和移动应用的丰富，用户位置、轨迹等数据量爆发式增长，查询请求剧增、查询空间变得更广，位置服务系统也越来越依赖云平台进行用户位置轨迹等数据的存储、计算、索引和查询等管理，从而减轻移动端的存储和计算负载。

面对庞大的用户位置和运动轨迹等历史数据，学者们基于云平台的分布式处理方法，提出高效的索引查询方案，旨在向用户提供快速的查询响应。Ma 等人[42]将 Map-Reduce 架构用在大规模历史轨迹数据处理方面，该方案把时间和空间轨迹数据存储在不同节点上。在处理查询时，在不同的节点分别执行查询操作，再合并输出查询结果。Eldawy 等人[43]改进了 Hadoop 上的 Map-Reduce 架构，设计了用于分布式处理空间数据的 SpatialHadoop 系统。SHAHED[44]将现有的 SpatialHadoop 系统，用于卫星数据处理，将卫星的数据按时间、空间存储在不同的节点上，在索引端建立多重 Quad-tree 时空索引结构，查询时返回时空卫星数据的热点图。

另外，用户针对这些海量位置数据的信息查询需求也越来越旺盛。而随着查询数据库变多、查询空间变得更加广泛，移动终端的计算能力和电池能耗无法满足大数据下的查询服务。针对位置频繁变化的移动终端，有些研究致力于索引技术的改进，提出了基于 R-tree[45]、B+-tree[46]、Quad-tree[47]等索引结构，综合利用历史轨迹、当前位置等信息查询索引，旨在提高查询的性能。Cong 等人[48]提出的算法，综合考虑空间相似度和标注信息相关度，通过倒排表和 R-tree 索引，返回 k 个最相关的空间对象。Zhang 等人[49]提出 m 最近关键字查询，用于找到 m 个空间最近并满足 m 个用户给定的关键字空间对象。还有一些研究则希望通过将信息查询与推荐相结合，以进一步提高用户体验。Shi 等人[50]挖掘社交网络中群体用户潜在行为和喜好的相似性，设计 LGM 群体行为挖掘和推荐模型。

7.2.3 移动终端节能技术

移动终端电池容量增长速度缓慢，迅速丰富的移动应用与移动终端有限的电量的矛盾愈发突出。移动终端电量已成为良好用户体验的瓶颈，也得到了学术界的广泛关注。为了深入理解移动终端能耗管理的研究，本节从数据传输节能、定位服务节能等方面对节能方案进行梳理。

1. 数据传输节能

随着移动云计算的推广应用，移动终端无线传输的数据量快速增长。无线数据传输能耗占移动终端能耗的比例也越来越大。Wi-Fi 和 Cellular 网络是目前应用最广泛的无线传输技术，因此网络传输节能的研究也大多基于这两类网络开展。

（1）Cellular 网络传输节能

移动终端通过 Cellular 网络传输数据通常采用无线资源控制协议（Radio Resource Control，RRC）。针对 RRC 协议全过程的移动终端能耗测量显示，移动终端网络接口在完成数据传输后，会从高能耗状态转移到中间能耗状态，即尾能耗状态，其功率约为高能耗状态的50%[51]。尾能耗状态结束后才会进入低能耗状态，功率约为高能耗状态的1%[51]。尾能耗状态的设计是为了减轻状态转换的延迟和开销，然而数据传输过程中存在的过多尾能耗状态却大大降低了移动终端的能耗利用率。

目前针对尾能耗状态节能的研究主要集中在两个方面，一个是通过改变尾能耗时间阈值来减少跳至尾能耗状态次数及时间；另一个是通过传输调度来减少尾能耗。Labiod 等人[52]通过实验数据来获得最优静态快速休眠时间阈值，然而这没有在真正意义上消除尾能耗，且不准确的估算会造成额外的开销。Tailtheft 机制[53]通过虚拟收尾机制和双队列调度算法进行预取数据和延迟传输的传输调度，以消除尾能耗。与调整时间阈值相比，此方法减少了错误估算造成的跳转延时和开销，但并不适用于小数据传输。TailEnder 协议[51]通过对应用实现延迟或预取策略，合并数据发送状态，减少传输过程中的尾时间，达到节能目的。Zhao 等人[54]提出了基于 GBRT 的预测算法来预测用户下载网页后的浏览时间，当浏览时间大于一定阈值时，设备状态将从尾能耗状态跳至低能耗状态。Cui 等人[55]设计了自适应在线调度算法 PerES 来最小化尾能耗和传输能耗，使能耗任意接近最优调度解决方案。

（2）Wi-Fi 网络传输节能

移动终端在 Wi-Fi 网络中的能耗浪费主要源于 CSMA 机制中空闲监听（IL）状态下的能耗。移动终端在 IL 状态下的功耗和数据传输时的功耗相当，是 Cellular 网络 IDLE 状态功耗的40倍左右[56]。目前对于 Wi-Fi 的能耗优化主要是基于 IEEE802.11 节电模式（PSM），即通过睡眠调度算法减少 IL 状态的时间来达到节能目的。根据 Zhang 等人[57]的测量，PSM 通过捆绑下行数据包来减少网络层延迟，减少了不必要的 IL 时间。然而，由于载波感测和竞争使用的存在，PSM 本身不能减少 IL 时间。他们发现 IL 状态下即使使用 PSM 策略仍然消耗了大量能耗，在繁忙网络中 IL 消耗能量占到80%，在网络接近空闲状态下消耗能量也占到60%。

另外，一些学者针对具体应用提出了相应的节能方案。Bui 等人[58]重点针对网页载入的能耗问题，通过感知网络状态而动态调整下载策略和画面渲染的方式，在保证用户体验前提下，实现了节能24.4%的效果。Zhang 等人[59]则通过减少视频尾流量和动态分配信道方式，将 Wi-Fi 条件下的视频传输能耗减少了29%～61%。

（3）Cellular 与 Wi-Fi 切换节能

由于 Wi-Fi 网络的有效传输速率大于 Cellular 网络，一些研究基于这一事实，研究 Cellular 与 Wi-Fi 的切换节能[60][61]，目标是将负载从 Cellular 网络迁移至 Wi-Fi 网络，从而减少数据传输的总体能耗。

Rahmati 等人[60]利用 Cellular 网络和 Wi-Fi 网络的互补优势，基于网络状况的估计，智能地选择节能的方式来传输数据。为了避免周期性扫描 Wi-Fi 带来不必要的能耗，他们设计了内容感知算法，估算 Wi-Fi 网络分布和信号强度，在 Wi-Fi 信号强度比较强时进行扫描，减少了35%的能耗。Yetim 等人[61]比较了4种调度算法，旨在最小化 Cellular 网络使用，从而减少数据传输能耗，并在真实的系统上进行了实现。实验结果显示，基于 MILP 调度策略通过预测数据请求，在传输调度时检测 Wi-Fi 的可用性和吞吐量，决策是否需要进行切换，最大限度地节约开销和能量。值得指出的是，Cellular 与 Wi-Fi 切换主要的开销包括切换过程中的时间开销、数据流的迁移开销以及移动终端从多个 Wi-Fi 接入点中选择接入点的计算开销。Cellular 与 Wi-Fi 切换节能的研究必须将这些开销考虑在内。

2. 定位服务节能

在移动云计算环境中，越来越多的应用程序提供位置服务。然而，定位过程中实时通信和计算的能量消耗较大。定位服务的节能也就成为节能研究的一个重要方向。定位节能研究主要可分为基于移动终端的优化和基于云的优化两类。基于移动终端的优化主要是通过预测或改变移动终端选择数据源的方式实现节能；基于云的优化则主要通过将定位计算迁移到云端或获取云端共享定位数据达到节能效果。

（1）基于移动终端的能耗优化

基于移动终端的能耗优化主要有两种方法，一种是动态预测（Dynamic Prediction，DP），另一种是动态选择（Dynamic selection，DS）。两种方法都旨在通过能耗较小的传感器实现定位，从而降低高能耗 GPS 的使用率。DP 通过能耗较少的传感器（如指南针、加速度传感器等）估算当前位置的不确定度。当不确定度超出误差阈值时，将触发 GPS 重新进行定位。DS 根据当前定位技术的覆盖和精度的需求动态地选择使用 GPS，Wi-Fi 和 GSM 定位。

Leonhardi 等人[62]最先提出基于时间和距离的追踪。后续的研究[63][64]正式地提出了动态追踪技术，主要用于节能和 GPS 定位。Farrell 等人[64]在通信延迟和目标速度恒定不变的前提下，结合查询和报告协议，给出特定环境最优参数值。You 等人[63]在定位精确度和延迟、定位目标速度以及用于判断定位目标移动的加速度都恒定不变的前提下，提出的追踪定位方法将定位精度提高了56.34%，能耗减少了68.92%。动态追踪技术进一步发展，分成了现在的动态预测和动态选择技术[65]。

EnTracked[66]架构作为最主要的动态预测方案，首先由移动终端通过 GPS 获得初始位置后关闭 GPS。当用户移动时，由感应器探测用户移动状态，并通过速度和精确度评估模块估算用户的速度。当估算的误差超过预设的误差阈值时，再次开启 GPS 进行定位。EnTracked 的问题在于，加速度传感器在定位过程中一直处于工作状态，这在某些场景下可能会比开启 GPS 定位的能耗更大。另外，此方法只能检测用户的突然移动，而手机持续高速移动可能导致定位失败。

Kjærgaard 等人针对 EnTracked 的不足，提出轨迹追踪的概念，并在 EnTracked 的基础上改进提出了 EnTracked 2[67]。EnTracked 2 通过前进感知策略得到一系列连续位置来确定当前的位置，如图7-6所示。它通过指南针检测用户前进方向和方向变化，根据速度和方向计算用户现在与原来位置的距离。同时根据指南针给出的

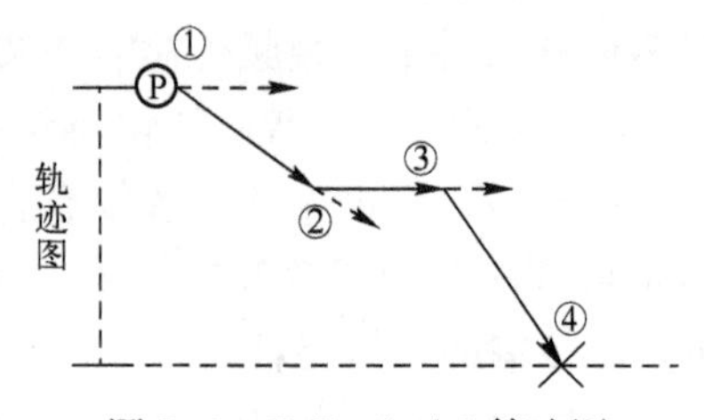

图7-6 EnTracked 2 策略图

初始走向计算用户的移动距离。当用户运动方向发生变化时，上述两种计算方法得到的位置会产生偏差。当偏差大于误差阈值时，GPS 会更新用户的位置。相比于 EnTracked，EnTracked 2 大大提高了 GPS 开启的间隔；基于占空比（Duty-Cycle）策略，提高了传感器和指南针的使用效率；基于速度阈值策略支持对不同移动方式的检测；简化的移动轨迹算法减少了信息的发送，降低了通信开销。然而，当请求的误差阈值比较小时，EnTracked 2 的错误率较高。

在城市环境中，由于建筑物等干扰，GPS 定位不是非常精确，甚至难以获得。RAPS[65] 同时使用 DP 和 DS 策略，在 GPS 不可用的情况下，实现了基于手机基站的定位服务。RAPS 记录当前手机基站 ID 和 RSS 信息，基于历史速度信息估算用户当前位置。RAPS 还提出了多移动用户间位置信息共享。RAPS 的不足在于，它专门为市区行人制定策略，并不适用于其他场景，且 RSS 列表服务需要在云端数据中心的支持下才能有效工作。Nodari 等人[68] 则基于运行轨迹建模减少终端与定位服务器通信的方式实现节能。

（2）基于云的能耗优化

除上述在移动终端上实现的优化策略外，学者们又提出了借助云端来减少移动终端能耗的方案，主要包括基于存储历史轨迹信息的定位、迁移计算密集型任务至云端和通过邻近移动终端分享精确位置信息实现定位。

1）基于历史轨迹信息的定位节能。

电子地图近年来发展迅速，用户位置和轨迹信息通常被收集并存储在云端。通过适当地利用云端的信息，用户可以以比较节能的方式获取位置信息。用户的移动通常是在同一时间段内移动到某个区域，具有时空一致性。这意味着人们可以高效地在部分区域进行定位。基于历史轨迹信息的定位通过云端存储的大量历史位置和轨迹信息，结合用户移动性进行定位。

路线图最先应用于提高车辆追踪的精度。VTrack[69] 将路线图匹配和 Wi-Fi 定位相结合，以提高定位精度和降低能耗。CTrack[70] 扩展了 VTrack 的功能，通过历史数据库匹配一系列的 GSM 信号塔进行定位。CTrack 将地理位置分为同一大小的方格，每个方格拥有周围 GSM 以及信号强度的列表。CTrack 还进一步利用能耗较低的传感器如指南针、感应器来增加定位精度。这些通过地理位置描绘用户信息的方法会自动建立并更新数据集，且随着定位的持续进行，用户的数据集非常庞大，冗余严重。

2）基于计算迁移的定位节能。

将定位服务的信号解码和计算处理迁移至云端服务器也是一种重要的定位节能方法。A-GPS[71][72] 在原始 GPS 基础上减少了接收信号的多普勒频移和码相移的不确定性，支持了更大的覆盖范围。A-GPS 迁移了能耗密集型部分，这不仅为了节约能量，也为后期节能提供了空间。LEAP[73] 将先前跟踪得到的码相位与 CTN[72] 结合，在无需解码和定位计算的前提下产生新的码相位，以节约能量。CO-GPS（Cloud-Offloaded GPS）[74] 对 LEAP 进行扩展，将原始 GPS 信号传输至云端进行处理。实验表明，传输 2 ms 的数据足以用于定位，传输 10 ms 的数据（40 KB）可以使定位精度达到 35 m。更高精度的需求需要更多数据的传输，这必将带来更多的传输能耗和服务器存储能耗。用户可以根据精度需求权衡能耗和定位精度。

3）基于共享信息的定位节能。

通过共享其他设备的位置信息来减少自身的定位开销，是定位节能的另一种重要方式。Dhondge等人[75]提出ECOPS系统，移动终端通过Wi-Fi建立虚拟Ad-Hoc网络共享位置信息。移动终端分为两种模式：位置广播者（PB）和位置接受者（PR）。当移动终端拥有足够的电池电量和最新的位置信息，它就可以成为PB，否则就是PR。系统通过权衡位置精确度和能耗来定义位置信息的有效时间。PB通过Wi-Fi热点向PR提供最新的位置信息，PR尽可能地搜集GPS坐标和信号强度（RSSI），并在相应范围内搜集最近的3个PB，通过三点测量法进行定位。当搜集的PB只有一个或两个时，PR就将PB的位置或两PB的交集作为定位点。

7.3 数据中心网络

数据中心是近年来新兴的云计算中提供业务支持的重要基础平台。数据中心网络作为数据中心的重要组成部分，对于保证和提升数据中心服务性能至关重要。近年来，无线通信技术的快速发展推动了无线数据中心网络的发展，围绕无线数据中心网络的性能优化成为研究热点。本节将围绕数据中心网络架构、无线数据中心网络架构以及网络性能优化展开介绍。

7.3.1 数据中心概述

作为云计算和移动云计算的核心基础设施，数据中心在近年来得到了学术界和工业界的关注。数据中心在数量和大小上正在呈几何级数增长，以适应不断增加的用户和应用的需求。现在雅虎、微软和谷歌的数据中心已经托管了成千上万台服务器，拥有大量的存储资源以及网络资源。

在过去的几年中，数据中心已经在各个领域的应用中被广泛采用，例如科学应用、医疗保健、电子商务、智能电网和核科学。云计算已经成为一个执行科学应用程序等的可行平台。例如，气象预报需要从卫星和地面仪器中读取数据流，雷达和气象站被送到云端来计算蒸散系数（ET）；卡门电子科学项目介绍了大脑的工作机制，并允许神经科学家通过云平台来共享和分析数据；安装在收割机上的带有全球定位系统（GPS）的产量监测传感器在农业领域产生了大量密集的数据，在云平台上采用启发式算法确定棉田中的关键管理区。在卫生保健领域，数据中心也为各种诊所和医院提供服务。许多电子商务应用程序使用数据中心，并通过访问数据来支持客户。例如eBay是流行的拍卖网站之一，为了扩大操作的范围，在2006年eBay收购Switch-X的数据中心。易趣的主要数据仓库存储大约2 PB的用户数据，每天数百万次查询，以及数万用户信息。

数据中心网络作为通信骨干，是数据中心的最重要的设计关注点之一。数据中心网络的基础设施在数据中心确定性能和初始投资方面发挥着重要的作用。随着越来越多的应用和数据迁移至云端，云端数据中心通信呈现爆炸式增长，给数据中心网络（Data Center Network，DCN）带来巨大的挑战，包括可扩展性、容错能力、能源效率以及横截面带宽。学术界正付出巨大的努力来克服数据中心网络所面临的挑战。数据中心网络研究分类如图7-7所示。

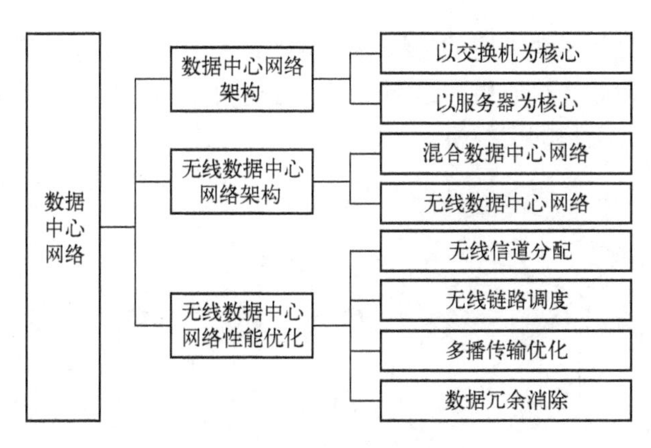

图 7-7　数据中心网络研究分类

7.3.2　数据中心网络架构

数据中心网络架构奠定了数据中心内的通信基础设施，在数据中心可扩展性和性能边界上起着关键的作用，端到端的总带宽是影响数据中心网络性能的重大瓶颈。传统数据中心网络普遍采用树形拓扑方案。典型的拓扑由三层交换机互联构成，分别是接入层交换机、汇聚层交换机和核心层交换机。但实践证明这种拓扑方案已经不能很好地适应当前云计算数据中心的业务需求。随着数据中心业务量的提升，传统属性拓扑方案对交换机的性能需求越来越高，设备造价和设备功耗成为限制数据中心发展的重要因素。为了适应数据中心通信不断增长的需求和处理传统数据中心网络面临的问题，要求研究者们设计新型数据中心网络体系结构。

网络架构是进行性能优化的基础，如果底层结构存在严重的缺陷，那么上层的优化就难以发挥效果。自 2008 年以来，工业界和学术界针对数据中心网络架构展开研究，基于商用交换机设备，设计出性能良好的新型数据中心架构。当前提出的新型数据中心网络拓扑方案可以分为两类，分别是以交换机为核心的拓扑方案和以服务器为核心的拓扑方案。其中，在以交换机为核心的拓扑中，网络连接和路由功能主要由交换机完成。这类新型拓扑结构要么采用更多数量的交换机互联，要么融合光交换机进行网络互联，因此要求升级交换机软件或硬件，但不用升级服务器软硬件。在以服务器为核心的拓扑中，主要的互联和路由功能放在服务器上，交换机只提供简单的纵横式（Crossbar）交换功能。此类方案中，服务器往往通过多个接口接入网络，为更好地支持各种流量模式提供了物理条件，因此需要对服务器进行硬件和软件升级，但不必升级交换机。

1. 以交换机为核心的拓扑方案

Fat-tree[76]是一种典型的基于树状拓扑的解决方案，仍然采用三层拓扑结构进行交换机级联，构造数据中心网络，如图 7-8 所示，其中每台交换机配备 4 个端口（K =4）。但与传统树型结构不同的是，接入交换机和汇聚交换机被划分为不同的网络基本单元块（Pod）。在每个块的内部，每个汇聚层的交换机都与边缘层的交换机进行连接，构成一个完全二分图，形成一个高度连通的结构；而块与块之间通过核心层的交换机相连，互通流量。每个汇聚交换机与某一部分核心交换机连接，使得每个集群与任何一个核心层交换机都相连。Fat-tree 结构提供足够多的核心交换机，保证 1:1 的网络超额订购率（Oversubscription Ratio），提供服务器之间的无阻塞通信。这种结构的一个显著优点是块结构带来的局部高连通度，在服务器发送的上行流量经过块下层的边缘层交换机时，它可以通过任意一个与之相连的汇聚层交换机进行转发从而通往核心层。这样一来，通过块内的交换机之间分摊负载，尽可能地避免出现负载过重被迫丢包的交换机。

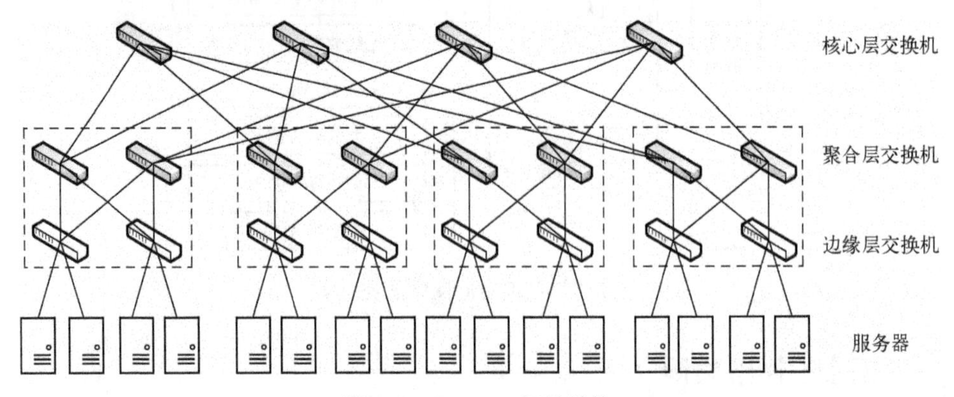

图7-8 Fat-tree 拓扑结构

VL2[77]是另一个具有代表性的树状拓扑，与 Fat-tree 一样，VL2 也通过三层级联的交换机拓扑结构为服务器之间的通信提供无阻塞网络交换。VL2 拓扑结构的特点是在汇聚层和核心层的交换机之间应用 Clos 网络结构以改善网络连通性，在任意两个汇聚层交换机之间提供大量非耦合的传输路径以提高网络容量。除此之外，它还利用了当前数据中心以太网的性质：交换机之间的链路带宽（通常为 10 Gbit/s）要高于交换机与服务器之间的链路带宽（通常为 1 Gbit/s）。基于这个特性，传输下层服务器所产生的流量所需要的上层交换机的链路数量就会大大减少，因此上层的 Clos 网络结构也可以简化，相应的负载均衡任务也更简便。在 VL2 方案中，若干台（通常是 20 台）服务器连接到一个接入交换机，每台接入交换机与两台汇聚交换机相连。每台汇聚交换机与所有核心交换机相连，构成一个完全二分图，保证足够高的网络容量。

Helios[78]是一个两层的多根树结构，主要应用于集装箱规模的数据中心网络，其拓扑结构如图7-9所示。Helios 将所有服务器划分为若干个集群，每个集群中的服务器连接到接入

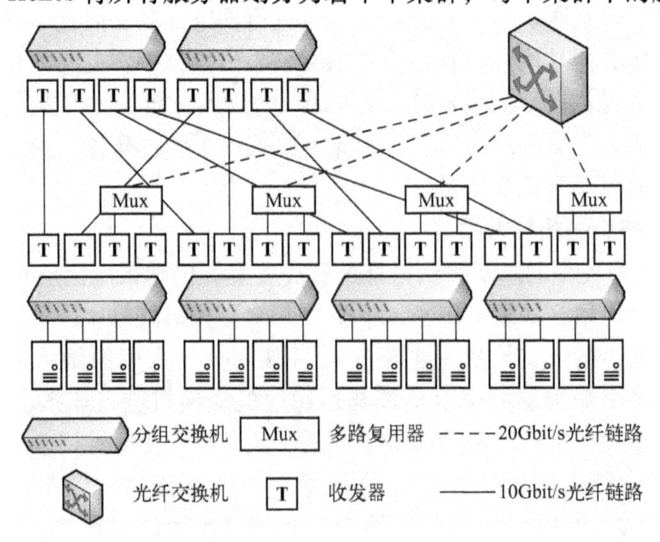

图7-9 Helios 拓扑结构

交换机。接入交换机同时还与顶层的分组交换机和光交换机同时相连。该拓扑保证了服务器之间的通信可使用分组链路，也可使用光纤链路。一个集中式的拓扑管理程序实时地对网络中各个服务器之间的流量进行监测，并对未来流量需求进行估算。拓扑管理程序会根据估算结果对网络资源进行动态配置，使流量大的数据流使用光纤链路进行传输，流量小的数据流仍然使用分组链路传输，从而实现网络资源的最佳利用。

这些基于树状拓扑的解决方案的基本特征为通过层级的交换机汇聚连接海量的服务器，因此，也称为以交换机为中心的结构。这类方案的优势在于依托现有数据中心结构，便于部署，并且所涉及的技术大多数都通过实际部署进行过验证，具有较好的可行性。但它们的缺点还是植根于树状拓扑的局限性，作为汇聚者的交换机，尤其是汇聚层和核心层的交换机，很可能会成为性能的瓶颈。

2. 以服务器为核心的拓扑方案

基于树形拓扑的局限性，微软亚洲研究院的研究者们提出了一种全新的拓扑结构 DCell[79]。DCell 是一个基于递归思想构建的拓扑，最基础的单元 DCell0 由一个交换机连接若干个服务器构成；在构造上一层结构时，会利用多个下层单元按照完全图的方式进行连接，而不同下层单元之间的连接是通过服务器之间的直连链路实现的；随着递归级数的不断增长，网络规模（服务器数量）呈指数级扩张，如图 7-10 所示。通过利用服务器之间的直接链路，网络的连通度得到了极大的改善，任意两个节点之间都有多条非耦合的传输路径，因而，能够有效地缓解端到端的突发高流量带来的拥塞问题。

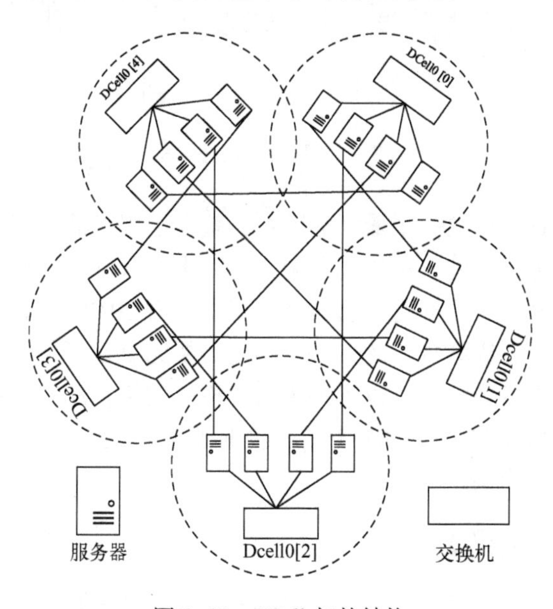

图 7-10　DCell 拓扑结构

基于 DCell 的设计，Li 等人[80]又提出了一种更具可部署性的结构 FiConn。DCell 的网络规模每次扩张都需要为端服务器增加接口，但 FiConn 是一种完全基于现有的具备 2 个接口（主接口与备用接口）的服务器可扩张的结构。它的基础构造方式类似于 DCell，不同之处在于构造高一级的 FiConn 结构时，低一级 FiConn 单元之间并不是利用所有剩余空闲接口构成一个完全图，而是只利用其中的一半接口进行连接。高层次的 FiConn 网络是由若干个低层次的 FiConn 网络构成的一个完全图。该拓扑方案的优点是不需要对服务器和交换机的硬件做任何修改。以损失连通度的代价，FiConn 实现了能够基于 2 接口服务器无限扩张网络规模的特性。

BCube[81]是另一种基于递归思想逐级构建的拓扑结构，如图 7-11 所示。它的基本构造方法类似于 DCell：以一个交换机与若干服务器连接构成基础单元 BCube0；通过多个低级单元相互链接构造高级单元。不同之处在于，在构造高级单元的过程中，它并不是利用不同低级单元的服务器之间的直连链路，而是通过额外的交换机汇聚多个低级单元的服务器。因此，低级单元之间的连通度更大，也能够避免 DCell 中不同级别链路的流量不均衡的问题。BCube 的最大优势是链路资源非常丰富，同时采用集装箱构造有利于解决布线问题。

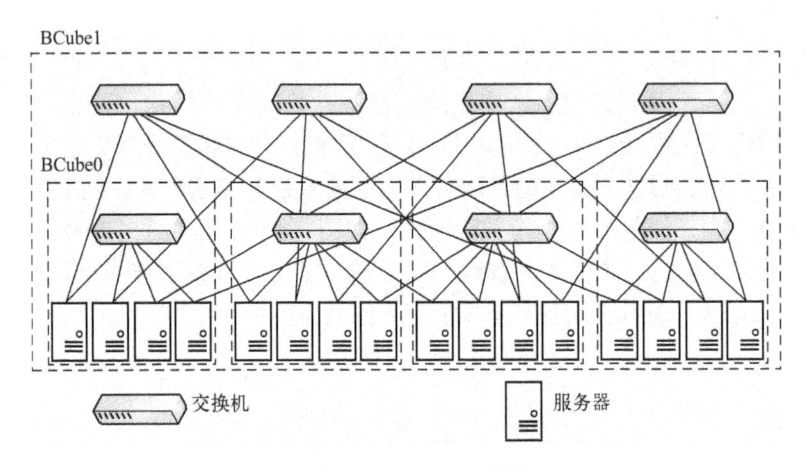

图 7-11　BCube 拓扑结构

上述新型拓扑与树状结构的一个最大的区别，就在于服务器之间不再只是端结点，而是也会扮演数据转发的角色，因此，也称为以服务器为中心（Server-centric）的结构。这类方案很好地避免了树状级联的瓶颈问题。但这类方案也有潜在的问题，首先是可部署性，由于它完全打破了传统数据中心级联构建的方法，因此需要完全重新部署，而且也需要对服务器进行升级，尤其是需要配备新的接口以支持更大规模的网络；此外，由于服务器也作为传输路径的中间节点，它的软件转发（相对于交换机的硬件转发）效率能否支持数据中心网络所需要的高吞吐量也是一个疑问。

7.3.3　无线数据中心网络架构

近年来，无线通信技术取得长足发展，很多新型无线技术具备良好的通信特性。数据中心架构设计和新型无线技术，为数据中心的发展提供了新的机会。数据中心网络可以通过增加无线链路进行增强。为了将无线技术应用到数据中心网络，无线技术应该支持 Gb 级别的数据中心网络的吞吐量。一个重要的技术就是极高频（EHF）频段的使用。极高频通常指 30～300 GHz 范围内的频段和 60 GHz 左右（57～64 GHz）的频段。因为 60 GHz 频段的信号具有很短的波长和很高的频率重用，所以可以支持 Gb 级别的传输需要的高带宽频道，并且有固有的方向性特征。由于氧气的吸收，60 GHz 信号在空气中衰减得很快，并且它的有效信号范围不超过 10 m。然而 10 m 覆盖范围的无线传输技术可以胜任作为短距离室内无线通信的辅助技术。因此，随着方向性的、定向组织的以高带宽（4 ~ 15 Gbit/s）和短距离为特征的 60 GHz 射频通信信道的出现，人们建立了新的数据中心网络的结构。

基于标准的 90 nm CMOS 技术的 60 GHz 信号收发器实现了低成本和高能量效率的信道。这些射频设备应用了定向的短距离波束来支持大量的发送器同时和多个接收器在狭窄的空间内通信。无线网络自身很难满足所有的要求。例如，无线链路的容量经常受限于干扰和高传输负载。因此无线网络不能完全取代以太网。

Cui 等人[82]提出了一个使用无线通信作为辅助技术的混合结构。在数据中心网络中使用无线通信的前提之一是在服务器上配备射频设备。一个直接的做法是在每个服务器上安装射频设备。然而这样会导致射频设备的数量巨大，高昂的成本和无线设备的浪费，因为无线信道限制了只能部分的无线设备同时通信。因此，更合理的做法是给每一组服务器分配无线设备。在下文中，将采用无线传输单元来表示被相同的射频设备支持的一组服务器。

事实上，数据中心主要由用以太网连接的服务器机架构成。因此可以合理地将每个机架考虑成一个无线数据单元，如图 7-12 所示。需要注意的是由于射频设备被安在机架顶端，机架不能封锁视距（Line-of-sight，LOS）传输。所以在不同拓扑的数据中心网络中，可以在不重新布置服务器的情况下对无线设备进行增加或补充。

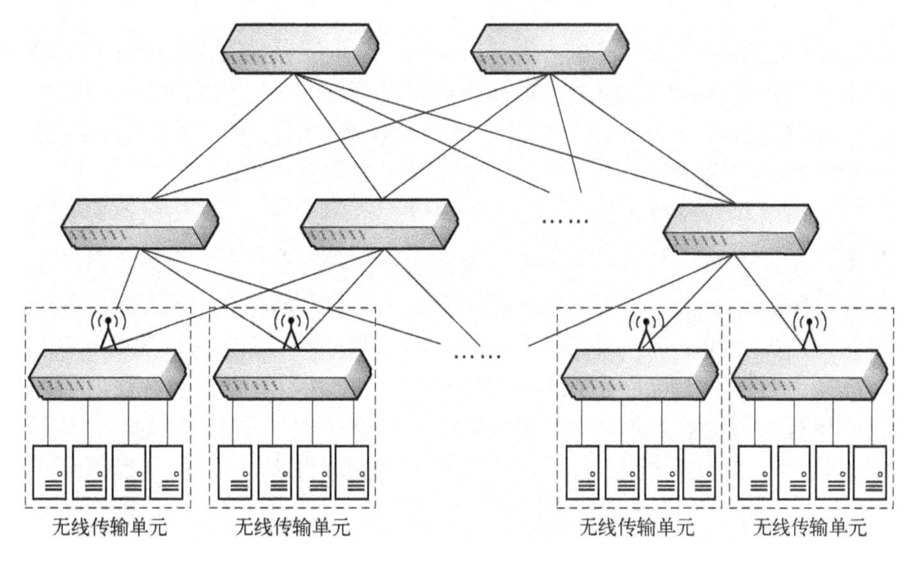

图 7-12　混合数据中心网络结构

1. 有线/无线混合数据中心网络

60 GHz 无线链路受制于短距离传输，甚至会被小障碍物封锁。此外，基于波束的链路也会发生信号泄露，造成的干扰严重地限制了密集数据中心中的同时传输。为了解决该问题，Zhou 等人[83]提出 3D 波束成型结构。结合无线信号的反射特性，在该架构中，60 GHz 信号在数据中心的天花板上反弹以联通不同的机架。在 2D 波束成形中发送者和接受者只能在视距范围内直接传输，在 3D 波束成型结构中，一个传输器可以将它的信号在天花板上反弹并用这种方式和接收器通信（如图 7-13 所示），通过避开障碍和减少干扰实现了间接的发送者和接受者之间的视距通路。在对准传输天线时，发送机只需要知道接收机的物理位置并且对准两个机架之间天花板位置即可。

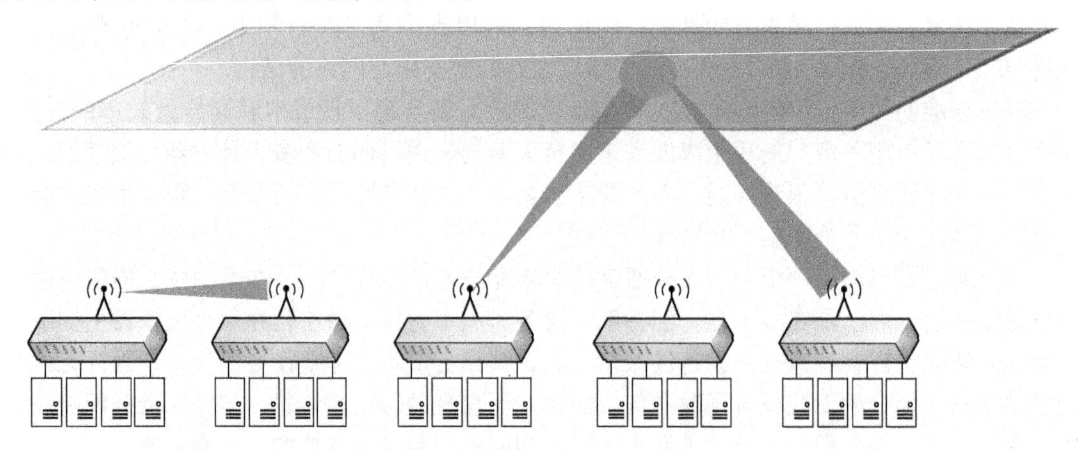

图7-13 3D波束成型通信示意图

这个新颖的设计使得数据中心当中的任意两个机架可以间接进行视距传输。在3D波束成形中，一个机架顶端的天线通过在天花板上反射一个汇聚的波束到接收机来形成一个无线链路，3D波束成形相对于之前的“2D”方法有一些独特的优势。第一，在天花板上反弹波束避开了障碍物，允许链路扩展射频信号的范围。第二，波束的三维方向极大地减小了干扰范围，允许更多附近的流量同时传输。第三，扩展了每个链路的有效范围，允许数据中心网络中的任意两个机架单跳连接，减少了对多跳连接的需求。3D波束成型结构解决了信号阻塞和信号泄露导致的信号干扰对60 GHz波束成形的限制，极大地扩展了60 GHz链路的范围和容量，让它成为有限线缆的一个灵活的、可重构的可行替代手段。

Cui等人[84]提出一种混合数据中心网络结构Diamond。Diamond为每台服务器配备无线信号收发装置。在Diamond中，所有服务器间的链路均为无线链路，服务器和机架顶端交换机之间用有线链路进行连接。不同于传统数据中心采用行列式的机架摆放，Diamond采用同心正多边形的方式组织服务器机架，每个正多边形，称为环。服务器机架摆放在同心正多边形的顶点，双面反射板置于同心正多边形边的位置，将60 GHz无线信号发射器和接收器置于服务器机架顶端，用于服务器之间的无线通信，对数据中心进行行列划分，同行或同列的服务器机架连接到一个交换机上。对于同一个环上的服务器，可借助无线反射实现通信(如图7-14所示)，对于环间通信，需要借助有线拓扑。

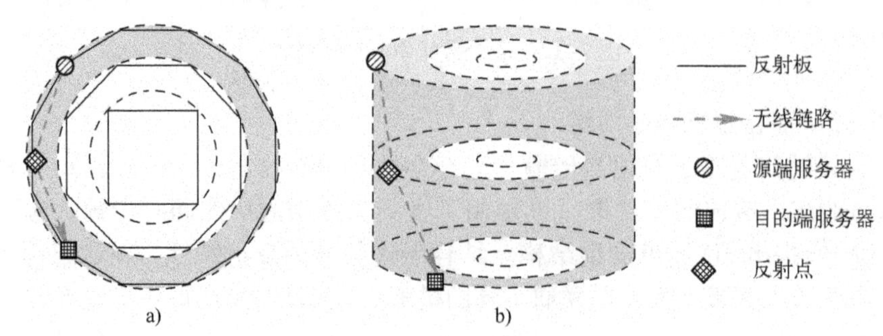

图7-14 Diamond反射通信
a）俯视图 b）侧视图

2. 完全无线数据中心网络

基于60 GHz射频技术，Shin等人[85]提出一种完全无线的数据中心网络架构——Cayley数据中心。该架构对机架进行了重新设计，并且构造了基于一种Cayley图子图的网络拓扑，以发挥Cayley图能提供密集连接的优势。

为了将无线信号在一个机架内或多个机架间进行分离，该架构提出了在棱柱容器中存储服务器的圆柱形机架，如图7-15所示。这种棱柱机架将数据中心空间分成了两部分——机架内的空间和机架之间的空间，如图7-15a所示。其中服务器被放置在机架上，每个服务器拥有两个无线发射接受机，使得它的一个发射接收机连接机架内部而另一个发射接收机面向机架之间，如图7-15b所示。

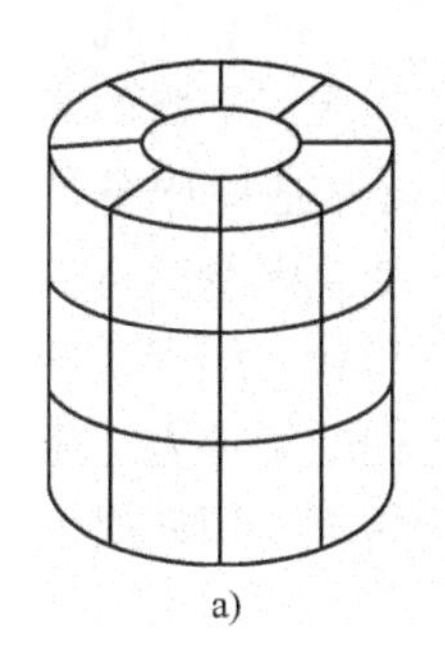
a)

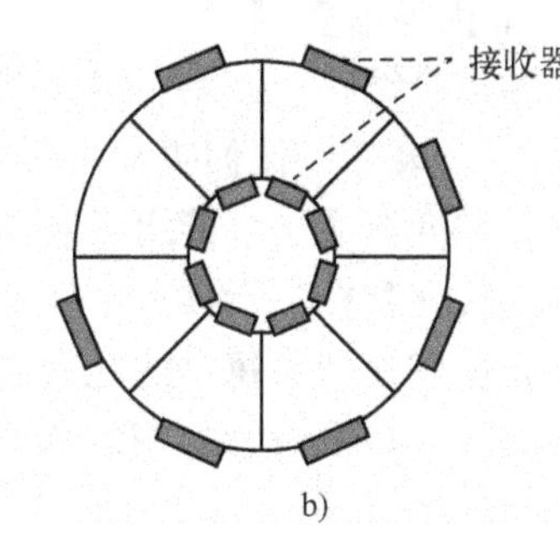

b)

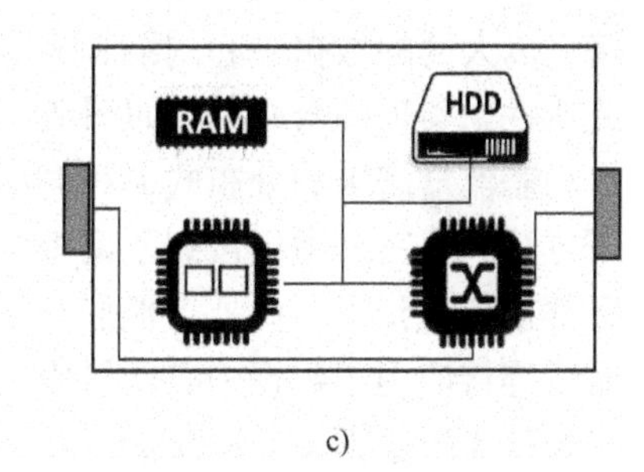

c)

图7-15　Cayley数据中心网络结构
a）服务器机架（三维视图）　b）服务器机架（二维视图）　c）服务器内部构造

尽管完全使用无线技术来满足数据中心的数据传输需求仍面临着巨大的挑战，但Cayley数据中心架构从一个崭新的角度思考了数据中心的设计和实现，并在这个方向迈出了极有建设性的一步。

7.3.4　无线数据中心网络性能优化

1. 无线数据中心网络的信道分配

混合数据中心网络的设计中有一些挑战。首先，无线链路必须被合理设置才能实现性能的提升，其中很多因素和无线调度有关。例如，无线链路必须解决热点服务器的拥塞问题；信道分配应该避免无线链路之间的干扰；无线链路的调度应该和以太网传输相协调。换句话说，无线网络的性能（一般由吞吐量来衡量）和有线传输的性能应该同时考虑。

为了处理这些挑战，Cui等人[84][86]提出了无线传输的中心调度机制。他们采用了在中心控制器在接受信息时，能从数据中心网络中的全部服务器中聚集流量数据的Open Flow管理模型。Open Flow可以帮助实现大型数据中心的低负载的有效中心调度。通过使用Open Flow协议，数据中心网络中的交换机可以从流量中获取数据并向中心控制器开启安全信道。因此，新的数据流的插入和一次传输的完成可以被检测到并向中心控制器发送，并且最新的流量分布也可以被估计并向中心控制器发送。然后一个周期性的或基于触发的调度机制可以被用于处理拥塞问题。Cui等人提出的框架可以在新热点被发现时触发调度，因为它主要关注热点的分布（例如一个点的总流量超过了一个阈值）。周期性的调度可以以固定的时间间隔平衡数据中心网络中的工作负载，而基于热点的触发可以更有效地适应工作负载的动态情况。该机制的调度主要由两个部分组成：第一步是基于流量信息建立无线传输的图。第二步是在无线传输的图上进行信道分配。该机制通过无线传输的调度在吞吐量和工作完成时间上极大地提升了全局性能。

2. 无线数据中心网络的链路调度

除了信道分配问题，要提供一个可行的无线数据中心网络，还有大量问题需要解决。第一，在设计网络结构时应该考虑可扩展性和网络流量的要求。第二，数据中心网络的以太网基础设施和上面加载的无线网络必须很好地协调。第三，决定何时何地建立无线链路的无线调度是关键问题。

为了解决这些问题，Cui 等人[87]提出了数据中心网络的无线链路调度（WLSDCN）。WLSDCN 考虑了流量分布、网络拓扑、干扰等诸多因素。第一，他们设计了一种整合现有基于以太网的数据中心网络和无线网络的混合结构，利用了以太网的高容量和无线网络的高灵活性来实现高效网路（如图 7-16 所示）。第二，他们提出一种能让无线链路适应服务器的动态流量需求的分布式无线调度机制，并介绍了一个能组织服务器有效地交换流量信息的新方法。第三，他们设想了两个基于不同优化目标的无线调度问题。流量分布和无线资源冲突都被考虑到了。此外，他们分析了复杂度和设计了每个优化问题的解。他们的结构方法将无线连接应用于数据中心网络中的链路调度。他们设计的网络结构和调度机制都是用来提供有效的无线数据中心网络。

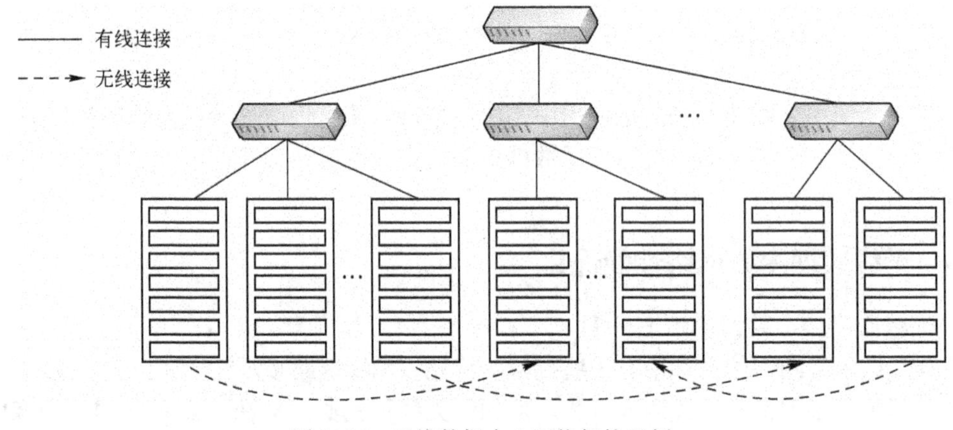

图 7-16　无线数据中心网络架构示例

3. 无线数据中心网络的多播最优化

在现代数据中心网络中，一对多的组通信很常见。例如，分布式文件系统，如 Hadoop 可以产生大量的一对多流量。多播是已知的支持一对多传输的最有效的方式。

Guo 等人[81]提出了一个基于服务器的多播树构造数据中心网络拓扑的方法，Vigfusson 等人[88]提出了名为 Dr. Multicast 数据中心多播机制。基于硬件设施的容量，一些组支持组播，剩下的组使用单播通信。Li[89]等人通过使用数据中心网络的特征和分组内的 Bloom Filters 来达到可扩展性，并提出了一个多播框架。然而，这些机制都基于对拥塞敏感的有线的多播传输。通常，庞大的数据中心网络的多播组成员的数量使得多播树的建造很困难。有限的多播地址个数给在数据中心中支持 IP 多播增加了额外的挑战。

基于有线/无线混合的数据中心网络架构，Liao 等人提出了一种无线数据中心网络的多播（MWDCN），这种机制利用了无线链路来更高效地方便一对多的传输，尤其是当数据中心网络中的有线传输因大流量而遭遇拥塞的时候。把路由器作为无线基础传输单元，路由至连接到同一个机顶路由器的不同服务器的数据被认为传输到同一目的地。因为通常每个机顶路由器会连接几十个服务器，机顶路由器数量远小于服务器数量，通过将机顶路由器选择为无线基础单元，多播成员将极大减少，这也将减少可能的无线干扰。因为无线数据中心是相对管理得好的网络，他们也设计了中心模块（Centralized Module，CM）（如图 7-17 所示）来实现提出的框架。每个无线基础单元将会周期地通过有线连接更新中心模块，发送基于过去的传输数据的无线基础单元和它的邻居之间的链路的状态。因为所有架顶路由器有固定的位置，数据中心网络中的信道状况相对稳定。中心模块根据包交付概率、传输范围和干扰范围来决定哪个无线基础单元来广播数据以及对应的数据传输率。考虑到估计和实际传输中的损失率可能不同会导致一些额外的分组被传输，中心模块将根据传输的状况更新这种调度。以这种中心模块结构为基础，他们也提出了一个基于方向的框架来根据组成员的位置分配中继节点的广播时长。

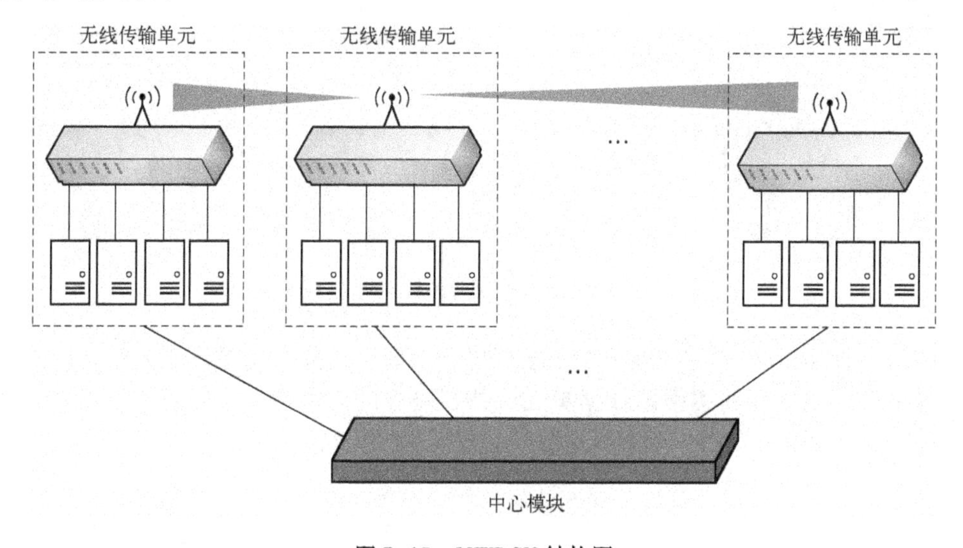

图 7-17　MWDCN 结构图

4. 无线数据中心网络中的冗余消除

数据中心网络的冗余流量源于应用程序、软件框架以及一些相关联的协议。相关研究显示，基于 http（或者 http-opt）的流量中的重复内容高达 50%；MapReduce 产生的流量中也有超过 30% 的内容重复。其中，通信过程中存在的大部分重复性内容是可以被消除的。在大型数据中心中，运行着包括网络搜索等在线服务和数据挖掘、分布式文件系统等计算服务。大量的数据被同时存储在两个或者两个以上的服务器中，当数据请求到来的时候，数据中心网络传输的数据中可能会存在相同或者相似的数据，这些传输的数据在某种程度上是存在冗余的。这些传输的冗余数据大大降低了数据中心网络的效率。

研究者们在去除链路冗余方面做了大量工作，其中一个常用的典型方法是使用代理服务器在距离用户较近的地方存储需求大的对象。然而，现存的冗余消除机制无法应用到数据中心网络中去。数据中心内服务器高度集中，这将产生了大量的通信负载来收集流量矩阵和其他的一些需要的信息。然而，数据中心管理人员忽略了利用不同的中间节点来缓存重复数据的好处，尤其在缓存容量相对较小的情况下。同时，管理人员没有考虑不同服务器（交叉源冗余）发送冗余数据的情况。在现有的工作中，服务器寄存了它们发送的数据的缓存状态，但是无法获得其他服务器发送的数据。另外，此类缓存机制没有解决一些内容的流行性会随时间变化的问题（比如，搜索服务）。

为了解决数据中心网络中的热点问题，Kandula 等人[90]提出利用服务器之间的无线链路结合数据中心网络的流量热点特征来减少数据中心网络流的传输时间。其中仅在服务器配备无线网络接口卡。Cui 等人[91]提出一种新的冗余消除方案 TREDaCeN 来调度信道以优化无线数据中心网络的性能。每个路由器和服务器都有无线网络接口卡和缓存。路由器缓存通过它们的流量，同时由服务器监视每个路由器缓存的内容。因此，服务器将下游路由器预先缓存的数据编码并转发，由路由器解码并发往目的地，如图 7-18 所示。

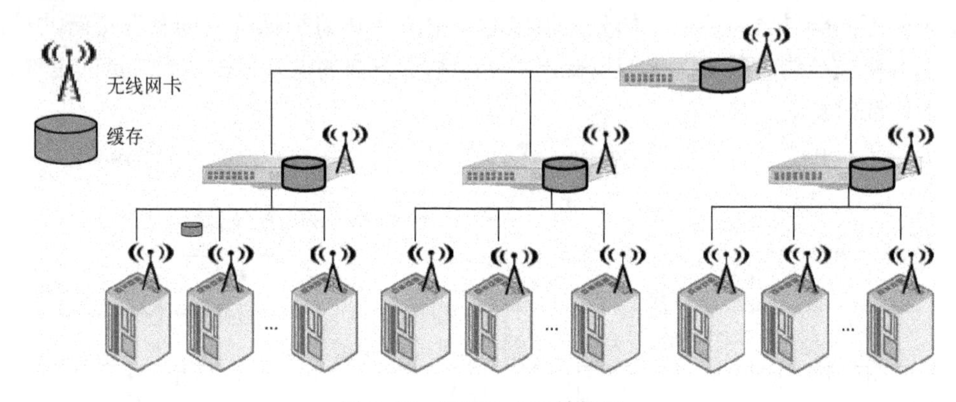

图 7-18　TREDaCeN 结构图

Cui 等人设计的方案通过选择节点来缓存特定的数据以最小化网络侧流量。该方法选择在路由器中有最大缓存利用率的数据单元，并在剩余的容量中对其进行缓存如图 7-19 所示。服务器和路由器可以用一个有优先顺序的调度更新它们的状态。

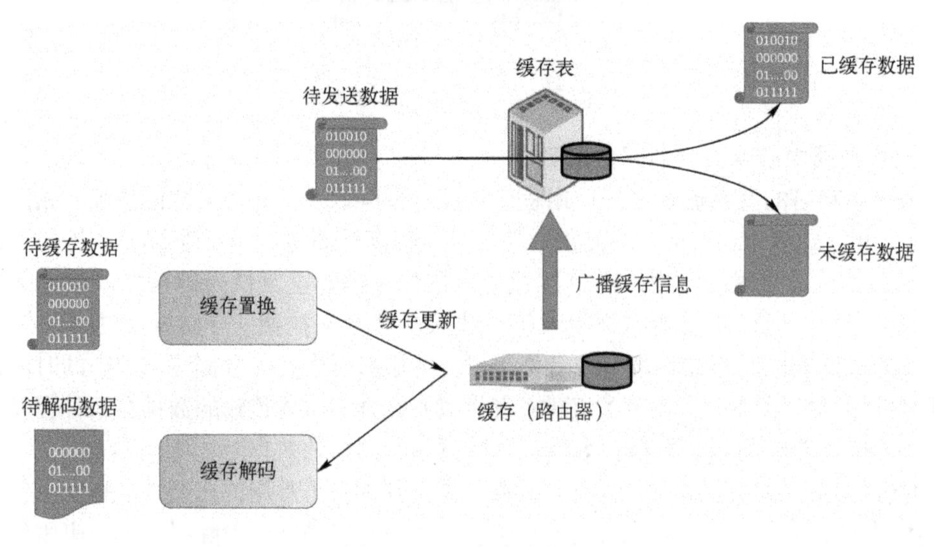

图 7-19　冗余消除方案

7.4　移动云计算发展趋势与展望

当前，移动云计算已经发展成为互联网的重要应用模式之一，并在生产生活方面发挥重要的作用。本节将围绕移动云计算的发展趋势展开介绍，分别从移动云计算的功能增强、移动云计算的服务质量保证等方面进行展望。

7.4.1　移动云计算的功能增强

1. 计算迁移中高效的环境感知与决策

随着移动云计算应用的普及，学者们针对不同应用场景提出了一系列计算迁移方案。然而，计算迁移技术要得到更广泛的应用，以下几个问题有待进一步深入研究。一是对本地执行和远程执行代价（移动终端能耗、传输流量以及执行时间等）的准确预估。二是对系统状态和环境信息（终端电量、系统负载以及网络带宽等）的高效收集。以上两点都是做出有效迁移决策的基础。三是用户数据的安全与隐私保护，这是计算迁移技术推广应用的基础。另外，计算迁移技术要得以广泛应用还必须进一步研究统一的体系架构、规范的 API 接口等。

2. 基于精准定位与动作识别的移动云计算服务增强

室内定位技术作为近年学术界的研究热点，其定位精度、系统性能等都有大幅提高。近年来，随着室内定位技术研究的不断深入，学者们已经从追求定位精度的优化，进一步扩展到对目标物体的移动轨迹、动作识别等的研究。如何针对多样的用户需求、复杂多样的室内室外场景，基于用户的位置及行为特征，为用户提供个性化的、高效便捷的云服务将是未来需要进一步重点研究的方向。

3. 基于新型通信技术与网络架构的移动云计算服务增强

最新提出的 5G 通信技术不仅提供了更加高速的网络接入，并且对微基站、终端对终端直连通信（Device to Device，D2D）以及室内定位等提供了更好的支持。如何将 5G 提供的新特性应用于移动云环境，为用户提供更加多样、高效的服务将是学术界未来研究的一个重要方向。如何将软件定义网络（Software-Defined Networking，SDN）与 5G 网络相结合，为移动云计算提供智能高效的网络管理、灵活健壮的网络服务也将是未来需要进一步重点研究的方向。

7.4.2　移动云计算的服务质量保障

1. 适应异构无线网络的移动云计算高效持续服务

目前已逐步推广应用的通信技术已经可以为移动用户提供高达百兆的传输速率，为用户享受更丰富的移动云计算服务提供了基础。然而爆炸式增长的移动流量与有限的带宽资源、空口资源之间的矛盾依然突出。认知无线电技术有望成为提高带宽利用率的有效方法。另外，将 Cellular 网络流量有效迁移到 Wi-Fi 网络也是解决空口资源紧张问题的重点研究方向。移动用户的连续移动以及在多种无线网络间的频繁切换，是用户稳定、持续地接入云端数据中心，享受互操作性服务面临的又一阻碍。因此，适应接入网络异构性的自适应协议，尤其是对速率自适应和拥塞控制机制支持，也将是提高移动云计算性能的一个重点研究方向。

2. 高效的云端数据一致性保障

在复杂的无线环境下，保证用户终端与云端数据的一致性，也是保证移动云计算服务质量面临的重要挑战。最近的一些研究成果，多采用多副本发送、冗余备份的方式，实现终端数据的有效发送以及多终端与云端间的数据一致性。然而，这种机制却无形中增加了移动终端的流量和能耗开销。特别是在终端能耗受限的情况下，如何将数据一致性保护机制与能耗优化的传输机制结合，实现更好传输性能与能耗的协调折中，也是移动云计算应用必须研究的。

7.5 本章小结

随着无线数据通信和移动互联网的广泛应用，移动云计算技术得到了迅速发展，受到了学者们的广泛关注。本章对这些成果进行了系统的总结和分析，进一步指出了未来的一些研究发展方向，并在计算迁移、基于移动云的位置服务、终端节能以及数据安全与隐私保护等方面开展了深入的研究，取得了一系列重要研究成果。

作为移动云计算的基础设施平台，数据中心也面临一系列挑战，其中数据中心网络的性能瓶颈典型性地源于它固定的结构。幸运的是，无线网络作为以太网的一种补充，能够增强数据中心网络拓扑的灵活性，为解决数据中心的性能瓶颈提供一种可行手段。基于无线技术，研究者们创新地设计了多种无线数据中心网络架构，并在此基础上，对无线数据中心网络的信道分配、链路调度、数据多播和冗余消除等方面进行了探索和优化，大大地提高了无线数据中心网络的性能，从而有力地推动了无线数据中心的发展。

随着虚拟现实、智能家居等新型应用的不断涌现，以及移动应用向医疗、教育、金融等领域的进一步渗透，移动云计算在高效性、可靠性和安全性等方面还面临着许多新的技术挑战，一系列新的研究课题还需要进一步深入探索和研究。

习题

1. 作为云计算在移动互联网中的应用，移动云计算满足移动终端用户随时随地从云端获取资源和计算能力的需求，不受本地物理资源的限制。请举例说明实际生活中哪些场景和移动云计算相关。

2. 将移动终端的计算、存储等任务迁移到附近资源丰富的服务器上执行，减少移动终端计算、存储和能量等资源的需求，称为计算迁移。请对比分析细粒度计算迁移和粗粒度计算迁移的优劣。

3. 受限于移动智能终端的电池电量，通过优化数据传输改善手机电池的续航能力显得十分必要。对移动终端而言，通过哪些方法可以实现数据传输节能？

4. Cellular 和 Wi-Fi 是主要的数据传输载体，请简述两者在终端节能方面的区别和联系，以及各自的优势和劣势。

5. 定位服务的节能是移动终端节能研究的一个重要方向。定位服务节能包括基于终端的节能优化和基于云端的节能优化，它们分别通过哪些方式实现节能效果？

6. 作为云计算和移动云计算的核心基础设施，数据中心在近年来得到了学术界和工业界的关注，请举例说明数据中心网络当前面临的挑战有哪些？

7. 对比传统树形架构和 Fat-tree 架构，说明 Fat-tree 架构的优势。

8. 近年来，无线数据中心成为数据中心发展的新方向，请简述无线数据中心的优势和待解决的问题。

9. 基于代理服务器的冗余消除机制为什么无法应用到数据中心网络？TREDaCeN 有哪些优势和劣势？

参考文献

[1] E Cuervo, A Balasubramanian, D-k Cho, A Wolman, S Saroiu, R Chandra, P Bahl. MAUI: Making Smartphones Last Longer with Code Offload[C]. Proceedings of the ACM International Conference on Mobile Systems, Applications, and Services (MobiSys). San Francisco, USA, 2010:49-62.

[2] C Young, Y Lakshman, T Szymanski, J Reppy, D Presotto, R Pike, G Narlikar, S Mullender, E Grosse. Protium, an Infrastructure for Partitioned Applications[C]. Proceedings of the IEEE Workshop on Hot Topics in Operating Systems (HotOS). Elmau, Germany, 2001:47-52.

[3] Z Li, C Wang, R Xu. Computation Offloading to Save Energy on Handheld Devices: a Partition Scheme[C]. Proceedings of the ACM International Conference on Compilers, Architecture, and Synthesis for Embedded Systems (CASES). Atlanta, USA 2001:238-246.

[4] K Yang, S Ou, H Chen. On Effective Offloading Services for Resource-constrained Mobile Devices Running Heavier Mobile Internet Applications[J]. IEEE Communications Magazine, 2008, 46(1):56-63.

[5] A Dou, V Kalogeraki, D Gunopulos, T Mielikainen, V Tuulos. Misco: A Mapreduce Framework for Mobile Systems[C]. Proceedings of the ACM International Conference on Pervasive Technologies Related to Assistive Environments (PETRA). Samos, Greece, 2010:32-39.

[6] B Chun, P Maniatis. Dynamically Partitioning Applications between Weak Devices and Clouds [C]. Proceedings of the ACM Workshop on Mobile Cloud Computing and Services (MCS). San Francisco, USA, 2010:1-5.

[7] R Iyer, S Srinivasan, O Tickoo, Z Fang, R Illikkal, S Zhang, V Chadha, P Stillwell, S Lee. Cogniserve: Heterogeneous Serve Architecture for Large-scale Recognition[J]. IEEE Micro, 2011, 31(3):20-31.

[8] M R Ra, A Sheth, L Mummert, P Pillai, D Wetherall, R Govindan. Odessa: Enabling Interactive Perception Applications on Mobile Devices[C]. Proceedings of the ACM International Conference on Mobile Systems, Applications and Services (Mobisys). Washington, USA, 2011:43-56.

[9] K K Rachuri, C Mascolo, M Musolesi, P J Rentfrow. SociableSense: Exploring the Trade-offs of Adaptive Sampling and Computation Offloading for Social Sensing[C]. Proceedings of the ACM Annual International Conference on Mobile Computing and Networking (Mobicom).

Las Vegas, USA, 2011: 73 - 84.

[10] E Cuervo, A Wolman, L P Cox, K Lebeck, A Razeen, S Saroiu, M Musuvathi. Kahawai: High-quality Mobile Gaming using GPU Offload[C]. Proceedings of the ACM International Conference on Mobile Systems, Applications and Services (Mobisys). Florence, Italy, 2015: 121 - 135.

[11] S Kosta, A Aucinas, P Hui, R Mortier, X Zhang. Thinkair: Dynamic Resource Allocation and Parallel Execution in the Cloud for Mobile Code Offloading[C]. Proceedings of the IEEE International Conference on Computer Communications (INFOCOM). Orlando, USA, 2012: 945 - 953.

[12] M S Gordon, D A Jamshidi, S Mahlke, Z M Mao, X Chen. Comet: Code Offload by Migrating Execution Transparently[C]. Proceedings of the USENIX Conference on Operating Systems Design and Implementation (OSDI). Hollywood, USA, 2012: 93 - 106.

[13] B Zhou, A V Dastjerdi, R N Calheiros, S N Srirama, R Buyya. A Context Sensitive Offloading Scheme for Mobile Cloud Computing Service[C]. Proceedings of the IEEE International Conference on Cloud Computing (CLOUD). New York, USA, 2015: 869 - 876.

[14] Satyanarayanan M, Bahl P, Caceres R, et al. The Case for Vm-based Cloudlets in Mobile Computing[J]. IEEE Pervasive Computing, 2009, 8(4): 14 - 23.

[15] Yang L, Chen Y, Li X Y, et al. Tagoram: Real-time Tracking of Mobile RFID Tags to High Precision using COTS Devices[C]. Proceedings of the ACM 20th Annual International Conference on Mobile Computing and Networking (Mobicom). Maui, USA, 2014: 237 - 248.

[16] B Chun, P Maniatis. Augmented Smartphone Applications Through clone Cloud Execution [C]. Proceedings of the Workshop on Hot Topics in Operating Systems (HotOS). Monte Verita, Switzerland, 2009: 8 - 11.

[17] M S Gordon, D K Hong, P M Chen, J Flinn, S Mahlke, Z M Mao. Accelerating Mobile Applications through Flip-Flop Replication[C]. Proceedings of the ACM 13th Annual International Conference on Mobile Systems, Applications, and Services (Mobisys). Florence, Italy, 2015: 137 - 150.

[18] M Satyanarayanan. Pervasive Computing: Vision and Challenges[J]. IEEE Personal Communications, 2001, 8(4): 10 - 17.

[19] S Hung, T Kuo, C Shih, J Shieh, C Lee, C Chang, J Wei. A Cloud-based Virtualized Execution Environment for Mobile Applications[J]. ZTE Communications, 2011, 9(1): 15 - 21.

[20] Zhou Ao-Ying, Yang Bin, Jin Che-Qing, Ma Qiang. Location-based Services: Architecture and Progress[J]. Chinese Journal of Computers, 2011, 34(7): 1155 - 1171.

[21] Y Zheng, G Shen, L Li, C Zhao, M Li, F Zhao. Travi-navi: Self-deployable Indoor Navigation System[C]. Proceedings of the ACM Annual International Conference on Mobile Computing and Networking (Mobicom). Maui, USA, 2014: 471 - 482.

[22] Dong J, Xiao Y, Noreikis M, Ou Z, Antti Ylä - Jääski. iMoon: Using Smartphones for Image-based Indoor Navigation[C]. Proceedings of the 13th ACM Conference on Embedded Networked Sensor Systems (SenSys). Seoul, South Korea, 2015: 85 - 97.

[23] Wu. C, Yang Z, and Liu Y. Smartphones Based Crowdsourcing for Indoor Localization[J]. IEEE Transactions on Mobile Computing(TMC), February 2015, 14(2):444-457.

[24] R Gao, M Zhao, T Ye, F Ye, Y Wang, K Bian, T Wang, X Li. Jigsaw: Indoor Floor Plan Reconstruction via Mobile Crowdsensing[C]. Proceedings of the ACM Annual International Conference on Mobile Computing and Networking(Mobicom). Maui, USA, 2014:249-260.

[25] Dong J, Xiao Y, Ou Z, Cui Y and Yla-Jaaski. A. Indoor Tracking Using Crowdsourced Maps[C]. Proceedings of the 15th ACM/IEEE International Conference on Information Processing in Sensor Networks (IPSN). Vienna, Austria, 2016:1-6.

[26] Y Shu, K G Shin, T He, J Chen. Last Mile Navigation Using Smartphones[C]. Proceedings of the ACM Annual International Conference on Mobile Computing and Networking(Mobicom). Paris, France, 2015:512-524.

[27] Lim C H, Wan Y, Ng B P, et al. A Real-time Indoor WiFi Localization System Utilizing Smart Antennas[J]. IEEE Transactions on Consumer Electronics, 2007, 53(2):618-622.

[28] Xiong J, Jamieson K. ArrayTrack: A Fine-Grained Indoor Location System[C]. Proceedings of USENIX Symposium on Networked Systems Design and Implementation (NSDI). Lombard, Israel, 2013:71-84.

[29] J Xiong, K Sundaresan, K Jamieson. ToneTrack: Leveraging Frequency-Agile Radios for Time-Based Indoor Wireless Localizationt[C]. Proceedings of the ACM 21st Annual International Conference on Mobile Computing and Networking (Mobicom). Paris, France, 2015:537-549.

[30] M Kotaru, K Joshi, D Bharadia, S Katti. SpotFi: Decimeter Level Localization using WiFi [C]. Proceedings of the ACM International Conference on the Applications, Technologies, Architectures, and Protocols for Computer Communication (SIGCOMM). London, United Kingdom, 2015:269-282.

[31] Fadel Adib, Zach Kabelac, Dina Katabi. Multi-Person Localization via RF Body Reflections [C]. Proceedings of USENIX Symposium on Networked Systems Design and Implementation (NSDI). Oakland, USA, 2015:279-292.

[32] G Wang, Y Zou, Z Zhou, K Wu, L Ni. We can Hear You with WiFi! [C]. Proceedings of the ACM 20th Annual International Conference on Mobile Computing and Networking (Mobicom). Maui, USA, 2014:593-604.

[33] K Joshi, D Bharadia, M Kotaru, S Katti. WiDeo: Fine-grained Device-free Motion Tracing using RF Backscatter[C]. Proceedings of USENIX symposium on networked systems design and implementation (NSDI). Oakland, USA, 2015:189-204.

[34] Wang Y, Liu J, Chen Y, et al. E-eyes: Device-free Location-oriented Activity Identification using Fine-grained WI-FI Signatures[C]. Proceedings of the ACM 20th Annual International Conference on Mobile Computing and Networking (Mobicom). Maui, USA, 2014:617-628.

[35] Wang W, Liu A X, Shahzad M, et al. Understanding and Modeling of WI-FI Signal based Human Activity Recognition[C]. Proceedings of the ACM 21st Annual International Confer-

ence on Mobile Computing and Networking (Mobicom). Paris, France, 2015:65 - 76.

[36] Ali K, Liu A X, Wang W, et al. Keystroke Recognition Using WiFi Signals[C]. Proceedings of the ACM 21st Annual International Conference on Mobile Computing and Networking (Mobicom). Paris, France, 2015:90 - 102.

[37] Yang L, Lin Q, Li X, et al. See Through Walls with COTS RFID System! [C]. Proceedings of the ACM 21st Annual International Conference on Mobile Computing and Networking (Mobicom). Paris, France, 2015:487 - 499.

[38] Y Kuo, P Pannuto, K Hsiao, P Dutta. Luxapose: Indoor Positioning with Mobile Phones and Visible Light[C]. Proceedings of the ACM Annual International Conference on Mobile Computing and Networking (Mobicom). Maui, USA, 2014:447 - 458.

[39] Zhice Yang, Zeyu Wang, Jiansong Zhang, Chenyu Huang, Qian Zhang. Wearables can Afford: Light-weight Indoorpositioning with Visible Light[C]. Proceedings of the ACM Annual International Conference on Mobile Systems, Applications, and Services (Mobisys). Florence, Italy, 2015:317 - 330.

[40] Li T, An C, Tian Z, et al. Human Sensing using Visible Light Communication[C]. Proceedings of the ACM 21st Annual International Conference on Mobile Computing and Networking (Mobicom). Paris, France, 2015:331 - 344.

[41] Yu - Chih Tung, Kang G Shin. EchoTag: Accurate Infrastructure-Free Indoor Location Tagging with Smartphones[C]. Proceedings of the ACM 21st Annual International Conference on Mobile Computing and Networking(Mobicom). Paris, France, 2015:525 - 536.

[42] Ma Q, Yang B, Qian W, et al. Query Processing of Massive Trajectory Data based on Mapreduce[C]. Proceedings of the ACM First International Workshop on Cloud Data Management (CloudDB). Hong Kong, China, 2009:9 - 16.

[43] Eldawy A, Mokbel M F. A Demonstration of Spatialhadoop: An Efficient Mapreduce Framework for Spatial Data[C]. Proceedings of the VLDB Endowment, 2013, 6(12):1230 - 1233.

[44] Eldawy A, Mokbel M F, Alharthi S, et al. Shahed: A Mapreduce-based System for Querying and Visualizing Spatio-temporal Satellite Data[C]. Proceedings of the IEEE 31st International Conference on Data Engineering (ICDE). Seoul, Korea, 2015:1585 - 1596.

[45] Silva Y N, Xiong X, Aref W G. The RUM-tree: Supporting Frequent Updates in R-trees using Memos[J]. The VLDB Journal, 2009, 18(3):719 - 738.

[46] Lin H Y. Using Compressed Index Structures for Processing Moving Objects in Large Spatio-temporal Databases[J]. Journal of Systems and Software, 2012, 85(1):167 - 177.

[47] Xu X, Xiong L, Sunderam V, et al. Speed Partitioning for Indexing Moving Objects. Advances in Spatial and Temporal Databases[J]. Springer, 2015:216 - 234.

[48] Cong G, Jensen C S, Wu D. Efficient Retrieval of the Top-k most Relevant Spatial Web Objects[J]. Proceedings of the VLDB Endowment, 2009, 2(1):337 - 348.

[49] Zhang D, Chee Y M, Mondal A, et al. Keyword Search in Spatial Databases: Towards Searching by Document[C]. Proceedings of the IEEE 25th International Conference on Data Engineering (ICDE). Shanghai, China, 2009:688 - 699.

[50] Shi J, Wu B, Lin X. A Latent Group Model for Group Recommendation[C]. Proceedings of the IEEE International Conference on Mobile Services (MS). New York, USA, 2015:233 - 238.

[51] Balasubramanian N, Balasubramanian A, Venkataramani A. Energy Consumption in Mobile Phones: A Measurement Study and Implications for Network Applications[C]. Proceedings of the ACM SIGCOMM 9th Conference on Internet Measurement Conference (IMC). Budapest, Hungary, 2009:280 - 293.

[52] Labiod H, Badra M. New Technologies, Mobility and Security[M]. Berlin: Springer - Verlag, 2007.

[53] Liu H, Zhang Y, Zhou Y. Tailtheft: Leveraging the Wasted Time for Saving Energy in Cellular Communications[C]. Proceedings of the ACM 6th International Workshop on Mobility in the Evolving Internet Architecture (MobiArch). Washington, USA, 2011:31 - 36.

[54] Zhao B, Hu W, Zheng Q, Cao G. Energy - Aware Web Browsing on Smartphones[J]. IEEE Transactions on Parallel and Distributed Systems (TPDS), 2015, 26(3):761 - 774.

[55] Cui Y, Xiao S, Wang X, et al. Performance- aware Energy Optimization on Mobile Devices in Cellular Network[C]. Proceedings of the IEEE International Conference on Computer Communications (INFOCOM). Toronto, Canada, 2014:1123 - 1131.

[56] Agarwal Y, Chandra R, Wolman A, Bahl P, Chin K, Gupta R. Wireless Wakeups Revisited: Energy Management for Voip over WiFi Smartphones[C]. Proceedings of the ACM 5th International Conference on Mobile Systems, Applications and Services (Mobisys). San Juan, Puerto Rico, 2007:179 - 191.

[57] Zhang X, Shin K E- mili: Energy- minimizing Idlelistening in Wireless Networks[C]. Proceedings of the ACM 17th Annual International Conference on Mobile Computing and Networking (Mobicom). Las Vegas, USA, 2011:205 - 216.

[58] D H Bui, Y Liu, H Kim, I Shin, F Zhao. Rethinking Energy Performance Trade- off in Mobile Web Page Loading[C]. Proceedings of the ACM Annual International Conference on Mobile Computing and Networking (Mobicom), Paris, France, 2015:14 - 26.

[59] C Zhang, X Zhang, R Chandra. Energy Efficient WiFi Display[C]. Proceedings of the ACM 13th Annual International Conference on Mobile Systems, Applications, and Services (Mobisys). Florence, Italy, 2015:405 - 418.

[60] Rahmati A, Zhong L. Context - for - wireless: Context - sensitive Energy - efficient Wireless Data Transfer[C]. Proceedings of the ACM International Conference on Mobile Systems, Applications and Services (Mobisys). San Juan, Puerto Rico, 2007:165 - 178.

[61] Yetim O B, Martonosi M. Adaptive Delay - tolerant Scheduling for Efficient Cellular and WiFi Usage[C]. Proceedings of the IEEE 15th International Symposium on a World of Wireless, Mobile and Multimedia Networks (WoWMoM). Sydney, Australia, 2014:1 - 7.

[62] Leonhardi A, Rothermel K. A Comparison of Protocols for Updating Location Information [J]. Springer Cluster Computing, 2001, 4(4):355 - 367.

[63] You C, Huang P, Chu H, Chen Y, Chiang J, Lau S. Impact of Sensor- enhanced Mobility

Prediction on the Design of Energy-efficient Localization[J]. Elsevier Ad Hoc Networks, 2008,6(8):1221-1237.

[64] Farrell T,Cheng R,Rothermel K. Energy-efficient Monitoring of Mobile Objects with Uncertainty Aware Tolerances[C]. Proceedings of the IEEE 11th International Database Engineering and Applications Symposium (IDEAS). New York,USA,2007:129-140.

[65] Paek J,Kim J,Govindan R. Energy-efficient Rate-adaptive GPS-based Positioning for Smartphones[C]. Proceedings of the ACM 7th International Conference on Mobile Systems, Applications,and Services (Mobisys). New York,USA,2010:299-314.

[66] Kjærgaard M,Langdal J,Godsk T,Toftkjær T. Entracked:Energy-efficient Robust Position Tracking for Mobile Devices[C]. Proceedings of the ACM 7th International Conference on Mobile Systems,Applications,and Services (Mobisys). Kraków,Poland,2009:221-234.

[67] Kjærgaard M,Bhattacharya S,Blunck H,Nurmi P. Energy-efficient Trajectory Tracking Formobile Devices[C]. Proceedings of the ACM 7th International Conference on Mobile Systems,Applications,and Services (Mobisys). New York,USA,2011:307-320.

[68] A Nodari,J Nurminen,M Siekkinen. Energy-efficient Position Tracking via Trajectory Modeling[C]. Proceedings of the ACM 10th International Workshop on Mobility in the Evolving Internet Architecture (Mobiarch). Paris,France,2015:33-38.

[69] Thiagarajan A,Ravindranath L,LaCurts K,Madden S,Balakrishnan H,Toledo S,Eriksson J. Vtrack:Accurate,Energy-aware Road Traffic Delayestimation Using Mobile Phones[C]. Proceedings of the ACM 7th Conference on Embedded Networked Sensor Systems (SenSys). New York,USA,2009:85-98.

[70] Thiagarajan A, Ravindranath L, Balakrishnan H, Madden S, Girod L, et al. Accurate, Low Energy Trajectory Mapping for Mobile Devices[C]. Proceedings of USENIX 8th Symposium on Networked Systems Design and Implementation (NSDI). Boston,USA,2011:267-280.

[71] Djuknic G,Richton R. Geolocation and Assisted GPS[J]. IEEE Computer,2011,34(2): 123-125.

[72] Van Diggelen,Frank Stephen Tromp. A-GPS:Assisted GPS, GNSS, and SBAS[M]. London:Artech House,2009.

[73] Ramos H,Zhang T,Liu J,Priyantha N,Kansal A. Leap:A Low Energy Assisted GPS for Trajectory Based Services[C]. Proceedings of the ACM 13th International Conference on Ubiquitous Computing (UbiComp). Beijing,China,2011:335-344.

[74] Liu J,Priyantha B,Hart T,Ramos H,Loureiro A,Wang Q. Energy Efficient GPS Sensing with Cloud Offloading[C]. Proceedings of the ACM 10th Conference on Embedded Networked Sensor Systems (SenSys). Toronto,Canada,2012:85-98.

[75] Dhondge K,Park H,Choi B,Song S. Energy-efficient Cooperative Opportunistic Positioning for Heterogeneous Mobile Devices[C]. Proceedings of the IEEE 21st International Conference on Computer Communications and Networks (ICCCN). Munich, Germany, 2012: 1-6.

[76] Al-Fares, Mohammad, Alexander Loukissas, Amin Vahdat. A Scalable, Commodity Data

Center Network Architecture[J]. ACM SIGCOMM Computer Communication Review. 2008,38(4):63-74.

[77] Greenberg, Albert, James R Hamilton, Navendu Jain, Srikanth Kandula, Changhoon Kim, Parantap Lahiri, David A Maltz, Parveen Patel, Sudipta Sengupta. VL2: A Scalable and Flexible Data Center Network[J]. In ACM SIGCOMM Computer Communication Review. 2009,39(4):51-62.

[78] Farrington N, Porter G, Radhakrishnan S, Bazzaz H H, Subramanya V, Fainman Y, Papen G, Vahdat A. Helios: A Hybrid Electrical/Optical Switch Architecture for Modular Data Centers[J]. ACM SIGCOMM Computer Communication Review. 2010,40(4):339-350.

[79] Guo C, Wu H, Tan K, Shi L, Zhang Y, Lu S. Dcell: A Scalable and Fault-tolerant Network Structure for Data Centers[J]. In ACM SIGCOMM Computer Communication Review. 2008,38(4):75-86.

[80] Li D, Guo C, Wu H, Tan K, Zhang Y, Lu S. FiConn: Using Backup Port for Server Interconnection in Data Centers[C]. Proceedings of the IEEE International Conference on Computer Communications (INFOCOM). 2009:2276-2285.

[81] Guo C, Lu G, Li D, Wu H, Zhang X, Shi Y, Tian C, Zhang Y, Lu S. BCube: A High Performance, Server-centric Network Architecture for Modular Data Centers[J]. ACM SIGCOMM Computer Communication Review. 2009,39(4):63-74.

[82] Cui Y, Wang H, Cheng X. Channel Allocation in Wireless Data Center Networks[C]. Proceedings of the IEEE International Conference on Computer Communications (INFOCOM), Shanghai, China, 2011:1395-1403.

[83] Zhou X, Zhang Z, Zhu Y, Li Y, Kumar S, Vahdat A, Zhao B Y, Zheng H. Mirror on the Ceiling: Flexible Wireless Links for Data Centers[J]. ACM SIGCOMM Computer Communication Review, 2012,42(4):443-454.

[84] Cui Y, Xiao S, Wang X, Yang Z, Zhu C, Li X, Yang L, Ge N. Diamond: Nesting the Ddata Center Network with Wireless Rings in 3D Space[C]. Proceedings of USENIX 8th Symposium on Networked Systems Design and Implementation (NSDI). CA, USA, 2016:657-669.

[85] Shin J Y, Sirer E G, Weatherspoon H, Kirovski D. On the Feasibility of Completely Wireless Datacenters[J]. IEEE/ACM Transactions on Networking (TON), 2013, 21(5):1666-1679.

[86] Cui Y, Wang H, Cheng X, Li D, Ylä-Jääski A. Dynamic Scheduling for Wireless Data Center Networks[J]. IEEE Transactions on Parallel and Distributed Systems, 2013, 24(12):2365-2374.

[87] Cui Y, Wang H, Cheng X. Wireless Link Scheduling for Data Center Networks[C]. In Proceedings of the 5th International Conference on Ubiquitous Information Management and Communication, Seoul, Republic of Korea, 2011, 44.

[88] Vigfusson Y, Abu-Libdeh H, Balakrishnan M, Birman K. Dr. Multicast: Rx for Data Center Communication Scalability[C]. Proceedings of the 5th European Conference on Computer Systems, Paris, France, 2010:349-362.

[89] Li D, Li Y, Wu J, Su S, Yu J. ESM: Efficient and Scalable Data Center Multicast Routing [J]. IEEE/ACM Transactions on Networking (TON), 2012, 20(3): 944 - 955.

[90] Kandula S, Padhye J, Bahl P. Flyways to De - congest Data Center Networks [OL]. www.researchgate.net.

[91] Cui Y, Xiao S, Liao C, Stojmenovic I, Li M. Data Centers as Software Defined Networks: Traffic Redundancy Elimination with Wireless Cards at Routers[J]. IEEE Journal on Selected Areas in Communications, 2013, 31(12): 2658 - 2672.

第8章　移动互联网安全

本章主要介绍移动互联网的安全机制及其相关技术，其中8.1节是移动互联网的安全概述，主要介绍网络安全的基本概念、安全目标、安全服务和安全机制的基本概念以及移动互联网安全涉及的内容；8.2节分析终端安全，包括终端安全威胁和安全防护；8.3节分析接入安全，主要介绍802.11i安全标准；8.4节介绍传输层安全协议，包括TLS协议和HTTPS协议等；8.5节介绍移动云计算安全，重点是云数据机密性、完整性、访问控制和可信删除等方面的技术；8.6节对本章内容进行小结。

8.1　移动互联网安全概述

互联网最初应用于科研领域，因此对安全性和资源的审计不太重视。现今，互联网广泛应用于商业、金融、交通等领域，成千上万的普通民众使用计算机网络进行网上购物、银行事务处理和网上聊天等活动，这就要求计算机网络提供一个安全、可靠的信息基础设施，这对互联网技术的发展带来了很大的挑战，互联网的安全问题成为重要的研究领域[1]。

移动互联网之所以能够得到广泛的应用，是因为移动互联网不像传统有线互联网那样受到地理位置的限制，移动互联网的用户也不像有线互联网的用户那样受到通信电缆的限制，可以在移动的环境下进行通信。移动互联网的上述优势构建在无线接入技术的基础上，而无线信道具有开放性，其在保障用户通信自由的同时，也给移动互联网带来了一些不安全因素，例如通信内容容易被窃听、通信对方的身份容易被假冒等，可以说，无线连接使得偷窥者的梦想成为现实：无需做任何工作就可以免费获得数据，因此安全性对于无线系统比有线系统更加重要[2]。

另外，移动互联网广泛应用于金融、工业和军事领域，这些应用需要建立安全机制。因此，移动互联网面临更为严峻的安全威胁，并且移动互联网的应用具有强烈的安全需求，移动互联网的安全问题成为学术界和工业界重点研究的领域之一[3]。

8.1.1　网络安全基本概念

广义的计算机安全是指主体的行为完全符合系统的期望，系统的期望可表达成安全规则，也就是说主体的行为必须符合安全规则对它的要求。国际标准化组织ISO给出的狭义的系统与数据安全的定义则包括机密性、完整性、可确认性和可用性，其中，机密性是指使信息不泄露给未获得授权的个人、实体或者进程，不为未获得授权的个人、实体或者进程使用；完整性是指数据不会遭受非授权方式的篡改或者破坏；可确认性是指确保一个实体的行为可以被独一无二地跟踪，能够根据行为确定该行为的实体；可用性是指根据授权实体的请求被访问以及被使用。

计算机网络安全属于计算机安全的一种，是指计算机网络上的信息安全，主要涉及计算机网络上信息的机密性、完整性、可确认性和可用性，并且还涉及网络的可控性。也就是说，计算机网络系统中的硬件、软件中的数据受到保护，不因偶然的或者恶意的原因而遭到破坏、更改或者泄露，计算机网络系统得以持续、稳定、正常地运行。

8.1.2 网络安全的目标、服务与机制

网络安全体系由安全目标、安全服务、安全机制以及安全算法和算法的实现组成。安全目标借助多个安全服务实现，安全服务由多个安全机制组成，不同的安全服务可能具有相同的安全机制，安全机制则需要算法及其实现予以完成。

1. 安全目标

网络安全的目标主要包括保密性、完整性、可用性和可确认性。保密性是指，保护信息内容不会被泄露给未授权的实体，网络中的业务数据、网络拓扑、流量都可能有保密性要求，以防止被动攻击。这是学者考虑网络安全时首先想到的内容。完整性是指，保证信息不被未授权地修改，或者如果被修改可以检测出来，主要指防止主动攻击，如篡改、插入、重放。可用性是指，保证授权用户能够访问到应得的资源或服务，要求路由交换设备具备一定的处理能力，具有适宜的缓冲区和链路带宽，主要防止对计算机系统可用性的攻击，如拒绝服务攻击等。可确认性是指，保证能够证明消息曾经被传送，能够证明用户对计算机网络的访问。

2. 安全服务

为了实现上述安全目标，需要具备相应的安全服务，该安全服务主要包括认证服务、保密服务和数据完整性保护。

认证服务是指当进入商务交易或者显示重要信息之前，需要确定自己在跟谁进行通话。其主要包括两种形式：对等实体认证和数据源发认证。对等实体认证针对面向连接的应用，确保参与通信的实体的身份是真实的；数据源发认证针对无连接的应用，确保收到的信息的确来自它所宣称的来源。保密服务是指确保信息不会被未授权的用户访问，主要包括连接保密服务与无连接保密服务。数据完整性保护是指确保消息的完整性，确保信息不会受到篡改。

3. 安全机制

上述安全目标有赖于一定的安全机制加以实现，安全机制的实现需要协议栈各层的配合。物理层对通信频道加密以防止搭线窃听。在数据链路层上，对点到点线路上的分组进行加密，也就是链路加密机制。网络层通过安装防火墙等方式区分恶意分组和普通分组，对普通分组加以转发，禁止恶意分组进入。传输层采用从进程到进程的加密方式实现端对端的安全。应用层主要处理用户认证和服务的不可否认性等问题。

8.1.3 移动互联网安全

移动互联网的一个重要方面就是各式各样的移动应用，而这些移动应用多数都需要云计算的支持。因此，移动互联网安全除了包括移动终端安全、无线接入安全和网络传输安全外，还涉及云计算安全，如图 8-1 所示。

1. 移动终端安全

近年来移动互联网发展迅速，性能不断提升，用户数量激增。与此同时，移动终端面临着严重的安全问题。虽然终端操作系统设置了安全机制并对安全漏洞进行更新，但出于获利

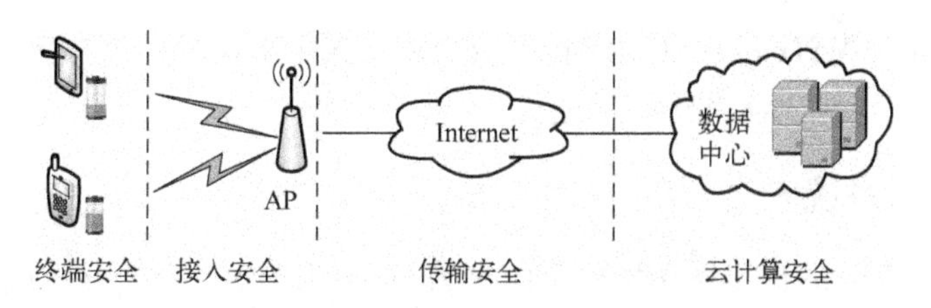

图 8-1　移动互联网安全涉及内容

动机，依然有恶意攻击者利用木马、间谍软件等恶意软件威胁终端的安全。同时，终端“越狱”带来的安全威胁也不容忽视。如何从硬件、系统层级加强终端安全，如何识别恶意软件并采取有效应对措施，都是摆在终端厂商、学者面前的难题。

2. 无线接入安全

移动互联网接入阶段指终端连接 802.11 无线局域网路由器以及终端与路由器进行数据交互的整个过程，移动互联网接入安全则针对这一阶段。随着 802.11 无线局域网技术的不断成熟与无线路由器硬件价格的不断降低，Wi-Fi 成为移动终端接入互联网的主要方式之一。与传统有线网络相比，无线网络开放的特点大大降低了攻击者的难度。在学术界和工业界的共同努力下，一系列安全机制得以研发并使用。WPA2 作为主流安全机制，利用加密算法、四次握手、基于端口的访问控制等方式确保无线接入安全。

3. 网络传输安全

互联网的诞生让人们生活在了一个相互连接的世界。随着移动互联网的发展，人们能够在手机上浏览网页、购买商品、支付账单，而这些服务都可以归纳为 Web 服务，因此保证 Web 安全至关重要。网络数据在传输的过程中面临着被窃听、篡改、冒充的威胁，通信双方也面临着如何有效认证对方身份的问题。SSL/TLS 协议是保证互联网安全传输的措施之一，应用广泛的 HTTPS 即利用 TLS 建立安全连接，为用户提供安全 Web 服务。

4. 云计算安全

云计算为移动应用提供服务，然而云计算是一个虚拟化的多租户环境，面临来自云外部和内部的各种攻击。一方面，恶意攻击者可以通过网络接入云端，对云数据中心发起各种网络攻击，从而窃取或篡改用户数据；另一方面，非法的云用户可能在未授权的情况下访问其他用户的敏感信息，或破坏其存储在云端的数据；此外，云服务商也存在偷窥用户数据的可能性。面临种种安全威胁，如何保证云计算环境中用户数据的机密性、防止被非法访问，以及如何确保用户数据的完整性，同时确保用户无用数据的可信删除，都是具有挑战性的研究课题。

8.2　移动终端安全

2007 年苹果公司发布了第一代 iPhone 智能手机，开启移动智能终端时代。谷歌公司推出的安卓（Android）智能操作系统让移动智能终端在全球范围内大规模推广，据《移动智能终端暨智能硬件白皮书（2016 年）》统计，2016 年全球手机用户数已经超过 71 亿。根据诺基亚公司旗下的威胁情报实验室（The Nokia Threat Intelligence Lab）发布的报告显示[4]，2016 年上半年智能手机恶意软件月平均感染率为 0.49%，较 2015 年下半年增长 96%，由于恶意软件 Kasandra、SMSTracker 和 UaPush 的出现，2016 年 4 月的感染率更是达到了 1% 以上，可见智能终端安全问题形势不容乐观。

8.2.1　终端操作系统安全机制

目前，市场上主流的智能终端操作系统为 Android 和 iOS，根据分析机构 Strategy Analytics 统计数字显示，2016 年第 3 季度二者占全球智能手机出货量的 99.5%。由于设计兼顾了系统性能、可用性、安全性和开发方便性，Android 受到了广大用户、设备厂商和应用开发者的喜欢，近年来市场占有率一直在 80% 左右，苹果公司的 iOS 则凭借 iPhone 受到消费者的青睐而拥有一定的市场占比。与之对应的是，在所有的智能终端操作系统中，Android 遭受恶意软件感染的情况最为严重。在所有感染了恶意软件的智能终端中，74% 为安装了安卓（Android）操作系统的终端设备，而安装了 iOS 操作系统的终端设备只有不到 4%。

1. Android 系统简介

如图 8-2 所示，Android 系统分为 4 个层次，分别是 Linux 内核、系统库层、应用框架层和应用层。各层功能和关键技术介绍如下[5]。

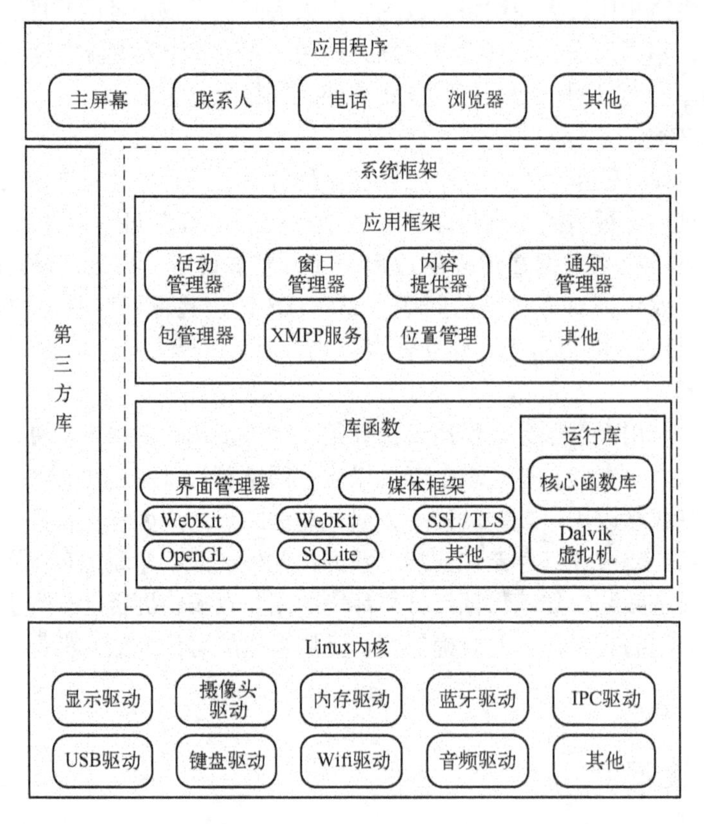

图 8-2　Android 系统框架图

- Linux 内核层。Android 是基于 Linux 内核开发出来的，Linux 内核层包括系统层安全机制、内存管理、进程管理、网络堆栈及一系列驱动模块，位于硬件与其他的软件层之间，为上层提供与硬件的交互。
- 系统库层。系统库层包括 Android 系统库和运行环境。系统库是为应用程序（Applica-

tion，App）运行提供服务的C/C++库。运行环境包括核心库和Dalvik虚拟机，其中核心库既包含了Java核心类库的大部分内容，又包含了利用Java本地调用等方式封装的C/C++库，用以向应用框架层提供调用底层程序库的接口；Dalvik虚拟机负责解释运行Java代码。

- 应用框架层。应用框架层为应用开发者提供了用以访问核心功能的API框架，并提供了各种服务和管理工具，包括界面管理、数据访问、应用层消息传递电话管理、定位管理以及Google Talk服务等功能。
- 应用层。Android自带的应用有主桌面、邮件、短信/彩信（SMS/MMS）、日历、地图、浏览器、联系人管理等，这些程序通常由Java语言编写，通过调用应用架构层所提供的API完成。在个人开发过程中，也可以使用Java通过JNI的方式，配合Android NDK（Native Development Kit，原生开发工具包）来开发原生程序。
- 第三方类库。第三方类库是指来自第三方平台的API接口集合，开发者可以在自己的应用中使用这些接口来方便地实现官方API未实现的功能。

2. Android系统安全机制

Android的安全模型由3个部分组成[5]：Linux安全机制、Android本地库及运行环境安全与Android特有的安全机制。

Linux安全机制。Android继承了Linux的安全机制，主要有POSIX（Portable Operating System Interface of UNIX，可移植的UNIX操作系统接口）用户和文件访问控制，说明如下。

- POSIX用户。在每个APK格式文件安装时，Android会赋予该文件唯一Linux用户ID，以避免不同代码运行与同一进程。
- 文件访问控制。Android系统中每个文件都绑定UID、GID和rwx权限，用于进行自主访问控制，且所有用户和程序数据存储在数据分区，与系统分区隔离。

Android本地库及运行环境安全。这部分安全机制由Android本地库及运行环境提供，主要包括以下方面。

- 内存管理单元。系统通过为各个进程分配不同的地址空间达到隔离进程的目的，各进程只能访问自己的内存页，而不能访问其他进程的内存空间。
- 强制类型安全。Android使用属于强类型的Java编程语言，强制变量在赋值时必须符合其声明的类型，通过编译时的类型检查、自动地存储管理和数组边界检查保证类型安全，避免出现缓冲区溢出。
- 移动设备安全。电话系统的基本属性集来自识别用户、监督使用和收费的需求。Android借鉴智能手机设计的这些典型安全特征，认证和授权通过SIM卡及其协议完成，SIM卡中保存使用者的密钥。

Android特有的安全机制。这些安全机制由4部分组成，分别是权限机制、组件封装、签名机制和Dalvik虚拟机。

- **权限机制**。Android的权限管理遵循“最小特权原则”[5]，即所有的Android应用程序都被赋予了最小权限。一个Android应用程序如果想访问其他文件、数据和资源就必须进行声明，以所声明的权限去访问这些资源，否则将无法访问。但是，安卓的权限机制存在安全缺陷，主要包括粗粒度的授权机制、粗粒度权限、不充分的权限文档、溢权问题等。

- **组件封装**。通过组件封装可以保证应用程序的安全运行。若组件中的 exported 属性设置为 false，则组件只能被应用程序本身或拥有同一 UID 的应用程序访问，此时，该组件称为私有组件；若 exported 属性设置为 true，则组件可被其他应用程序调用或访问，此时该组件称为公开组件。Android 系统共有 4 类组件，分别是用户界面（Activity）、后台进程（Service）、内容提供器（Content Provider）和广播接收器（Broadcast Receiver）。
- **签名机制**。为便于安装，Android 将应用程序打包成 apk 格式文件。一个 apk 文件不仅包含应用程序的所有代码（dex 文件），也包含应用所有的非代码资源，如图片、声音等。Android 要求所有的应用程序（代码和非代码资源）都进行数字签名，从而使应用程序的作者对该应用负责。只要证书有效，且公钥可以正确地验证签名，则签名后的 apk 文件就是有效的。
- **Dalvik 虚拟机**。Dalvik 虚拟机是 Android 系统的核心组成部分之一，它与 Java 虚拟机（JVM）不同，是专门为资源有限的移动终端设计的，可使智能手机同时有效地运行多个虚拟机。每个应用程序都作为一个 Dalvik 虚拟机实例，在自己的进程中运行。Dalvik 虚拟机与 POSIX 用户安全机制一起构成了 Android 沙盒机制。

3. iOS 系统简介及安全机制

iOS 是苹果公司所开发的基于 UNIX 内核的智能终端操作系统，能够运行在 iPhone、iPad 和 iPod touch 等设备上。iOS 共分为 4 层，自下而上分别是核心操作系统层（Core OS Layer）、核心服务层（Core Services Layer）、媒体层（Media Layer）和可触摸层（Cocoa Touch Layer）[6]。

- 核心操作系统层。核心操作系统层为上层服务提供底层支持，而这些支持往往不被开发者和使用者所察觉。
- 核心服务层。核心服务层为应用程序提供基本的系统服务，这些服务定义了所有应用程序使用的基本类型。
- 媒体层。媒体层为应用程序提供图像、音频和视频的技术支持。
- 可触摸层。可触摸层包含构建 iOS 应用程序的主要框架。这些框架定义了应用程序的外观，并为其提供多任务、触摸输入、通知推送等关键技术的支持。

iOS 系统的安全机制包括[7]：

- 地址空间配置随机加载（ALSR）。ALSR 是一种针对缓冲区溢出的安全保护技术，通过对堆、栈、共享库映射等线性区实现随机化布局，增加目的地址预测的难度，防止代码位置的定位攻击，阻止缓冲区溢出。
- 代码签名。为了确保所有系统中可执行代码的真实性，iOS 强制所有的本地代码（命令行可执行文件和图形应用程序）必须由受信任的证书签名。苹果公司规定 App Store 是唯一的 App 下载来源，所有开发者必须在注册后才能提交应用程序，并只有在通过苹果公司的审核后才能被广大用户下载[8]，这样能够有效避免用户随意安装从网上下载的恶意应用程序。
- 沙箱机制。沙箱机制通过为每个应用程序分配私有的存储空间，为应用程序及其数据提供隔离保护。沙箱机制用于内置应用程序、后台进程和第三方应用程序。
- 数据加密。iOS 通过硬件级加密服务对用户敏感数据进行加密，为系统提供安全保障。

8.2.2　移动终端安全威胁

1. 移动终端特点

近年来，移动终端面临的安全威胁日益严峻，通过移动终端侵害用户利益的事件层出不穷。究其原因，不一而足，但移动终端自身的特点需要在研究安全事件频发原因之前知晓。与传统的 PC 相比，移动终端具有以下特点[9]。

- 移动性强。移动终端的实时位置具有很强的移动性，因此很容易被盗或遭受物理侵害，例如将终端连入 PC 后窃取数据资料。
- 个性化强。每一个移动终端都代表着一个独特的用户。
- 强连接性。移动终端能够提供短信、彩信、邮件和网络连接等服务，这使得移动终端具备强连接性，恶意软件可以通过不同的渠道感染设备。
- 功能汇聚。移动终端能够提供多样化功能，除了传统的电话、短信外，还包括 GPS 定位、银行交易、社交网络等，这增加了移动终端受到攻击的媒介和场景。
- 设备性能不足。与 PC 端相比，移动终端的性能不足，这使得多数 PC 端成熟的安全防护机制无法直接移植到移动终端上。

2. 安全攻击的目标

移动终端领域出现的安全事件都会使用户蒙受损失，了解攻击目标会使人们对移动终端安全有更加全面的认识。目前针对移动终端实施攻击的目标有窃取隐私、嗅探、拒绝服务和恶意账单。

窃取隐私（Privacy）。鉴于移动终端个性化强的特点，用户的很多隐私信息都留存在终端系统中，这些信息包括 SMS/MMS、GPS 定位、联系人、浏览历史等，由于用户隐私信息价值高，这使得攻击者愿意利用多种攻击手段对用户隐私进行窃取。近年来，以窃取隐私为目的的安全事件层出不穷，苹果公司甚至因涉嫌允许应用程序未经用户允许就将隐私信息发送给广告网络而被起诉[10]。另外，GPS 定位也是多数攻击者伺机窃取的用户隐私种类之一。

嗅探（Sniffing）。目前移动终端中安装有多种传感器，例如麦克风、摄像头、GPS 模块、陀螺仪等，这些传感器在丰富终端功能为用户提供便利的同时，也成为攻击者的攻击目标。攻击者对终端实施攻击后，利用多种传感器能够对用户实施嗅探，具体嗅探方式包括窃听用户谈话、偷拍用户等。

拒绝服务（Denial of Service）。攻击者发起攻击致使设备失去服务能力，鉴于移动终端强连接性与设备能力不足的特点，攻击者往往只需要付出较小的代价就能完成攻击。使设备丧失服务能力的方法有两种，一种是执行耗电量大的程序，另一种是一段时间之内持续拨打其电话或发送短信使设备无法正常工作。

恶意账单（Overbilling）。在以恶意账单为目的的攻击中，攻击者往往向用户强加收费账单或窃取用户账户余额。一种典型的恶意账单攻击类型为：攻击者在终端执行下载命令，用户在不知情的情况下消耗巨额流量，从而不得不向运营商支付流量费用。

3. 安全攻击的动机

在介绍了移动终端领域安全事件实施的目标后，下面介绍安全事件实施的动机。动机与目标的不同之处在于二者侧重点不同。动机侧重激励性和起因，目的则更加强调结果，二者互有交叉。针对攻击实施后的获利方式不同，移动终端领域安全事件的实施动机有以下几类[11]。

- 售卖用户私密信息。对于一些公司（例如恶意广告推送），用户信息隐藏的价值很大，也催生了为了窃取用户信息而获利的安全事件。
- 售卖用户认证信息。在处理银行交易的过程中，需要用户的支付密码等认证信息，同时随着二次认证模式的不断推广，用户的短信、邮件甚至是保存了用户身份验证信息的文档都成为窃取的目标，而售卖这些用户认证信息将获取巨大利润。
- 收费电话和短信。收费电话和短信是一种用户获取收费服务（例如，彩铃下载、电视点播）的方式，在用户未察觉的情况下拨打收费电话或发送收费短信而获益，也是制造安全事件的动机。
- 垃圾短信。垃圾短信往往被用来分发商业广告、传播钓鱼链接和诈骗，而发送垃圾短信的非法性使得恶意软件成为其实施的重要途径。
- 搜索引擎结果优化。链接在搜索引擎结果中的次序排名与用户点击数量成正比，因此有的恶意软件通过改变该设备搜索结构的顺序，引导用户点击某链接而使得该网站搜索排名上升，从而达到获益的目的。2011年曝光的ADRD/HongTouTou[12]就是该类型恶意软件。
- 勒索。某些恶意软件窃取用户隐私信息（图片、浏览记录等）后，将其主动公布在网上，以不撤回这些信息要挟用户并进行勒索。近年来，市面上还出现了将用户手机锁定致使无法使用的案例，相关人员以解锁手机为由向用户进行勒索。
- 广告点击欺诈。目前很多广告服务商（例如，谷歌、百度等搜索引擎）会将广告投放在网页中，按照用户点击广告次数向网站支付费用。攻击者控制移动终端之后，在用户不知情的情况下自动点击目标网页中的广告，通过增加点击次数而增加网站拥有者的广告点击收入。
- 垃圾广告。目前很多应用程序免费让用户使用，而通过推送广告来维持自身正常运营。此时用户收到广告是合情合理的。但攻击者会为了投放非法行业广告（例如赌博、毒品等）或为了增加收入而非法投放垃圾广告。垃圾广告往往会影响到用户使用其他应用程序时的体验，同时也是不符合网络服务的相关规定。
- 应用内收费欺诈。无论是Android还是iOS，都支持应用程序在内部就某些功能或物品（例如，游戏中的道具）收取费用。攻击者会通过程序漏洞非法扣取用户余额，或利用钓鱼、伪装等社会工程方式骗取用户进行消费。

4. 恶意软件

恶意软件，是一种能够在目标终端用户不知情的前提下使用手机资源的应用软件或程序。恶意软件通常具有敌对性、侵入性。随着移动终端在功能、性能上的不断提高，移动终端安全领域也不断向前发展。近年来恶意软件的种类越来越多，根据其目的、载体、方式的不同有多种分类方法，传统的分类如下。

木马（Trojan）。木马取名自“特洛伊木马”（Trojan wooden - horse），木马将恶意代码或功能隐藏，通过将自己伪装成其他程序或文件（例如，游戏、系统文件等）骗取用户点击，进而运行恶意代码。比较知名的木马有Kasandra. B、Zsone、FakeNetflix、Fakeplayer等[12][13]。

Kasandra. B是一款Android平台的高危远程控制木马，其伪装为卡巴斯基手机安全App骗取用户下载安装。Kasandra. B将SMS、联系人、通话记录、上网记录、GPS定位等用户敏感信息保存在 SD 卡中，并在后台自动上传至远程控制服务器。

Trojan - sms. androidos. fakeplayer. b[14]是一款 Android 木马程序，它通过受感染的网页下载并伪装成一个媒体播放器，需要用户手动安装。该木马在安装的过程中要求用户提供发送短信的权限，一旦得到权限并安装完成后就发送收费短信到指定号码，从而使得用户遭受经济损失。

Rootkit。就像是潜伏的间谍，Rootkit 能够隐藏自身持久并不被觉察地驻留在目标设备中，秘密搜集数据，或是对设备实施木马蠕虫安装、攻击防火墙等破坏行为。Mindtrick[15]是一种 Android 内核级 Rootkit，其本质是一种可加载的内核模块。当接收到触发号码打来的电话时，攻击者使用 3G 或 Wi - Fi 网络发起 TCP 连接。Mindtrick 能够提供根权限，因此攻击者能够读取 SMS、GPR 定位等信息，也能通过拨打长途电话使用户遭受损失。Bickford 等人[16]提出了 3 种 Rootkit 以展示智能手机面对 Rootkit 时的脆弱性。第一种 Rootkit 允许攻击者远程窃听并记录用户 GSM 通话，第二种 Rootkit 能够使用户手机自动向攻击者发送包含用户当前 GPS 位置详细信息的短信，而第三种 Rootkit 则通过频繁使用 GPS 和蓝牙等耗电高的服务而使得用户手机电量在短时间内耗光。

僵尸网络（Botnet）。僵尸网络利用被远程操控的病毒来感染设备，攻击者往往能够利用僵尸网络完成服务攻击（Denial-of-Service Attack）或发送垃圾邮件。Geinimi、Anserverbot、Beanbot[17]等是 Android 平台著名的僵尸网络恶意软件。iSAM[18]是 iOS 平台的一款恶意软件，其能够使受感染的终端组成僵尸网络，并发起分布式的同步攻击。感染 iSAM 的终端能够反向联系主服务器，升级内在程序逻辑并执行命令。iSAM 还能够窃取用户敏感信息、发送 SMS、对应用程序和网络发起拒绝服务攻击。

后门（Backdoor）。后门是一种绕过安全控制而获取对程序或系统访问权限的方法。后门能够被特定输入、特定用户 ID 或特定事件激活。KMin、Basebridge[17]、RATC[19]等是著名的后门类恶意软件。

病毒（Virus）。病毒是一段可自我复制的代码，能够感染其他程序、引导扇区，或是直接插入文件中以达到感染传播的目的。典型的病毒生命周期分为 4 个阶段，分别是休眠阶段、传播阶段、触发阶段和执行阶段。

蠕虫（Worm）。蠕虫是一种能够通过不同网络进行自我传播的恶意软件，其可以主动寻找目标设备进行感染，感染后的设备又能继续感染其他设备。Android. Obad. OS[20]是一款知名的蓝牙蠕虫软件。

间谍软件（Spyware）。间谍软件通常用来收集用户信息并发送给特定远程服务器，其一般将自身伪装成正常的系统工具。间谍软件搜集的数据包括（但不局限于）用户短信、定位、联系人、PIN 码、电子邮件地址、浏览历史等，这些数据的泄露对用户有着显著的危害性。SMSTracker、GPSSpy 和 Nickspy 是知名的间谍软件。SMSTracker 是安卓平台下的一款木马软件，其提供手机远程追踪和监控功能，允许攻击者远程追踪监控感染设备上的所有短信、彩信、语音通话、GPS 定位和浏览历史等隐私信息。

恶意广告（Adware）。恶意广告指植入在软件、工具中的广告插件，通过搜集用户浏览历史、定位信息向用户弹出广告。这些广告不仅影响用户体验，而且部分广告隐藏恶意软件链接，用户点击后恶意软件便自动下载并安装，进一步威胁终端安全和用户隐私。Uapush. A、Plankton[21]是著名的恶意广告软件。Uapush. A 是 2016 年上半年感染率最高的恶意软件，它的爆发也是2016年4月份智能手机感染率突然提高的原因之一。Uapush. A在受感染的终端上推送恶意广告，并且能够发送SMS、窃取用户敏感信息。

勒索软件（Ransomware）。勒索软件能够锁定用户设备并要求用户支付“赎金”，其往往伪装为其他软件诱使用户安装。FakeDefender. B是一款Android平台勒索软件，其通过伪装成反恶意软件avast！诱使用户安装，之后锁定用户设备，在此基础上向用户进行勒索。

5. Root权限非法获取

Root权限非法获取是一种通过非法方式获取手机超级用户（Root用户）权限的行为，该行为在Android系统中一般称为“root exploit”，在iOS系统中称为“越狱”，以下统称“越狱”。移动智能终端在出厂时并不会将Root权限赋予用户，这使得终端存在如下限制[11]。

- 用户只能从官方规定渠道下载应用程序。iOS用户只能从官方的App Store中下载应用程序，很多热门应用程序需要收费，用户无法免费下载这些应用程序。
- 用户无法对系统实现完全备份。
- 用户无法卸载终端出厂时安装的应用程序，这些应用程序往往由厂商或系统提供商安装。
- 用户无法对终端更换操作系统（也称“刷机”），很多用户希望使用不同版本的操作系统。

与恶意软件的安装和运行只由攻击者发起不同，实现越狱的人群由两部分组成。其一自然是恶意软件攻击者，因为拥有Root权限之后恶意软件在侵害用户权益时受到的限制大大减少，难度也随之降低。另一部分人群则是用户，由于越狱能够获得系统Root权限，能够实现对终端系统的“私人定制”，因此有些用户往往在购买设备或是心仪应用更新后主动对手机进行越狱。

目前，Android和iOS平台均有不少越狱工具。Android平台最著名的越狱工具为Zimperlich[22]、Exploid[23]、RATC[19]。许多恶意软件都是在它们的基础上研发的，如DroidDream、Zhash、DroidKungFu和Basebridge等。其中DroidKungFu以加密的方式同时包含RATC和Exploid，当DroidKungFu运行时，首先解密和发起越狱攻击，如果成功获取Root权限，随后就可以为所欲为[5]。iOS平台著名的越狱工具有Evasi0n、PanGu、RedSn0w。需要注意的是，越狱给手机带来的危害极大，侵害行为往往在后台运行因而不被用户察觉，强烈建议用户不要对终端进行越狱操作。

8.2.3 移动终端安全防护

互联网的常用安全机制包括入侵检测机制、加密机制、数字签名机制、防火墙机制和认证机制等，这些机制作为组成元素被移动终端安全机制广泛利用。目前，移动终端安全防护机制根据其工作所属层级分为硬件层级、系统层级和应用层级。

1. 硬件层级安全防护

硬件层级安全防护主要是通过对现有硬件进行改造，扩充一系列的安全机制，设计出可信的硬件设备，从系统最底层监测和控制系统的运行行为，从而增强整个系统的安全性。TrustZone是ARM公司针对移动终端提出的一种架构，TrustZone允许基于硬件形式的系统虚拟化，该架构能够实现处理器模式，在处理器模式下能够建立一个隔离和安全环境，保护安全内存、加密块、键盘和屏幕等外设，防止移动终端遭受威胁侵害。它提供普通和可信/安全两个区域，用户经常使用的多媒体操作系统运行在普通区中，安全关键软件运行在安全区中。安全区管理软件可以访问普通区的内存，反之则不可能。与 IntelVT 等其他硬件虚拟化技术不同的是，普通区的客户操作系统在使用 TrustZone 时并不会产生额外的执行负载。TrustZone 技术已经基本成熟，大量移动终端使用的 ARM 平台都支持该技术，可以在移动终端平台借助于该技术，实现安全支付、安全输入和安全显示[24]。

三星公司为 GALAXY Note 3 推出了称为 Knox 的 Android 安全套件，Knox 包含了底层的可定制安全引导和基于 TrustZone 的完整性测量（TrustZone-based Integrity Measurement Architecture，TIMA）、系统层的 Android 安全增强 SEAndroid 以及应用层的 Knox 容器、加密文件系统和 VPN[5]。

2. 系统层级安全防护

针对目前移动终端安全事件层出不穷的现状，业界从系统层面提出了安全解决方案。这是一种试图改善操作系统自身而确保移动终端安全的研究思路，这些方案或是从系统内核层出发，或是着力于内核以上层次。

首先介绍两种 Android 内核以上层次的安全解决方案。Saint[25]是一种细粒度的访问控制框架，使应用程序开发者可以定义运行时相关的安全策略，从而保护 App 暴露的应用接口。安全决策基于签名、配置与上下文，可在安装时与运行时实现。应用程序开发者赋予每个接口适当的安全策略，规定调用者访问接口所需权限、配置及签名，从而防止同时为具有不同调用权限程序工作而引发的“困惑代理”攻击。但是，Saint 仍然不能防止“合谋”攻击，即多个应用程序之间相互配合发起对某应用程序的攻击。其他问题还有：如果这些保护被调用者的安全策略与调用程序的性质发生冲突，则拒绝组件间通信，将会导致调用故障或崩溃等问题。此外，许多应用程序开发者并不是信息安全专业人员，由他们自行定义的安全策略未必考虑到所有的安全威胁[5]。

Quire 在 Android 中引入了两个新的安全机制：其一，Quire 透明地追踪设备进程间通信（IPC）的调用链，使应用程序可以选择采用调用者的简约权限或全部权限；其二，Quire 建立了一个轻量级的签名机制，使任何应用都可以创建签名语句，并可被相同手机上的任意应用验证。此外，Quire 扩展了 Linux 内核中的网络模块，可以分析远程过程调用（Remote Procedure Calls，RPC）。因为 IPC 接收者知道调用者和完整的调用链，Quire 可以防止来自不可信代理的 IPC 调用和欺骗性的请求。如果发起 IPC 调用的应用没有显式地获得相应的权限，Quire 将拒绝 IPC 请求。Quire 是一个轻量级的解决方案，其对设备性能的影响很小。然而，尽管 Quire 可以防止“困惑代理”攻击，但因为 Quire 本质上是以应用为中心的，所以它仍然无法防止合谋攻击[5]。

SELinux 是一种从系统内核层出发的安全方案。SELinux（Security-Enhanced Linux）是美国国家安全局（NSA）设计的一个安全加强版的 Linux 系统，其在 Linux 内核实现了灵活的细粒度强制存取控制，能够灵活地支持多种安全策略。2010 年起就有人建议将 SELinux 引入到 Android 中，从而增强 Android 系统的安全性。2013 年谷歌发布 Android 4.3 版本，宣布引入 SELinux 加强系统的强制访问控制，这种强制访问控制不仅针对普通用户，也对系统根用户适用。在引入 SELinux 后，Android 能够为系统服务提供更加强大的保护，对应用程序数据和系统日志的控制也随之增强。

可信计算（Trusted Computing）是在计算和通信系统中广泛使用，基于硬件安全模块支持下的可信计算平台，以提高系统整体的安全性。可信计算组织（Trusted Computing Group，TCG）提出了针对移动终端的可信计算标准——终端可信模块（Mobile Trusted Module，MTM）。TCG 建议使用 MTM 来提升移动终端加密相关的基本功能，这些功能包括随机数生成、散列、敏感数据保护、非对称加密等。这些加密相关基本功能的提升，会从设备认证、完整性验证、安全引导、远程认证等方面提升移动终端的安全。与可信平台模块（Trusted Platform Modules，TPM）为 PC 提供安全服务一样，MTM 为移动终端提供可信计算的基本服务。

Vasudevan 等人[26]分析了移动终端的可信运行（Trustworthy Execution）问题。可信运行的移动设备应具有下述基本安全特征。

- 隔离的运行（Isolated Execution）。
- 安全存储（Secure Storage）。
- 远程认证（Remote Attestation）。
- 安全供给（Secure Provisioning）。
- 可信路径（Trusted Path）。

其中，安全供给指的是一种机制，当发送数据到某个软件模块或运行某个设备时，能够保障数据的机密性与完整性。鉴于当前大多数移动设备是基于 ARM 体系结构的，他们详尽地分析 ARM 平台的硬件与安全架构，讨论平台硬件组件能否有效地实现上述安全特征。例如，关于隔离运行，文献分析了 TrustZone 扩展如何实现安全域与一般域的隔离运行；如何通过将 CPU 状态分为两个不同的域，并与可感知内存管理单元（TrustZone-aware Memory Management Units，MMU）等模块相结合实现内存隔离；如何通过安全域和一般域实现外部设备的隔离以及如何实现 DMA 保护、硬件中断隔离和基于虚拟化的隔离运行等。Vasudevan 等人指出，尽管 ARM 平台与安全体系结构提供了一系列硬件安全特征，但由于该体系结构只是规范，因此生产厂商实现时仍然存在重大挑战，填平设计与实现之间的鸿沟绝非易事[5]。

Zhang X 等人[27]对移动终端完整性测量进行了研究，并提出了一种通过安全引导认证机制。这种机制利用流完整性模型确保移动终端系统能够在启动之后进入安全状态，并获得系统的高完整性。D. Muthukumaran 等人[28]在 PRIMA 框架和 SElinux 的基础上提出了安全策略，该策略能够保护系统关键程序完整性。实验证明，该安全策略能够有效保护关键应用免受不信任代码的攻击，并且比 SELinux 提供的安全策略更加小巧。J. Grossschadl 等[29]指出了 MTM 中存在的 3 个问题，并提出了对应的解决方案。MTM 的第一个问题是需要做到系统性能和功耗的平衡，建议改变 MTM 通过独立硬件模块实现的形式，而将 MTM 硬件模块与处理器进行融合。MTM 的第二个问题是目前 MTM 支持的 RSA 和 SHA-1 算法在性能或安全性上存在不足，建议将椭圆曲线算法加入到 MTM 必须支持的算法集中。MTM 的第三个问题是目前 MTM 的硬件实现方式灵活性差，作者提出了一种硬件软件兼容的实现方式以提高灵活性。

3. 应用层级安全防护

移动终端应用层级安全防护的主要手段是采用入侵检测系统（Intrusion Detection System，IDS）。在互联网安全范畴内，入侵检测系统是对恶意使用计算机和网络资源的行为进行识别的系统，其目的是监测和发现可能存在的攻击行为，包括系统外部的入侵行为和系统内部用户的非授权行为，并采取相应的防护手段[30]。入侵检测系统的基本结构[31]如图 8-3 所示。其中，事件发生器用于产生经过协议解析的数据包；事件分析器用于根据事件数据库中的入侵检测特征的描述、用户历史行为、行为模型等解析事件发生器产生的事件；事件数据库存放攻击类型和检测规则；响应单元对事件分析器的分析结果做出反应。

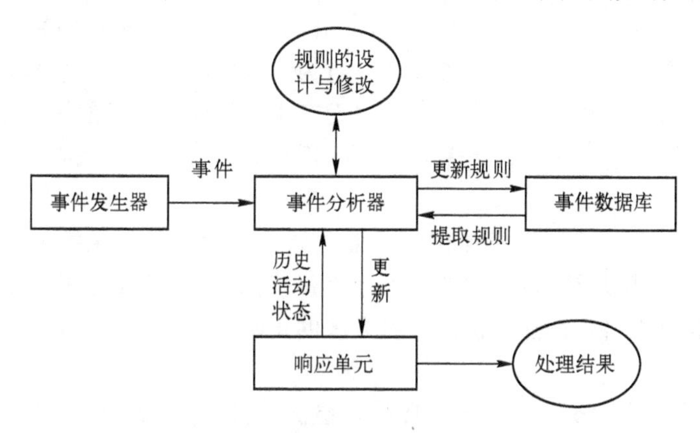

图 8-3　入侵检测系统的基本结构

IDS 的分类方法有很多，其中一种是将 IDS 分为基于检测和基于防御两种。基于检测的 IDS 可以视为防护系统所提供的第一道屏障，IDS 对输入的事件（应用程序、系统行为等）根据自身规则进行分析并得出处理结果。基于防御的 IDS 则利用加密算法、数字签名、散列函数等确保系统的安全。除上述分类方法外，移动终端 IDS 的分类方法还包括基于检测模式的分类、基于部署架构的分类、基于反应类型的分类、基于搜集数据种类的分类、基于移动终端系统的分类。其中，根据所运行的终端操作系统分类是较简单的分类方式。目前 Android、iOS 等主流的操作系统均有各自平台的 IDS 供用户使用。下面介绍其余 4 种分类方式。

基于部署架构的分类。在此分类方法中，IDS 按照部署架构的不同被分为本地 IDS 和分布式 IDS。本地 IDS 监控数据的获取和分析都在移动终端上完成，无需远程服务器的部署。而分布式 IDS 则将数据获取和分析两个功能部署在不同的地方，即运行在设备上的监控程序负责搜集终端运行数据，分析监控数据的功能则由部署在远程服务器的分析程序完成。本地 IDS 往往受限于手机屏幕过小、计算存储资源不够强大而效率不高，同时也会加速手机电量消耗，而分布式 IDS 则没有这些问题。

基于反应类型的分类。在此分类方法中，IDS 根据检测出恶意软件后的不同反应可以分为主动型 IDS 和被动型 IDS。主动型 IDS 在检测出恶意软件后，会采取行为遏制恶意软件的运行，最大程度地保护移动设备和用户数据的安全。PGBC 就是一种主动型 IDS，系统事先设置两个阈值，在运行过程中当终端行为触发第一个阈值后，系统会限制终端短信发送速率，当终端行为继续触发第二个阈值后，系统会自动禁止终端的短信功能。需要注意的是，主动性 IDS 虽然能够第一时间对终端采取保护措施，但如果出现误报并在此基础上采取行为则会大大影响用户的正常使用，如何降低误报率是主动型 IDS 一直面临的难题。

基于搜集数据种类的分类。在此分类方法中，IDS 按照监控过程中搜集数据种类的不同来进行分类。目前，IDS 搜集数据可以分为操作系统事件、设备性能指标、键盘输入、传输数据等，其中操作系统事件包括系统调用、函数调用等数据；设备性能指标包括 CPU 利用率、内存使用率、文件读写情况等数据；键盘输入则指用户在使用终端过程中对终端进行的操作和利用键盘（包括虚拟键盘）输入的数据；传输数据指设备发出或接受的短信、彩信、文件等。

基于检测模式的分类。基于检测模式的分类是一种常见的分类方式，其将IDS分为异常检测（Anomaly Detection）和特征检测（Signature-based Detection）两种。异常检测IDS假设攻击者行为与用户正常行为相比是“异常”行为，当检测出系统出现异常行为时意味着系统正在遭受入侵。对于异常检测IDS来说，关键在于如何构建正确的用户正常行为库并对异常行为进行有效检测。通常来说，异常检测IDS识别异常行为的方法有两种，分别是机器学习和电量监测。

机器学习是一种很好的识别异常行为的办法。机器学习是人工智能领域的一门交叉学科，通过研究计算机模拟或实现人类的学习行为，获取新的知识或技能，重新组织已有的知识结构，使之不断改善自身性能。机器学习方法的正确使用，能够提高异常行为检测的效率和成功率。

Andromaly[32]是一款Android系统异常动态检测软件，其采用机器学习的方式实时地监控终端性能参数，参数包括CPU使用率、网络流量、活跃进程数和电池电量等。Andromaly是分布式IDS，其运行环境包括服务器和移动终端，服务器端主要进行计算工作，移动终端则进行系统参数采集工作。Andromaly由4个模块构成，分别如下。

- 参数采集器（Feature Extractors）。参数采集器通过与Android内核和应用程序框架通信，定期地对性能参数进行采集并记录。
- 处理器（Processor）。处理器是一个分析和监测单元，它接收主服务的参数向量，进行分析后进行威胁评估。处理器支持多种模式，包括基于规则、基于知识分类、基于机器学习等。报警管理模块属于处理器，它实现针对异常的报警。
- 主服务（Main Service）。主服务为参数采集、异常检测和报警提供协调服务，它负责请求新的参数采集、向处理器发送新的参数向量并从报警管理模块接收最终的报警信息。主服务提供日志记录功能，日志记录器可以记录日志以进行调试、校准和试验。配置管理器管理应用程序的相关配置，包括报警阈值、采样间隔等。
- 图形用户接口（Graphical User Interface）。图形用户接口为用户提供操作界面，允许用户进行应用程序参数配置、激活或关闭应用程序等操作，并向用户发出威胁报警。

PGBC（Proactive Group Behavior Containment）[33]是一种利用短信或彩信传播来遏制恶意软件的IDS。PBGC的运行核心是服务行为图（Service-behavior Graph）和行为分类群（Behavior Clusters），其中服务行为图由客户端消息传递模式生成，而行为分类群则通过对用户行为图的划分而得来。PBGC能够自动根据终端相互关系识别出最脆弱的设备，在遭受疑似蠕虫或病毒攻击时，通过速率限制和隔离免疫的方式实时构建脆弱终端节点列表，及时制止蠕虫或病毒的传播。

电量监测是对异常行为进行识别的另外一种办法。运行在移动终端上的所有程序均需要消耗电池电量，针对移动终端的攻击行为通常会给电池电量带来异常消耗，对异常电量消耗的检测能够实现异常行为检测。B-BID（Battery-based Intrusion Detection）[34]是基于电量监测的异常检测IDS，由HIDE（Host Intrusion Detection Engine）和HASTE（Host Analyzed Signature Trace Engine）两个模块构成。HIDE模块安装在用户移动终端上，负责对终端电量进行周期性监测，并与HASTE模块实现数据交互；HASTE模块运行于远程服务器，负责对监测数据进行分析，并对终端是否遭受攻击进行判断。

与异常检测 IDS 不同，特征检测 IDS 主要通过特征比对实现对攻击行为的检测。特征检测 IDS 将攻击者行为用一种特征模式来表达，系统检测到行为特征后，与恶意特征数据库进行比对，从而实现对系统入侵行为的检测。与异常检测 IDS 相比，特征检测 IDS 成功率高且误报率低，但对变形攻击的检测往往漏报率较高，因此特征检测 IDS 的设计难点在于在确保高成功率的情况下降低漏报率。特征检测 IDS 维护特征数据库的方式有自动维护和手动维护两种，这里重点介绍采用自动维护模式的特征检测 IDS。

Zyba 等人[35]提出了一种使用自动维护模式的特征检测 IDS，该平台针对利用抵近网络传播的恶意软件，能够根据终端用户行为动态生成特征库。抵近网络指蓝牙、Wi-Fi 等限定在一定物理范围的网络，利用该网络进行传播的恶意软件给防御带来了很大的压力，因为设备在网络中往往是配对出现的，无法使用传统观察聚合网络行为的方法来进行恶意软件检测。对此，Zyba 等人提出了 3 种检测抵近网络恶意软件的防御策略，分别是本地检测（Local Detection）、抵近特征传播（Proximity Signature Dissemination）和广播特征传播（Broadcast Signature Dissemination）。当移动终端感染恶意软件后，设备进行本地检测；在抵近特征传播模式下，设备能够为恶意软件创建基于内容的特征并利用抵近网络传播给其他设备；在广播特征传播模式下，服务器将对各个独立设备监测数据汇总后进行恶意软件检测，得出特征后利用广播的形式发送给各终端。这 3 个策略实现了从简单的小规模本地检测到大规模协调防御，并做到了不依赖电信运营商网络基础设施。除此之外，还有 Venugopal[36]、Alpcan[37]等提出的基于特征检测 IDS 也采用了自动的方式维护特征数据库。

4. 典型防护平台介绍

目前市场上有很多防护平台软件，这些软件或是在开源代码的基础上开发而来，或是零基础研发而来；或是由学者在论文中提出作为研究成果，或是由商业公司开发作为商品向公众发售。典型的防护平台有 Androguard、AndroSimilar 和 PiOS。

Androguard[38]是一款开源的 Android 静态分析软件，它能够为系统方法（Method）生成控制流图，提供基于 Python 的命令行和图形处理界面。静态分析是指在安装前检测 Android 应用程序中的安全漏洞，动态分析则在程序运行中完成检测。Androguard 利用标准化压缩距离（Normalized Compression Distance，NCD）框架探测两个克隆文件的异同，以此判断应用程序 apk 文件是否被修改。Androguard 提供 Python API，方便用户对系统资源、静态分析模块进行访问调用，这些模块包括基本块（Basic-blocks）、流控制（Control-flow）等。在 Androguard 的基础上，用户可以使用 Python API 开发属于个人的静态分析软件。

Androguard 通过应用代码相似度来对两个应用程序进行相似区分比较。Androguard 使用 NCD 对两个应用程序进行分析并得到二者之间的相似度（相似度取值范围为 0～100，数值越大说明二者越相似）。Androguard 对应用程序进行模糊风险测评并得出该应用程序风险指标（风险指标取值范围：0～100，值越大说明风险越高），风险评测的标准为代码类型、可执行或共享库文件数量、与隐私或金钱相关的权限请求及其他高危系统权限请求。Androguard 内有恶意应用程序特征数据库，支持用户对该数据库进行增加和删除操作，特征描述为 JSON 格式，包括名称、子特征和用于混淆不同子特征的布尔表达式。

AndroSimilar[39]是 Android 系统恶意软件静态检测软件。字符串加密、方法重命名、垃圾方法插入、控制流修改等技术能够对特征产生混淆的效果，因此被恶意软件广泛使用以逃避软件的检测。针对这些逃避技术，AndroSimilar 能够对其进行深度检测，从而可以检测存在变种的恶意软件。AndroSimilar 的运行可以分为应用程序提交、标记、特征选定、特征存储、特征比对和恶意软件判定等阶段。在应用程序标记阶段，AndroSimilar 为应用程序中固定长度的字节序列生成熵值，熵值取值范围为 0 ~ 1000。在特征比对阶段，AndroSimilar 将应用程序特征与数据库中的恶意软件特征进行比对，如果相似度超过阈值则判定该应用程序为恶意软件。

PiOS[40]是 iOS 系统用户敏感数据泄露分析软件，其能够对应用程序进行敏感数据泄露检测。PiOS 构建二进制文件的综合控制流图（Control Flow Graphs，CFG），通过对二进制代码进行分析，检测应用程序导致的用户敏感信息泄露情况。Objective-C 是面向对象的编程语言，其以 C 语言为基础，是 iOS 系统默认支持的开发语言。iOS 系统中应用程序通常构建大量对象，而且函数的调用其实是对象的方法调用，这使得绘制控制流图的难度较大。对此 PiOS 能够对 Objective-C 语言的二进制文件绘制综合控制流图，实现敏感数据泄露的高效检测。

8.3 无线接入安全

和传统有线网络相比，移动互联网也带来了新的安全威胁。例如，由于数据传输处在开放的环境下，遭受拦截的风险远大于有线网络。如果数据没有进行加密，或使用弱加密算法，攻击者可以轻易读取数据，从而影响保密性。本节将介绍移动互联网接入安全，其中重点介绍 802.11i 安全协议、802.1X 基于端口的网络访问控制和 802.11i 网络安全接入过程。

8.3.1 无线接入安全威胁

移动互联网无线接入过程定义为终端使用 IEEE 802.11 协议通过访问接入点（AP）使用网络服务的整个过程。接入安全范围限定在终端与访问接入点之间。一个典型的 IEEE 802.11 无线局域网（WLAN）组成如下所示[41]。

- 访问接入点（AP）：任何具有站点功能并且通过无线介质为相关联的站点提供分配系统的接口实体，例如，无线路由器。
- 站点（STA）：任何包含 IEEE 802.11 MAC 和物理层的设备，例如，移动终端。
- 基本服务单元（BSS）：由单一的协调职能控制的一系列站点。

大多数无线局域网的威胁场景通常包括站点、访问接入点、无线连接和攻击者。有线局域网和无线局域网安全防护的区别在于，无线局域网攻击者更容易实现对现有网络的接入。在有线局域网中，攻击者通过物理端口接入互联网。在无线局域网中，攻击者只需要在无线网络覆盖范围内即可，对其所在的物理位置没有其他要求，这样大大降低了攻击者接入无线局域网的难度[41]。

无线局域网面临的主要安全威胁如下[42]。

- 意外连接：未授权的用户连接网络后访问资源，即使无线网络开启了认证服务，意外连接也会为嗅探攻击提供便利。
- 恶意连接：控制合法站点后使其提供访问接入点（AP）服务，非法获取无线局域网密码，继而使用密码侵入无线局域网。恶意连接的前提是先控制该无线局域网内部的合法站点（例如，笔记本电脑），并使其提供访问接入点（AP）服务。

- MAC 欺骗：通过嗅探等方式获取合法站点的 MAC 地址，并将其伪装为自身的 MAC 地址。这种攻击一般发生在访问接入点开启了 MAC 地址过滤功能的无线局域网。
- 中间人攻击：攻击者通过中间人攻击，能够在不被通信双方察觉的情况下，完全掌握双方的通信内容。无线网络非常容易遭受这种攻击。
- 注入攻击：注入攻击目标一般是暴露在未过滤流量中的访问接入点（AP），未过滤流量包括路由协议流量和网络管理流量。攻击者通过注入网络配置命令，致使路由器、交换机等网络设备无法正常工作，从而达到攻击的目的。

8.3.2　无线接入安全发展

无线接入安全目标为访问控制、数据机密性和数据完整性[41]。在移动互联网面临多重安全威胁的背景下，如何保证移动互联网的接入安全成为急需解决的问题。1999 年公布的 IEEE 802.11b 协议中，定义了 WEP（有线等效保密）安全模式。WEP 使用基于 RC4 的加密算法保护数据机密性，使用 CRC32 检验实现数据完整性保护。在网络访问控制方面，WEP 支持开放系统认证和共享密钥认证两种认证方式。但 WEP 具有明显的安全漏洞，攻击者往往能够轻易攻破网络。本书在实验章节设置了破解 WEP 密码的实验，建议读者通过动手实验了解 WEP 的脆弱性。

由于 WEP 具有明显的漏洞，制定新的安全机制势在必行。2003 年，由多家厂商组成的 Wi-Fi 联盟发布了 WPA（Wi-Fi 网络安全接入），其以 IEEE 802.11i 标准部分内容为基础（当时 IEEE 802.11i 标准还未正式颁布），通过 IEEE 802.1X 实现网络访问控制，并在 WEP 加密机制基础上制定了 TKIP（临时密钥完整性协议），一定程度上增强了安全保护。但由于加密机制依然基于 RC4 算法，因此 WPA 依然存在安全隐患。

2004 年 6 月，完整的 IEEE 802.11i 标准正式发布，Wi-Fi 联盟根据 IEEE 802.11i 标准制定了 WPA2。WPA2 是 WPA 的增强版本，除了与 WPA 一样采用 IEEE 802.1X 实现网络访问控制、支持 TKIP 加密机制，还制定了以 AES（高级加密标准）为基础的 CCMP（计数器模式密码块链消息完整码协议）来确保传输数据的安全。

8.3.3　IEEE 802.11i 安全标准

1. IEEE 802.11i 服务

IEEE 802.11i 标准定义了强健安全网络（Robust Security Network，RSN）的概念，RSN 通过建立 RSN 协商（RSNA）为无线局域网提供如下安全服务[41]。

- 用户身份认证。
- 密钥管理。
- 数据机密性。
- 数据源认证和完整性。
- 重放保护。

广义来说，RSN 包括 IEEE 802.1X 基于端口的访问控制、密钥管理机制、保证数据机密性和完整性的安全协议 TKIP 和 CCMP，如图 8-4 所示。

2. IEEE 802.1X 基于端口的网络访问控制

IEEE 802.1X 基于端口的网络访问控制机制，为局域网提供兼容性的身份认证和服务授权功能。一般的IEEE 802.1X认证场景包括请求者、认证者和认证系统。在无线局域网中，请求者一般对应终端节点（Mobile Node），认证者对应访问接入点，认证系统对应RADIUS服务器。RADIUS是远程用户拨号认证协议，该服务器能够提供认证、授权和计费功能，一般也称为AAA服务器。

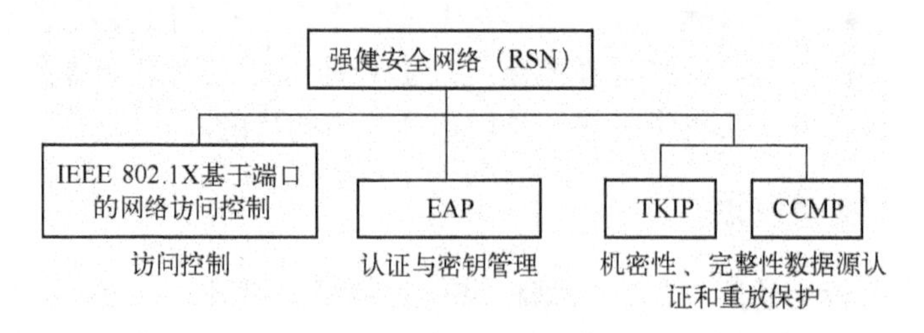

图8-4　强健安全网络架构

IEEE 802.1X定义了端口访问实体（PAE），用以控制端口状态。端口共有两种类型，分别是受控端口和非受控端口。在请求者通过认证之前，认证者使用非受控端口与请求者进行数据交互，此时端口会丢弃除IEEE 802.1X认证数据以外的数据包。当请求者通过认证后，受控端口状态变为认证成功，请求者通过受控端口使用系统提供的各类服务[43]。

可扩展认证协议（EAP）是一种支持多种认证方法的访问认证框架。EAP认证方法中定义了具体的加密机制，常用的EAP认证方法有EAP-TLS、EAP-TTLS、EAP-GPSK、EAP-MD5等。EAP支持多种认证方法，新的认证方法可以轻易地拓展到EAP协议中[44]。

无论使用哪种EAP认证方法，认证信息以及认证协议信息都会包含在EAP信息中。EAP信息交换的目标是认证成功。认证成功的标志是认证者获得被认证端的访问权限。一个典型的EAP认证场景由EAP被认证端、EAP认证端和EAP认证服务器组成，EAP被认证端向EAP认证端发起认证申请，EAP认证服务器则与被认证端协商EAP方法，对被认证端进行认证，并决定是否授权。

IEEE 802.1X定义了EAPOL（EAP over LAN，局域网上的可扩展认证协议）协议来封装请求者和认证者之间的EAP报文。EAPOL协议工作在网络层上，数据包由协议版本、包类型、包主体长度和包主体字段构成。其中包类型字段表明该包的具体类型。EAPOL包共有4种类型，分别是EAPOL-EAP、EAPOL-Start、EAPOL-Logoff和EAPOL-Key，具体定义见表8-1。

表8-1　常用EAPOL包类型

包　类　型	定　　义
EAPOL-EAP	包含封装的EAP包
EAPOL-Start	请求者发送该类型包，替代等待从认证者发来的挑战
EAPOL-Logoff	返回未被授权的端口状态
EAPOL-Key	交换密钥

为了进行认证，EAPOL允许请求者和认证者之间相互通信。一般的IEEE 802.1X认证过程如图8-5所示。

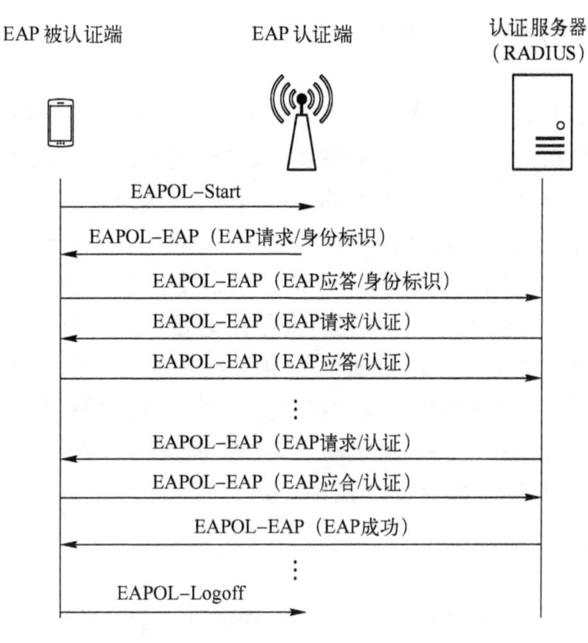

图 8-5 IEEE 802.1X 认证过程

8.3.4 IEEE 802.11i 安全接入过程

接入过程分为 3 个阶段，分别是发现阶段、认证阶段和密钥管理阶段。完成 3 个阶段之后，站点和网络访问接入点做好了数据交互之前的一切准备。在数据传输阶段，站点通过与网络访问接入点的数据交互使用互联网资源。本节将介绍上述 4 个阶段。

1. 发现阶段

发现阶段是安全接入过程的第一阶段。此阶段中，站点首先发现无线网络，并完成与该网络访问接入点之间的身份确认、安全策略协商、建立连接等工作。其中，需要协商的安全策略内容如下。

- 保证单播流量机密性和完整性的协议：将保证流量机密性和完整性的协议内容，与密钥长度一起构成了加密套件。IEEE 802.11i 支持的加密套件有 WEP、TKIP、CCMP 和其他特殊方法。保证多播和广播流量机密性和完整性的协议由访问接入点决定，不属于协商内容。
- 认证方法和密钥管理方法：认证方法与密钥管理方法一起构成认证与密钥管理套件。IEEE 802.11i 支持的认证与密钥管理套件有 IEEE 802.1X、预共享密钥（无明确的认证过程发生，如果站点和访问接入点之间单独共享密钥，则认为认证完成）和其他特殊方法。

在发现阶段，访问接入点周期性广播自身安全信息，包括其支持的组密钥套件、成对密钥套件、认证与密钥管理套件等，这些信息被保存在数据帧的 RSNIE（RSN 信息元）字段。同时，访问接入点也能够通过响应站点发出的检测请求使得站点明确自己的存在。相应的，站点可以被动地监听所有信道从而发现访问接入点，也可以主动地发送监测请求。随后，站点和访问接入点之间完成两次交互。至此，发现阶段结束。需要注意的是，此时的 IEEE

802.1X受控端口依然处于非认证（阻塞）状态。

2. 认证阶段

在认证阶段，站点和访问接入点之间完成身份认证。这里的认证不仅包括访问接入点认证站点，确定站点是合法的用户，也包括站点认证访问接入点，确定该访问接入点是合法的而不是伪造的。IEEE 802.11i推荐使用IEEE 802.1X进行访问控制，IEEE 802.1X通过受控端口和非受控端口对网络的访问进行控制。

认证阶段的执行过程与图8-5相似。在这个阶段中，站点和认证服务器使用相同的认证方法（例如EAP-TLS）进行认证，数据传输采用透传模式，即访问接入点只做转发而不参与具体认证。当认证建立之后，认证服务器会生成认证、授权和计费（AAA）密钥，也就是会话主密钥（MSK），并将该密钥发送给站点。在正常使用过程中，站点和访问接入点之间传输数据机密性和完整性需要加密机制来保护，而这些加密机制的密钥由会话主密钥产生，具体产生过程将在下一阶段介绍。认证阶段完成后，802.1X受控端口依然处于阻塞状态。

3. 密钥管理阶段

顺利完成认证阶段工作后，整个安全接入过程就进入密钥管理阶段。此阶段会产生一系列密钥分发到站点和访问接入点中。密钥有两种类型，成对密钥和群组密钥。成对密钥用于确保单播数据安全，群组密钥用于确保组播和广播数据安全。

根密钥（Root Keys）是产生各种保护机密性和完整性所需密钥（成对秘钥）的基础。根秘钥有两种来源，分别是预共享密钥（PSK）和主会话密钥（MSK），其中预共享密钥形式经常用在简单部署的无线网络环境中。主会话密钥也称为AAA密钥，在认证阶段产生，用在较为复杂的无线网络环境中。成对主密钥（PMK）由根密钥生成，并随后生成成对临时密钥（PTK）。成对临时密钥由EAPOL密钥确认密钥（EAPOL-KCK）、EAPOL密钥加密密钥（EAPOL-KEK）和临时密钥（TK）组成。群组临时密钥（GTK）由群组主密钥（GMK）产生，与成对主密钥需要站点和访问接入点参与才能产生不同，群组临时密钥由访问接入点产生并传递给站点。

成对密钥发布（四次握手）。在成对密钥发布过程中，站点和访问接入点之间进行了四次数据帧传递，因此称为四次握手（如图8-4所示）。四次握手结束后，站点和访问接入点完成对对方的认证，此时802.1X受控端口状态由阻塞变为畅通并允许数据通过端口。四次握手过程如下，如图8-6所示。

- 访问接入点→站点（1）：消息包括访问接入点生成的随机数Anonce和MAC地址。
- 站点→访问接入点（2）：消息中包括随机数Snonce和MIC数据。站点收到Anonce后产生随机数Snonce，加上双方的MAC地址和成对主密钥（PMK）生成成对临时密钥（PTK），随后用PTK中的KCK对消息2进行HMAC加密生成信息完整性字段（MIC），用于对消息进行完整性验证。
- 访问接入点→站点（3）：消息中包括PTK确认和MIC数据。访问接入点收到Snonce后生成PTK，并用PTK中的KCK对MIC进行验证，如果与消息2中的MIC相同，则认为PTK生成成功（此时双方的PTK相同）。
- 站点→访问接入点（4）：对消息3进行确认。

群组密钥发布。在成对密钥发布后，访问接入点生成群组密钥并进行发布，如图8-6

所示，具体过程如下。

- 访问接入点→站点（5）：消息中包括加密后的 GTK 和 MIC 数据。其中，GTK 使用 RC4 或 AES 算法加密，密钥为 PTK 中的 KEK。
- 站点→访问接入点（6）：对消息 1 进行确认，消息同样包括 MIC 数据。

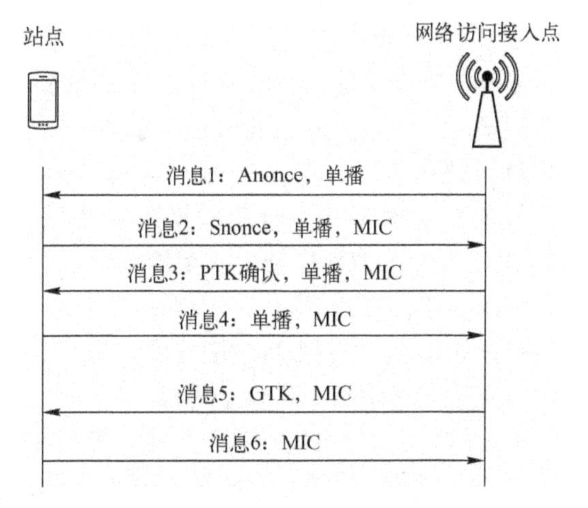

图 8-6　四次握手和群组密钥分发

4. 数据传输阶段

进入数据传输阶段，就意味着访问接入点和站点已经完成了发现阶段、认证阶段和密钥管理阶段的相关工作，802.1X 受控端口保持开放状态，站点也能够使用网络上层的各项服务。IEEE 802.11i 定义了两种机制来保护访问接入点和站点之间的数据传输，它们分别是临时密钥完整性协议（TKIP）和计数器模式密码块链消息完整码协议（CCMP）。

临时密钥完整性协议（TKIP）。TKIP 是在 WEP 基础上改进而来的，密钥长度 256 bit，早期支持 WEP 的网络设备只需要通过软件升级就能支持 TKIP。TKIP 从以下两个方面保护传输数据安全。

- 数据完整性：通过增加信息完整性字段（MIC）实现完整性保护。MIC 由 Michael 算法生成，输入信息包括数据域、源 MAC 地址、目标 MAC 地址和优先位等。
- 数据机密性：TKIP 使用基于 RC4 的加密算法实现机密性保护。

计数器模式密码块链消息完整码协议（CCMP）。为了确保传输数据安全，IEEE 802.11i 默认使用 CCMP。CCMP 在设计时没有受到兼容问题的限制，因此其在安全性上要比 TKIP 更进一步。CCMP 从以下两个方面保护传输数据安全。

- 数据完整性：CCMP 使用 CBC-MAC 保证数据的完整性。
- 数据机密性：CCMP 使用基于计数器模式（CTR）的高级加密标准（AES）算法保护数据机密性，AES 是一种主流的对称密钥加密算法，密钥长度为 128 bit。

8.4　网络传输安全

互联网使人们生活在一个相互连接的世界。随着移动互联网的发展，人们能够在手机上浏览网页、购买商品、支付账单，而这些服务都可以归纳为 Web 服务，因此保证 Web 安全至关重要。传输层安全（Transport Layer Security，TLS）协议和在 TLS 基础上实现的 HTTPS 协议是目前保证移动互联网传输安全的主流解决方案。

8.4.1　TLS

目前，互联网的安全传输建立在 SSL/TLS 之上。TLS 由安全套接字层（SSL）协议发展而来。1999 年 1 月，IETF 颁布了以 SSLv3.0 为基础的 TLSv1.0。随后 TLS 进行了两次更新，TLSv1.2 在 2008 年 8 月公布的 RFC5246 中制定。目前，最新的 TLSv1.3 标准仍在讨论中，还没有正式形成标准，本节介绍TLSv1.2。

1. TLS简介

TLS能够为通信双方的网络数据提供隐私和完整性保护。如图8-7所示，TLS协议由TLS记录协议（TLS Record Protocol）、TLS握手协议（TLS Handshake Protocol）、TLS修改密码规格协议（TLS Change Cipher Specs Protocol）、TLS警报协议（TLS Alert Protocol）组成，各协议所属层次不同。应用数据来自使用TLS的上层协议，例如HTTP协议。在典型的TCP/IP分层中，TLS记录协议在传输层以上，TLS握手协议等在应用层以下。

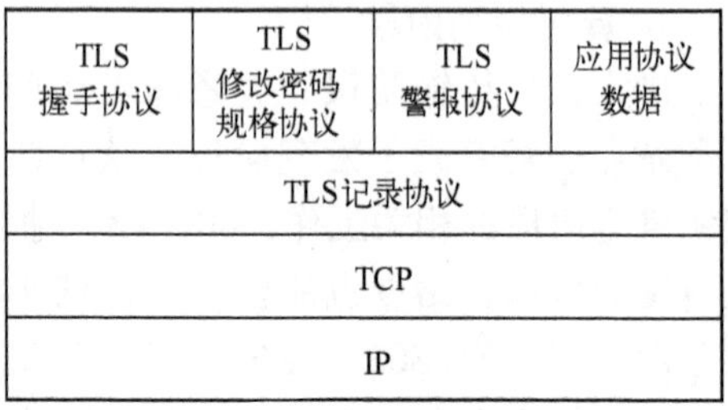

<table>
<tr><td>TLS
握手协议</td><td>TLS
修改密码
规格协议</td><td>TLS
警报协议</td><td>应用协议
数据</td></tr>
<tr><td colspan="4">TLS记录协议</td></tr>
<tr><td colspan="4">TCP</td></tr>
<tr><td colspan="4">IP</td></tr>
</table>

图8-7　TLS协议结构

TLS安全目标如下。

- 加密安全：使用TLS建立安全连接，保证双方所传输数据的安全可靠。
- 协同性：针对独立开发人员，即便不清楚对方的开发方式，开发人员也能够使用TLS实现相关加密参数的交换。
- 可扩展性：TLS旨在提供一个框架，支持最新的公钥加密和批量加密算法加入到TLS之中，同时还要避免新加密算法的引入导致TLS协议自身的重新设计。
- 相对高效：加解密操作往往需要占用大量的CPU资源，尤其是公钥算法。TLS引入了可选的会话缓存机制以减少会话重建带来的开销。此外，TLS采取了能够降低网络传输的机制。

2. TLS记录协议

TLS记录协议用于封装上层协议，从两个方面提供安全保护。

- 机密性。TLS记录协议提供私密的安全连接，允许使用对称加密算法对流量数据进行加密，同时每个连接的加密密钥不同。记录协议也允许不对流量数据进行加密。
- 完整性。TLS记录协议提供可靠的安全连接，使用MAC保证消息的完整性，MAC由HMAC算法生成。

TLS记录协议位于TLS整体框架的下层，位于TCP/IP传输层之上。数据发送端的记录协议接收上层协议非空的、任意大小的碎片数据，然后对其进行分块、压缩、生成MAC、加密等操作，最终传递给传输层后进行传输。对端的记录协议对收到的数据进行解密、验证数据完整性、解压缩等工作，最后将数据重新组装，交给上层协议。记录协议报文由内容类型、版本号、报文长度、分块数据、MAC等字段组成。

在分段阶段，记录协议需要将上层交付的数据进行分块操作，分块之后一个数据块最大为2^{14}Byte。随后是压缩阶段。该阶段中，数据通过当前会话状态中定义的压缩算法进行压缩。数据压缩后进入加密阶段。此阶段中，记录协议首先对压缩后的数据计算MAC，然后将MAC附在数据的尾部，以保证数据的完整性。记录协议使用HMAC算法进行MAC计算，同时也支持会话双方协商使用其他的MAC计算算法。记录协议随后会对数据进行加密，其支持的加密算法包括流加密、分组加密、认证加密（ADAE，使用相关数据的身份验证加密）。

3. TLS握手协议

TLS握手协议（TLS Handshake Protocol）在服务器端和客户端之间传输数据之前实现双方的身份认证、加密算法和密钥协商，TLS握手协议提供的安全传输服务有3个特点。

- 传输双方的身份认证可以使用不对称、公钥算法实现。身份认证不是必需的，但一般会要求至少对一方的身份进行认证。
- 协商的内容是安全的。TLS 协商的内容是无法窃听的，即使攻击者使用中间人攻击也无法获知经过身份认证连接的传输内容。
- 协商是可靠的。攻击者如果对协商过程进行篡改，连接双方一定会发觉。

握手协议是 TLS 最复杂的部分，是 TLS 能够实现数据传输安全的保证。服务器端和客户端通过执行握手过程，建立起会话连接。握手过程分为两种：全握手过程和简短握手过程。若服务器端和客户端之前没有建立会话，则需要执行全握手过程；若服务器端和客户端希望恢复或复制之前的会话，则会选择执行简短握手过程以节省开销。全握手过程如图 8-8 所示，一共有 13 个步骤，分别是如下。

步骤 1：客户端发送 ClientHello 消息。客户端发送 ClientHello 消息以开始一个新的握手过程，ClientHello 消息主要包含下列信息：TLS 版本号、随机数、会话 ID、密码套件、压缩方法、扩展信息。其中，随机数用于防止重放攻击和生成主密钥。

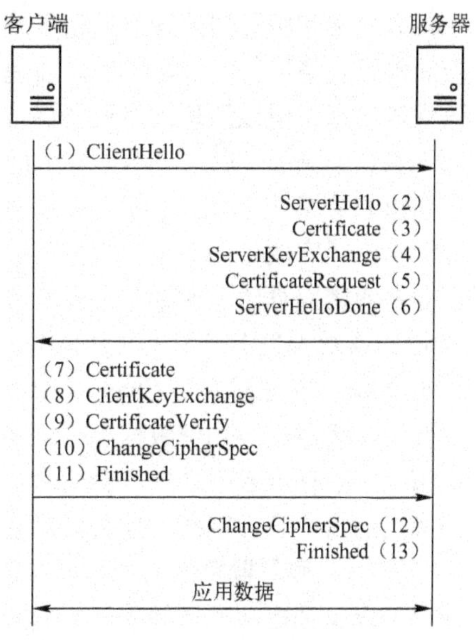

图 8-8　TLS 全握手过程

步骤 2：服务器端发送 ServerHello 消息。服务器端接收到客户端发送的 ClientHello 消息后，回复 ServerHello 消息。ServerHello 消息所包含字段与 ClientHello 消息一致，其中密码套件字段为服务器选定的某一密码套件，压缩方法字段为服务器选定的某一压缩方法，扩展信息字段同样为服务器选定的对应扩展信息，随机数字段为服务器端产生的随机数。

步骤 3：服务器端发送 Certificate 消息。该消息用于封装服务器 X. 509 格式的证书，证书用于服务器自证身份，由专门的证书管理机构（CA）颁发。由于某些加密算法的实现依赖于证书中的相关信息，因此服务器发送的证书必须与之前步骤中选择的密码套件相符。

步骤 4：服务器端发送 ServerKeyExchange 消息。如果 Certificate 消息中没有包含足够的密钥交换信息，服务器则发送 ServerKeyExchange 消息。该消息包含密钥交换需要的额外数据，根据所选密码套件的不同消息包含不同的数据（这条消息不是必须发送）。

步骤 5：服务器发送 CertificateRequest 消息。非匿名服务器可以选择发送该消息以对客户端发起认证，例如，银行就要求访问者必须自证身份（通常使用 Ukey 或密保卡），否则不提供服务。该消息必须在 ServerKeyExchange 消息之后（如果没有 ServerKeyExchange 消息，则在 Certificate 消息之后）立即发出。

步骤 6：服务器发送 ServerHelloDone 消息。该消息的发送意味着服务器端握手所需发送的所有消息已发送完毕。接下来服务器端等待客户端发来的消息。

步骤 7：客户端发送 Certificate 消息。当服务器端发送 CertificateRequest 消息时，客户端发送该消息。如果客户端不能提供证书或合法证书，服务器端可以自行选择继续或终止握手过程。该消息的内容规格与服务器端发送的 Certificate 消息一致。

步骤8：客户端发送 ClientKeyExchange 消息。该消息的内容取决于所选的密码套件，使用不同的密钥交换类型时本消息内容不同。主要的密钥交换类型如下。

- RSA。此时客户端生成48 Byte 数据（其中46 Byte 为随机数，2 Byte 为版本号），使用服务器公钥（在服务器证书中保存）进行加密后封装形成 pre_master_secret。
- 暂态 Diffie-Hellman。消息包含客户端的 Diffie-Hellman 公钥参数。
- 固定 Diffie-Hellman。消息为空，但消息必须被发送。

步骤9：客户端发送 CertificateVerify 消息。此消息提供客户端显式认证功能，只有当客户端证书有签名功能时（含有固定 Diffie-Hellman 参数外的所有证书）此消息才被发送。

步骤10：客户端发送 ChangeCipherSpec 消息。修改密码规格协议指明当前双方会话密码状态，客户端和服务器端均可发送修改密码规格消息，以告知对方接下来的记录消息将使用最新的密码规格进行加解密操作。在握手过程中，双方完成安全参数协商之后才能发送修改密码规格消息，但该消息的发送要保证在结束消息发送之前完成。步骤12中服务器端发送的 ChangeCipherSpec 消息与本步骤中的消息格式一致。

步骤11：客户端发送 Finished 消息。这条消息的发送表明握手过程中的密钥交换和身份认证工作已经完成，接下来即将进入应用数据发送阶段。本消息是整个会话中第一条使用已经协商好的密码算法、密钥进行加密的信息，接收端收到后需要对本消息进行解密。步骤13中服务器端发送 Finished 消息与本步骤中消息格式一致。

步骤12：服务器发送 ChangeCipherSpec 消息。服务器接收到客户端传来的加密数据之后，使用私钥对这段加密数据进行解密，并对数据进行验证，也会使用跟客户端同样的方式生成密钥，一切准备好之后，会给客户端发送一个 ChangeCipherSpec，告知客户端已经切换到协商过的密码套件状态，准备使用密码套件和密钥加密数据了。

步骤13：服务器发送 Finished 消息。服务端也会使用密钥加密一段 Finished 消息发送给客户端，以验证之前通过握手建立起来的加解密通道是否成功。

在完成了全部13个步骤之后，客户端和服务器端建立起了安全连接，之后双方可以开始应用数据的交互。由于服务器对客户端的认证并不是必需的，因此在某些应用场景中，服务器端不对客户端进行身份验证，此时握手过程没有步骤5、步骤7和步骤9。

可以看出，全握手过程需要步骤较多，且其中与密码相关的操作需要占用大量的 CPU 资源，由于会话断开后双方依然会在一段时间内保留相关的协商数据，此时双方若希望恢复会话的话再执行全握手机制会相对低效，因此 TLS 建立了会话恢复机制以节省开销。会话恢复握手中客户端首先发送 ClientHello 消息，随后服务器端发送 ServerHello、ChangeCipherSpec 和 Finished 消息，客户端发送 ChangeCipherSpec 和 Finished 消息后握手完成，之前的会话恢复。

4. TLS 警报与修改密码规格协议

警报协议位于记录协议上层，警报消息传递警报的详细描述和严重性。警报消息能够被记录协议层加密或压缩，但是否执行由当前连接双方协商而定。TLSv1.2 定义了多种警报消息，包括关闭通知、非预期消息、MAC 错误等。

警报消息根据严重程度可以分为告警（Warning）警报和致命（Fatal）警报。当一方发现连接存在致命错误时，会发出致命警报。当致命警报出现时，通信双方必须立刻终止连接，同时双方必须丢弃当前会话的会话标志、密钥等信息。告警警报没有致命警报等级高，往往不会影响连接状态，但是如果一方接收到告警警报后决定终止连接，其会立刻发送关闭通知以终止连接。常见的告警警报包括用户取消连接警报和未重协商警报等。

关闭通知是一种致命警报消息。关闭通知使得客户端和服务器迅速了解连接是否结束，这样可以有效避免截断攻击。连接中的双方都可以发送 close_notify 警报以结束连接，连接结束后再接收的任何数据都会被丢弃，当一方收到对方发来的 close_notify 警报后需要回复对方 close_notify 警报。使用 TLS 的上层应用协议在 TLS 连接关闭后，需要使用底层协议进行数据传输，必须在接收到对方 close_notify 警报后才能通知上层应用协议连接已中断。如果上层应用协议没有额外的数据进行传输，该端可以选择立刻关闭 TLS 连接。除关闭通知外，常见的致命警报还有以下几种。

- 非预期消息。接收到的消息含有非预期内容。
- MAC 错误。接收到的 MAC 码存在错误。
- 消息长度过长。接收到的密文长度或压缩信息长度超过理论长度。
- 解压缩失败。解压缩函数接收非法输入导致解压缩失败。
- 握手失败。发送方无法与对方协商出合理的安全参数以建立握手，这是致命警报。
- 未知 CA。证书接收方会查询签发证书的 CA 是否合法，当无法查询到 CA 有效信息时发送未知 CA 警报。
- 解码错误。当消息某部分因出现错误或长度不对而无法解码时，消息接收方发出解码错误警报。

TLS 修改密码规格协议比较简单，其负责在会话过程中指明当前双方会话密码状态，如果通信一方希望改变密码规格，可以发送修改密码规格消息，对方在收到消息之后会使用新的密码套件。

5. 密码计算

TLS 记录协议通过密码算法、主密钥（Master Secret）、客户端和服务器端随机值实现对传输数据的安全保护。压缩算法和规定了认证、加解密和 MAC 算法的加密套件在握手过程的 ServerHello 消息中确定，随机值也在 Hello 消息中进行了交换。接下来，主要介绍主密钥及其生成步骤。

主密钥长 48 Byte，由预备主密钥（pre_master_secret）生成，不同的密码算法对应不同长度的预备主密钥。当主密钥生成后，预备主密钥必须立刻丢弃。主密钥生成过程可以分为两步：生成预备主密钥和生成主密钥。各个密码算法生成预备主密钥的方法如下。

- RSA。在握手过程步骤 8 中，客户端生成 48 Byte 的预备主密钥，通过公钥加密后构成 pre_master_secret 消息发给服务器端，服务器端利用私钥进行解密获得预备主密钥。
- Diffie-Hellman。预备主密钥由服务器端和客户端各自产生一个 Diffie-Hellman 参数，交换之后双方再分别做 Diffie-Hellman 计算，得出预备主秘钥。

在得到预备主密钥后，不同的密码算法使用相同的算法生成主密钥。预备主密钥、客户端随机数、服务器端随机数作为输入，经过主密钥生成算法运算生成主密钥。需要注意的是，生成主秘钥的 3 个输入项服务器和客户端均已获得，双方使用相同的算法得到的主秘钥相同。

8.4.2　HTTPS

HTTPS（HTTP Over SSL/TLS）协议是安全版的 HTTP 协议，其将 HTTP 运行在 SSL/TLS

上层来提供安全的HTTP通信。随着TLS取代SSL，目前讨论的HTTPS多是建立在TLS基础上的。随着越来越多的应用场景需要对通信双方进行身份验证，HTTPS的应用部署渐渐成为标准配置。2014年HTTP v2.0成为标准以来，所有的HTTP通信都应采用HTTPS实现的讨论就已经出现[45]。HTTPS的实现需要浏览器的支持，目前绝大多数浏览器都已支持HTTPS。

在TCP/IP架构中，HTTPS的端口号为443，而HTTP的端口号为80。HTTPS与HTTP的显式区别主要是浏览器中URL起始于“https”而不是“http”，URL的旁边往往还有锁图案显示证书状态。HTTPS的标准文档为RFC 2818（HTTP Over TLS）。当使用HTTPS时，以下通信元素被加密。

- URL。
- 数据内容。
- 浏览器表单内容。
- 浏览器和服务器双方发送的Cookie。
- HTTPS报头内容。

1. HTTPS连接的建立与关闭

HTTPS中的通信双方也被视为TLS中的通信双方。当一方希望建立HTTPS连接时，首先与对方服务器建立TCP连接，随后发送TLS ClientHello消息开始进行TLS握手。当TLS握手完成建立安全会话后，客户端才可以进行HTTP数据的发送。所有HTTP数据均应作为TLS应用数据被封装发送。

连接中的一方如果希望关闭连接，则必须首先构造关闭通知警报（Close Notify Alert）。一方如果收到合法的关闭警报，随后将不会再收到任何数据。当关闭警报发出后，发出方可以不等对方发送关闭警报就单方面关闭连接，这称为“不完全关闭”。当上层的应用确定已经接收所有希望数据后，执行不完全关闭的用户（服务器端或用户端）接下来可能会重新使用这个会话。

2. HTTPS面临新的安全威胁

近年来针对HTTPS的研究有很多，有的从HTTPS部署后对网络开销的影响入手[45]，有的则从HTTPS自身面临的安全威胁入手。证书管理机构（Certificate Authority，CA）作为证书签发机构，是TLS会话双方均充分信任的对象。如果CA签发的证书存在问题，则会对HTTPS通信安全产生严重影响。Zakir Durumeric等人[46]调查了1832个合法的CA证书，发现仅有7个证书使用名称限制，40%的证书没有路径长度限制。他们发现，超过半数的证书中包含不够安全的RSA1024比特密钥。

2009年TLS被曝存在重协商漏洞。漏洞存在的原因是不同数据流之间没有延续性及应用程序与TLS信息交互不够及时，攻击者利用中间人模式完成攻击后，能够实现执行任意的HTTP GET请求、跨站脚本（XSS）等进一步攻击。目前，重协商漏洞已经基本得到了修复。除了重协商漏洞，侧信道劫持（Sidejacking）、Cookie窃取（Cookie Stealing）、Cookie伪造（Cookie Manipulation）等安全漏洞都对HTTPS的安全构成严重威胁，容易被攻击者利用，对HTTPS连接进行攻击[47]。

Somorovsky等人[48]提出了TLS-Attacker开源框架，对TLS库安全性进行评估。TLS-Attacker使用双阶段模糊测试方法（Two-stage Fuzzing Approach），支持定制TLS消息流并允许任意修改消息中的内容，能够自动搜索密码失效（Cryptographic Failures）和边界溢出

（Boundary Violation）漏洞、缓冲区溢出越界（Overflows/Overreads）漏洞，从而对 TLS 库行为进行测试。TLS-Attacker 支持 3 种攻击方法，分别是密码攻击（Cryptographic Attacks）、状态机攻击（State Machine Attacks）和缓冲区溢出/越界攻击（Overflows and Overreads）。

8.5　移动云计算安全

作为移动互联网和云计算结合的产物，移动云计算具有无线移动互联、灵活终端应用和便捷数据存取等特点，但同时也面临着巨大的安全威胁。一方面，移动云计算通过各种无线或移动网络接入和访问云端，网络连接环境变得十分复杂，任何漏洞都有可能被恶意用户和黑客利用来进行攻击。另一方面，云端为多租户提供服务，很可能存在一些恶意的租户，他们通常会利用共享的云端环境来窃取其他合法租户的数据。此外，从移动用户角度来看，提供公共服务的云端也是不可信的，云服务提供商（Cloud Service Provider，CSP）可能会因一些不可告人的目的而访问甚至有意泄露用户的数据。据 Verizon 公司统计，2015 年全球 61 个国家出现了 79790 起云数据泄露事件，如此频频发生的云数据安全事件使用户对移动云计算的安全性表示十分担忧，也削弱了移动用户使用云服务的信心。

为解决移动云计算的安全问题，近年来学术界和产业界开展了大量而深入的研究，并取得了一系列研究成果，特别是针对云数据的安全问题，提出了许多新的密码技术和安全解决方案。考虑到移动云计算中涉及的其他安全问题在前面几小节中已进行了介绍，本节就重点针对云数据安全问题及相应安全技术进行分析。

8.5.1　云计算数据安全

在移动云计算环境中，用户的数据和计算任务通过移动互联网迁移到云端数据中心，并由云端进行计算、存储和处理。在这些操作过程中，用户数据不仅面临着来自传统网络的攻击，而且还面临着来自 CSP 内部的攻击，从而使得移动云计算用户的数据面临巨大安全挑战。

1. 云计算数据安全威胁

云端是一个资源虚拟化和多租户的环境，移动用户在将数据外包给云端的同时，其数据也面临着巨大的安全威胁，包括数据泄露、非法访问以及用户数据破坏或丢失等[49][50]。

- 数据泄露。在开放网络环境下，移动云计算既面临着各种传统网络安全的威胁，如网络窃听、非法入侵和非授权访问等，又面临着云环境下的共享虚拟机漏洞、侧信道攻击和云端内部攻击等威胁，这些威胁都很容易造成存储于云服务器上的数据泄露。另一方面，当用户需要删除云端数据时，云服务器可能并不真正删除用户数据，而只是逻辑上标记为不可用，这种用户数据留下的“印迹”很容易被其他用户恢复，从而造成数据泄露。
- 非法访问。数据外包给云服务器，用户就失去了对数据的物理控制权，云服务器对数据进行何种操作用户将不得而知，云服务提供商可能会因某种商业目的而蓄意窥探用户数据，甚至将用户数据提供给第三方使用。另一方面，存储于云端的用户数据还有可能在用户不知情的情况下，被第三方监听访问。此外，恶意黑客的攻击也可能获取系统访问权限，进一步非法读取和使用用户数据。

- 数据破坏或丢失。存储于云中的数据可能会因管理误操作、物理硬件失效（如磁盘损坏）以及电力故障、自然灾害等而丢失或损坏，造成数据服务不可用。另外，CSP 还可能会为了节省存储空间、降低运营成本而移除用户极少使用的数据，致使用户数据丢失。

2. 云计算数据安全需求

面对来自云服务系统外部和内部的各种攻击与安全威胁，有必要采用措施保护用户的数据安全，即保护数据的机密性，防止数据非法访问，确保数据的完整性和数据被可信删除。

- 数据机密性。数据机密性是云数据服务最基本的安全需求，它要求只有数据拥有者和授权用户才能够访问数据内容，其他任何用户包括 CSP 在内都不能获得任何数据内容。
- 访问可控性。访问可控性意味着数据拥有者能够对外包给云端的数据进行访问控制，通过对用户授权，允许其他用户访问部分数据。不同用户可以授予不同的数据访问权限，以实现细粒度的数据访问控制。
- 数据完整性。数据完整性要求用户数据必须正确、可靠地存储于云服务器中，不允许被非法篡改、故意删除或恶意伪造。一旦这些不期望的行为发生，数据拥有者应该能够检测出数据遭受到了破坏。
- 数据可信删除。数据可信删除是指当用户要求 CSP 删除其数据时，CSP 应彻底删除或“破坏”用户数据，使任何其他用户（包括 CSP）均不能再获得数据内容。

3. 云计算数据安全方案

根据云计算数据安全需求，各种数据安全解决方案相继提出，见表 8-2。

表 8-2 云数据安全威胁、安全需求与安全方案

安全威胁		安全需求	安全技术方案
数据泄露	网络窃听、非授权访问、云端内部攻击、虚拟机侧信道攻击等	数据机密性	● 代理重加密 ● 查询加密 ● 同态加密
非法访问		数据访问控制	● 基于选择加密的访问控制 ● 基于属性加密的访问控制
数据破坏或丢失	恶意篡改、有意丢弃、操作配置错误、存储硬件失效、电力故障、自然灾害等	数据完整性	● 数据持有性证明 ● 数据可恢复证明
数据泄露（数据残留）	数据仅逻辑上删除、数据备份未删除、数据迁移留下数据“印迹”	数据可信删除	● 集中式密钥管理的可信删除 ● 分散式密钥管理的可信删除 ● 层次化密钥管理的可信删除 ● 属性策略密钥管理的可信删除

8.5.2 云数据机密性保护

加密技术是保护云数据机密性的一种常用方法。然而，简单地使用传统加密技术将使得外包给云端的数据无法有效地在云端进行查询、计算和共享等操作与服务。比如，当用户要查询在云端的某一数据时，由于数据被加密，云服务器无法为用户提供查询，用户只能将所有密文数据下载到本地解密后才能进行相应查询。同样，对数据进行其他操作也将如此。显然这种方式将带来巨大的通信开销，也违背了用户将数据外包给云端存储或处理的初衷。为了解决这些问题，确保用户数据机密性的同时保证云服务器提供正常的应用服务，需要采用代理重加密、查询加密和同态加密等新型加密技术。

1. 混合加密机制

密码算法包括对称密码算法和非对称密码算法（公钥密码算法）两种。其中，对称密码算法加解密运算复杂度低，运行速度快，而非对称密码算法通常依赖于某个数学难题（如大数分解问题、离散对称问题等），加解密运算复杂度高，运行速度慢。但与对称密码相比，非对称密码的密钥管理相对简单灵活，应用范围和场景也更加广泛。

在云计算环境中，为了保证系统的运行效率和各种应用的灵活性，通常使用混合加密机制来保证云数据的安全，如图 8-9 所示。首先，使用对称密码算法加密数据量较大的数据文件，以保证加解密运算具有高速度和低复杂性；然后，用公钥密码算法封装用户加密数据文件的对称密钥，以方便实现多种灵活的云数据访问控制方式。尽管公钥密码算法速度较慢，但由于对称密钥数量非常少，因此整个系统的运行速度是非常快的。

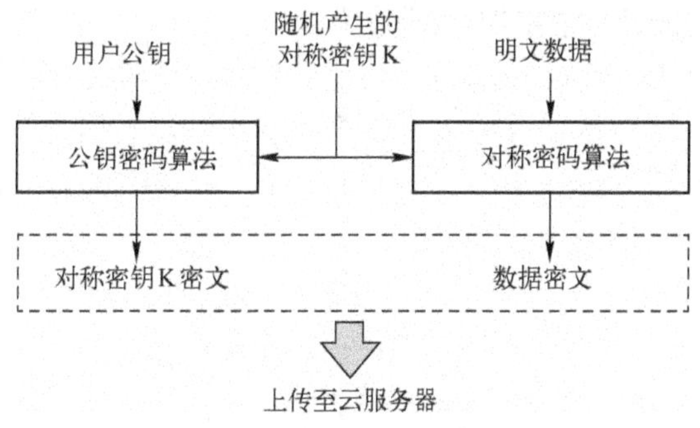

图 8-9　混合加密机制

数据拥有者使用混合加密机制将加密的文件上传到云服务器中，而数据使用者通过解封装获得对称加密密钥 K，然后对数据文件进行解密，最终得到明文数据。混合加密机制充分利用了对称和公钥密码各自的优点，在对数据文件进行加密时，可以使用随机的对称密钥，有效提高了数据的安全性。由于随机的对称密钥以密文的形式保存在云端，而本地只需保存公钥算法的公/私钥对，从而大大降低了用户端密钥的管理复杂性。

2. 代理重加密

在云环境下加密会给不同用户间的灵活数据共享带来一定的困难。一方面，共享策略的任何改变都需要对数据重加密，若让云端来完成重加密，则云端需要首先解密数据，这使得明文数据暴露给了不信任的云端，而让数据拥有者来重加密，又会给数据拥有者带来巨大的计算和通信开销。另一方面，大规模用户数据共享涉及大量密钥的生成、分发和管理，也会带来巨大的计算、通信和存储开销。代理重加密（Proxy Re-Encryption，PRE）技术为解决上述云数据共享提供了一种较好的解决方案。

（1）代理重加密基本概念

代理重加密是密文间的一种密钥转换机制，在代理重加密系统中，代理者（Proxy）在获得由授权人产生的针对被授权人的转换密文（代理重加密密钥）后，能够将原本加密给授权人的密文转换为针对被授权人的密文，然后被授权人只需利用自己的私钥就可以解密该转换后的密文。在代理重加密过程中，虽然代理者拥有转换密钥，但无法获取密文中对应明文的任何信息。

根据代理转换密钥的性质，代理重加密分为双向代理重加密和单向代理重加密两种。在前者中，代理者利用代理钥既能将 Alice 的密文转换成针对 Bob 的密文，又能将 Bob 的密文转换成针对 Alice 的密文；在后者中，代理者利用代理钥只能将 Alice 的密文转换成 Bob 的密文，而无法进行另一方向的转换。根据密文能否被多次转换这一性质，代理重加密又可分为多跳代理重加密和单跳代理重加密两种；前者允许密文被多次转换，而后者只允许密文被转换一次。

（2）代理重加密主要算法

以单向代理重加密为例，一个代理重加密方案 PRE 一般由如下 8 个算法（Setup，KeyGen，RekeyGen，Enc_1，Enc_2，ReEnc，Dec_1，Dec_2）构成[51]。

系统建立算法 Setup（K）：给定安全参数 K，该算法生成全局参数 $params$。

密钥生成算法 KeyGen（$params$）：该算法负责生成公/私钥对（pk_i, sk_i）、(pk_j, sk_j)。

重加密密钥生成算法 ReKeyGen($params, sk_i, w, pk_j$)：给定授权人的私钥 sk_i 和以及被授权人的公钥 pk_j，该算法生成一个重加密密钥 $rk_{i\to j}$。

第一层加密算法$\text{Enc}_1(params, pk_i, m)$：给定公钥 pk_i 和明文 m，该算法生成一个第一层密文 CT_i。该第一层密文可以通过重加密算法 ReEnc 进一步转换为第二层密文。

第二层加密算法$\text{Enc}_2(params, pk_j, m)$：给定公钥 pk_j 和明文 m，该算法生成一个第二层密文 CT_j。该第二层密文不能被进一步转换。

重加密算法 ReEnc($params, CT_i, rk_{i\to j}$)：给定针对公钥 pk_i 和第一层密文 CT_i，该算法利用重加密密钥 $rk_{i\to j}$生成一个针对公钥 pk_j 的第一层密文 CT_j。

第一层解密算法$\text{Dnc}_1(params, CT_i, sk_i)$：给定针对公钥 pk_i 的第一层密文 CT_i，该算法利用相应的私钥 sk_i 进行解密从而得到明文 m。

第二层解密算法$\text{Dnc}_2(params, CT_j, sk_j)$：给定针对公钥 pk_j 的第二层密文 CT_j，该算法利用相应的私钥 sk_j 进行解密从而得到明文 m。

若 PRE 方案正确，则以下等式成立：$\text{Dec}_1(\text{Enc}_1(pk_i, m), sk_i) = m$，$\text{Dec}_2(\text{Enc}_2(pk_j, m), sk_j) = m$，$\text{Dec}_2(\text{ReEnc}(CT_i, rk_{i\to j}), sk_j) = m$。

（3）几种代理重加密方案

基于身份的代理重加密（Identity-Based Proxy Re-Encryption，IB-PRE）方案[52]。将代理重加密引入到基于身份的环境中，以用户身份作为公钥进行数据加密，而用户私钥则根据用户身份来产生。该方案最大的问题是需要一个可信的第三方来生成用户私密并进行管理。

无证书代理重加密（Certificateless Proxy Re-Encryption，CL-PRE）方案[53]。该方案利用身份作为公钥的一部分，具有基于身份和无证书公钥密码体制的优点，解决了传统 PKI 中的证书管理问题和基于身份公钥系统中的密钥托管问题。

基于时间的代理重加密方案[54]的基本思想是将时间概念引入到 PRE 中，当用户访问权限在访问时间内有效时，可以解密相应数据；而当其预定义的时间期满后将自动终止，即撤销用户。该方案解决了共享用户撤销时，需数据拥有者在线给第三方发送代理重加密密钥的问题。

（4）基于代理重加密的云数据共享

在云存储环境下，当用户需要将某些数据与指定用户进行共享时，可以使用代理重加密机制。例如，如果用户使用上一节的混合加密机制来保护数据，则可以委托 CSP 将自己公钥封装的对称密钥 K 密文转换为某一数据使用者公钥封装的对称密钥 K 密文，而 CSP 不能解密获知相应的对称密钥 K。重加密操作由 CSP 完成，以节省用户的计算开销。

代理重加密的实现需要一个代理重加密密钥 rk。当需要数据共享时，由数据拥有者生成 rk 转换密钥，并发送给云服务器；然后，云服务器利用 rk 转换密钥将加密数据转换为针对指定共享用户的密文；最后，指定用户利用其自身的私钥解密转换后的密文，从而实现数据的安全共享。密文转换过程中（如图 8-10 所示），代理者虽然拥有转换密钥，但无法获取明文的任何信息。

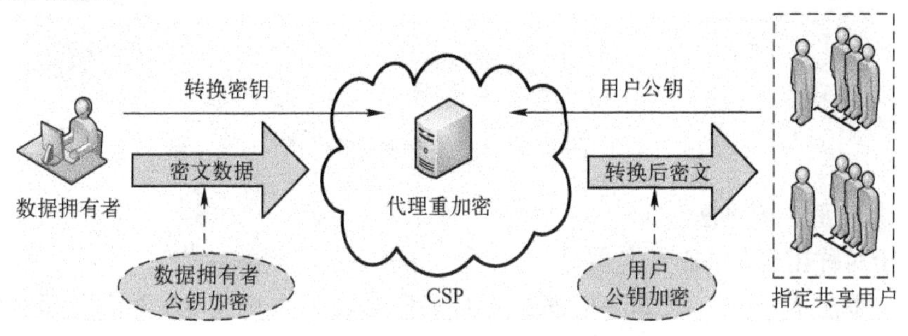

图 8-10　基于代理重加密的云数据共享

3. 查询加密

出于数据机密性的考虑，用户会将数据以密文的形式外包存储在云服务器中。但当用户需要提取包含某些关键字的数据时，会遇到如何在云端服务器进行密文搜索的难题。一种简单的方法是将所有密文数据下载到本地进行解密，再进行关键字查询，但这种方法将浪费巨大的网络带宽，为用户带来大量不必要的存储和计算开销。另一种方法是将密钥和需查询的关键字发给云服务器，由云服务器解密数据后进行查询，显然这种方法泄露了用户数据，不能满足数据机密性要求。为此，支持密文搜索的查询加密（Searchable Encryption，SE）技术应运而生。

（1）查询加密基本概念

查询加密的基本思想是通过构造安全索引、利用查询陷门来高效地支持密文搜索，其一般过程如图 8-11 所示[50]。首先数据拥有者加密本地数据，同时生成查询安全索引（step1），安全索引与密文数据一起上传至服务器阶段（step2）。当用户需要查询数据时，向数据拥有者发送查询请求（step3），数据拥有者根据查询请求生成查询陷门（step4），并返回给用户生成的陷门，同时给用户一个解密密钥（step5）。用户提交查询陷门给云端服务器（step6），服务器执行查询（step7），将查询结果返回给用户（step8）。最后，用户利用数据拥有者发给的密钥解决查询结果，获得需要的数据（step9）。

根据采用密码体制的不同，可将 SE 方案分为基于对称密码的 SE 方案和基于公钥密码的 SE 方案两类。基于对称密码的 SE 方案的构造通常基于伪随机函数，具有计算开销小、算法简单、速度快的特点，除了加解密过程采用相同的密钥外，其陷门生成也需密钥的参与。此外，还需要专门的安全信道来传输密钥。基于公钥密码的 SE 方案使用两种密钥，公钥用于明文信息的加密和目标密文的检索，私钥用于解密密文信息和生成关键词查询陷门，公钥查询加密算法通常涉及复杂的公钥计算，加解密速度较慢，但由于公私钥相互分离，非常适用于多用户体制下查询加密环境，而且其支持的查询功能更加灵活（如范围查询、子集查询等）。

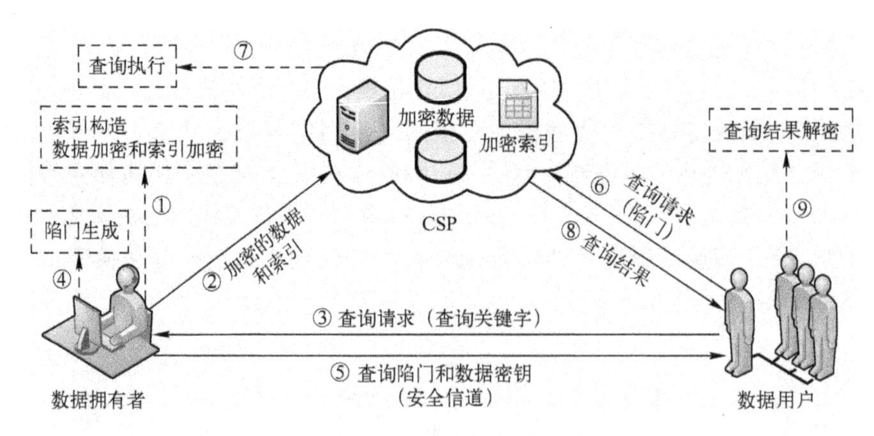

图 8-11　查询加密过程

（2）查询加密主要算法

一个基于对称密码的SE方案主要有以下6个多项式时间算法[55]。

密钥产生算法Keygen：该算法根据输入的安全参数λ来产生SE方案所需的密钥k，即Keygen$(\lambda)\to k$。

加密算法Enc：该算法以密钥k和明文集合D为输入，输出密文集合C，即Enc$(k,D)\to C$。

索引生成算法BuildIndex：该算法以密钥k和明文集合D为输入，从明文中提取关键字并加密，输出索引集合I，BuildIndex$(k,D)\to I$。

查询陷门生成算法Trapdoor：该算法以密钥k和查询关键字w为输入，输出查询陷门t，即Trapdoor$(k,w)\to t$。

查询算法Search：该算法以由明文集合D生成的索引集合I和查询关键字w对应的陷门t为输入，输出包含关键字w的密文集合C_w，即Search$(I,t)\to C_w$。

解密算法Dec：该算法用于对查询后的结果进行解密，获得所需的明文数据，它以密文$c_i(c_i\in C)$和密钥k为输入，输出对应的明文$d_i(d_i\in D)$，即Dec$(d_i,k)\to d_i$。

基于公钥密码的SE方案一般也由以上6个算法构成，不同之处在于Keygen算法产生公钥pk和私钥sk，Enc和BuildIndex算法采用公钥pk，Dec和Trapdoor算法采用私钥sk。

（3）安全查询索引

为了保护查询隐私和提高密文查询效率，SE方案一般都是通过构造关键字的安全索引来实现查询功能的。有两种基本的安全索引类型[50]。

① 以关键字组织的索引，也称倒排索引（Inverted Index），即每个关键字对应一个由包含该关键字的所有文件构成的文件列表，其优点在于查询速度快。但当添加一个新文件时，需更新所有对应的关键字文件列表，且仅支持单关键字查询。

② 基于文档构造的索引，即为每个文档构造一个由该文档中的所有关键字构成的关键字列表，此类索引结构在文档更新时，不会影响其他文档对应的索引，但在进行关键字查询时，需搜索所有索引。

此外，还采用一些树结构来构造关键字索引，如B树、B+树等。与采用链表的索引结构相比，这种基于树的索引结构具有更高的查询效率。

（4）安全查询功能

在保护数据和关键字隐私的前提下，如何在加密数据上获得与明文一样的查询体验是一个具有挑战性的问题。目前，提出的 SE 方案支持的查询条件越来越灵活，支持的查询功能也越来越丰富，不但实现了单关键字查询和多关键字查询，而且能够提供模糊查询、范围查询等功能，有的 SE 方案还能够同时支持多关键字和模糊查询。

动态数据查询支持。在 SE 方案中，当添加、修改或删除数据时，意味着需要动态地改变查询索引，才能支持原有的查询功能，否则查询的结果将不准确，甚至出现错误的查询结果。因此，如何构造支持动态操作的查询索引结构是实现动态数据查询的关键。一些方案采用矩阵分块的思想，来支持关键字索引字典的动态更新。

查询结果排序。用户在进行数据查询时，云服务器可能会搜索出大量的数据。而用户总是期望服务器能够返回与查询关键字最相关的数据，一方面可使用户快速找到目标数据，另一方面可减少不必要的带宽消耗，这就要求云服务器对查询到的结果进行排序。为了实现查询结果排序，需要一个排序标准，如关键字频次与文档频次（TF × IDF）、坐标匹配内积相似度和余弦相似性等。

4. 同态加密

在解决一些大规模最优化、大数据分析、生物特征匹配等问题时，会涉及大量的数据计算。对于资源有限的移动用户来说，承担如此巨大的计算是不可行的。一种有效的解决方案是借助云端的强大计算能力为移动用户提供计算服务，但这会使用户的敏感数据暴露给云服务器。这个问题可以通过加密数据，并让云服务器在密文数据上进行计算来解决，这就需要用到同态加密（Homomorphic Encryption，HE）技术。

（1）同态加密基本概念

同态加密是一种支持直接在密文上进行计算的特殊加密体系，它使得对密文进行代数运算得到的结果与对明文进行等价运算后再加密所得结果一致，而且整个过程中无需对数据进行解密，即对于函数 f 及明文 m，有 $f(\mathrm{Enc}(m)) = \mathrm{Enc}(f(m))$。若函数 f 是某种特定的类型计算（如加法、税法运算）或有限次特定类型计算的复合，则称该类方案为部分同态加密（Somewhat Homomorphic Encryption，SwHE）方案；反之，如果函数 f 可以是任意有效函数且支持无限次运算，则称该类方案为全同态加密（Fully Homomorphic Encryption，FHE）方案[56]。

（2）同态加密主要算法

同态加密方案有 4 基本算法：密钥生成算法 KeyGen、加密算法 Enc、解密算法 Dec 和密文计算 Evaluate。其中，Evaluate 算法是同态加密 4 个算法中的核心，这个算法的功能是对输入的密文进行计算，且具有同态性。

（3）全同态加密构造

从密文计算次数的角度，可将 FHE 方案分为纯（Pure）FHE 和层次（Leveled）FHE，前者可以对任意深度的电路进行计算，即对密文进行无限次的计算，而后者只能对任意多项式深度的电路计算，即进行有限次密文计算。从构造 FHE 采用的数学基础来看，现有的 FHE 方案可分为基于理想格的方案、基于整数的方案和基于 LWE（Learning With Errors）的方案 3 种。

基于理想格和基于整数的 FHE 方案构造方法主要是遵循 Gentry 提出的构造框架，其构造思想是非常“规则”的。首先构造一个部分同态加密方案，然后“压缩”解密电路，进行同态解密，最后在循环安全的假设下，通过递归来实现 FHE 方案。在该 FHE 构造框架中，采用同态解密技术的前提条件是解密电路的深度要小于 SwHE 方案所能计算的深度，如果满足该条件，则称 SwHE 方案是可自举启动的（Bootstrappable）。该 FHE 构造框架的同态解密非常关键，其目的是控制密文噪声的增长，以保证递归运算后密文能够被解密。

基于LWE的FHE方案都是以LWE或R-LWE为安全假设条件，其构造过程如下：首先构造一个SwHE方案，然后采用密钥交换技术和模交换技术，来分别控制密文计算后新密文向量维数的膨胀和噪声的增长，然后通过迭代获得FHE方案，通常仅能实现层次FHE。这种构造方法无需效率低下的同态解密技术，极大地提高了FHE的效率。然而，密钥交换技术引入了许多密钥交换矩阵，每次密钥交换都要乘以一个密钥交换矩阵，这直接影响了FHE的效率，因此如何改进密钥交换技术就成了此类FHE方案构造的关键问题。

FHE方案通常都非常复杂，运行效率十分低下，但也可进行一些优化，如控制密文的大小、提高密钥产生效率和减少计算维数等。采用SIMD（Single Instruction Multiple Data）技术来实现FHE是提高全同态效率的一种有效方法。可采用SIMD来提高自举启动的性能，使重加密能够并行运行。

8.5.3 云数据访问控制

传统的访问控制方法需要依赖一个可信的服务器，其控制策略通常由信任的服务器来实施，而在移动云环境下，用户并不信任远程的云服务器，因此传统的访问控制方法无法直接应用于云环境中。针对这一问题，研究人员提出了针对不可信云环境的基于加密的访问控制技术。该技术通过数据加密并转换成相应授权策略的方式来完成访问控制的“自实施”，在保护数据机密性的同时有效地实施数据授权访问控制策略。

然而，简单选择传统的加密方法会给加密数据的访问控制带来一定的困难：一是大规模用户的数据共享需要大量密钥，生成、分发和保管这些密钥比较困难；二是如果需要制定灵活可控的访问策略，实施细粒度的访问控制，会成倍地增加密钥数量；三是当用户访问权限更新或撤销时，需要重新生成新的密钥，势必引入巨大的计算量。本节将针对这些问题介绍两种基于加密的访问控制技术，即基于选择加密（Selective Encryption）的访问控制和基于属性加密（Attribute-based Encryption，ABE）的访问控制。

1. 基于选择加密的访问控制

基于选择加密的访问控制思想是将加密机制与访问控制策略相结合，通过密钥的分发管理来控制数据的授权访问，其核心是如何有效地将访问控制策略转换为等效的加密策略，以及如何安全、高效地产生和分发密钥。其中，密钥产生和分发通常采用密钥派生技术。

（1）密钥派生原理

密钥派生是指一个密钥可通过另一个密钥和一些公开的信息来计算产生。这种方法首先需要定义和计算公开的令牌。设K是对称密码系统中的密钥集，给定K中的两个密钥k_i和$k_j(k_i,k_j \in K)$，以及一个令牌$t_{i,j}$，这里$t_{i,j}=k_j \oplus h(k_i,l_j)$，其中$l_j$是一个与$k_j$相关的公开可获得的标签信息，$\oplus$是位异操作，$h$是一个确定性密码函数。如果用户知道密钥$k_i$和公开的令牌$t_{i,j}$和标签信息$l_j$，则可计算出另一密钥$k_j$。在已知一系列公开的令牌时，则可通过上述方法计算出一系列密钥。由于令牌和标签信息可公开获得，因此这种派生方法大大简化了用户密钥的管理。

密钥派生可通过密钥派生图来定义实现。密钥派生图是一个有向无环图，顶点表示密钥，边表示令牌。密钥派生图可有效实施访问控制策略，但图中的令牌和key数量比需要的多，而令牌数量将直接影响系统的访问时间。因此需要移除一些不必要的令牌，即图中的边。最小化密钥派生图中的边是一个 NP 难问题，Vimercati 等[58]设计了相应的启发式算法，有效地实现了密文数据的控制。

（2）高效访问控制

当用户群能够建模为一个偏序集（一个有向图）时，就需要进行分层访问控制处理。一个拥有某类访问权限的用户能够访问该类资源及其所有子类资源。这种层次结构的密钥管理问题实际就是给一层中每类资源分配一个密钥，满足子类资源的密钥能够通过高效的密钥派生来获得。针对这种访问层次的密钥管理和密钥派生问题，Atallah 等[57]提出了一个满足如下特性的访问控制方案。

1）公共信息的空间复杂度与存储的密钥层次结构相同。

2）每一类的秘密信息由一个与该类相关的密钥组成。

3）更新（撤销和添加）在每层的局部处理。

4）方案在防共谋方面证明是安全的。

5）每一个节点都能够在有限路径长度内，通过一定数量的对称密钥操作，派生计算出其任何一个子孙节点。

6）方案的安全是基于伪随机函数的，而不是依赖于随机预言模型（Random Oracle Model）。方案还通过适当地增加与层次结构相关的公开信息量，来减少密钥的派生时间。

（3）访问策略更新与管理

访问策略可能会经常发生变化，相应也需要重新生成加密策略。通常涉及的更新操作包括用户的插入/删除、资源的插入/删除和权限的允许/撤销等。当用户访问权限改变时，需要对数据进行重加密计算，从而使得数据拥有者承担大量的加密计算和通信开销。一种较好的解决方案是将访问控制策略的实施，代理给云服务器来执行（但同时要保证服务器不能获知数据内容信息），从而最小化数据拥有者的开销。

Vimercati 等[58]给出了由数据拥有者来管理授权策略的策略更新过程，为减少策略更新给数据拥有者带来的开销，采用更新操作外包的思想，提出了基于两层加密的授权策略更新方案，其中基本加密层（Base Encryption Layer，BEL）执行初始访问控制策略，而表面加密层（Surface Encryption Layer，SEL）执行访问控制策略更新。

针对数据拥有者实施访问控制策略带来的大量加密计算和通信开销问题，Nabeel 等[59]提出了一个基于两层加密的访问控制方法，基本思想是将访问控制策略（Access Control Policies，ACP）进行分解，一部分用于数据拥有者实施粗粒度加密，以保证数据的机密性，另一部分用于云服务器实施细粒度加密，以实施细粒度的数据访问控制。问题的关键在于如何将访问控制策略 ACP 分解到两层加密上，以保证授权访问（同时保护数据的机密性和用户的隐私性），这个问题是 NP 难问题，可采用设计相应的启发式算法进行求解。

2. 基于属性加密的访问控制

属性加密（Attribute-Based Encryption，ABE）以用户属性为公钥，通过引入访问结构将密文或用户私钥与属性关联，能够灵活地表示访问控制策略，对数据进行细粒度访问授权，且具有良好的系统扩展性，是实现云数据访问控制的理想方案。

典型的基于 ABE 的访问控制系统一般包括一个可信机构（Attribute Authority，AA）、一个数据发布者（加密者）和多个数据使用者（解密者），可信机构审核用户属性并为用户生成属性对应的私钥。系统在生成密钥或者产生密文时可以根据一个访问结构来产生，使得只有满足指定属性条件的用户才可以解密密文，从而实现数据的授权访问。

（1）两种基本 ABE

ABE 可分为密钥策略 ABE（Key-Policy ABE，KP-ABE）和密文策略 ABE（Ciphertext-Policy ABE，CP-ABE）两种类型，分别如图 8-12 和图 8-13 所示。在 KP-ABE 方案中，用户的私钥对应一个访问结构，密文对应一个属性集合，而在 CP-ABE 方案中，密文对应一个访问结构，用户的私钥对应一个属性集合，两种方案中都只有用户属性集合中的属性满足访问结构时才能成功解密。ABE 机制本质是属性集合与访问结构的匹配，KP-ABE 是一个属性集合和多个访问结构进行匹配，而 CP-ABE 是一个访问结构和多个属性集合进行匹配。

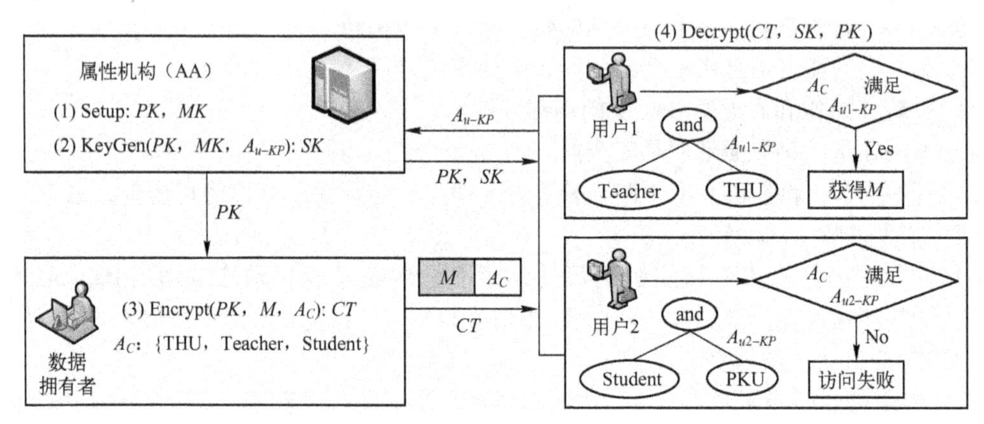

图 8-12 KP-ABE 原理

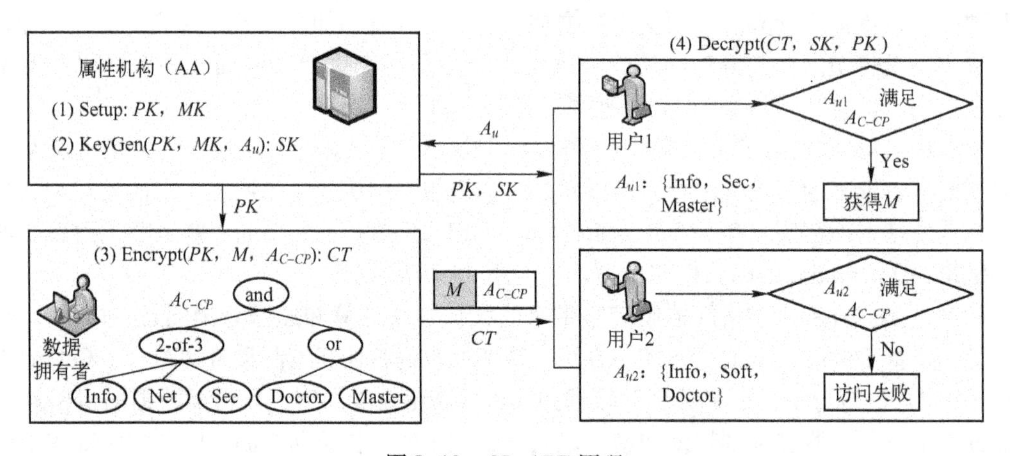

图 8-13 CP-ABE 原理

一个 ABE 方案通常有 4 个核心算法，即 Setup、KeyGen、Encrypt 和 Decrypt。AA 用 Setup 算法为系统产生公共参数 *PK* 和主密钥 *MK*（Step 1），用 KeyGen 算法为用户生成私钥 *SK*（Step 2）；数据拥有者用 Encrypt 算法加密产生密文数据 *CT*（Step 3）；用户用 Decrypt 算法和自己的私钥 *SK* 解密 *CT* 获得明文数据（Step4）。

（2）访问策略表达

访问控制策略一般采用访问结构（Access Structure）来表达。访问结构是描述访问控制策略的逻辑结构，其中定义了授权访问集合和非授权访问集合。访问结构的概念最初来源于门限秘密共享方案。在秘密共享方案的访问结构中，将参与者分成了两个部分，一部分是可以重构秘密的授权集合，另一部分是不能重构秘密的非授权集合。因此可以说秘密共享相当于一类简单的访问结构。

设 n 个参与者的集合 Γ 是由参与者子集构成的集合。如果 Γ 是单调的访问结构，则应该满足：对于所有的 B、C：如果 $B \in \Gamma$ 且 $B \subseteq C$，则 $C \in \Gamma$，其中 B、C 表示由参与者构成的集合。因此，一个访问结构 Γ 是由一个非空的参与者构成的集合，也可以说 Γ 中的元素是参与者的集合。在 ABE 方案中，通常以用户身份属性集合来代替上述访问结构中的参与者集合，其中的授权集合实质就是满足密钥策略或密文策略的属性集合（合法的身份）。

访问结构直接决定了基于 ABE 的访问控制策略的表达能力。最基本的访问结构目前主要有门限访问结构、基于树的访问结构和基于 LSSS（Linear Secret Sharing Scheme）矩阵的访问结构。门限访问结构是最简单、最基础的访问结构，如（t,n）门限结构表示授权集合为 t 个或者多于 t 个参与者构成的集合，而非授权集合为少于 t 个参与者构成的集合。基于树的访问结构可以支持属性的“与”“或”“门限”和“非”等操作，能够实现复杂逻辑表达式描述的访问策略。树访问结构可以看作是在门限结构基础上的扩展，其中“与”门可表示为（n,n）门限，“或”门可表示为（$1,n$）门限。基于 LSSS 矩阵的访问结构与基于树的访问结构具有相同的策略表达能力，且描述更加简洁。基于树的访问结构可以通过相应算法转换为 LSSS 矩阵结构。

（3）访问权限撤销与访问控制效率

实际的数据共享系统通常会动态地撤销用户访问权限。在基于 ABE 的访问控制系统中，用户访问权限撤销有 3 种：用户撤销、用户部分属性撤销和系统属性撤销。其中，用户撤销将撤销其所有属性，用户部分属性撤销只撤销用户的某些属性，撤销的用户属性不影响其他具有这些属性的用户权限，而系统属性撤销则会影响具有该属性的所有用户。属性撤销的难点在于：当某一属性被撤销时，如何更新与该属性相关的密文数据和如何高效地分发属性更新密钥。现有方案一般利用双重加密、代理重加密等技术实现了上述 3 种访问权限的撤销。

ABE 实质是一种公钥密码，其构造主要以各种数学难题（如判定 BDH 问题）为基础，方案大都涉及复杂的双线性对运算，计算量非常大，且密文大小和加/解密时间还会随访问结构复杂性的增长而增长。为了减少用户端的计算量，充分利用云服务器的计算能力，现有很多方案都采用外包计算的思想，将涉及大量计算的加密、解密、密钥产生以及属性撤销带来的密文更新等操作都外包给云服务器，从而提高云数据访问控制系统的实用性。

8.5.4　云数据完整性保证

传统数据完整性验证方案主要采用消息认证码和数字签名相结合的技术，由用户直接对数据进行验证，但在云存储环境下，由于带宽和资源条件的限制，用户不可能将数据全部取回进行验证。针对此问题，研究者们提出了支持远程无块验证（Blockless Verifiability）的技术，即在不下载用户数据的前提下，仅仅依据数据标识和简单的挑战—应答方式来完成完整性验证，典型的技术有数据持有性证明（Provable Data Possession，PDP）和数据可恢复证明（Proof of Retrievability，POR）。

1. 数据持有性证明

PDP 是一种基于挑战—应答协议的概率性远程完整性验证方案，其基本思想是，用户在上传存储到云服务器前为数据块生成验证标签，用户通过一个挑战—应答协议，根据云服务器生成的验证证据和存储于本地的验证标签来检验数据是否被修改。

（1）PDP主要算法

一个PDP方案主要由4个多项式时间算法构成[61]，分别如下。

密钥生成算法KeyGen：该算法运行于用户端，以安全参数为k输入，产生一对公/私钥(pk,sk)，即$\text{KeyGen}(1^k)\rightarrow(pk,sk)$。

验证标签生成算法TagBlock：该算法运行于用户端，以公/私钥对(pk,sk)和一个文件块m为输入，输出相应验证标签T_m，即$\text{TagBlock}(pk,sk,m)\rightarrow T_m$。

验证证据生成算法GenProof：该算法运行于服务器端，以公钥pk、文件块集合F、用户挑战$chal$和相应文件块的验证标签集合Σ为输入，生成验证证据v，即$\text{GenProof}(pk,F,chal,\Sigma)\rightarrow\nu$。

证据验证算法CheckProof：该算法运行于用户端，以公/私钥对(pk,sk)、用户挑战$chal$和相应验证证据v为输出，输出验证结果，即$\text{CheckProof}(pk,sk,chal,\nu)\rightarrow\{$"success","failure"$\}$。

（2）PDP协议过程

PDP协议基本过程如图8-14所示，大致分为3个阶段：初始化阶段、验证信息生成与数据存储阶段、数据验证阶段。

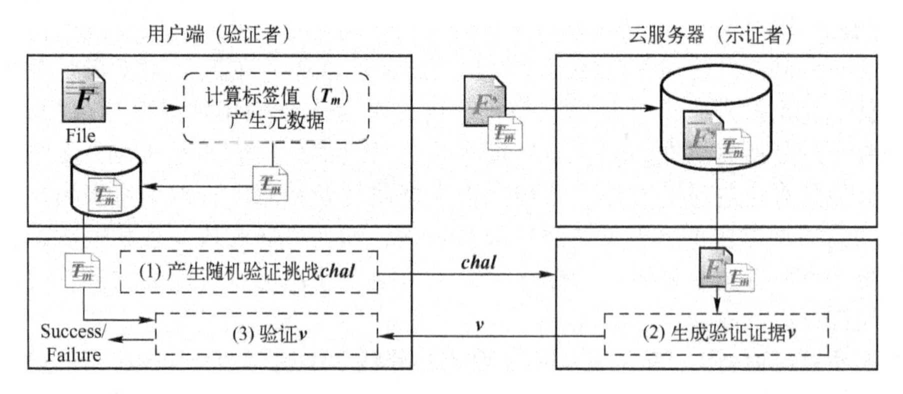

图8-14　PDP协议

初始化阶段：用户运行KeyGen算法，产生所需的密钥(pk,sk)。

验证信息生成与数据存储阶段：用户首先对文件数据进行分块，得到文件块集合F，运行TagBlock算法，为每个数据块计算标签值T_m，并生成一个描述文件数据块信息的元数据（metadata）文件；然后，用户发送公钥、数据块和相应标签值（即pk、F和Σ）到远程云服务器存储，而元数据文件存储于本地。

数据验证阶段：当用户需要验证数据时，随机生成一个用户挑战$chal$（对应于一个任意选择的需验证的数据块集合），并发送给云服务器；云服务根据收到用户挑战，查询相应的数据块和数据标签，运行GenProof算法，并生成对应的验证证据v返回给用户；最后，用户运行验证算法CheckProof验证从服务器返回的证据，得到数据是否存储在云端的结论。

在上述数据验证过程中，用户端只需要存储常量级的验证元数据，服务器端只需要按照用户的挑战抽样访问小部分文件块来生成验证证据，挑战/应答协议也只需传输少量的数据，大大减少了用户端的存储开销、服务器的I/O和计算开销、验证通信开销。

（3）支持动态数据操作

在许多云存储应用场景中，数据可能会被频繁地修改、删除和插入，如何支持这种动态变化数据的完整性验证，是构造 PDP 方案面临的一个挑战性问题。原因在于，当数据动态变化时，为了能够进行完整性验证，需要全部重新计算数据标签，显然对资源受限的用户来说，这是不可接受的。Erway 等人[61]则采用公钥密码技术提出了两种动态数据 PDP 方案，一种使用基于等级的认证跳跃表，另一种基于 RSA 树结构，实现了数据的插入操作，但方案是基于 RSA 的模指运算，计算开销较大。此外，还可采用 Merkle 散列树结构，来支持动态数据的验证[62]。

针对云存储中的另一种数据更新模式，即动态地删除、添加整个文件，而文件内容本身是静态的，Xiao 等[63]分别采用带虚拟块索引的同态认证符和纠错编码技术，提出了两种多文件远程验证方案 MF-RDC，能够支持用户对由不断添加的文件而构成的一组动态文件组的完整性进行验证，方案还利用聚合验证技术，大大减少了一组文件的验证开销。

（4）支持公开可验证

当需要确保大量外包存储于云端数据的完整性时，如果仍由用户自己来验证，则会引入巨大的存储和计算开销，显然这对资源受限的用户来说是不可行的。因此，有必要引入拥有更多资源和专业验证能力的第三方审计者（Third Party Auditor，TPA），设计支持公开可验证的方案，使得用户可借助 TPA 来高效地完成数据完整性验证，从而减轻用户的验证负担。但引入 TPA 后会面临数据隐私保护问题，即被验证数据的内容可能会泄露给 TPA。Wang 等人[64]采用基于公钥的同态线性认证符（Homomorphic Linear Authenticator，HLA）和随机掩码，提出了一个支持公开验证的安全云存储系统，保证了 TPA 在审计验证过程中不能获知任何用户数据信息，进一步利用 HLA 的聚合性质，构造了基于 TPA 的批验证方案。

（5）支持多用户修改和用户撤销

在有的云计算应用场景中，一个文档可能由多个用户共同来完成和维护。针对这种多用户数据修改的场景，Wang 等人[65]采用散列索引表来组织数据块，每个数据块由一个虚拟索引和一个随机产生的抗碰撞散列值来标识，以保证数据块的正确顺序和标识的唯一性，避免某一块数据动态操作后其他数据块的重签名，从而高效地支持多用户对数据的动态操作，但方案不支持用户动态撤销。Wang 等人[66]又进一步采用代理重签名技术，并扩展了先前设计的数据块标识信息（增加一个签名者 ID 号），在支持多用户数据动态操作的同时，支持用户的动态撤销，然而该方案的验证计算开销与组用户数和验证任务数量成比例增长，因此其扩展性较差。另外，其用户撤销方案是以服务器和撤销用户不共谋为假设前提，显然这也不符合实际。Xiao 等人[67]采用基于多项式的认证标签和标签更新代理技术，进一步提出了一个新的完整性验证方案，支持多用户数据修改和用户动态撤销，同时用户在完整性验证过程中只有常数级的计算开销，能够抵抗服务器和撤销用户、合法用户与撤销用户的共谋攻击。

2. 数据可恢复证明

PDP 方案能够检测出数据是否正确，但不保证数据是可取回的，即当数据被破坏时，不能恢复出原始的数据，而可恢复性证明（Proof of Retrievability，POR）则是一种在部分数据丢失或破坏的情况下仍然有可能恢复原始数据的一种远程数据完整性验证协议。

与 PDP 协议类似，POR 也是一种基于挑战—应答协议的远程数据完整性验证协议，但与 PDP 不同的是它采用了纠错编码技术，从而保证了被丢失或被破坏数据的可恢复性。

(1) POR 主要算法

一个 POR 方案主要由以下 6 个算法构成[68]，其中 π 为系统参数（如安全参数、文件编码长度/格式、挑战/应答大小等），α 为验证请求状态参数（初始值一般设为空），F 为文件数据。

密钥产生算法 Keygen$[\pi]\to k$：用于产生密钥 k（为了分离权限，可将 k 分解为多个密钥），如果采用公钥密码，则 k 为一对公/私密钥。

编码算法 encode$(F;k,\alpha)[\pi]\to(\widetilde{F}_\eta,\eta)$：用于将文件 F 编码为一个新的文件$\widetilde{F}_\eta$ 和相应的文件句柄 η。

挑战算法 challenge$(\eta;k,\alpha)[\pi]\to c$：用于产生验证者 V 向示证者 P 发出的对应于文件句柄 η 的挑战 c。

响应算法 respond$(c,\eta)\to r$：用于示证者 P 产生对应挑战 c 的响应。

验证算法 verify$((r,\eta);k,\alpha)\to b\in\{0,1\}$：用于验证者 V 验证对应挑战 c 的响应 r 是否有效，输出为 1 表示有效，验证成功，否则验证失败。需注意的是，该算法并没有显式地以挑战 c 为输入，而是用相应文件句柄 η 和验证请求状态参数 α 来隐藏地表示挑战 c。

文件提取算法 extract$(\eta;k,\alpha)[\pi]\to F$：是一个交互函数，用于验证者 V 从示证者 P 提取原始文件数据 F。在特定情况下，该函数会调用一系列 challenge 函数，并验证其响应结果，如果验证成功则输出 F_η。

(2) 基本 POR 协议

基本 POR 协议过程如图 8-15 所示。主要包括以下步骤。

Step1：文件被分成多个块，用 encode 算法进行编码，然后用加密算法加密后再随机嵌入一系列“哨兵”(sentinels)，并发送给云服务器（示证者）存储。

Step2：当用户（验证者）需要验证数据时，利用 challenge 算法产生一个验证挑战 c（即随机选择一些位置的“哨兵”），并发送给云服务器。

Step3：云服务器用 respond 算法产生一个针对挑战 c 的响应 r（即对应“哨兵”位置的信息），并返回给用户。

Step4：用户利用 verify 算法验证服务器返回的响应 r，给出数据是否完整地存储云端且可被正确地恢复的结论。

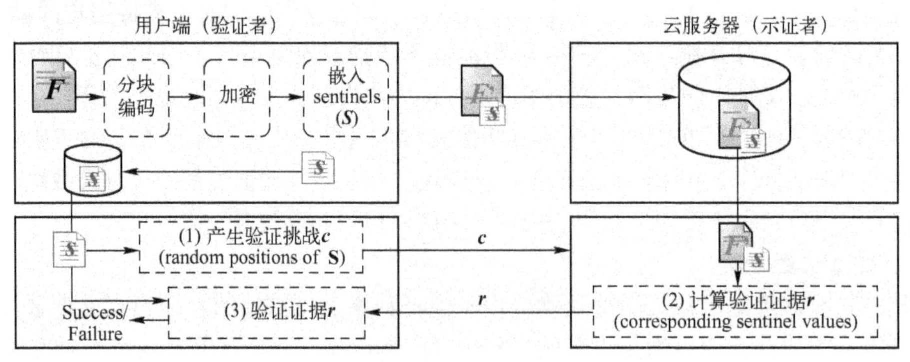

图 8-15　POR 协议

上述 POR 方案的“哨兵”数量是预先定义的，验证过程中使用过的“哨兵”不能再用，因此只能进行有限次的挑战验证。

（3）支持动态数据操作和公开可验证

由于 POR 采用冗余纠错编码，使得少量数据的变化将导致大量数据块的修改，进一步地使数据更新操作变得非常困难。为了探索支持动态数据操作的 POR 机制，Wang 等人[69]改进了基本 POR 协议，构造了一个公开可验证的动态完整性验证方案，该方案基于 BLS 签名技术和 Merkle 散列树结构，并在生成签名时移除了文件块索引信息，避免了数据更新时其他数据块的重签名计算。Zheng 等人[70]提出了公平动态 POR 的概念，并采用一个新的认证数据结构（基于距离的 2－3 树）和一种新的增量签名技术（散列压缩签名），构造了相应方案 FDPOR，但方案并不支持公开可验证，不能应用于基于 TPA 的验证环境。

上述方案仅仅是动态 PDP 思想和 POR 技术的简单结合，还不是完全意义上的动态 POR 方案。Stefanov 等人[71]首次构造了动态 POR 方案，该方案提出两层认证设计思想，下层基于消息认证码和版本号，上层采用平衡 Merkle 树认证结构，同时提出一种新的稀疏随机纠删编码技术，并采用缓存机制，设计出一个高效动态的 POR 协议，实现了数据动态更新情况下的数据完整性、新鲜性和可恢复性。Cash 等人[72]提出一个采用 ORAM 的动态 POR 方案 PORAM，允许用户对其存储数据进行任意读、写操作，并通过验证协议确保服务器存储数据的最新版本。方案的主要思想是将数据分为小块，分别对每个小块进行冗余编码，使数据更新仅影响少量的编码符号；而采用 ORAM 技术的目的在于隐藏存储于服务器的各种编码符号的存储位置，即提供访问隐私保护。为进一步提高动态 POR 效率，Shi 等人[73]采用纠删编码技术，提出一个轻量级动态 POR 方案，方案具有常数级客户端存储开销和与采用 Merkle 散列树方案相近的通信带宽开销，并支持公开可验证，在理论上和实用性上都比先前方案好。

为减少公开可验证的通信开销，Yuan 等人[74]提出一个常数级通信开销的公开可验证 POR 方案，方案采用多项式委托和同态线性认证符技术，将验证证据信息聚合在一个多项式里，使通信开销与验证数据块数据无关。

8.5.5　云数据可信删除

用户期望借助云端的存储资源来存储自己的数据，但当用户不需要一些数据的时候，他们希望云端的数据像在本地一样被删除或清理，这些被删除的数据可能包含用户的隐私或用户不希望被他人得到的信息。传统数据删除方法常采用覆盖技术，即使用无用或没有价值的数据来覆盖需要删除的数据来达到删除的效果，这种方法要求用户知道自己数据的存储形式和具体物理地址。然而，对现在广泛使用的云计算以及虚拟化模型来说，数据所有者失去了对数据存储位置的物理控制，无法获悉数据存储在何处。云服务提供商 CSP 可能不会老老实实地删除用户发送命令要删除的数据，可能会对这些数据进行分析或者留有后台给第三者访问。因此，基于覆盖技术的数据删除方法无法满足云数据的可信删除需求。

目前，解决云数据可信删除的方法更多是采用基于密码技术的数据可信删除方法。该方法并不是真正物理上删除原始数据，而是采用某种措施“破坏”原有数据，使得数据不能被恢复从而达到删除的效果。具体来说，首先对用户数据进行加密，然后上传存储到云端。当用户发送删除命令后，无论云端是否删除数据，和数据相关的密钥都会被安全销毁。一旦用户可以安全销毁密钥，那么即使不可信的云服务器仍然保留用户本该销毁的密文数据，也不能解密获得数据内容，从而保障了用户删除数据的隐私性。

基于密码技术的数据可信删除的核心是如何有效地删除数据加密密钥，这与密钥的管理方式紧密相关。根据密钥管理方式的不同，可将基于密码技术的数据可信删除分为以下几种[77]：集中式密钥管理的可信删除、分布式密钥管理的可信删除、层次化密钥管理的可信删除以及属性策略密钥管理的可信删除。

1. 集中式密钥管理的可信删除

集中式密钥管理一般需要一台可信的服务器来集中管理密钥。Perlman 等人[75]设计了一种集中式密钥管理的文件可信删除方案，其基本思想是：数据拥有者将文件用数据密钥（Data Key，DK）加密，并设置一个到期时间，DK 再经过可信服务器的公钥加密后外包给可信服务器；当需要解密文件时，授权用户先与可信服务器联系，如果当前时间在预设的到期时间之前，则可信服务器使用私钥解密获得 DK 后安全传递给授权用户，用户用 DK 解密原文件密文获得其明文；如果预设到期时间已过，可信服务器将自动删除相应的私钥，从而无法恢复出 DK，最终用户无法解密文件以实现对文件的确定性删除。如果数据在有效期后仍需要被访问时，则需要更新公私钥对。

上述方案的密钥管理比较简单，缺乏灵活性，不能实现对文件细粒度的访问控制。为此，Tang 等人[76]提出了基于策略的文件确定性删除方案 FADE。该方案描述如下：一个文件与一个访问策略或者多个访问策略的布尔组合相关联，每个访问策略与一个控制密钥（Control Key，CK）相关联，系统中所有的 CK 由一个密钥管理者负责管理和维护；需要保护的文件由 DK 加密，DK 进一步依据访问策略由相应的 CK 加密。如果某个文件需要确定性删除时，只需要撤销相应的文件访问策略，则与之关联的 CK 将被密钥管理者删除，从而无法恢复出 DK，进而不能恢复和读取原文件以实现对文件的确定性删除。

2. 分布式密钥管理的可信删除

分布式密钥管理的思想是：将数据加密密钥经过秘密分享计算后变成多个密钥分量，然后将这些密钥分量进行分布式管理，常通过 DHT（Distributed Hash Table）网络和 WWW 随机网页等途径进行分布管理[77]。

（1）基于 DHT 网络的可信删除

基于 DHT 网络实现密钥删除主要是利用了 DHT 网络的自动更新机制，其基本过程可描述为：采用 Shamir 的 (k,n) 门限秘密分享方案计算出 n 个密钥分量，然后将密钥分量发布到大规模分布的 DHT 网络中，并删除该密钥的本地备份。DHT 网络中，每个节点将自己存储的密钥分量保存一定的时间（比如 8 h），当保存时间期限到达后自动清除所存储的密钥分量。随着节点的不断自更新，更多的密钥分量将被消除，当清除的密钥分量达到 $n-k+1$ 个时，原始密钥将无法重构，从而使密文不可恢复，实现数据的可信删除。

基于 DHT 网络实现密钥删除的方案中，数据生命周期将受 DHT 节点更新周期的限制，若要延长数据使用时间且不改变系统的构建，最简单的方法是待密钥快到期时，重新加密数据，然后重新将密钥发布到 DHT 网络节点中，这样就能够延长数据使用的有效时间。然而，该密钥更新方法灵活性非常差，将给用户带来巨大的开销。

（2）基于 WWW 随机网页的可信删除

互联网中有大量的 WWW 网页，统计发现许多网页会随着时间的改变而改变它存储的内容，或者直接将存储的内容全部删除。如果能确定网页内容的改变或删除频率，则可利用随机网页的这种内容更新方法来保存密钥分量信息。具体过程是：数据拥有者将加密数据的对称密钥经过秘密分享处理后变为 n 个密钥分量，分别存入 n 个随机网页中，而数据密文存储在云端服务器；授权用户只需从随机网页中提取 k 个密钥分量，利用拉格朗日插值多项式重构出原始对称密钥；而经过一段较长的时间之后，随机网页的改变会自动删除密钥分量，数据用户就无法从剩余的随机网页上提取足够多的密钥分量，进而使对称密钥不可恢复，达到删除相应数据的效果。

基于 WWW 随机网页的可信删除完全利用现有网络基础设施，而无需额外的第三方服务，易于实现部署。由于随机网页使用时间通常较长（有的可达数个月），相应地数据使用时间也得到延长，这种方法也能够弥补使用 DHT 网络时数据生命周期较短的缺陷。

3. 层次化密钥管理的可信删除

实现细粒度的密文数据访问控制需要产生大量的密钥和巨大的密钥管理开销，为了实现有效的密钥管理，Atallah 等人[57]提出了层次密钥管理方法。通常，采用树结构来实现层次化密钥管理。

（1）基于密钥派生树的可信删除

密钥派生树是一种利用密钥派生技术生成的一棵层次化密钥管理树。使用密钥派生树，用户只需保存根节点的主密钥，其下层节点上的密钥由父节点密钥及公开参数通过一次散列函数派生计算出来，最后派生出的各叶子节点密钥用于加密数据块。基于密钥派生树的可信删除的核心是删除密钥派生树中生成的密钥，一种方法是将密钥派生树生成的密钥分发到 DHT 网络中存储，根据 DHT 网络的动态自更新功能确保数据块对应的加密密钥在授权期到达后被自动删除，使密文不可解密与恢复，从而实现云数据的可信删除。

（2）基于红黑密钥树的可信删除

采用红黑树也可以实现层次化密钥管理，如 Mo 等人[78]提出的递归加密的红黑密钥树（Recursively Encrypted Red-black Key Tree，RERK）。该该方案的主要思想为：用户将要保护的数据分成 n 份，然后选取一个主密钥，经过伪随机函数产生对应的 n 个数据密钥，再构造一个 n 个叶子节点的红黑树，每个叶子节点对应一个数据密钥，在红黑树的内部节点中，每层节点对应的密钥均被其父节点对应的密钥加密，根节点被用户随机选取的元密钥加密，从而构造出一棵递归加密的红黑密钥树。红黑树是一种高效的自平衡树，根据红黑树的节点删除操作，可以对 RERK 树的内部节点对应的密钥进行删除，使该节点的子节点密钥无法获取，进一步地其下叶子节点的密钥也无法恢复，从而实现对数据密钥的删除操作，确保数据不可恢复。

4. 属性策略密钥管理的可信删除

属性策略密钥管理是利用基于属性的访问控制策略来分发管理密钥。一种实现方式是基于策略图的密钥管理，另一种实现方式是基于 ABE 的密钥管理，对应的是基于策略图的可信删除和基于 ABE 的可信删除。

（1）基于策略图的可信删除[75]

该方法利用图论思想将属性组织为一个有向无环的策略图（如图 8-16 所示）。策略图中包含源节点（图中黑色的实心圆）、内部节点（图中空心圆）及由源节点指向内部节点的边，每个内部节点对应一个保护类（与要保护的文件关联）并与一个门限值关联，每个源节点对应一个属性并与一个布尔值关联，而内部节点的布尔值则由其门限值与上一层节点的布尔值决定。删除操作依据删除策略来表达，删除策略通过删除属性与保护类来描述数据销毁。初始化时，所有源节点及其出度边的布尔值均为 False，当将某些属性的子集设置为 True 时触发删除操作，策略图中的相应节点也被设置为 True，则与内部节点保护类相关联的所有文件均被安全删除。如图 8-16 中，保护类 P3 由 Alice or Exp_2015 表达式决定，当 Alice 的属性值由 False 设为 True，或者（门限值 or）当终止时间 Exp_2015 到达时，触发保护类 P3 的布尔值变为 True，使 P3 对应的数据被安全删除。

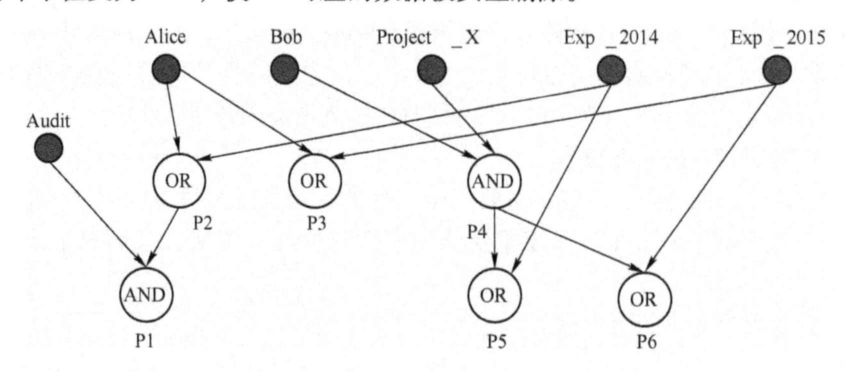

图 8-16 策略图

（2）基于 ABE 的可信删除[79]

该方法采用 ABE 技术，通过对访问策略进行相关设置实现对密钥授权期限的控制，当超过设定的期限，密钥将无效。比如，可将时间作为属性附加到 KP-ABE 方案中，将访问策略中访问树的每个属性都关联一个由用户设定的时间区间。由于 KP-ABE 的密文与属性关联，因此密文将与指定的时间区间关联。私钥获取时，与当前时间点相关，当且仅当与密文关联的属性满足密钥的访问策略，且当前时间点在指定的时间区间范围内时密文才能被解密，否则不能解密，从而实现数据的可信删除。

8.6 本章小结

随着移动互联网和云计算的蓬勃发展，移动互联网和云计算的安全问题也日益严重。本章首先介绍了网络安全的基本概念，然后重点对移动互联网的终端安全、接入安全、传输安全和云计算安全等进行了分析和介绍。

移动终端的安全受到的关注越来越多。移动终端自身具有移动性强、个性化强、连接性强、功能汇聚和性能不足的特点，这使得 PC 安全机制无法完全复制到移动终端上。攻击者出于隐私窃取、嗅探、拒绝服务、恶意账单等目的，利用木马、蠕虫、Rookit、间谍软件等对移动终端发起攻击。在安全防护方面，移动终端从硬件层级、系统层级、应用层级都出现了安全防护机制或方案。相信在未来很长的一段时间，移动终端安全都将会是学者们倾注研究精力的领域。

IEEE 802.11 无线局域网是移动终端接入互联网的重要方式。鉴于 WLAN 开放性的特点，其面临着意外连接、恶意连接、MAC 欺骗、中间人攻击和注入攻击的威胁，近年来针对 WLAN 的网络攻击事件层出不穷，软件工具也愈发多样，WLAN 安全机制的发展经历了从 WEP、WAP 到 WPA2 的阶段。IEEE 802.11i 通过强健安全网络为用户提供安全的网络服务，利用 802.1X、四次握手等机制确保 WLAN 的安全。

TLS 协议的设计目标，是确保两个通信实体实现安全的通信传输。TLS 协议可以分为两层，TLS 记录协议位于下层并为上层协议提供服务；TLS 握手协议、TLS 修改密码规格协议、TLS 警报协议位于上层，在记录协议的基础上为通信双方提供安全握手、密码规格修改和 TLS 会话告警的功能。近年来基于 TLS 的 HTTPS 协议应用广泛，不仅银行、电商等网站开始使用 HTTPS 协议，搜索引擎、视频平台等访问量大的网站也开始使用 HTTPS 协议。应用增长的同时，TLS 自身存在的漏洞被人们渐渐挖掘，针对 TLS 的改进工作还需要一直持续进行。

云数据安全问题是云计算中较为突出的问题，已得到了工业界和学术界的广泛关注，并成为当前云计算安全的研究热点。本章分析了云计算数据安全威胁和安全需求，介绍了云数据机密性保护、云数据访问控制、云数据完整性保证和云数据可信删除等方面的技术。总体上看，在不可信云环境下，现有的云数据安全技术主要是针对不同云服务应用（如数据共享、数据查询、数据计算等）的各种加密技术，以及在加密技术基础上的相应安全机制，包括访问控制、完整性验证和可信删除等。从性能角度来看，多数安全方案的计算复杂度偏高，通信带宽和存储空间开销也较大，还难以进行实际应用，有待研究者们进一步优化提高。除了本章介绍的一些云数据安全技术外，还有很多其他关于云数据安全方面的研究内容，如存储隔离验证 PoI（Proof of Isolation）、存储位置证明 PoL（Proofs of Location）、数据所有权证明 PoW（Proofs of Ownership）和二次外包验证等。因此，云数据安全仍将是未来需要进一步深入研究的开放问题。

习题

1. 计算机网络安全属于计算机安全的一种，是指计算机网络上的信息安全，主要涉及计算机网络上信息的机密性、完整性、可确认性、可用性以及可控性，请介绍网络安全的基本概念，并介绍安全目标、安全服务和安全机制的概念以及三者的相互关系。

2. 网络安全的目标主要包括保密性、完整性和可用性。请介绍保密性、完整性和可用性的基本含义，并分别举出一到两个例子说明破坏计算机网络的保密性、完整性和可用性的攻击示例。

3. Wi-Fi 网络的开放性是威胁其自身安全的一个重要方面。请使用无线网络设备对你居住环境周边的无线网络进行搜索，并试着找到没有使用密码保护的无线网络。

4. 四次握手是 WAP2 保证认证过程安全的重要手段，但针对 WPA2 的攻击手段已经出现，De-Authentication 攻击就是一种。请通过资料查阅了解 De-Authentication 攻击的原理和实现过程，编写能够实现 De-Authentication 攻击的测试程序并进行验证。

5. 使用 Wireshark 软件抓取 TLS 全握手过程中客户端和服务器交互的数据包，参照全握手过程步骤对数据包进行对照分析。

6. Andromaly[32] 是一款 Android 系统异常动态检测软件，其采用机器学习的方式实时地监控终端性能参数。请仔细分析 Andromaly 的 4 个主要构成模块的工作原理，并用恶意软件和正常软件对 Andromaly 进行评估实验。

7. 移动云计算面临诸多的安全威胁，除了传统的网络安全威胁外，还有哪些是移动云计算特有的安全威胁？另请列举近一年来发生的与云计算相关的重大安全事件。

8. 查询加密是一种支持密文数据查询的加密方法，请描述该加密方法的基本思想、主要算法和主要过程。全同态加密（FHE）是一种支持在密文上进行任意计算的加密方法，请简要说明 Gentry 提出的 FHE 构造思想。

9. 云数据的访问控制与传统的访问控制有什么本质的不同？两种基本的 ABE（即 KP-ABE 和 CP-ABE）均可以实现灵活的云数据访问控制，它们有何区别？并举例描述两种基本的 ABE 实现云数据访问控制的基本过程。

10. PDP 和 POR 都是基于“挑战—应答”的完整性验证协议，但也有所不同，请说明它们之间的区别，并给出这两种协议的主要算法及相应作用。

11. 当用户不需要云端的数据时，希望存储在云端的数据像在本地一样被删除或清理，那么在云计算中，如何实现这种删除？它与传统的本地数据删除有什么不同？

参考文献

[1] Clark D. The Design Philosophy of the DARPA Internet Protocols[C]. ACM,1988:106-114.

[2] Andrew S Tanenbaum. 计算机网络[M]. 潘爱民,译. 北京:清华大学出版社,2004.

[3] Thomas Woo, Yacov Yacobi. Topics in Wireless Security[J]. IEEE Wireless Communications. 2004:6~7.

[4] Nokia Threat Intelligence Report - H1 2016. http://resources. alcatel-lucent. com/asset/200492.

[5] 卿斯汉. Android 安全研究进展[J]. 软件学报,2016,27(1):45-71.

[6] iOS Technology Overview[OL]. developer. apple. com/library/content/documentation/Miscellaneous/Conceptual/iPhoneOSTechOverview/iPhoneOSTechnologies/iPhoneOSTechnologies. html#//apple_ref/doc/uid/TP40007898-CH3-SW1

[7] Dai Zovi D A. Apple iOS 4 Security Evaluation[J]. Black Hat USA,2011:1-29.

[8] Mohamed I, Patel D. Android vs iOS Security: A Comparative Study[C]. Information Technology-New Generations(ITNG),2015 12th International Conference on. IEEE,2015:725-730.

[9] Polla M L, Martinelli F, Sgandurra D. A Survey on Security for Mobile Devices[J]. IEEE Communications Surveys & Tutorials,2013,15(1):446-471.

[10] Seriot N. iPhone Privacy[J]. Black Hat DC,2010,2010:30.

[11] Felt A P, Finifter M, Chin E, et al. A Survey of Mobile Malware in the Wild[C]. ACM Workshop on Security and Privacy in Smartphones and Mobile Devices. ACM,2011:3-14.

[12] T Strazzere. Security Alert: HongTouTou, New Android Trojan, Found in China. The Lookout Blog[OL]. blog. lookout. com/blog/2011/02/15/security-alert-hongtoutou-new-android-trojan-found-in-china/

[13] Shahzad F, Akbar M A, Farooq M. A Survey on Recent Advances in Malicious Applications Analysis and Detection Techniques for Smartphones[J]. National University of Computer & Emerging Sciences, Islamabad, Pakistan, Tech. Rep,2012.

[14] Popular Porn Sites Distribute a New Trojan Targeting Android Smartphones[OL]. www. kaspersky. com/news? id=207576175

[15]　Papathanasiou C, Percoco N J. This is not the Droid You're Looking for.. [J]. DEF CON, 2010, 18.

[16]　Bickford J, O'Hare R, Baliga A, et al. Rootkits on Smart Phones: Attacks, Implications and Opportunities[C]. Proceedings of the eleventh Workshop on Mobile Computing Systems & Applications. ACM, 2010: 49 - 54.

[17]　Zhou Y, Jiang X. Dissecting Android Malware: Characterization and Evolution[J]. 2012, 4(3): 95 - 109.

[18]　Damopoulos D, Kambourakis G, Gritzalis S. iSAM: An iPhone Stealth Airborne Malware[J]. IFIP Advances in Information & Communication Technology, 2011, 354: 17 - 28.

[19]　Rage Against The Cage[OL]. thesnkchrmr. wordpress. com/2011/03/24/rageagainstthecage/

[20]　Backdoor. AndroidOS[OL]. contagiominidump. blogspot. in/2013/06/backdoorandroid-osobada. html

[21]　Castillo C A. Android Malware Past, Present, and Future[J]. White Paper of McAfee Mobile Security Working Group, 2011, 1: 16.

[22]　Zimperlich sources. 2011. http://c-skills. blogspot. com/2011/02/zimperlich-sources. html

[23]　Exploid. 2010. http://c-skills. blogspot. com/2010/07/exploid-works-on-droid-x. html

[24]　蒋绍林，王金双，张涛，等. Android 安全研究综述[J]. 计算机应用与软件，2012(10): 205 - 210.

[25]　Ongtang M, Mclaughlin S, Enck W, et al. Semantically Rich Application-centric Security in Android[J]. Security & Communication Networks, 2009, 5(6): 658 - 673.

[26]　Vasudevan A, Owusu E, Zhou Z, et al. Trustworthy Execution on Mobile Devices: What Security Properties Can My Mobile Platform Give Me? [C]. International Conference on Trust and Trustworthy Computing. 2012: 159 - 178.

[27]　Zhang X, Mez O, Seifert J P. A Trusted Mobile Phone Reference Architecturevia Secure Kernel[C]. ACM Workshop on Scalable Trusted Computing, Stc 2007, Alexandria, Va, Usa, November. 2007: 7 - 14.

[28]　Muthukumaran D, Sawani A, Schiffman J, et al. Measuring Integrity on Mobile Phone Systems [C]. SACMAT 2008, ACM Symposium on Access Control MODELS and Technologies, Estes Park, Co, Usa, June 11 - 13, 2008, Proceedings. 2008: 155 - 164.

[29]　Grossschadl J, Vejda T, Dan P. Reassessing the TCG Specifications for Trusted Computing in Mobile and Embedded Systems[C]. IEEE International Workshop on Hardware-Oriented Security and Trust. 2008: 84 - 90.

[30]　杨义先，钮心忻. 入侵检测理论与技术[M]. 北京：高等教育出版社，2006, 9.

[31]　Denning D E. An Intrusion-Detection Model[J]. IEEE Transactions on Software Engineering, 1987, 13(2): 222 - 232.

[32]　Shabtai A, Kanonov U, Elovici Y, et al. "Andromaly": A Behavioral Malware Detection Framework for Android Devices[J]. Journal of Intelligent Information Systems, 2012, 38(1): 161 - 190.

[33]　Bose A, Kang G S. Proactive Security for Mobile Messaging Networks[C]. ACM Workshop

on Wireless Security, Los Angeles, California, USA, 2006:95 – 104.

[34] Jacoby G A, Marchany R, Iv N J D. How Mobile Host Batteries Can Improve Network Security[J]. IEEE Security & Privacy, 2006, 4(5):40 – 49.

[35] Zyba G, Voelker G M, Liljenstam M, et al. Defending Mobile Phones from Proximity Malware [C]. INFOCOM. IEEE, 2009:1503 – 1511.

[36] Venugopal D, Hu G, Roman N. Intelligent Virus Detection on Mobile Devices. [C]. International Conference on Privacy, Security and Trust: Bridge the Gap Between Pst Technologies and Business Services, Pst 2006, Markham, Ontario, Canada, 2006:65.

[37] Alpcan T, Bauckhage C, Schmidt A D. A Probabilistic Diffusion Scheme for Anomaly Detection on Smartphones[C]. Information Security Theory and Practices. Security and Privacy of Pervasive Systems and Smart Devices, Ifip Wg 11.2 International Workshop, Wistp 2010, Passau, Germany, April 12 – 14, 2010. Proceedings. 2010:31 – 46.

[38] BlackHat, Reverse Engineering with Androguard[OL]. code. google. com/androguard

[39] Faruki P, Laxmi V, Bharmal A, et al. AndroSimilar: Robust Signature for Detecting Variants of Android Malware[J]. Journal of Information Security & Applications, 2015, 22:66 – 80.

[40] Egele M, Kruegel C, Kirda E, et al. PiOS: Detecting Privacy Leaks in iOS Applications. [C]. Network and Distributed System Security Symposium, NDSS 2011, San Diego, California, USA, 2011:280 – 291.

[41] William Stallings. 网络安全基础应用与标准[M]. 白国强,译. 北京:清华大学出版社,2014.

[42] S Frankel, B Eydt, L Owens, K Scarfone. Establishing Wireless Robust Security Networks: A Guide to IEEE 802.11i[J]. NIST Special Publication, 800 – 97, 2007.

[43] Chen J C, Jiang M C, Liu Y W. Wireless LAN Security and IEEE 802.11i[J]. IEEE Wireless Communications, 2005, 12(1):27 – 36.

[44] Chen J C, Wang Y P. Extensible Authentication Protocol(EAP) and IEEE 802.1x: Tutorial and Empirical Experience[J]. IEEE Communications Magazine, 2006, 43(12): supl. 26 – supl. 32.

[45] Naylor D, Finamore A, Leontiadis I, et al. The Cost of the S in https[C]. Proceedings of the 10th ACM International on Conference on Emerging Networking Experiments and Technologies. ACM, 2014:133 – 140.

[46] Durumeric Z, Kasten J, Bailey M, et al. Analysis of the HTTPS Certificate Ecosystem[C]. Proceedings of the 2013 Conference on Internet Measurement Conference. ACM, 2013:291 – 304.

[47] Ristic I. Bulletproof SSL and TLS: Understanding and Deploying SSL/TLS and PKI to Secure Servers and Web Applications[M]. Feisty Duck, 2013.

[48] Somorovsky J. Systematic Fuzzing and Testing of TLS Libraries[C]. Proceedings of the 2016 ACM SIGSAC Conference on Computer and Communications Security. ACM, 2016: 1492 – 1504.

[49] 崔勇,任奎,唐俊. 云计算中数据安全挑战与研究进展[J]. 中国计算机学会通讯, 2016, 12(5):20 – 25.

[50] Tang J,Cui Y,Li Q,et al. Ensuring Security and Privacy Preservation for Cloud Data Services[J]. ACM Computing Surveys,2016,49(1):13:1 -39.

[51] M Blaze,G Bleumer,M Strauss. Divertible Protocols and Atomic Proxy Cryptography[C],In Advances in Cryptology-EUROCRYPT'98. Springer,1998:127 -144.

[52] Green M,Ateniese G. Identity-Based Proxy Re-encryption[C]. Applied Cryptography and Network Security,International Conference. 2007:288 -306.

[53] Xu L,Wu X,Zhang X. CL-PRE:A Certificateless Proxy Re-encryption Scheme for Secure Data Sharing with Public Cloud[C]. ACM Symposium on Information,Computer and Communications Security. 2012:87 -88.

[54] Liu Q,Wang G,Wu J. Time-based Proxy Re-encryption Scheme for Secure Data Sharing in a Cloud Environment[J]. Information Sciences,2014,258(3):355 -370.

[55] Curtmola R,Garay J,Kamara S,et al. Searchable Symmetric Encryption:Improved Definitions and Efficient Constructions[J]. Journal of Computer Security(JCS),2011,19(5):895 -934.

[56] Gentry C. Fully Homomorphic Encryption Using Ideal Lattices[C]. ACM Symposium on Theory of Computing(STOC). 2009:169 -178.

[57] Atallah M J,Blanton M,Fazio N,et al. Dynamic and Efficient Key Management for Access Hierarchies[J]. ACM Transactions on Information and System Security(TISSEC),2009,12(3):18:1 -43.

[58] Vimercati S D C D,Foresti S,Jajodia S,et al. Encryption Policies for Regulating Access to Outsourced Data[J]. ACM Transactions on Database Systems(TODS),2010,35(2):12:1 -46.

[59] Nabeel M,Bertino E. Privacy Preserving Delegated Access Control in Public Clouds[J]. IEEE Transactions on Knowledge and Data Engineering(TKDE),2013,26(9):2268 -2280.

[60] G Ateniese,R Burns,R Curtmola,J Herring,L Kissner,Z Peterson,D Song. Provable Data Possession at Untrusted Stores[C]. ACM Conference on Computer and Communications Security(CCS). 2007:598 -609.

[61] Erway C,Küpçü A,Papamanthou C,et al. Dynamic Provable Data Possession[C]. ACM Conference on Computer and Communications Security(CCS). 2009:213 -222.

[62] Chen L. Using Algebraic Signatures to Check Data Possession in Cloud Storage[J]. Future Generation Computer Systems(FGCS),2013,29(7):1709 -1715.

[63] Xiao D,Yang Y,Yao W,et al. Multiple-File Remote Data Checking for Cloud Storage[J]. Computers & Security,2012,31(2):192 -205.

[64] Wang C,Chow S S M,Wang Q,et al. Privacy-preserving Public Auditing for Secure Cloud Storage[J]. IEEE Transactions on Computers(TOC),2013,62(2):362 -375.

[65] Wang B,Li B,Li H. Oruta:Privacy-preserving Public Auditing for Shared Data in the Cloud[C]. International Conference on Cloud Computing(CLOUD). 2012:295 -302.

[66] Wang B,Li B,Li H. Panda:Public Auditing for Shared Data with Efficient User Revocation in the Cloud[J]. IEEE Transactions on Services Computing(TSC). 2014,7(3):1 -14.

[67] Xiao D, Yang Y, Yao W, et al. Multiple-File Remote Data Checking for Cloud Storage[J]. Computers & Security, 2012, 31(2): 192-205.

[68] Juels A, Kaliski Jr B S. PORs: Proofs of Retrievability for Large Files[C]. ACM Conference on Computer and Communications Security(CCS). 2007: 584-597.

[69] Wang Q, Wang C, Ren K, et al. Enabling Public Auditability and Data Dynamics for Storage Security in Cloud Computing[J]. IEEE Transactions on Parallel and Distributed Systems (TPDS), 2011, 22(5): 847-859.

[70] Zheng Q, Xu S. Fair and Dynamic Proofs of Retrievability[C]. ACM Conference on Data and Application Security and Privacy. 2011: 237-248.

[71] Stefanov E, van Dijk M, Juels A, et al. Iris: A Scalable Cloud File System with Efficient Integrity Checks[C]. ACM Annual Computer Security Applications Conference. 2012: 229-238.

[72] Cash D, Küpçü A, Wichs D. Dynamic Proofs of Retrievability via Oblivious Ram[C]. Advances in Cryptology-EUROCRYPT 2013. 2013: 279-295.

[73] Shi E, Stefanov E, Papamanthou C. Practical Dynamic Proofs of Retrievability[C]. ACM Conference on Computer and Communications Security(CCS). 2013: 325-336.

[74] Yuan J, Yu S. Proofs of Retrievability with Public Verifiability and Constant Communication Cost in Cloud[C]. International Workshop on Security in Cloud Computing. 2013: 19-26.

[75] Perlman R. File System Design with Assured Delete[C]. IEEE International Security in Storage Workshop. 2005: 83-88.

[76] Tang Y, Lee P P C, Lui J C S, et al. FADE: Secure Overlay Cloud Storage with File Assured Deletion[C]. International ICST Conference on Security and Privacy in Communication Networks(SECURECOMM). 2010: 380-397.

[77] 熊金波, 李凤华, 王彦超, 等. 基于密码学的云数据确定性删除研究进展[J]. 通信学报, 2016, 37(8): 167-184.

[78] Mo Z, Xiao Q, Zhou Y, et al. On Deletion of Outsourced Data in Cloud Computing[C]. IEEE International Conference on Cloud Computing, 2014: 344-351.

[79] Xiong J, Liu X, Yao Z, et al. A Secure Data Self-Destructing Scheme in Cloud Computing [J]. IEEE Transactions on Cloud Computing, 2014, 2(4): 448-458.

第9章　移动互联网的应用

近些年来，在综合运用移动互联网的基本原理和关键技术的基础上，结合具体的工程设计、实现与组网，移动互联网在很多领域的应用都取得了成功。前面探讨了移动互联网的接入方式、组网方式、移动 IP 机制、传输机制、移动云计算以及安全机制，本章重点探讨移动互联网的应用与实现。

9.1 节介绍了移动互联网应用场景，包含移动云计算、物联网、互联网 + 和虚拟现实等应用。9.2 节介绍移动云存储应用，主要介绍同步机制和传输优化；9.3 节阐述移动社交应用，主要介绍系统架构和现有移动社交应用的研究。9.4 节介绍视频直播应用，包含应用概述和流媒体关键技术。9.5 节对本章内容进行了总结。

9.1　移动互联网的应用场景

移动互联网应用缤纷多彩，娱乐、商务、信息服务等各种各样的应用开始渗入人们的基本生活。移动云计算应用、物联网应用、互联网 + 应用、虚拟现实应用等移动数据业务开始带给用户新的体验。

9.1.1　移动云计算应用

随着移动云计算技术的持续发展，各类新型应用也应运而生，典型的有移动云存储、微云应用、基于群智的应用和移动云游戏等。这些应用对前文所述的计算迁移、基于移动云的位置服务、移动终端节能及安全保护等技术的依赖关系见表 9-1。从表 9-1 中可以看出，移动云应用一般需要多项移动云计算关键技术的共同支持。一方面为了增强应用功能和优化应用性能，会根据需求选用相应迁移技术、位置服务或节能技术；另一方面也越来越倾向于综合选用多种安全技术来共同保障移动应用的安全性。

表 9-1　典型应用与移动云计算关键技术的关系

技术 \ 应用		移动云存储	微云应用	群智应用	移动云游戏
计算迁移	细粒度迁移			√	√
	粗粒度迁移		√	√	√
位置服务	室内轨迹追踪与导航			√	
	室内精确定位与动作识别				√
	海量位置信息管理	√	√	√	√
终端节能	传输节能	√	√	√	√
	定位节能			√	√

（续）

技术 \ 应用		移动云存储	微云应用	群智应用	移动云游戏
安全与隐私保护	云端安全	√	√	√	√
	隐私保护	√	√	√	√
	终端安全	√	√	√	√

1. 移动云存储

移动云存储服务作为新兴的移动云计算应用，得到了学术界和工业界的广泛关注。Drago 等人[1]最先对目前主流的商业云存储服务 Dropbox 进行了研究。Dropbox 在存储文件时将文件控制信息（元数据信息、Hash 值等）和数据信息分开，分别存储在控制服务器和存储服务器。服务器在多个地区分布式部署，就近为用户提供服务，减少用户接入的时延和带宽成本。在后续的工作中，Drago 等人又进一步对 4 个主要商用的云存储服务 Box、Dropbox、Google Drive、OneDrive 进行了比较[2]，研究发现 Dropbox 已经实现增量编码、冗余消除和文件压缩等云存储优化机制。对云端已经存在的数据块，移动终端采用冗余消除技术只上传文件的控制信息。当云端文件发生小部分修改时，移动终端采用增量编码技术，只上传数据块修改的部分。当上传可压缩文件时，移动终端通过压缩技术减少文件本身的冗余信息，节约文件在云端的存储空间。采用这些优化技术不仅节约了数据上传带宽，而且减少了云端的存储资源占用。

2. 微云应用

针对广域网传输延迟过长的问题，研究者提出微云（Cloudlet）的概念，把微云定义为一种或一组可信任的、资源丰富的计算设备向附近的移动终端提供计算资源。Cloudlet 模式克服广域网时延问题，通过局域网提供低延时、高带宽的实时交互式服务。Cloudlet 模式减少了移动终端接入延迟，提高了网络带宽，其应用模式非常多样化。Quwaider 等人[3]就通过个人终端、组网设备等组成通信网络建立了基于 Cloudlet 的数据采集处理系统，分析人体相关信号信息，但仅适用于轻量级的数据采集分析。由于 Cloudlet 服务器的性能决定了移动用户享受的服务效果，一些学者从计算能力、服务延迟对于应用应该迁移至远端 Cloud 还是本地 Cloudlet 做了相关研究。Li 等人[4]认为 Cloudlet 提供的总计算能力取决于 Cloudlet 的计算性能、节点的生存周期和可到达时间，用户根据计算需求选择计算任务迁移方式。Fesehaye 等人[5]根据移动环境下数据传输跳数来动态地选择文件编辑、视频流播放和网络会议等云应用的数据迁移方式。

上述研究都依赖于集中式云架构，Wu 等人[6]提出了一个基于 Cloudlet 的多边资源交换架构，每个移动终端都可以部署一个微云向其他移动终端提供计算资源。该架构提供以市场为导向的移动资源交易方式，设计贸易机制和竞价策略，实现高效的资源交换，增大 Cloudlet 网络覆盖范围。

Cloudlet 管理问题是目前比较大的一个挑战。目前 Cloudlet 架构中主要的解决方案是使用 VM 技术来简化 Cloudlet 管理。用户在使用前预先定制 VM，使用后清除，以此来确保每次使用的微云架构能恢复到原始状态。VM 寄宿在 Cloudlet 架构的永久软件环境中，比进程级迁移更加稳定，而且对编程语言的要求低、限制少。另外，Cloudlet 多基于无线局域网设计实现，而无线局域网的通信距离有限，因此终端的移动性是 Cloudlet 系统有效工作所必有考虑的因素。

3. 基于群智的应用

现在的移动终端除了拥有越来越强大的处理能力外，通常还内置定位、光线和位移等多种传感器，这促使群智应用逐渐从固定电脑转向了移动终端[7]。移动群智服务主要应用在自然环境检测、基础设施监视和移动社交等场景。移动终端可以作为数据提供方向云端提供信息，也可以作为被服务方从云端获取服务。

Yan 等人[8]提出了基于 iPhone 的 mCrowd 平台，利用传感器进行位置感知的图像采集和道路监视，iPhone 用户既是服务提供者，同时也可以享受平台提供的服务。Eagle 等人[9]提出的 txteagle 主要基于群智为用户提供语言翻译、市场调查和语音转录等服务。MobileWorks[10]、mClerk[11]为发展中国家的用户提供光学字符识别（Optical Character Recognition，OCR）等服务。MobileWorks 平台字符识别速率非常快，精确度非常高（99%）。Jigsaw[12]通过从移动用户收集的位置、空间大小等信息，结合用户的移动轨迹重构建筑物内部结构，为室内定位提供依据。Ou 等人[13]则通过收集到的移动用户在不同位置的手机信号强度来预测未来的信号强度，并以此为基础调度数据传输，实现手机节能的目的。

有些学者尝试在机会型感知网络上实现群智系统。Wang 等人[14]和 Xie 等人[15]的研究侧重于优化消息的传递效率，减少通信的开销和能耗。Tuncay 等人[16]的研究更加侧重于参与式感知框架，包括传感器更新阶段和提前启动数据收集阶段。上述研究[14][15][16]都基于特定的应用，目标是以最快的方式和最小的开销来传送最大的数据量至数据汇集点，并没有考虑到基于位置相关的数据来提高覆盖范围的问题。Karaliopoulos 等人[17]通过潜在的优化方法为确定性和随机性用户移动场景设计最低成本集覆盖。

激励机制是基于群智服务必须考虑的一个问题。学者们在任务分配、奖励分配以及用户选择角度开展了一系列研究。Gao 等人[18]对每个时隙中如何选取最优用户来最大化总贡献值进行了深入研究。文中提出基于 Lyapunov 算法的在线竞拍策略和考虑到未来信息（完整的或随机的）的离线策略，以提高用户服务率和社会贡献率。Zhang 等人[19]基于用户行为偏好，设计了预算有限情况下的任务分配策略和定价机制，以此提高任务处理效率并节约任务开支。

随着移动社交应用的快速发展，移动社交网络与群智服务的结合也越来越受研究者的关注。Xiao 等人[20]研究提出了基于移动社交网络（Mobile Social Networks，MSNs）的复杂计算和传感任务分配方案，如图 9-1 所示。

在移动过程中，每当请求方遇到邻近空闲用户时，给其分配处理任务，直到所有任务都分配完毕。服务方完成任务时将处理结果返回给请求方。请求方还可以通过无线接入点向固定式计算机分配任务。就近任务分配原则有效降低了传输开销。然而，由于用户的移动性，如何保证动态的用户集高效可靠地完成任务是需要进一步研究的问题。

4. 移动云游戏

作为移动云计算的典型应用，移动云游戏将传统游戏的复杂计算迁移到云端，移动终端只需向云端发送游戏指令，云端执行游戏计算、数据存储任务，并将游戏画面编码成实时视频流传输至移动终端。这不仅极大地扩展了移动终端的执行能力，更提高了游戏的平台兼容性和升级维护的灵活性。

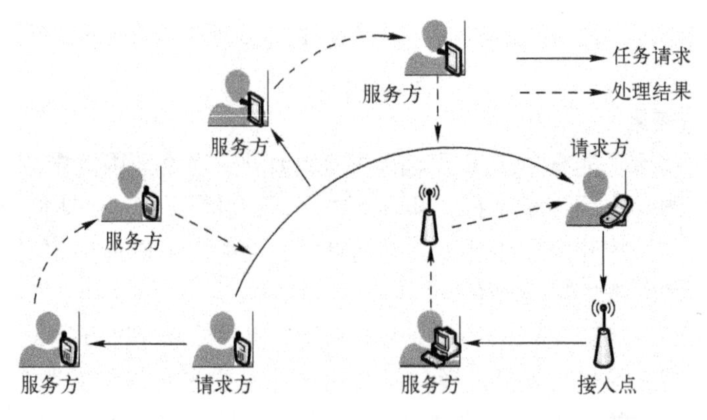

图9-1 MSNs群智系统

游戏平稳性和实时性是移动云游戏重要的性能指标，尤其是数据传输延时对用户体验影响极大。Huang等人[21]设计开发了GamingAnyWhere，旨在从响应时延、网络负载和视频质量等方面对移动云游戏系统进行优化，并与OnLive、Gaikai、StreamMyGame等当前主流的移动云游戏服务进行了对比。为了进一步降低延迟，Zhang等人[22]提出了基于UDP的数据传输协议Pangolin，解决TCP传输数据的不可并发性。Pangolin基于马尔可夫决策理论自适应决策，通过在线查表、发送冗余前向纠错数据包等方式进行优化控制，降低数据包丢失概率，并将传输延迟从4 s多降低到1 s。此协议已经纳入到Xbox SDK中，真正在工业界发挥效用。Outatime[23]则通过预测未来状态、基于图像的状态近似、快速状态点检测与回滚以及状态压缩传输等方式，最高可以将网络延迟减少120 ms。然而，由于无线接入方式的多样性，无线带宽抖动等特有属性，交互的实时性和游戏画面的流畅性仍是移动云游戏研究领域需要重点解决的问题。

9.1.2 物联网应用

物联网，通俗地说就是“物物相连的网络”，是利用传感器、射频识别（Radio Frequency Identification，RFID）、二维码等作为感知元件，需要通过基础网络来实现物与物、人与物的互联。1999年麻省理工大学的Kevin Ashton教授提出了以标示为特征的物联网概念，把RFID技术与传感器技术应用于日常物品中形成一个“物联网”。2003年SUN article中提出了toward a global “internet of things”。2005年11月17日，在威尼斯举行的信息社会世界峰会（World Summit of Information Society，WISS）上，ITU发布的《ITU互联网报告2005：物联网》指出：物联网是通过RFID和智能计算等技术实现全世界设备互连的网络。形成了以互联为特征的物联网概念，无所不在的“物联网”通信时代即将来临，世界上所有的物体，从轮胎到牙刷、从房屋到纸巾都可以通过因特网主动进行交换。2009年2月24日，IBM大中华区首席执行官钱大群在2009 IBM论坛上公布了名为“智慧的地球”的最新策略。物联网概念转而以智能服务为特征，IBM提出把传感器设备安装到电网、铁路、桥梁、隧道、供水系统、大坝、油气管道等各种物体中，并且普遍连接形成网络，即“物联网”[24]。

1. 智能交通系统

每年全球因交通事故产生的经济损失是相当巨大的。智能交通系统因其高达9:1的高效费比越来越得到人们的重视。智能交通系统在降低交通事故的发生率、加强交通监管、减少交通堵塞和减少尾气排放等方面发挥着重要的作用。基于无线传感技术进行的交通优化，显著提升了城市道路运行的效率。

2. 智能电网技术

电网中发电量和用电量不匹配的情况导致了电网的利用率相对较低。将物联网技术运用到电网中产生的智能电网系统在发电、输变电和用电的各个环节提高了电力的使用效率。智能电网系统将以前因为发电量不稳定的太阳能和风电等也并入其中作为补助。我国的国家电网目前也制定出了智能电网的发展战略，对于我国的电网改造具有重要的战略意义。

3. 生态环境监视

物联网技术在生态环境监控中也发挥着重要的作用。当前的城市大气监测、饮用水源地的监视和流域管理生态补偿等方面均应用了物联网技术。如利用 RFID 技术或者视频感知技术进行感知，通过传输到达处理中心，运用虚拟现实技术、决策支持系统等处理技术达到智能监视的目的。

4. 电子保健

在医疗领域，运用电子病历可以把错误降低 25%，运用医学图像存档和通信系统与计算机化医嘱录入系统分别可以将错误降低 15% 和 30%。拿电子病历来说，电子病历指的是医院等医疗机构用电子化的方式创建并且保存使用的针对住院、门诊等信息的数据库系统。居民在每次就诊时都会生成相应的记录。运用电子病历不但可以完成病历的书写，还可以随时查询分析，此外可以有效地规避患者的隐私问题。

5. 智能物流

物联网技术在物流行业中也有着广泛的应用，基于 RFID 技术的产品可追溯系统，基于智能配货的物流网络化的信息平台等技术均利用了物联网技术。运用有关的软件可以对产品从原材料阶段到成品的供应网络进行优化，帮助相关的企业选择最适合的原材料采购地点以及确定库存的分配，提高企业运行的效率和企业效益。举个例子，中远物流公司是我国目前比较大的物流企业，在应用了信息化管理以后，成功地将分销中心由 100 个减少到 40 个，大大节约了成本和燃料，碳排放也减少了 15% 左右。

6. 物联网技术在其他领域的应用

运用物联网技术可以轻松实现家居的智能化，实现对家庭的监视和安保。还可以利用防侵入传感器系统对像军事基地、机场等重点的区域进行监视。目前广泛应用于城市的电子眼系统在城市的交通、安保等领域发挥着越来越重要的作用。基于物联网的服务业也日益蓬勃地发展起来了。

9.1.3　互联网 + 应用

1. 电子商务

1995 年，Amazon 和 eBay 的网站相继上线，从而拉开了电子商务的发展大幕。到 2015 年，电子商务走过 20 周年的发展历程，日益成为经济发展的新动能，呈现出新的发展特征。

2015 年，移动电子商务继续高歌猛进。其中，餐饮外卖、网络约车、在线旅游等细分行业具有很强的移动应用场景，移动端占比远高于传统的网络零售，是移动电子商务发展的天然土壤，已率先进入移动时代。网络零售的移动应用也在加速发展。根据 Criteo 数据，2015 年第四季度，移动端交易额已占全球网络零售交易额的 35%。其中，中国、日本、英国、韩国四国的移动端交易额占比为50%左右，成为与PC端并驾齐驱的主流渠道，率先全面进入移动电子商务时代。根据艾瑞咨询数据，2015年中国移动端网购交易额占比首次超越PC端，达到55%。根据Criteo数据，2015年第四季度，日本有一半的交易额来自移动端，英国和韩国也接近一半。[25]

从全球来看，网络零售商一般采用自建仓储+第三方配送的物流解决方式。2007年底，京东商城在业界率先自建物流体系开创了仓配一体化的电商物流模式。经8年建设，京东已建成覆盖中国85%区县的物流网络，极大提升了流通效率和用户体验。自建物流的价值日益凸显，网络零售商开始积极构建自己的物流体系，进一步自行掌握交货服务。

全球最大的网络零售商亚马逊已从多个方面布局自有快递业务，逐步摆脱对UPS、FedEx等第三方快递公司的依赖。在2015年的10-K文件中，亚马逊首次自称是一家“运输服务供应商”(Transportation Service Provider)。亚马逊正在加快建设区域配送和包裹分拣中心，购买了几千辆卡车拖车，用于美国境内货物的配送；建立了大量的储物柜（Amazon Locker），美国本土就有超过1.2万个，以方便消费者取货；推出了无人机送货计划（Prime Air）和卡车司机按需配送（Amazon Flex）服务。除亚马逊外，Flipkart、唯品会等自营电商都加快了自建物流步伐。

不仅是自营电商，平台电商也在加快物流网络建设。eBay全球运营着9个物流中心，仓储总面积350万平方英尺；阿里巴巴在2013年发起成立了菜鸟网络，投资第三方快递公司；Google的速递服务Google Express发展迅速，从2016年2月开始提供新鲜果蔬送达服务。

随着共享经济的发展，众包物流成为重要趋势。2015年，京东和亚马逊分别推出众包快递服务京东众包和Amazon Flex，通过招募兼职快递员，分别为京东到家、亚马逊Prime Now提供包裹快速送达服务，现在已开始配送普通包裹。网络约车电商Uber于2015年4月在美国正式开展众包快递服务UberRUSH，将用户与快递员连接起来。人人快递、达达等专门的众包快递公司发展迅速。

技术不断推动物流领域的革命。当前，以人工智能技术为代表的高科技正在引领着物流领域的变革。机器人技术正在改变仓储这个劳动密集型行业，亚马逊走在了应用的前列。亚马逊在2012年收购了Kiva Robotics公司，获得先进的仓库机器人技术。亚马逊将该公司更名为Amazon Robotics，从2014年开始把Kiva机器人部署到物流中心，把Kiva机器人和雇员搭配在一起，完成仓库中的货物搬运工作。2015年，亚马逊新部署了1.5万个机器人，目前在13个物流中心拥有3万个机器人。未来，亚马逊将在所有新建物流中心中启用这项机器人技术。生鲜电商沃尔玛、京东商城也公布了仓储机器人项目。

在配送环节，无人机是最具应用前景的技术，继亚马逊和谷歌之后，2015年京东、顺丰、新加坡邮政等公司也宣布了无人机计划，以提高配送效率降低配送成本。在其他技术方面，亚马逊申请了途中进行3D打印服务的送货卡车专利，Google已经获得了一项运送快递的自动驾驶卡车技术专利。

2. 互联网金融

面对飞速发展的电子科技，人们越来越追求金融产品的高效便捷和简单化，致使传统的金融业受到了一定影响。为了适应现代社会的发展需要，互联网金融应运而生。这种将互联网与金融相结合的新型金融模式，丰富和拓展了支付、投资等金融活动的方式和渠道，重新构建了金融市场的格局，在一定程度上影响和推动了金融业的发展，对金融业来说是机遇与挑战并存。[26]

互联网金融是指在云计算、移动技术和社交网络、搜索引擎等互联网工具的支撑下进行资金融通、信息中介和移动支付等活动的新型金融模式，其主要基于互联网平等开放、协作共享的核心理念，深入挖掘有关数据信息，在金融领域拓展自身业务，使金融业在互联网信息技术的支持下开展移动支付等相关金融业务，拓宽了金融活动开展方式和渠道的同时，增加了金融业务的透明度和可操作性，且降低了中间成本，除了众筹、第三方支付、互联网虚拟货币以及网络理财和网络保险等多种模式之外，正逐渐向资金融通、供需信息匹配等传统金融业务核心进击。以下是关于互联网金融的相关研究。

（1）P2P 借贷平台的相关研究

P2P 借贷是通过网络信贷公司在个人与个人之间进行的借贷行为，即网络信贷公司提供网络平台，将有多余资金的个人与有资金需求的个人联系到一起，各取所需，然后网络信贷公司从中收取一定的服务费用，其最大的优势就是快捷高效。

2005 年出现的 Zopa 是世界上首个 P2P 网贷平台，高汉[27]针对在 Zopa 上开展的借贷行为进行了相关研究。林章悦等人[28]探讨了微小融资交易成本是否会在 P2P 网贷平台上的互联网技术支持下有所降低，文中所持观点是基于 Web 2.0 的互联网技术平台对降低交易成本并不会起到多大作用，认为 P2P 借贷交易实际上是离不开网络交易平台的提供方——运营商，即中介方的。操胜[29]认为融资项目的特性、群体因素和地理因素是能够影响 P2P 网贷平台上能否成功融资的决定性因素。

（2）众筹融资的相关研究

众筹融资机制的分析和研究主要分成以下几种类型：奖励型、借贷型以及捐助型。捐助型众筹融资模式在很长一段时间内被很多非政府组织加以运用，此种模式下的捐助者对资助并没有更大的期望。通过调查研究发现，一些非赢利性的产品项目比较容易获得融资；一些生产性产品的众筹项目相对于社会服务性的众筹融资项目更加容易成功融资；非赢利性产品项目能够获得融资，但是对这些项目进行资助的人比较少。在众筹融资项目中回报方式是产品还是分红需要根据投资的具体情况进行分析，若在投资初期，资本需求市场不是特别大，那么投资者一般会选择的回报方式为产品；如果资本需求大，那么投资者选择的回报方式是分红。众筹融资项目也存在一定的风险，那么对于风险的来源可以从发起人以及投资人的角度来分析。项目发起人的投资目的一般归结为融资以及吸引市场公众的注意力，然后从公众的视角中获得关于产品以及相关服务信息的反馈等。在项目投资人方面，他们的目的一般归结为获得投资回报，并且产品生产志趣相投，能够与社会和市场分享自己的专业产品构想。众筹融资在应用过程中广泛地应用于新药品的研发以及娱乐方面音乐唱片的研发或者是书籍的出版等。

互联网普及和信息技术日臻成熟，使互联网金融技术得到迅猛发展，在创新支付、投资等金融活动方式和渠道的同时，还应该注重互联网金融在风险和监管上的问题。

9.1.4 虚拟现实应用

1. 虚拟现实概述

虚拟现实（VR）是近几年来国内外关注的一个热点，其发展也是日新月异。简单地说，VR技术就是借助于计算机技术及硬件设备，实现一种人们可以通过视、听、触、嗅等手段所感受到的虚拟幻境，故VR技术又称幻境或灵境技术。

2014年，Facebook以20亿美元收购Oculus，该公司于2016年初推出第一代面向大众的商用虚拟现实头戴式眼镜Oculus Rift；索尼公司也于2016年9月推出PlayStation VR；Google于10月发布了Daydream view VR头戴显示设备。2016年6月21日，移动互联网第三方数据挖掘和分析机构艾媒咨询（iiMediaResearch）发布了《2016上半年中国虚拟现实行业研究报告》，预计2020年中国虚拟现实市场规模将达556.3亿元。2016年被业界认为是虚拟现实行业真正的元年，环境、产业链初具雏形。

随着VR技术的兴起，各个领域的VR应用也广泛发展起来。VR+购物打破物理限制，把店铺带到消费者眼前，但是目前仍处于行业探索阶段。VR+旅行可以借助虚拟现实来预览和规划行程计划，以及探索一些无法到达的目的地。VR+游戏正在蓬勃发展，然而目前面临的挑战是优质游戏内容缺乏，移动端硬件画质制约，以及制作成本高昂。VR+电影虽然呼声不断，但是由于软硬件技术的缺陷，拍摄难度的增加、高额价位，还有易产生晕眩感的制约，VR+电影还有很长的路要走。VR+房产给用户提供沉浸式看房体验，节省样板房制作成本，增加看房流量，减小沙盘布置空间，实现异地看房，进一步提升房产行业的交易效率。

VR+新闻也给人们带来了很大的想象空间。如何真实生动丰富地传递信息是新闻行业一直以来最关注的问题。新闻行业从最初的口口相传，发展到文字报导，再到20世纪的多媒体信息，即图片、音频和视频，未来将发展为VR+新闻，以VR的沉浸感，交互性和想象力带领读者感受新闻现场。2015年10月，纽约时报推出NYT VR，成为首个试水VR报道的世界级权威媒体。之后大量的媒体跟进，BBC、ABC News 、美联社、《体育画报》纷纷推出VR内容，AOL（美国在线）还收购了一家全景视频公司Ryot，将支持《赫芬顿邮报》的VR报道，开启网媒VR报道的先河。国内则有人民日报等媒体跟进VR报道。同时，随着近年来网络直播兴起，让新闻现场更多地呈现在用户的面前。人人都是主播，人人也都是观众，每个人都可以更直接地到达关注的现场。而未来VR和直播的结合，将会把这种实时的现场感做到极致。而现场报道机器人或者无人机可以带来危险现场或是高空视角的现场，未来和VR以及直播的结合，更是能让人们看到更丰富、更全面的世界。

VR报道虽然能够带来强大的现场感，然而VR报导的制作和阅读成本高，并不适用于所有的新闻报道。适合做成VR新闻的类型主要是视觉奇观类的新闻题材，以及人们无法亲临现场的情况。体育报道、大型演出、活动等这类追求现场感的新闻报告，会率先和VR结合。此外，目前已面世的VR内容大多停留在全景视频的水平，与真正的VR体验还有比较大的差距。因此在内容的制作上还需要进一步发展。

2. 虚拟现实设备现状

VR设备主要分为输入设备和输出设备两部分。其中输入设备主要有游戏手柄、手势识别设备、动作捕捉设备、方向盘等。输出设备有外接式VR头盔、一体式VR头盔、智能手机VR眼镜。目前国内VR硬件投资市场以输出设备为主，市场上主要产品可以分为PC端VR、移动端VR和一体机。市场上PC端VR主要有Oculus Rift和HTC VIVE，如图9-2和图9-3所示，移动端VR主要有Gear VR和谷歌Daydream View，如图9-4和图9-5所示。

图 9-2　Oculus Rift

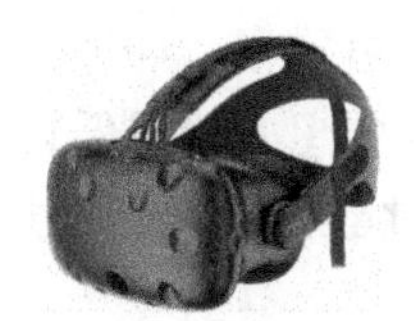

图 9-3　HTC VIVE

图 9-4　Gear VR

图 9-5　Daydream View

PC 端 VR 头盔绝佳的体验感让消费者体验到 VR 技术真正的魅力。以 Oculus Rift 为例，相比于移动端 Gear VR，Rift 有定位追踪功能、更深层次的游戏体验和高保真环境。但是 PC 端 VR 头盔相对于移动 VR 存在操作烦琐、价格昂贵、携带不便等困难。

目前 PC 端 VR 还存在许多问题。使用 PC 端 VR 需要一定的空间以及多项设备的连接，包括 PC、传感器，并且 VR 设备对 PC 的硬件要求也很高。如 HTC VIVE 最低 PC 配置要求是酷睿 i5 + GTX970，Oculus Rift 也类似。但是，目前微软等各大公司正在努力优化显卡，VR 对 PC 硬件的要求也会随着技术的提升而降低，并且 VR 目前在努力发展云端技术，未来或许并不需要再连接 PC。

在中国 VR 设备市场，基于智能手机的发展轨迹以及庞大的用户规模，移动 VR 被很多人认为是未来的主流 VR 设备。另外由于移动 VR 设备相对来说技术含量较低、成本不高，使得移动 VR 设备推广更为迅速。但在消费者的沉浸感和交互性体验上来说，就要比 PC 端设备和一体机低很多，尤其是目前技术还在发展阶段，VR 内容较少，较低的舒适度和体验感会影响消费者对移动 VR 产品的评价。

相较于市场上的手机盒子以及依托电脑输出的 VR 产品，一体机更符合人们对 VR 的认知。VR 一体机是具备独立处理器并且同时支持 HDMI 输入的头戴式显示设备。具备了独立运算、输入和输出的功能。VR 一体机需要具备独立的运算处理核心，因此具有更高的研发难度。目前国内基本没有相关芯片制作厂商，一体机 VR 发展缓慢，短期无法形成较大的市场规模。

从图像质量、响应速度、便携性、成本以及能耗 5 个方面来对比 3 类 VR 输出设备，PC 端 VR 头盔在图像质量和响应能力上表现出色，然而便携性不足、成本高昂、能耗大。移动 VR 设备在便携性和价格上占优，然而由于移动终端计算资源和存储资源的限制，响应速度不如 PC 端 VR 头盔，而图像质量和能耗上表现更是不理想。因此理想的 VR 设备是一体机，然而研发难度大，进入市场慢。

3. 虚拟现实面临的挑战

相比于传统的应用，VR 应用主要有以下 3 个性能要求。

1）极低的用户感知延迟。对于 VR 应用来说，当用户移动头盔时，应用需要能够在极短的时间内响应用户输入，并且将对应的图像渲染、显示在屏幕上。这个延迟要求大约在 50 ms 以内。否则，过大的延迟会让用户在使用过程中感觉严重的视觉滞留，进而导致用户头晕等不良反应，影响用户体验。

2）高帧数和图像质量。VR 应用的屏幕距离用户的眼睛非常近，并且通过放大镜将图像放大。所以，如果 VR 应用显示的图像质量不高，用户看起来就会颗粒感严重，影响用户体验。同样，显示视频的时候，帧刷新率要足够高，否则会引起用户在使用过程中的不良反应。

3）低功耗。VR 应用在运行过程中需要占用屏幕、GPU，会产生大量的计算开销。为了使移动终端获得更久的续航时间，VR 应用需要想办法降低自身能耗。

以上3点是目前 VR 应用所面临的问题与挑战。因此，要想获得良好的 VR 体验，吸引更多的用户，就必须克服上述困难。

9.2 移动云存储应用

近年来，个人云存储服务占有的市场份额越来越大，已成为用户个人信息存储不可分割的一部分。伴随着移动互联网的发展，轻巧便捷的移动设备受到用户广泛青睐，移动终端的人均持有量快速上升。随之而来，终端应用迅猛增长，促使移动终端逐渐成为新的应用平台。用户对终端的存储空间以及终端资源的在线共享等要求越来越高，使得移动云存储服务成为移动端信息存储领域的研究热点。与传统的移动硬盘、U 盘等存储设备相比，移动云存储服务提供云端超大容量的数据中心，统一高效地管理用户多个终端上的零散数据。用户不仅可以通过移动互联网跨平台、跨终端将个人数据同步至云端，也可以使用任意终端随时随地存储、同步、获取并分享云端数据。而移动网络下用户比较注重数据同步流量和同步效率，服务商也提供了多种优化技术提升移动端服务性能。

本节介绍了整合移动应用产品线的需求、实现方法和发展现状，引出移动云存储服务主流架构、文件同步协议和优化技术等关键技术的研究，并分析了移动云存储所面临的挑战。

9.2.1 移动云存储概述

1. 移动云存储的发展

在这个信息不断增长的时代，人们的智能终端每天都会产生大量的个人信息。互联网数据中心（Internet Data Center，IDC）的一份数据调查报告表明[30]，在未来，世界上大约70%的数据都是来自个人用户。其原因主要在于智能终端的功能日益强大，促使了海量功能丰富应用的诞生。在人们的日常生活中，许多社交应用、流媒体应用、文档编辑、邮件都会产生大量的数据。如何更好地存储、管理、同步多个设备上的个人数据，已经成为了信息爆炸时代下至关重要的问题。

云存储（Cloud Storage）服务是在云计算（Cloud Computing）概念上延伸和发展出来的，它为解决数据存储、同步问题提供了良好的技术基础。一般来说，云存储是通过集群应用、网络技术或分布式文件系统等功能，将网络中大量不同类型的存储设备通过软件集合起来进行协同工作，共同对外提供数据存储和业务访问的一个系统。个人云存储（Personal Cloud Storage）是云存储的一部分，它建立在传统的云存储技术之上，重点关注对个人用户在多个智能终端上数据的备份、管理、共享及同步，大大降低了终端的数据存储和管理负担。而随着移动设备的快速发展，人们获取信息的方式也发生了革命性的改变。许多以往需要在 PC 上才能完成的工作现在移动终端也能够完成。人们更加关注如何在多个移动设备之间进行数据分享和协同工作。

顺应移动互联网及大数据技术的发展，当今涌现出了以 Dropbox 为代表的一系列个人云存储服务。一些互联网巨头，如 Google、Microsoft 也纷纷进入这一市场。移动网络技术（如

3G、LTE）的飞速发展，使得用户能够随时随地通过移动设备获取网络服务。然而，由于移动互联网接入网络相对于传统的有线网络而言，带宽更低，成本更高，同时移动设备计算能力和存储能力相对于PC来说较小，因此移动环境下的个人云存储服务（以下简称移动云存储）在终端设备和云之间进行数据上传下载时，对网络带宽和本地硬件设备造成了很大压力。此外，由于移动网络环境下网络延迟（RTT）较高，且信道质量的变化使得网络连接不稳定，丢包率较高，保证移动云存储服务的同步效率，减轻终端设备的计算、存储负担，成为了移动云存储领域最重要的问题之一。

然而，现今主流的移动云存储服务都是闭源的，很难了解其同步协议、系统架构。对研究人员来说，发现并改进目前移动云存储服务的同步协议中存在的问题，降低终端设备的计算、存储、传输负担，成为一件意义重大但充满挑战的任务。

2. 整合移动应用产品线的需求

移动应用产品线是由一类功能近似，顾客群与渠道类同的移动应用程序组成，每一个应用程序均可以视为一个产品。本节研究了整合产品线的需求、实现方法和现状。

移动互联网已经渗透到人们社会和生活中的各个领域，基于移动终端的应用程序也越来越多，应用程序产生的数据量正呈现出爆炸式增长。但是各应用间的数据均分布在各个孤立的服务器端，数据间没有互相连通，每个应用均是一个“数据孤岛”。而随着移动应用程序数量快速的增长，用户难以统一管理应用的数据，且现有的数据存储方式难以满足用户的需求。如用户在多个应用上发布相同信息时，需要在每个应用上重复操作，产生不必要的时间浪费。移动云存储服务提供云端超大容量的数据中心，统一高效地管理用户多应用的数据，所有数据都会在云端共享，极大满足了用户的需求。对于商家，各服务商相互竞争用户资源，且竞争压力越来越大。当各服务商提供的移动云存储服务功能相似时，用户更加注重服务的体验质量（Quality of Experience）。服务商提供的移动云服务功能越丰富，产品线中的产品种类越多，其统一管理的数据量越庞大，越能满足人们日常办公和生活的需求，产生更好的用户体验，容易在竞争中脱颖而出。因此，整合产品线对用户和商家而言是一个双赢的选择[31]。

3. 整合移动应用产品线的方法

百度、谷歌已成为用户搜索入口，安智市场、App Store已成为用户下载新应用的入口，与它们相似，移动云存储服务正逐渐成为共享移动用户数据的入口。如图9-6所示，社交应用数据、文件应用数据、游戏应用数据、其他移动应用等数据通过统一的数据入口接入云端。移动云存储服务作为移动应用程序数据入口平台，提供应用集成服务。应用集成服务的核心是连接“数据孤岛”，共享应用数据。整合产品线不仅方便用户统一管理多应用程序的数据，而且提供多应用数据云端共享，挖掘数据的潜在价值。用户在移动端使用应用程序产生的数据均共享至云端，云端服务器充分利用应用数据，实时分析并决策，智能地实现不同应用间数据的流通。为了更好地吸引移动应用接入云端，移动云存储服务提供商通过开放云存储API，向开发者提供了面向本地或云端应用数据的集成解决方案，开放应用程序入口，共享应用程序数据。

4. 整合移动应用产品线的现状

目前，对于不同的服务商，主要存在两种产品线整合模式：单云聚合和多云融合。单云聚合即多个应用程序均接入一个云端，所有数据在云端共享，但单个云端形成了更大的

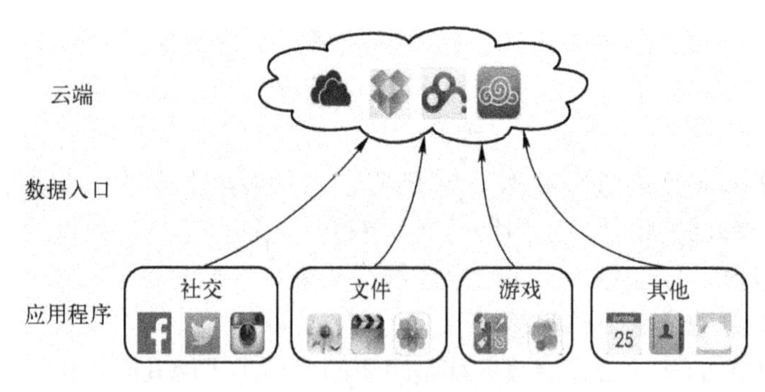

图9-6 移动云存储聚合平台

“数据孤岛”。多云融合连接了多个云端，每个云端连接多个应用程序，即使多个应用程序接入不同的云端，其数据也能在云端相互连通，真正实现所有应用的数据融合。

（1）单云聚合

单云聚合适用于应用产品丰富的服务提供商。该类服务商有较大的市场规模和一定的用户基础，旗下应用产品比较丰富，涵盖全面。它们更倾向于提供自己的云端，聚合用户使用旗下产品产生的数据。如百度厂商提供百度云盘聚合百度地图、百度搜索、百度贴吧、百度百科等应用的数据，腾讯厂商提供腾讯微云聚合QQ、微信、腾讯微博等应用的数据，Google厂商提供Google Drive聚合谷歌翻译、谷歌照片、谷歌搜索等应用的数据。该类服务商在整合产品线时将所有应用的API以统一的格式，整合在一个平台中。用户在使用服务商旗下产品时产生的数据会自动同步至云端，数据在云端共享，也会推送至其他应用。用户使用一个账号便可畅游该类服务商旗下的所有应用。如腾讯用户在QQ空间发送的状态不仅会同步至云端，也会推送至腾讯微博等其他应用。

（2）多云融合

单云聚合虽然提供云端同一管理用户使用单一服务厂商旗下所有应用的数据，但无法融合用户在使用多个服务商应用时产生的数据，数据在各服务商之间并未真正实现连通，各服务商提供的云端是一个更大的“数据孤岛”。为解决各服务商之间数据不连通的问题，诞生了一批集成平台服务公司，包括IFTTT、CloudWork、MuleSoft CloudHub和SnapLogic等。该类公司提供集成平台服务，主要面向不同类型、不同服务商提供的应用程序，它们通过API提供了多个服务商数据连通平台，各服务商之间的应用都可以通过该平台共享数据，真正实现所有应用数据共享。

集成平台服务主要有以下几个特点。

1）预先集成/连接在线服务供应商：用户通过该服务可以直接访问其他服务商。

2）任务执行的自动化：用户通过该服务，对应用程序的操作会自动同步至其他应用。

3）服务供应商选择多样化：用户可以针对性地选择服务供应商，满足用户需求。

4）无需软件开发：用户只需学会使用该服务，无需任何开发代价。

MuleSoft推出的CloudHub是多云融合的代表，它提供了全球性、多用户、可伸缩的集成云，目标是要像Facebook连接全球人群一样，做到所有应用程序数据的融合。CloudHub提供应用集成和连接，共享所有应用数据，是能让应用进行互动、分享和共同工作的平台，能满足用户各种各样的需求。

9.2.2　移动云存储同步机制

移动云存储服务聚合并统一管理移动端应用程序的数据，让数据在各应用之间的连通成为了可能。以下将介绍移动云存储服务同步架构和同步协议。

1. 移动云存储服务同步架构

移动云存储同步架构如图9-7所示，主要由客户端、控制服务器和存储服务器构成。客户端是指手机、平板电脑或PC等设备，控制服务器负责与客户端进行文件夹中数据块信息、文件的数据块列表以及文件夹目录索引等元数据的交互，存储服务器则专门存储数据块。下面介绍各部分的详细功能。

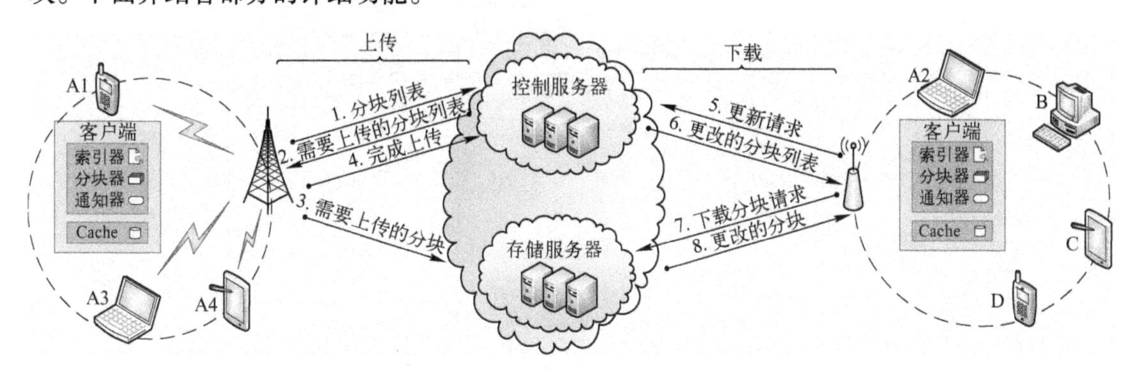

图9-7　移动云存储服务同步架构

（1）存储服务器

存储服务器主要存储文件内容。在服务器中，所有的文件并不以独立单位的形式存在，而是拆分或者聚合成数据块存储。存储服务器只存储文件内容，不包含文件名称、大小、版本号等信息。同时，数据存储服务器在地理上是分布式的，这意味着组成一个文件的分块可能存储在不同的存储节点。

（2）控制服务器

控制服务器主要负责与移动端交换控制信息，主要有通知流、元数据流两个部分。

通知流：通知流用于保持移动端和云端同步文件的一致性。移动端向控制服务器发送请求，监测其他终端是否修改同步文件。若云端同步文件发生改变，云端返回“已更新”通知流，移动端同步云端文件最新版本。若云端文件在一定时间内未发生改变，云端返回“未更新”通知流。当移动端同步完毕或者接收到“未更新”通知，移动端会再次向控制服务器发送请求，进行新一轮检测。

元数据流：元数据管理服务流通常传输文件元数据信息。元数据信息包含散列列表、服务器文件日志等信息。散列列表存放数据块的散列值，散列值是数据块的唯一标识符。服务器文件日志存放文件的ID、数据块列表等信息。

（3）移动客户端

移动客户端是由分块器、索引器、通知器和缓存器4个部分组成。分块器将本地的文件切分成固定大小的数据块。索引器存放文件的元数据信息。通知器通常向云端发送请求，检测云端文件是否更新。缓存器是云端文件与本地文件和应用交互的中介。文件传输和本地应用对云端文件的操作都必须先存到缓存器中。

2. 移动云存储服务同步协议

当多个移动终端共同使用单一账户时，在任一终端上传的文件均会同步至其他终端。图9-8显示用户在上传大文件时的协议流程，分为文件上传、文件下载两部分。

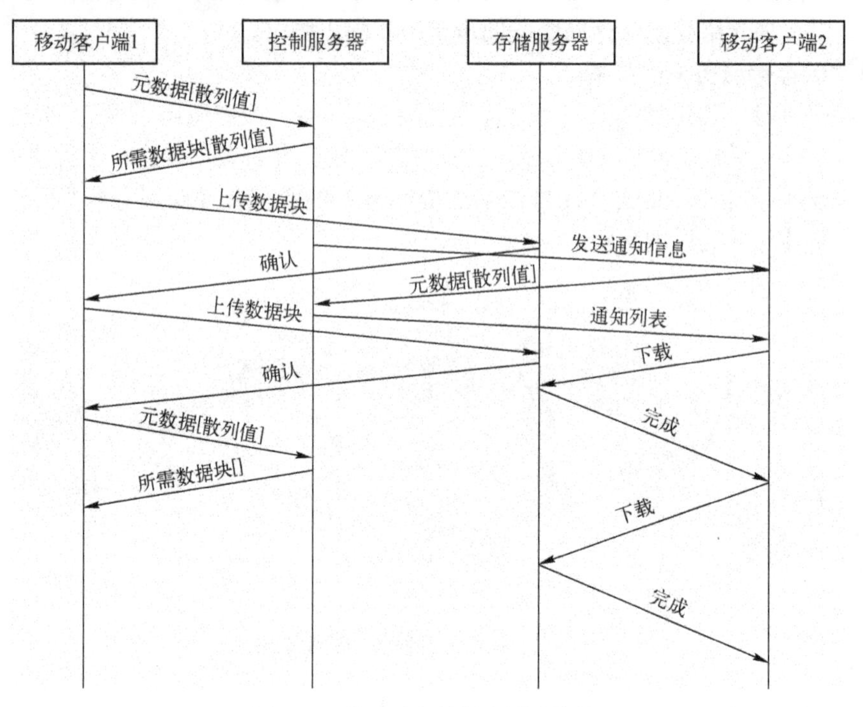

图9-8　移动云存储服务同步协议

（1）文件上传

移动端1上传大文件时，元数据流上传文件元数据信息至云端控制服务器。控制服务器将其与云端元数据对比，并返回所需数据块的散列表。移动端1上传所需数据块至云端，每个数据块上传成功时都会返回一个确认信息。当所有数据块上传成功时，移动端1再次发送元数据信息进行核对，确保所有文件上传成功。

（2）文件下载

移动端2下载云端更新文件保持数据一致性。移动端周期性地监视云端元数据信息，当云端文件元数据信息发生改变时即向移动端返回通知流，移动端2向云端发送元数据信息。云端返回通知列表，移动端2下载新增数据块。每个数据下载成功时，存储服务器都会返回一个确认信息，直到所有数据块均下载完成。

9.2.3　移动云存储传输优化

1. 移动云存储典型传输优化技术

（1）分块

移动端传输大文件时，文件被切分成多个数据块上传至云端。文件分块可避免移动端上传文件时由于网络中断进行文件的重复传输，降低移动端流量开销。

（2）捆绑

当移动端批量上传小文件时，文件被捆绑成一个数据块传输至云端，云端返回一个确认完成传输操作。文件捆绑传输减少了云端反复确认时延并控制了开销。

(3) 冗余消除

冗余消除即客户端冗余消除技术。对于云端已经存在的文件，客户端无需重复上传相同文件，不仅节约移动端上传流量，还减少了运营商的使用带宽。

(4) 增量同步

增量同步是一种特殊的压缩技术。当移动客户端修改云端同步文件时，移动端只同步文件修改部分，无需再同步整个文件。当移动端反复修改同步文件时，增量同步大大减少了移动端上行网络流量。增量同步大幅度减少修改云端文件产生的同步数据量，而在计算开销有限的移动端其实施并不简便。对于已压缩文件，修改小部分压缩内容会使整个文件发生变化，增量同步也会失效。

(5) 数据压缩

数据压缩是一个非常传统的技术。当一个非随机序列文件上传时，数据压缩是以压缩时间为代价，消除文件冗余信息，减少网络流量和存储空间。数据压缩技术也在一定程度上方便了信息的管理。数据压缩能在一定程度上减少移动端上传的数据量，但是它会增加移动端的计算开销。

2. 移动云存储传输优化的最新进展

基于上述研究，Cui 等人[32]从移动终端的角度对上述云存储服务进行相关研究。他们发现，移动终端通过持续的 HTTP(S)连接来保持各终端数据的一致性，同一管理账户的数据一旦通过某一终端更改，就会通过推送机制同步至云端其他移动终端。Cui 等人还从同步开销、同步完成时间和能耗方面对上述服务进行测量对比，发现各个服务都有各自的优缺点，见表 9-2。各服务实现了不同粒度的静态文件分块，Dropbox 还实现了冗余消除。在网络状况不稳定的无线环境下，移动终端存在数据同步延迟过大甚至同步失败，小部分文件修改竟产生上百乃至上千倍的同步数据量，这些都很大程度上降低了移动云存储服务的同步效率。

表 9-2　各移动云服务关键技术实现情况

关 键 技 术	Dropbox	Google Drive	OneDrive	Box
文件分块	4MB	260KB	1MB	×
文件捆绑	×	×	×	×
冗余消除	√	×	×	×
增量编码	×	×	×	×

针对研究中发现的问题，Cui 等人[33]设计了 QuickSync 系统，从同步时延、同步开销等方面进行优化，很大程度上提高了云存储的同步效率，其架构如图 9-9 所示。QuickSync 系统在本地同步文件夹上监听到文件添加或修改操作会触发文件同步。内容定义分块器通过 CDC（Content Defined Chunking）算法将文件切分成多个长度不均等的数据块，再将每个数据块的控制信息和数据信息传输给冗余消除器。冗余消除器通过与本地数据库进行对比，对数据块执行冗余消除和增量编码操作，并将数据信息存放在批量同步器。冗余消除器将控制信息备份至本地，并传输至云端。批量同步器通过延迟确认和批量传输机制将数据流上传至云端。

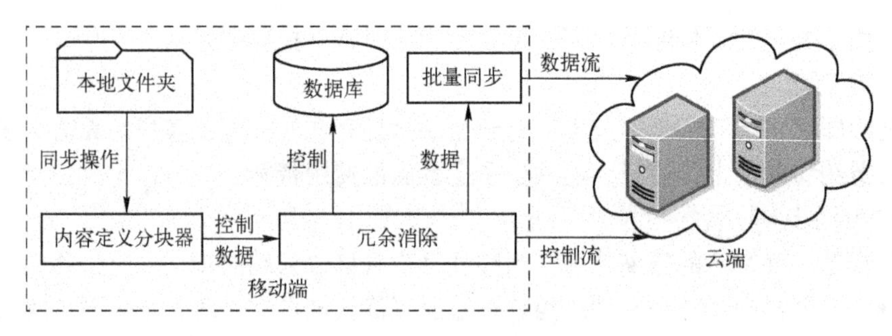

图 9-9 QuickSync 架构图

QuickSync 系统实现的 CDC 算法、冗余消除机制和批量同步算法大大减少了同步的数据量和完成时间。移动云存储服务还可以在 TL（Tail Latency）、多云传输等方面进行更深入的研究。随着学术界和工业界越来越重视移动云存储服务，IETF 也开始着手推动相关领域协议的标准化。

目前的云存储服务已经基本解决了单个应用的跨平台、跨设备的同步问题，但各类服务还基本处于互不相干的独立工作状态，即单个应用只能解决用户的单个问题，用户信息也是碎片化地存储在不同位置。IFTTT[34] 的推出，旨在利用开放的 API，将 Twitter、Dropbox 等各个网站或应用通过工作流串联起来，通过触发器和响应动作的方式，实现多种应用的通信和协同工作，整合、增强云服务的功能，为用户提供智能化的信息服务。例如，将用户保存到印象笔记中的文档自动备份到 Dropbox；将用户收到的特定标签的邮件以短信形式自动转发到用户手机上等。然而，IFTTT 目前只支持特定的应用。如何开放性地支持多种应用，并允许移动用户自定义任务工作流程还需要进一步的研究。

另外，由于存储容量、接入带宽、访问延迟、服务类型以及服务价格等因素限制，70%以上的移动用户都同时应用多个云服务商提供的服务[35]。UniDrive[35]、Aont - rs[36]、DEPSKY[37] 和 SCC[38] 等系统，旨在通过多云协作的方式增强用户数据的可用性。然而，目前提出的以客户端为中心的多云协作的体系架构，需要客户端维护多份数据副本并分别上传到不同云端，增加了客户端计算、网络传输的开销。另外，这种架构也无法满足多用户数据分享的需求。用户数据在多云端之间安全高效地同步、共享必将成为移动云计算领域新的研究课题。

9.2.4 移动云存储面临的挑战

移动云存储的关键技术实现对各种网络环境中的同步性能有很大的影响，移动云存储服务的改进面临着以下 3 个关键挑战。

1）带宽节省和分布式存储之间的冲突：网络带宽效率是移动网络中同步的最重要但极具挑战性的问题。理想情况下，只有文件的修改部分需要同步到云。然而，大多数移动云存储服务只使用简单的全文件同步机制，在同步小更改时浪费大量流量。在实践中实现增量同步机制是非常具有挑战性的。一方面，当今的大多数云存储服务（例如 OneDrive 和 Dropbox）构建在 RESTful 基础架构之上，RESTful 基础架构仅支持全文件（或全块）级别的数据访问操作。另一方面，增量编码算法是增量同步机制的关键技术。然而，大多数增量编码算法[39][40] 在文件粒度工作，这意味着在两端运行的实用程序必须具有对整个文件的访问权限。但对于移动云存储服务，文件被分割成块并分布存储。增量编码的直接适配需要将所有块拼接在一起并重建整个文件，这将浪费数据中心大量的内部流量。由于文件修改频繁发生，未来的改进方向是使用改进的增量编码算法来减少同步业务开销。

2）实时一致性和协议开销之间的折中：实时一致性要求多个设备之间的数据应尽快正确同步[41]。为此，像 Dropbox 这样的服务打开一个持久的 TCP 连接，用于轮询和接收通知。然而，这种轮询机制将产生大量的业务和能量消耗，因为轮询涉及额外的消息交换，请求无线网络接口被唤醒并保持在高功率状态。对于移动云存储服务，通知流程应仔细设计，以避免过多的流量和能量浪费。

3）移动设备中同步效率和受限能量资源之间的平衡：同步效率，一般定义为本地更新到服务器的速度，是移动云存储服务的重要指标。通常，重复数据删除、增量编码和压缩是提高效率的关键技术。然而，所有这些技术可能导致额外的计算开销和能量成本。因此更高能效的同步技术的出现将改进移动云存储服务。

9.3　移动社交应用

社交网络已经成为人们互联网生活中不可或缺的一个环节，微信、微博、QQ 空间等应用已经融入到人们的生活中。虽然如今市场关于社交领域的细分已经基本完成，每个细分领域的竞争商家都有很多，但是依然还有人投身社交网络，在同质化严重的行业中试图占领制高点。人类的社交本能需求加之互联网所能提供的便利，使得社交网络拥有海量的潜在用户。

9.3.1　移动社交应用概述

移动社交这个概念非常大，所涵盖的类型也非常多，市场也已经完成了较为深入的领域细分，大致可分为娱乐、婚恋和商务，每一个分类中都包含多种形态的产品。

移动社交的即时通信类别中，微信目前稳居行业第一，根据腾讯公布的 2016 年第三季度及中期业绩报告，微信和 WeChat 合并月活跃用户数达 8.46 亿，同比增长 30%。月活跃用户数据显示，微信逐渐实现自己的口号“微信，是一个生活方式”。用户不仅能够用微信发送文本信息，还能发送照片和语音，这大大提升了用户体验。而且，由于微信信息都是通过流量发送，不会产生除流量外的其他费用。因此，微信自 2011 年推出后就大受欢迎，短时间之内用户数量就突破了百万。在微信出现之前，人们通过手机短信进行文字交流，按条收费的短信给运营商们带来丰厚的收入。而如今，微信抢占了原本运营商独占的业务，使得运营商从服务的提供者变成了单纯的数据传输服务商。看到微信获得巨大成功，行业其他企业也纷纷涉水移动即时通信（IM）市场，目前市场上还有手机 QQ、易信、来往、陌陌、手机 YY 等其他产品。随着用户需求的不断细分，国内移动即时通信市场势必在激烈的行业竞争中不断发展。

目前国内的微博类应用主要有新浪微博和腾讯微博。微博的原型是 2006 年于美国上线的 Twitter，每条消息 140 个字符的限制也是由其首创，目前该网站的流量排名世界前十，日访问量在 9 亿以上。Twitter 的成功启发了国内的互联网从业者，国内的各大公司迅速上线了微博类产品。新浪微博于 2009 年上线，一年后用户数量就突破了 1 亿。2014 年新浪微博成为一家独立的公司并在在纳斯达克成功上市，目前市值稳定在40亿美元左右。

当然，在其他社交细分领域也存在着激烈的竞争，例如，百合网和世纪佳缘网在婚恋社交领域的竞争，楚现网、天极网和LinkedIn在商务社交领域的竞争，每个商家都使劲浑身解数试图占领社交这块阵地。但是，在社交领域还没有出现绝对占领社交入口的产品，主要还是因为社交覆盖的范围太广，人们在不同领域都存在着强烈的社交需求。虽然很多社交领域看上去受众面非常窄，但在长尾效应（一种商业和经济模型，指那些数量巨大、种类繁多的产品或服务，其中很大一部分得不到足够重视，但是零零散散的这些冷门产品或服务，总收益也非常可观）作用下，市场上依然有着对应的社交产品，而且真正的用户量也非常可观。

9.3.2 移动社交应用系统架构

移动社交网络是在社交网络的基础上发展而来的。社交网络是随着Facebook、BBS、博客、微博等互联网应用而自然发展起来的，反映社会交往群体的一种形态，其本质是提供一个能够分享个人兴趣、爱好、状态和活动等信息的在线平台。移动社交网络（Mobile Social Networks）就是利用移动终端设备，将社交活动的媒介从传统网页转移到移动APP中。这种转移使人们逐渐将线下生活中更完整的信息流转移到线上来进行低成本管理，从而发展为大规模的虚拟社交，形成虚拟社会与真实社会的深度交织。

架构设计在移动社交网络系统中起着至关重要的作用，移动社交网络的所有应用程序、服务和平台都需要在架构中协调配合，最终形成一个无缝的移动社交网络系统。可以通过3个视图来呈现移动社交网络的架构[42]：物理视图基于移动社交网络的系统工程师的视角、开发视图基于移动社交网络应用开发的视角，逻辑视图基于移动社交网络的最终用户的视角。3个视图及其关系如图9-10所示。本节将介绍移动社交系统的传统架构，它们大多采用客户端—服务器交互，并且被现有移动社交应用广泛使用，如Facebook，Google+等。

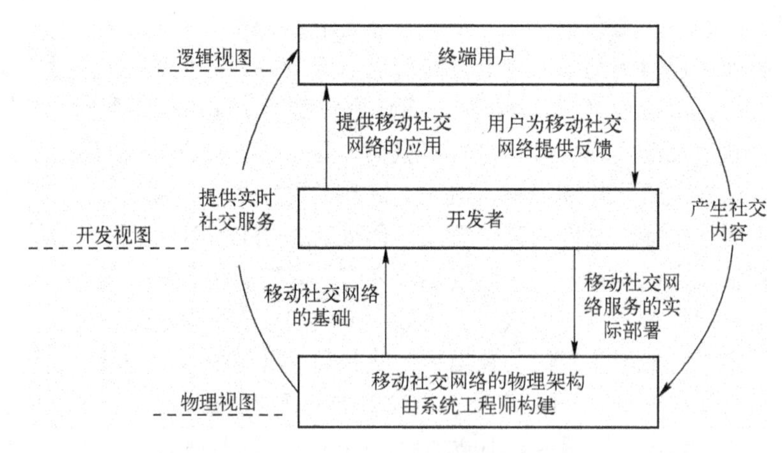

图9-10 移动社交网络视图关系架构

1）物理视图—系统工程师：如图9-11所示，物理架构的移动社交网络系统是一种客户端—服务器架构，其中客户端通过因特网连接到服务器。最广泛使用的移动社交网络平台（如Facebook和Twitter）都是基于这样的架构，主要包括3个部分：服务器端内容/服务提供商；可访问互联网的无线网络；客户端移动设备。

服务器端负责中心协调和多样化移动社交服务。它通常有3个基本组件：网络服务器、中央进程和数据库。服务器通过互联网提供大多数移动社交网络服务可以实现服务的简化，减少用户移动设备的硬件要求，并能高效地集中化控制和协调移动通信设备。但这些客户端—服务器架构仍存在着常见的缺点，即由于移动社交网络服务高度依赖服务器，因此服务器需要具有高稳定性和可靠性，以及在一些特殊情况下（例如，移动节点的密度在一些特定位置或者时间段中太高，或者许多服务器在灾难情况下已经损坏），操作服务器可能遭受流量过载，导致移动设备应用程序出现相当长的时间延迟。

相比之下，客户端分布在不同的移动设备上。随着移动设备的高速发展，客户端的移动社交网络能够在3个方面扮演更重要的角色：无处不在的移动社交网络服务接入，例如，通过4G长期演进（LTE）、Wi-Fi等；分布式计算能力，例如，利用智能手机的存储和计算能力来预存储和处理经常使用的社交内容和服务，并在上传前实时压缩手机上的照片，从而减少移动社交网络的延迟和网络开销；多维感知能力，例如，GPS、加速度计、相机，这使得实时定位和未来上下文感知服务成为可能。

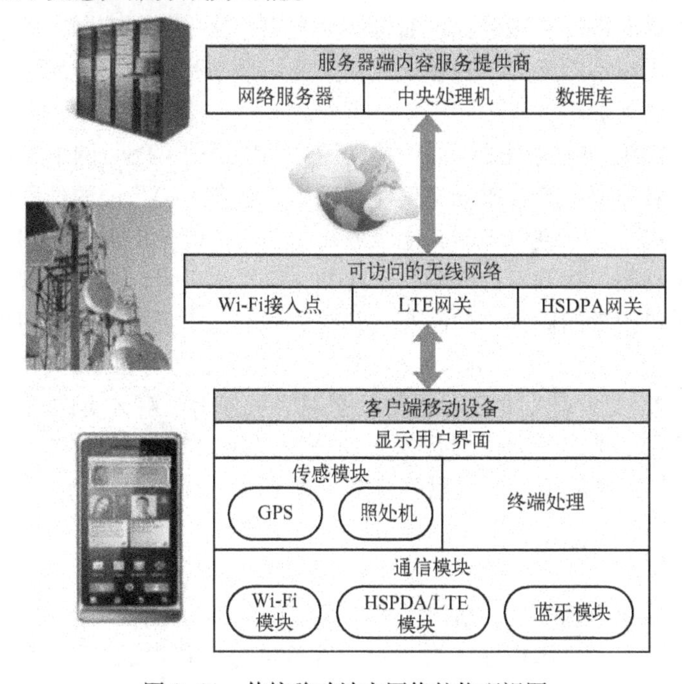

图9-11　传统移动社交网络的物理视图

2）开发视图—开发人员：在客户端—服务器体系结构中，移动社交网络的开发人员也专注于客户端和服务器端，从而提供有吸引力和个性化的移动社交网络应用和服务给最终用户。对于移动客户端的发展，目前主流的移动操作系统已经充分集成了网络协议和库（例如，多传感模型），并提供相关API。另外，基于操作系统，大部分流行移动社交网络平台提供了SDK的标准API以支持不同移动社交网络应用程序的开发。

随着移动云计算的发展，诸如亚马逊云服务（AWS）也提供了多样的功能，使得不同移动客户端开发人员可以使用API的方式开发定制的移动社交网络应用程序。例如，AWS为不同编程语言的开发人员提供了特定程序语言库，包括SDK Android、iOS、Java、.NET、

PHP、Python 和 Ruby 等。AWS API 所提供的功能涵盖了大量基础设施的弹性资源，例如，计算和数据服务。

3）逻辑视图—终端用户：终端用户只关心移动社交网络的功能。通过移动设备，终端用户可以使用多个由后端 MSN 服务支持的即时移动社交网络应用程序。同时，终端用户可以向移动社交网络应用程序开发者提供反馈，并通过移动设备更新具体社交内容到社交网站。如上所述，由于移动网络和移动设备的特征，移动社交网络客户端—服务器架构具有社交网站所没有的4个特色功能。

交互式通信：支持交互的移动社交网络消息与其他移动电话进行通信的功能，如短信和电子邮件。移动社交网络用户能够通过互联网或蜂窝服务向他们的朋友发送社交消息。

更新个人状态：允许移动社交网络用户通过互联网自动或手动上传或共享由传感器产生或从其他移动应用收集的信息。信息包括移动用户的位置、用户当前正在参与的活动（例如，刚上传的照片）等。用户的朋友可以迅速通过社交网络获取信息。

广告：与传统广告直接展示的方式不同，社交网络的广告通常推送给用户。基于用户的活动，移动社交网络的内容和服务提供商可以分发个性化广告和定制广告给移动社交网络用户。由于大量人群无时不刻无处不在移动设备上使用移动社交网络应用，广告为内容和服务提供商带来了较多收入。

定位服务：与传统的社交网站不同，移动用户可以通过 GPS、网络或蜂窝网络等方式从智能手机中获得位置信息。定位服务不仅使移动用户获取他们当前的位置信息，并通知他们的朋友这个信息，也可以开创许多与其他服务相关的新功能。例如，当用户在逛商场时，位置服务可以帮助移动用户找到附近的朋友。此外，位置服务可以使用标记的社交媒体服务自动标记用户智能手机拍摄的照片中的朋友，并在数字地图中找到他们。用户可以通过在网站上签到来分享他们当前的位置，Foursquare 通过位置信息找到和他拥有共同点兴趣的朋友等。此外，研究[43][44]已经证实基于位置的社交网络服务为了解人类的流动性提供了重要的新维度。例如，通过对不同种类位置数据集的分析（来自智能手机的社交网络签到数据和位置数据），研究[43]发现社交活动可以解释全人类10%～30%的活动。

9.3.3 移动社交应用现有研究

移动社交网络的理论基础是马斯洛需求层次理论和米尔格拉姆提出的六度空间理论。移动用户与因特网的联系主要体现在信息查找、网页浏览、移动 APP 下载和在线运行、电子书籍阅读、音频/视频在线播放并下载、移动社交应用服务、电子商务、移动电子政务等。移动互联网具有移动性、即时性、上下文识别、终端个性化等特点，与传统网络用户相比，移动用户更容易被识别。例如，移动用户的个人信息通常在注册入网时填写。另外，还可以使用某些方法来获得移动用户的其他信息。移动社交网络可以利用当代移动设备（如智能手机）的功能，如全球定位系统（GPS）接收器、感测模块（照相机、加速度计、重力传感器等）和无线接口（第二/第三/第四代蜂窝，Wi-Fi，蓝牙，Wi-Fi Direct 等），启用 MSNs 增强传统社交网络特征，如位置感知、交互的能力异步、捕获和标记媒体的能力以及自动处理感测数据的能力。目前关于移动社交网络的研究主要包括以下5个方面。

（1）移动群组推荐

当前，群组推荐系统以个人或者群组为单位进行，这就需要全面研究群组所有人的喜好来进行推荐，而不是只记住某个人的喜好。群组推荐中需要考虑多个用户的喜好，但群组用户的喜好不完全相同，怎样处理群组用户喜好之间的冲突，以获得准确的群组喜好并成功推荐，是群组推荐系统中需要重点考虑的问题。

（2）位置服务

基于位置的服务可以使用户更了解身边的所有事物，享受更为真实的服务信息和全新的交友方式，对于企业则可以更有针对性地宣传，更精确地投放广告，然后更好地回馈忠实的用户。例如，在雾霾严重时，应减少车辆的运行，通过社交网络和位置服务结合，通过拼车和优化乘车路线等方式，可以在一定程度上减少车辆的运行；出租公司可以根据特定时间、特定环境以及特定路线，使乘车司机和乘客实时交流，不仅可以减少乘客等车的时间，也大大提高了出租车的载客效率。当汽车成为人们重要的交通工具时，利用拼车不仅可以节省费用还可以改善环境。

（3）移动社交网络推荐

移动社交的特点是在真实世界中交往，移动用户在移动社交网络中的行为能体现出物理社会中真实用户的社交行为，因此，可以将移动社交网络中的信息用于移动推荐系统。正确构造的移动社交网络是移动推荐的基础。通过构造的可信网络或关系网络来获得某个移动用户的邻居节点，再使用协作筛选算法进行推荐，是将移动社交网络和移动推荐系统相结合的一种方法。

（4）移动推荐系统的评估

移动推荐系统的功能主要由其评估指标来衡量。传统因特网推荐系统中的评估指标，如准确率和召回率，也可以被用来评估移动推荐功能。在运用这些指标时，需要提供对应的数据集，但当前移动推荐领域很少有公开可用的数据集，这给移动推荐系统的评估带来了一定的难度。为了准确评估移动推荐系统的指标，研究人员需要经常号召用户使用移动推荐系统，并以调查问卷的方式了解用户的反馈意见，借此方法评估移动推荐系统的功能。通过这种方式，可以知道移动用户对推荐系统的满意程度、交互体验等参数，但这需要耗费大量的成本，并且样本数量相对较少。能否有效评估推荐系统的功能是需要考虑的问题。

（5）利用位置服务进行社交化服务

位置服务主要是探测用户的轨迹。对于企业来说，可以通过用户的轨迹来更好地服务客户；对于研究者来说，应研究如何使位置服务和移动社交网络进行结合，开辟一个新的研究领域，一般位置服务的信息都是保密的，从而这也是一个隐私性问题，用户不希望自己的轨迹信息被公开或者被探知，这对移动社交网络的研究造成了很大的障碍。如何利用现有的数据进行实验，给用户更好的服务以及相应的回馈也是正在解决的问题。

9.3.4　移动社交应用前景展望

作为一个新兴的研究领域，移动社交网络还存在以下问题值得进一步研究[41]。

（1）移动用户的信息捕获

推荐系统中捕获用户喜好是进行推荐的前提。在移动推荐中，由于移动终端屏幕小，不方便输入，通过直接的用户打分来捕获用户喜好会大大影响用户的体验。移动推荐中，常用间接方法来捕获用户喜好。如何迅速、准确地捕获移动用户的喜好，是移动推荐系统的难点。移动用户喜好会随着时间的推移不断发生变化，对上下文用户喜好来说亦是如此。因此，上下文用户喜好变化检查与校正方法，也是值得研究的方向。

（2）移动社交的保密问题

移动用户的保密问题制约了移动推荐系统的发展。为了给移动用户提供精确的推荐，移动推荐系统必须记录并分析移动用户的信息、行为、位置等参数，但考虑到个人隐私问题，移动用户不希望提供自己的完整信息，担心自己的隐私得不到保护。移动推荐系统保存的信息有可能被窃取。通过移动用户在不同时间段所处的位置信息可以推断出其移动轨迹，但是移动轨迹包含了用户个人的隐私，因此，对移动轨迹的保护也是移动推荐系统需要探讨的问题。另外，为了缓解由于信息集中引起的安全问题，使用分布式移动推荐系统，用户描述的文件在各个移动终端代理之间相互传输并保存，避免了用户信息过于集中的问题。有些攻击者会利用虚假数据来欺骗推荐系统，从而危害系统的推荐信用度。因此，移动推荐系统的用户保密问题是研究的一个难点。

（3）服务的普及

如何利用移动社交服务社会和大众？基于移动社交和位置信息的研究，可以应用在出租车的有效载客和乘客的快速乘车上。根据用户的轨迹进行研究，推测用户的地理位置变化走向图，进而可以用在出租车载客上。用户也可以对应地利用社交网络和实时服务，对出租车的轨迹进行查看，优先选择乘车路线。

传统社交网络会在一定程度上向移动社交网络转型，利用移动社交网络的信息进行挖掘、分析和处理，并进行适当的应用，和当今的社交化问题紧密结合在一起，是必然的发展趋势。

9.4 视频直播应用

网络直播是新兴的高互动性视频娱乐，如今的直播平台已经进入了“随走、随看、随播”的3.0移动视频直播时代，越来越多的人愿意参与其中，直播并分享自己的生活，全民直播渐成趋势。本节从网络直播在国内传播现状、传播特征及发展前景三部分展开论述，网络直播与其他的传播方式相比有其独有的传播优势，平台的开放性、传播及互动的实时性、不可篡改的真实性获得了越来越多用户的推崇，在名人自我包装宣传、企业营销、新闻传播、社交等许多方面有着越来越大的影响力。

9.4.1 视频直播应用概述

近两年来，网络直播迅速发展成为一种新的互联网文化业态，据中国投资咨询网发布的《2016—2020年中国网络直播行业深度调研及投资前景预测报告》显示：网络直播行业在影响力、经济收入、用户人数等方面都发展较快。2015年，国内网络直播的市场规模约为90亿元，平台数量将近200家，直播平台用户数量近2亿，大型直播平台每日高峰时段同时在线人数接近400万，同时进行直播的房间数量超过3000个。网络直播作为一种新的媒介形态，随着视频直播门槛的降低和交互方式的多元化，越来越多的人接受这种传播形式，直播队伍逐步扩大，也预示着全民直播时代终将到来。

网络直播平台兴起的时间不长，目前并没有官方的定义。从狭义角度来看，网络直播是新兴的高互动性视频娱乐方式，这种直播通常是主播通过视频录制工具，在互联网直播平台上，直播自己唱歌、玩游戏等活动，而受众可以通过弹幕与主播互动，也可以通过虚拟道具进行打赏。当前，网络直播行业正呈现三方分化的形态，包括最为知名的秀场类直播、人气最高的游戏直播，以及新诞生并迅速崛起的泛生活类直播[45]。

随着网络直播内容及形式不断丰富所带来的边际效益提高，人们越来越习惯运用直播跟人聊天、学化妆、与明星互动以及了解产品信息等，直播依靠直观的视频影像联结了不同于微信、微博等依靠文字图片为主的传播交际系统，人们可以通过直播更直观地接触真实的对方，直播成为网络人际交流的新平台、新空间。

从门户到论坛社区再到微博微信，文字直播不断迭代，以 in/nice 为代表的图片社交平台开启了以纯图片直播的热潮，紧接着喜马拉雅等音频直播平台崛起，最终迎来网络视频直播平台，在这一过程中，直播内容的表现形式越来越丰富，网络视频直播改变了原有的媒介生态，可视性、交互性、实时性、沉浸性越来越强。

9.4.2　流媒体技术基础

流媒体（Streaming Media）是指采用流式传输的方式在 Internet 播放的多媒体格式。在流媒体出现之前，人们在互联网上获取音视频信息的唯一方式就是将音视频文件下载到本地计算机进行观看。而流媒体技术把连续的影像和声音信息以数据流的方式实时发布，即边下边播的方式，使得用户无需等待下载或只需少量时间缓冲即可观看，大大提高了音视频信息的可观赏性，节约用户时间及系统资源。

自从 1995 年 Progressive Network 公司（即 RealNetwork 公司）发布第一个流产品以来，流媒体得到巨大的发展，已经成为目前互联网上呈现音、视频信息的主要方式[46]。

1. 流媒体传输的方法

流媒体传输技术分为两类：顺序流传输（Progressive Streaming）和实时流传输（Real-time Streaming）。

顺序流传输又叫渐进式下载，其传输方式是顺序下载，在下载文件的同时用户可观看在线内容，用户只能观看已下载的部分，而不能跳到还未下载的部分。由于标准的 HTTP 服务器可发送顺序流式传输的文件，也不需要其他特殊协议，所以顺序流式传输经常被称作 HTTP 流式传输。

实时流传输：实时流传输使媒体可被实时观看到，并提供 VCR 功能，特别适合现场广播，具备交互性，可以在播放的过程中响应用户的快进或后退等操作。实时流传输必须匹配网络带宽，其出错的部分一般被忽略。实时流传输需要专门的流媒体服务器和流传输协议。

2. 流媒体技术原理

流式传输方式是指通过特定算法将音频和视频等多媒体文件分解成多个小的数据包，由服务器向客户端连续传送，用户可播放已经接收到的数据包，而不需要将整个文件下载到客户端。由于 TCP 协议不太适合传输多媒体数据，故在实时流媒体方案中，一般采用 HTTP/TCP 来传输控制信息，而用 RTP/UDP 来传输实时数据。

3. 流媒体技术的系统结构

目前不同公司的流媒体解决方案各不相同。但就其本质来说，一个完整的流媒体系统至少包括 3 个组件：编码工具、服务器及播放器。这 3 个组件间通过特定的通信协议相互联系，按特定的格式交换数据。

9.4.3 流媒体传输协议

流媒体系统各组件通过传输协议进行通信。对于顺序流传输，可采用HTTP协议进行传输。

1. 传统流媒体传输协议

传输协议是流媒体技术的一个重要组成部分，也是基础组成部分。它包括RSVP（资源预留协议）、RTP（实时传输协议）与RTCP（实时传输控制协议）、RTSP（实时流传输协议）和MMS（微软媒体服务器协议），这4种协议构成了“Real-Time”服务的基础。

（1）资源预留协议RSVP（Resource Reserve Protocol）

RSVP是Internet上的资源预订协议，使用RSVP可以让流数据的接收者主动请求流数据上的路由器，为该数据流预留一分网络资源（即带宽），在一定程度上为流媒体的传输提供服务质量。

（2）实时传输协议RTP与实时传输控制协议RTCP

RTP Real-time Transport Protocal是用于Internet/Intranet针对多媒体数据流的一种传输协议。RTP被定义为在一对一或一对多传输的情况下工作，其目的是提供时间信息和实现流同步。RTP通常使用UDP来传送数据，但它本身并不能为按顺序传送数据包提供可靠的传送机制，也不提供流量控制或拥塞控制，它依靠RTCP（Real-time Transport Cantrol Protocal）提供这些服务。RTCP和RTP一起提供流量控制和拥塞控制服务。RTP和RTCP配合使用，能以有效的反馈和最小的开销使传输效率最佳化，特别适合传送网上的实时数据。

（3）实时流传输协议RTSP（Real-time streaming Protocal）

RTSP是由Real Networks和Netscape共同提出的，该协议定义了一对多应用程序如何有效地通过IP网络传送多媒体数据。RTSP在体系结构上位于RTP和RTCP之上，它使用TCP或RTP完成数据传输。

RTSP是应用级协议，它以底层的RTP和RSVP为依托，控制实时数据的发送，它提供了可扩展框架，使实时数据的受控、点播成为可能。在客户端应用程序中对流式多媒体内容的播放、暂停等操作都是通过RTSP协议实现的。

（4）MMS协议（Microsoft Media Server Protocol）

与QuickTime和Realsystem流媒体技术采用RTSP协议进行传输不同，微软采用专用协议MMS进行流式传输。MMS协议是用来访问并且流式接收Windows Media服务器中流媒体文件（asf或wmv）的一种协议，是访问Windows Media发布点上的单播内容的默认方法。观众在Windows Media Player中必须使用MMS协议才能引用该流。

2. 基于HTTP的动态自适应流（DASH）技术

近年来HTTP协议更多地用在网络流媒体传送中，HTTP流有以下几点优势：首先，互联网基础设施的演进可以有效实现对HTTP协议的支持。如CDN网络提供的局部缓存减少了长途流量、防火墙支持HTTP协议的出局连接等。其次，使用HTTP协议，客户端可以自行实现流管理，而不再依赖于同服务器维持会话状态，这样大大减少了网络开销。

这种情况下，产生了一些基于HTTP的流传送解决方案，如苹果公司的HTTP实时流方案、微软公司的平滑流方案以及Adobe公司的动态流方案等。然而，市场需要一种统一的、支持异构客户端和服务器的HTTP多媒体流传送标准，在这样的背景下，产生了基于HTTP

的动态自适应流（Dynamic Adaptive Streaming over HTTP，DASH）标准[47]。

最初 HTTP 协议被设计用来传送网页内容，但后来也逐渐用其传送多媒体内容。如今，使用 HTTP 作为流媒体传送协议日益成为主流，主要原因有以下几个方面：由于 HTTP 和下层的 TCP/IP 广泛采用，基于 HTTP 的传送协议更可靠和易部署；基于 HTTP 的传送可以使用标准 HTTP 服务器和 HTTP 缓存，即可以在 CDN 或其他标准服务器上传送；基于 HTTP 的传送可以避免网络地址转换和防火墙转换问题，更为简捷。

动态自适应流技术，即一种实现流媒体动态自适应的技术。简单地说，就是将同一媒体内容在不同码率下分别进行编码，得到不同质量的媒体流；在不同带宽的条件下，根据需要动态选择合适码率的流，以实现流畅的播放效果。

基于 HTTP 的动态自适应流（DASH）技术，就是在使用 HTTP 协议作为流传送标准的基础上，应用动态自适应流技术，实现多媒体内容的无缝传送和播放。基于 HTTP 的动态自适应流是在 MPEG 的组织之下发展出的一种多媒体流传送技术标准。对 DASH 的研究工作始于 2010 年，2011 年 1 月 DASH 成为国际标准草案，2011 年 11 月 DASH 成为正式的国际标准。DASH 与传统的基于 RTP/RTSP 的流媒体传送技术的对比见表 9-3。

基于 HTTP 的动态自适应流具有如下特点：支持视频直播、点播和录制服务，有效地使用现有的 CDN 网络、HTTP 代理和缓存、防火墙等网络基础设施，通过客户端控制整个流会话，支持不同码率的媒体流内容无缝选择和转换，服务器和客户端组件同步，支持文件分片和广告植入，支持可缩放视频编码（Scalable Video Coding，SVC）和多视图视频编码（Multiview Videocoding，MVC），对实时内容的时间偏移进行控制，支持可变长度段、多基准 URL，提供会话体验的质量标准等。以上特点大部分都是 DASH 标准以一种灵活、扩展的方式定义的，它们为 DASH 未来部署可能出现的需求做出了准备。

DASH 是一种自适应比特率的流媒体传送技术，在这一技术中，多媒体文件被分成若干个段（Segment），并使用 HTTP 协议进行传送。段可以采用任意格式的媒体数据，但 DASH 标准限定了段只能采用特定的两种格式：MPEG－4 格式或 MPEG－2TS 格式。DASH 采用 MPD（MediaPresentation Description，媒体表示描述）文件描述段的信息，包括时序、URL、媒体特征如解析度和比特率等内容。在 DASH 技术标准中，MPD 和段是两个主要的组成部分。

表 9-3　DASH 与基于 RTP/RTSP 的流媒体传送技术对比

对 比 项 目	基于 HTTP 的动态自适应流（DASH）	基于 RTP/RTSP 的流媒体传送
服务器实现	Web 服务器	流媒体服务器
现有网络基础设施（如防火墙、HTTP 缓存等）兼容性	较好	较差
传送控制占用的带宽	较少	较多
网络带宽适应	支持，灵活切换	部分服务器支持
支持业务	直播、点播、录制，实时性稍差	直播、点播，实时性较好
流媒体质量	采用动态自适应流技术，较好	不稳定
系统部署与客户端实现	较容易	较复杂
研究和应用	较晚，较少	较早，较多

9.4.4 流媒体分发关键技术

鉴于流媒体技术在应用中的重要地位，对其在网络中分发策略的研究是非常有必要的，也是非常紧迫的。目前流媒体传送策略主要有两种：基于CDN（Content Distributed Network）和基于P2P（Peer to Peer）[48]。

1. 基于CDN的流媒体系统

在基于CDN的流媒体系统中，流媒体服务器和流媒体代理服务器是提供流服务的关键平台，是流媒体系统的核心设备。流媒体服务器一般处于IP核心网中，用于存放流媒体文件，响应用户请求并向终端发送流媒体数据。流媒体代理服务器位于网络的边缘，靠近用户，使客户能从位于本地的缓存代理服务器上获取流媒体内容，从而提高用户访问的性能，并减轻骨干网络流量，同时也增加了系统容量，如图9-12所示。

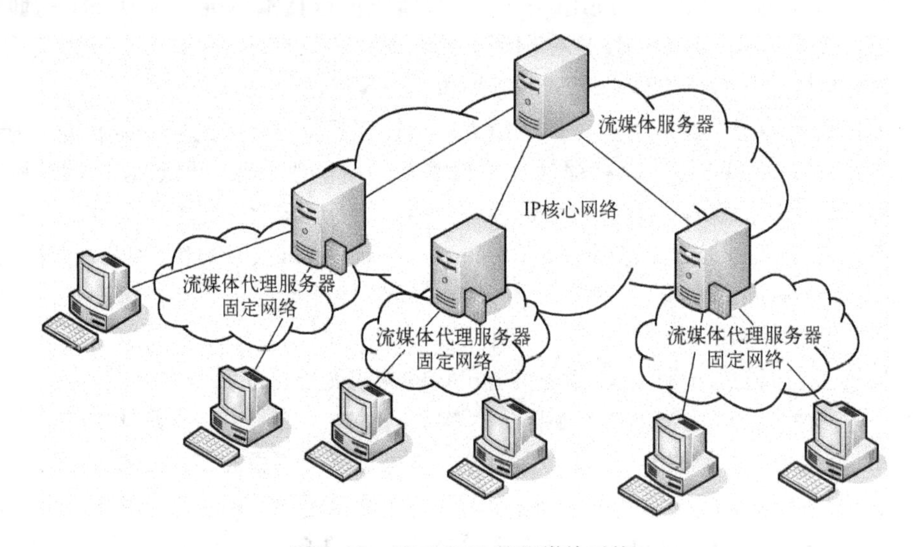

图9-12 基于CDN的流媒体系统

代理服务器的角色是：从流媒体服务器角度来说，代理服务器是终端，从用户角度来说，代理服务器是服务器。流媒体代理服务器一端支持用户，另一端连接流媒体服务器。从流媒体代理服务器到客户端是最短的网络路径，这意味着能减少网络故障，缓解带宽瓶颈。当一部分流媒体已经缓存于代理服务器时，这部分流媒体可以直接从代理服务器以组播方式发到用户，不必再从远端的流媒体服务器提取。因此为了减轻流媒体源服务器和终端的负载，节省主干网络的带宽，应在代理缓存中实现如下情形：对于特别流行的媒体对象应该尽量缓存其所有的数据，使得代理可以尽量服务于请求的用户；对比较流行的媒体对象应该缓存大部分数据，这样，源服务器只需要提供剩余部分就可以满足客户要求；对最不流行的对象，只要缓存媒体对象开始部分（前缀部分），使得流媒体在代理中缓存的数据量尽可能与流媒体流行度成正比关系即可。

2. 基于P2P的流媒体系统

P2P的基本思想是充分利用网络上分布在不同地理位置上的客户端资源，采用分布式计算模式来为网络上的用户提供各种服务，P2P网络中没有集中的服务器，网络的每个节点既可以作为客户接收其他节点的服务，又可以作为服务器向其他节点提供服务。基于 P2P 的流媒体系统也是借助这种思想进行流媒体内容的分发，其目标是充分利用多客户机的空闲资源，构建一个成本低、扩展性好，并有一定 QoS 保证的流媒体分发系统。但是在 4 G 网络中实现基于 P2P 的分发策略是比较困难的，一般情况下，无线信道传输可靠性差，误码率高，而且无线信道的传输带宽也明显小于 Internet 的带宽，4 G 终端的性能也明显小于 Internet 上的主机性能。同时新的流媒体文件必须分布到足够多的节点以后才能正常提供服务，其中的管理也是非常复杂的。

9.5　本章小结

本章主要讨论了移动互联网的应用，主要包括移动互联网的应用场景和一些典型的应用，例如，移动云存储、社交和视频直播。由于移动互联网具备动态性等特点，在移动云计算、物联网、互联网 +、社交、视频直播等领域获得了广泛的应用。移动互联网的应用是一项复杂的工程，面临的主要问题包括移动网络不稳定、移动用户体验要求高、时延和带宽敏感等问题。为了解决这些问题，针对性地设计了相应的关键技术来优化用户体验。本章对典型应用的概述和关键技术分别进行了介绍。

习题

1. 智能交通系统能够动态地获得道路上各个车辆的信息，并且实现交通流量的动态控制，从而有效地减少堵车的情况以及交通事故。请结合移动互联网的特点，谈谈你对智能交通的理解。

2. 移动位置服务又称为移动定位服务，其通过移动运营商的网络（如 GSM 网络、CDMA 网络）等获得移动终端用户的实际位置信息，并在电子地图上加以显示。请介绍确定用户所在位置的主要机制，并加以比较。

3. 移动云存储应用的出现使得多设备任意时间任意地点同步数据成为可能，请结合自身对移动存储应用的使用体验，谈谈移动云存储的未来发展。

4. 移动社交成为了日常生活密不可分的一部分，请思考平时使用社交应用（如微信、微博等）的过程中，遇到过的网络、同步等问题，分析问题出现的原因，并提出相应的解决方案。

5. 无线移动互联网顺应了教育信息化建设的前进步伐，在校园中逐步得以广泛应用。无线移动互联网最大的特点是具有高度的空间自由性和灵活性；可以避免大规模铺设网线和固定设备投入，有效地削减了网络建设费用，极大地缩短了建设周期。请介绍一个典型的无线移动互联网的校园应用。

6. 移动流媒体技术使得用户可以借助无线移动互联网获得视频服务，并且在下载流媒体数据的同时进行播放。请查找相关的综述性论文，总结移动流媒体技术的最新研究进展。

参考文献

[1] Drago I, Mellia M, M Munafo M, et al. Inside Dropbox: Understanding Personal Cloud Storage Services[C]. Proceedings of the ACM SIGCOMM Conference on Internet Measurement Conference (IMC). Boston, USA, 2012: 481 - 494.

[2] Drago I, Bocchi E, Mellia M, et al. Benchmarking Personal Cloud Storage[C]. Proceedings of the ACM SIGCOMM Conference on Internet Measurement Conference (IMC). Barcelona, Spain, 2013: 205 - 212.

[3] Quwaider M, Jararweh Y. Cloudlet-based Efficient Data Collection in Wireless Body Area Networks[J]. Simulation Modelling Practice and Theory, 2015, 50: 57 - 71.

[4] Li Y, Wang W. Can Mobile Cloudlets Support Mobile Applications? [C]. Proceedings of the IEEE International Conference on Computer Communications (INFOCOM). Toronto, Canada, 2014: 1060 - 1068.

[5] Fesehaye D, Gao Y, Nahrstedt K, et al. Impact of Cloudlets on Interactive Mobile Cloud Applications[C]. Proceedings of the IEEE 16th International Conference on Enterprise Distributed Object Computing Conference (EDOC). Beijing, China, 2012: 123 - 132.

[6] Wu Y, Ying L. A Cloudlet-based Multi-lateral Resource Exchange Framework for Mobile Users[C]. Proceedings of the IEEE International Conference on Computer Communications (INFOCOM). Hong Kong, China, 2015: 927 - 935.

[7] Chatzimilioudis G, Konstantinidis A, Laoudias C, et al. Crowdsourcing with Smartphones[J]. IEEE Internet Computing, 2012, 16(5): 36 - 44.

[8] Yan T, Marzilli M, Holmes R, Ganesan D, Corner M. mCrowd: A Platform for Mobile Crowdsourcing[C]. Proceedings of the 7th ACM Conference on Embedded Networked Sensor Systems (SenSys). Berkeley, USA, 2009: 347 - 348.

[9] Eagle N. Txteagle: Mobile Crowdsourcing[C]. Proceedings of the 3rd International Conference on Internationalization, Design and Global Development (IDGD). Berlin: Springer, 2009: 447 - 456.

[10] P Narula, P Gutheim, D Rolnitzky, A Kulkarni, B Hartmann. MobileWorks: A Mobile Crowdsourcing Platform for Workers at the Bottom of the Pyramid[C]. Proceedings of the AAAI Conference on Human Computation & Crowdsourcing (HCOMP). San Francisco, USA, 2011: 11 - 13.

[11] Gupta A, Thies W, Cutrell E, Balakrishnan R. mClerk: Enabling Mobile Crowdsourcing in Developing Regions[C]. Proceedings of the ACM SIGCHI Conference on Human Factors in Computing Systems (CHI). Austin, USA, 2012: 1843 - 1852.

[12] Gao R, Zhao M, Ye T, et al. Jigsaw: Indoor Floor Plan Reconstruction via Mobile Crowdsens-

ing[C]. Proceedings of the 20th Annual International Conference on Mobile Computing and Networking. ACM,2014:249 -260.

[13] Ou Z,Dong J,Dong S,et al. Utilize Signal Traces from Others? A Crowdsourcing Perspective of Energy Saving in Cellular Data Communication[J]. IEEE Transactions on Mobile Computing,2015,14(1):194 -207.

[14] Wang Y,Wu H. Delay/Fault-tolerant Mobile Sensor Network (dft-msn):A New Paradigm for Pervasive Information Gathering[J]. IEEE Transactions on mobile computing,2007,6(9).

[15] X Xie,H Chen, H Wu. Bargain-based Stimulation Mechanism for Selfish Mobile Nodes in Participatory Sensing Network[C]. Proceedings of the IEEE 6th Communications Society Conference on Sensor,Mesh and Ad Hoc Communications and Networks (SECON). Rome, Italy,2009:72 -80.

[16] Tuncay G S,Benincasa G,Helmy A. Participant Recruitment and Data Collection Framework for Opportunistic Sensing:A Comparative Analysis[C]. Proceedings of the 8th ACM MobiCom Workshop on Challenged Networks. ACM,2013:25 -30.

[17] Karaliopoulos M,Telelis O,Koutsopoulos I. User Recruitment for Mobile Crowdsensing over Opportunistic Network[C]. Proceedings of the IEEE International Conference on Computer Communications (INFOCOM). Hong Kong,China,2015:2254 -2262.

[18] Gao L,Hou F,Huang J. Providing Long-term Participation Incentive in Participatory Sensing [C]. Proceedings of the IEEE Conference on Computer Communications (INFOCOM). Hong Kong,China,2015:2803 -2811.

[19] Zhang Q,Wen Y,Tian X,Gan X,Wang X. Incentivize Crowd Labeling under Budget Constraint[C]. Proceedings of the IEEE International Conference on Computer Communications (INFOCOM). Hong Kong,China,2015:2812 -2820.

[20] Xiao M,Wu J,Huang L,et al. Multi-Task Assignment for CrowdSensing in Mobile Social Networks[C]. Proceedings of the IEEE International Conference on Computer Communications (INFOCOM). Hong Kong,China,2015:2227 -2235.

[21] Huang C Y,Hsu C H,Chang Y C,et al. Gaming Anywhere:An Open Cloud Gaming System [C]. Proceedings of the ACM 4th Multimedia Systems Conference (MMSys). Oslo,Norway,2013:36 -47.

[22] Zhang C,Huang C,Chou P A,et al. Pangolin:Speeding up Concurrent Messaging for Cloud-based Social Gaming[C]. Proceedings of the ACM Conference on Emerging Networking Experiments and Technologies (CoNEXT). Tokyo,Japan,2011:23 -34.

[23] K Lee,D Chu,E Cuervo,Y Degtyarev,S Grizan,J Kopf,A Wolman, J Flinn. Outatime:Using Speculation to Enable Low-Latency Continuous Interaction for Cloud Gaming[C]. Proceedings of the ACM 13th Annual International Conference on Mobile Systems,Applications,and

Services (Mobisys). Florence, Italy, 2015:151 - 165.

[24] 邬贺铨. 物联网的应用与挑战综述[J]. 重庆邮电大学学报(自然科学版), 2010, 22(5):526 - 531.

[25] 闫德利. 2015 年世界电子商务发展综述[J]. 中国信息化, 2016(16):82 - 87.

[26] 吴晓迪. 互联网金融的发展与研究综述[J]. 北方经贸, 2016(2):101 - 102.

[27] 高汉. 互联网金融的发展及其法制监管[J]. 中州学刊, 2014(2):57 - 61.

[28] 林章悦, 刘忠璐, 李后建, 等. 互联网金融的发展逻辑——基于金融与互联网功能耦合的视角[J]. 西南民族大学学报:人文社科版, 2015(7):140 - 145.

[29] 操胜. 浅析中国互联网金融的发展[J]. 速读:中旬, 2015(2):266 - 266.

[30] 陈静. IDC 业务发展研究[D]. 北京邮电大学, 2004.

[31] 崔勇, 赖泽祺, 缪葱葱. 移动云存储服务关键技术研究[J]. 中兴通讯技术, 2015, 21(2):10 - 13.

[32] Cui Y, Lai Z, Dai N. A First Look at Mobile Cloud Storage Services: Architecture, Experimentation, and Challenges[J]. IEEE Network, 2016, 30(4):16 - 21.

[33] Cui Y, Lai Z, Wang X, et al. Quicksync: Improving Synchronization Efficiency for Mobile Cloud Storage Services[C]. Proceedings of the 21st Annual International Conference on Mobile Computing and Networking. ACM, 2015:592 - 603.

[34] IFTTT[OL]. https://ifttt.com/

[35] Tang H, Liu F, Shen G, et al. Unidrive: Synergize Multiple Sonsumer Cloud Storage Services[C]. Proceedings of the 16th Annual Middleware Conference. ACM, 2015:137 - 148.

[36] J S P Jason, K Resch. Aont-rs: Blending Security and Performance in Dispersed Storage Systems[C]. Proceedings of the USENIX Conference on File and Storage Technologies (FAST). San Jose, USA, 2011:14 - 25.

[37] Bessani A, Correia M, Quaresma B, et al. DepSky: Dependable and Secure Storage in a Cloud-of-clouds[J]. ACM Transactions on Storage (TOS), 2013, 9(4):12.

[38] Madhyastha H V, McCullough J, Porter G, et al. SCC: Cluster Storage Provisioning Informed by Application Characteristics and SLAs[C]. FAST. 2012:23.

[39] Tridgell A, Mackerras P. The Rsync Algorithm[J]. 1996.

[40] Chitnis A, Henrique D, Lewis J, et al. Primary Neurogenesis in Xenopus Embryos Regulated by a Homologue of the Drosophila Neurogenic Gene Delta[J]. Nature, 1995, 375(6534):761.

[41] 王超. 移动社交网络综述[J]. 互联网天地, 2015(2):74 - 76.

[42] Hu X, Chu T H S, Leung V C M, et al. A Survey on Mobile Social Networks: Applications, Platforms, System Architectures, and Future Research Directions[J]. IEEE Communications Surveys & Tutorials, 2015, 17(3):1557 - 1581.

[43] Cho E, Myers S A, Leskovec J. Friendship and Mobility: User Movement in Location-based Social Networks[C]. Proceedings of the 17th ACM SIGKDD International Conference on Knowledge Discovery and Data Mining. ACM, 2011: 1082 - 1090.

[44] Humphreys L. Mobile Social Networks and Social Practice: A Case Study of Dodgeball[J]. Journal of Computer - Mediated Communication, 2007, 13(1): 341 - 360.

[45] 赵梦媛. 网络直播在我国的传播现状及其特征分析[J]. 西部学刊, 2016(16): 29 - 32.

[46] 刘邦智, 胡勇. 流媒体技术综述[J]. 信息与电脑: 理论版, 2011(12): 73 - 75.

[47] 朱晓晨, 沈苏彬. 基于 HTTP 的动态自适应流技术综述[J]. 系统仿真学报, 2013, 25(11).

[48] 杨戈, 廖建新, 朱晓民, 等. 流媒体分发系统关键技术综述[J]. 电子学报, 2009, 37(1): 137 - 145.

第 10 章　移动互联网实验指导

本章针对移动互联网基本原理、关键技术与热门应用设计了实验，包括 Android 应用开发实验、VR 游戏开发实验、传输协议握手实验、WEP 密码破解实验和移动 IP 实验，帮助同学们在实验中深刻理解移动互联网关键技术，并掌握一定的开发能力。

10.1　安卓应用开发实验

10.1.1　实验目的

随着社会不断发展，人们的生活逐渐变得丰富，每天需要处理的事情越来越多。人们逐渐意识到自己的记忆力不足以记下自己所有的日程。这在一定程度上促进了日程管理软件的开发。使其可以帮助用户记录每天的行程，方便人们的自我管理。

相比于笔记本计算机，手机更加便携，可以随时随地打开并使用。因此手机端的日程管理软件备受人们的青睐。本实验基于 Android 平台开发一款日程管理软件，对应用的基本架构和开发流程有一定的认识，掌握基本的 Android 软件开发能力。

10.1.2　实验要求

实验开发环境如下。

数据库：日程软件的开发与数据库密切相关，但对数据库要求不高，Android 系统本身自带 Sqlite 数据库，因此在开发软件时使用 Android 手机自带的数据库。

Android 的开发使用 Java 语言，因此首先需要在开发设备上配置好 Java 的开发环境。

Android Studio 是 Google 官方强烈推荐的集成开发环境。在 Android 官方网站下载 Android Studio，它包含了：基于 IntelliJ 平台的 Android IDE；Android SDK 工具（API、驱动、源码、样例等）；Android 模拟器。

10.1.3　实验内容

本软件主要是为用户提供日程的基本信息管理，其主界面示例图如图 10-1 所示。软件的功能主要有以下几点。

1）新建日程。用户可以创建自己的日程信息，并对该日程的日期和是否需要打开闹钟进行设置。

2）删除日程。用户可以删除不需要的日程信息。

3）修改日程。用户可以修改以前建立的日程，使该日程更加适合当前的状况。

4）查找日程。用户可以在大量的信息中更加方便地查找到自己需要的日程信息。

5）删除过期日程。在该系统存在大量过期日程信息的情况下，用户可以使用该项批量地删除自己不需要的过期日程。

6）日程类别维护。用户可以增加自己需要的日程类别，并且删除自己不需要的日程类别。

本软件主要包括对日程类别的管理模块、日程信息的管理模块和删除过期日程信息模块，其功能结构图如图 10-2 所示。

图 10-1　日程管理主界面示例

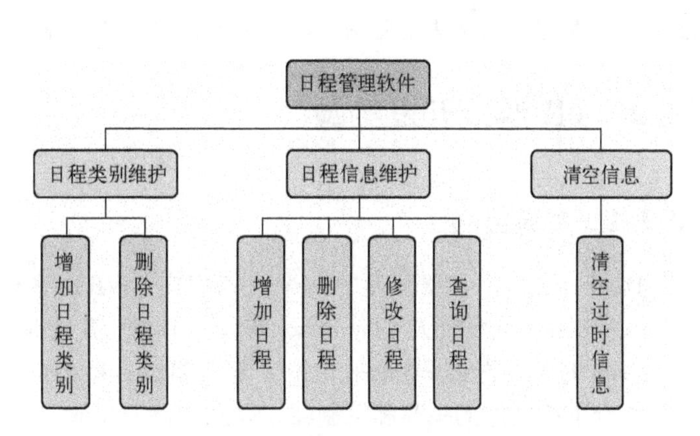

图 10-2　日程管理软件功能结构图

10.1.4　实验帮助

为了帮助开发者开发出优秀的应用程序，Android 系统提供了以下内容。

1. 四大组件

Android 系统四大组件分别是活动（Activity）、服务（Service）、广播接收器（Broadcast Receiver）和内容提供器（Content Provider）。其中活动是所有 Android 应用程序的门面，凡是在应用中看得到的东西，都是放在活动中的。而服务就比较低调了，用户无法看到它，但它会一直在后台默默地运行，即使用户退出了应用，服务仍然是可以继续运行的。广播接收器允许应用接收来自各处的广播消息，如电话、短信等，当然应用同样也可以向外发出广播消息。内容提供器则为应用程序之间共享数据提供了可能，例如，一个应用想要读取系统电话簿中的联系人，就需要通过内容提供器来实现。

2. 丰富的系统控件

Android 系统提供了丰富的系统控件，开发者可以很轻松地编写出漂亮的界面。当然如果开发者品味比较高，不满足于系统自带的控件效果，也完全可以定制属于自己的控件。

3. SQLite 数据库

Android 系统还自带了这种轻量级、运算速度极快的嵌入式关系型数据库。它从看得到的 API 入手，探究活动支持标准的 SQL 语法，还可以通过 Android 封装好的 API 进行操作，让存储和读取数据变得非常方便。

4. 地理位置定位

移动设备和 PC 相比，地理位置定位功能应该算是很大的一个亮点。现在的 Android 手机都内置GPS，走到哪儿都可以定位到自己的位置，发挥想象就可以做出创意十足的应用。如果再结合功能强大的地图功能，LBS这一领域潜力无限。

5. 强大的多媒体

Android系统还提供了丰富的多媒体服务，如音乐、视频、录音、拍照、闹铃等，这一切都可以在程序中通过代码进行控制，让应用变得更加丰富多彩。

6. 传感器

Android手机中都会内置多种传感器，如加速度传感器、方向传感器等，这也算是移动设备的一大特点。灵活地使用这些传感器，可以做出很多在PC上根本无法实现的应用。

10.2 VR游戏开发实验

10.2.1 实验目的

Daydream是由谷歌开发的一个虚拟现实（VR）平台，它于2016年在谷歌I/O公布，Google VR方面的负责人Clay Bavor表示，移动VR才是VR的未来，于是推出了一个名为Daydream的VR平台。这个平台由3部分组成：核心的Daydream - Ready手机和其操作系统，配合手机使用的头盔和控制器，以及支持Daydream平台生态的应用。

通过VR游戏开发实验，让同学们理解Daydream平台的开发原理，掌握Daydream VR开发技能。

10.2.2 实验要求

充分理解Daydream平台的开发原理，了解开发需要用到的依赖库和VR开发所需的权限。运行Daydream官方示例，理解源码，了解如何快速开发出Daydream VR程序，并能够在此基础上实现更多的功能。

10.2.3 实验内容

1）安装Android Studio开发环境。

2）下载示例源码gvr - android - sdk，打开现有的Android Studio项目，“Open an existing Android Studio project”，或者在运行界面，选择File→Open命令，然后选择示例源码gvr - android - sdk并解压。

3）将Android手机连接到计算机，运行Daydream示例应用寻宝小游戏Treasurehunt，在手机上编译和运行应用程序。寻宝小游戏有互动效果，购买Daydream控制器可以连接使用，也可以用另一个手机下载控制器，模拟控制器来使用。寻宝游戏运行效果如图10-3所示，单击黄色立方体宝藏，立方体会消失，并且会反馈震动提示找到宝藏。读源码，理解运行原理。

4）在Treasurehunt的基础上，仿照宝藏的效果，新建一个红色立方体，单击该红色立方体后，立方体消失，并反馈震动提示未找到宝藏。

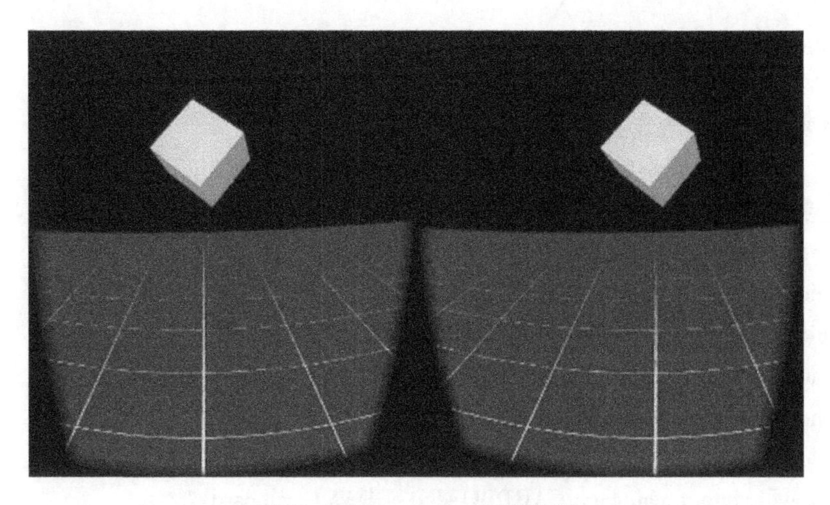

图 10-3　Treasurehunt 运行效果

10.2.4　实验帮助

1. Google Daydream 简介

Daydream View 是第一款由谷歌亲自设计的 Daydream VR 头盔，需要配合特定的手机使用。谷歌为此启用了 Daydream Ready 的认证，而 Pixel 就是第一款符合这个标准的手机，未来还会有更多的手机支持这款头盔。

与 Gear VR 不同的是，Daydream View 头盔完全不用连接手机，上面也没有供操作用的按钮；而 Gear 拥有外置陀螺仪，需要通过 USB 或 Type - C 接口与手机相连。谷歌希望外置传感器做的这些事情完全通过手机内置的传感器实现。和传统的头盔不同，Daydream 头盔提供了一个手柄供用户操作，手柄上面有一个触摸圆盘以及两个按键，实现常规操作会更方便。

2. Daydream Android 开发背景知识

示例源码 gvr - android - sdk 包含 4 个可运行的 sample 项目和 7 个依赖库。

1）7 个依赖库是创建 Android VR 的核心，它们分别如下。

- com. google. vr. sdk. base：Google VR API 的核心代码。
- com. google. vr. sdk. common：Google VR API 的公共代码。
- com. google. vr. sdk. audio：3D 空间化声音的代码。
- com. google. vr. sdk. controller：用于在 VR 应用程序中使用 Daydream 控制器的代码。
- com. google. vr. sdk. widgets. common：用于嵌入 VR 视图内容的共享代码。
- com. google. vr. sdk. widgets. pano：VR 全景视图代码。
- com. google. vr. sdk. widgets. video：VR 视图视频小部件的代码。

如果需要了解这些代码的 API，可以查看：

https://developers. google. com/vr/android/reference_overview

2）4 个可运行的 sample APP，分别如下。

- samples - simplepanowidget：提供简单全景视图组件例子。
- samples - treasurehunt：寻宝小游戏例子。

- samples - simplevideowidget：提供简单视图视频组件例子。
- samples - controllerclient：Daydream 控制器 App 模拟器客户端。

如果需要了解寻宝游戏的实现方式，可以查看：

https://developers.google.com/vr/android/samples/treasure - hunt

3）寻宝游戏主要用到的权限如下。

- android.permission.INTERNET：获取网络权限。
- android.permission.NFC：获取 NFC 权限。
- android.permission.VIBRATE：获取震动权限。
- android.permission.READ_EXTERNAL_STORAGE：读取扩展卡内容。
- android.hardware.sensor.accelerometer：加速度传感器。
- android.hardware.sensor.gyroscope：水平陀螺仪。
- com.google.intent.category.CARDBOARD：兼容 Cardboard 纸盒。

4）寻宝游戏用到的 Activity 和接口。

- GvrActivity：是使用谷歌 VR SDK 制作应用程序的起点。
- GvrView.StereoRenderer 接口：负责所有的立体渲染，失真校正的细节与渲染抽象和视图内部管理。
- GvrView：可用于 VR 渲染，渲染立体声内容。

10.3 传输协议握手实验

10.3.1 实验目的

传输层是互联网协议栈的核心层之一，它的任务是在源节点和目的节点间提供端到端的、高效的数据传输功能。TCP 协议是主要的传输层协议，它为两个任意处理速率的、使用不可靠 IP 连接的节点之间，提供了可靠的、具有流量控制和拥塞控制的、端到端的数据传输服务。QUIC 协议，即快速 UDP 网络连接（Quick UDP Internet Connections）协议，是下一代传输层网络传输协议，由 Google 公司开发，在 2013 年首次提出。QUIC 使用 UDP 协议，支持多路复用传输和快速连接建立，提供等同于 SSL/TLS 层级的网络安全保护，减少数据传输及创建连接时的延迟时间，双向控制带宽，以避免网络拥塞。Google 希望用这个协议来替换 TCP 协议，使网页传输速度加快，并将 QUIC 提交至互联网工程任务小组（IETF），计划让它成为下一代的正式网络规范。

本实验通过对 TCP 传输协议和 QUIC 传输协议的抓包分析与对比，理解 TCP 和 QUIC 协议的原理与握手过程，通过搭建 QUIC 服务器与客户端，进一步理解 QUIC 的特性。

10.3.2 实验要求

充分理解 TCP 协议和 QUIC 协议，理解它们的握手过程，实现 TCP 建立连接的抓包分析，QUIC 服务器和客户端的搭建，以及 QUIC 建立连接的抓包分析。

10.3.3 实验内容

实验内容主要包括以下几点。

1）使用 Wireshark 抓包，观察 TCP 三次握手建立连接。

2）根据 Google Playing with Quic 教程，搭建服务器和客户端。

3）根据客户端控制台输出，观察 QUIC 握手建立连接。

4）分析 TCP 传输协议与 QUIC 传输协议在握手规则上的异同。

10.3.4　实验帮助

1. Wireshark 抓包

Wireshark 是一个开源的网络封包分析软件，可以直接与网卡进行数据交换。它可以用于网络故障发现、分析，软件和通信协议的开发。在 Wireshark 出现之前，对网络数据包进行分析是困难且昂贵的，而开源的 Wireshark 的出现彻底改变了这一现状，被世界上的研究人员广泛使用。

1）抓包捕获：在菜单中选择 Capture→Interface 命令，然后选择需抓包的网卡。

2）数据过滤：根据需求在 Filter 对话框中输入命令进行过滤。常用过滤包括 IP 过滤（如：ip. addr == x. x. x. x，ip. src == x. x. x. x，ip. dst == x. x. x. x）、协议过滤（如：HTTP、HTTPS、SMTP、ARP 等）、端口过滤（如：tcp. port == 21、udp. port == 53）、组合过滤（如：ip. addr == x. x. x. x && tcp. port == 21、tcp. port == 21 or udp. port == 53）。更多过滤规则可以在 Expression 中进行学习查询。

过滤器可以在庞杂的结果中迅速找到所需要的信息。过滤器分成捕捉过滤器和显示过滤器。捕捉过滤器用于决定将什么样的信息记录在捕捉结果中，需要在开始捕捉前设置。捕捉过滤器是数据经过的第一层过滤器，它用于控制捕捉数据的数量，以免产生过大的日志文件。显示过滤器则允许在捕捉结果中进行详细查找，过滤条件可以在得到捕捉结果后随意修改。显示过滤器是一种更为强大（复杂）的过滤器。它允许在日志文件中迅速准确地找到所需要的记录。

3）Follow TCP Stream：对于 TCP 协议，可提取一次会话的 TCP 流进行分析。单击某条 TCP 数据，右击并在弹出的快捷菜单中选择 Follow TCP Stream，可以看到本次会话的文本信息，还具备搜索、另存等功能。

2. 搭建 Quic 服务器与客户端

1）编译安装 QUIC toy client 和 server。

Chrome 中提供了示例服务器和客户端。要使用示例，需要先检查 Chrome 源码，并构建二进制文件。

2）准备服务器内容，并配置密钥证书。

预览 www. example. org 的测试数据，下载 www. example. org 的副本，使用 quic_server 二进制文件在本地提供服务。

生成证书，为了运行服务器，需要有效的证书和 pkcs8 格式的私钥。如果没有，可以使用脚本来生成它们。除了服务器的证书和公钥之外，脚本还将生成一个 CA 证书，需要将其添加到操作系统的根证书存储下，以保证在证书验证期间可信。

3）开启服务器，客户端发起 QUIC 连接请求，观察分析控制台输出。

开启服务器，使用 quic_client 通过 QUIC 成功请求文件。如果服务器的端口默认为 6121，则必须指定客户端端口，因为它默认为 80。此外，如果本地计算机有多个环回地址

（如果同时使用 IPv4 和 IPv6），必须选择一个特定的地址。客户端和服务器都主要用于集成测试，两者都不支持大规模的性能。

10.4 WEP 密码破解实验

10.4.1 实验目的

利用 BackTrack 提供的工具破解目的 AP 的 WEP 密码。

10.4.2 实验要求

BackTrack（BT）是黑客攻击专用 Linux 平台，是非常有名的无线攻击光盘（LiveCD）。BackTrack 内置了大量的黑客及审计工具，涵盖了信息窃取、端口扫描、缓冲区溢出、中间人攻击、密码破解、无线攻击、VoIP 攻击等方面。Aircrack - ng 是一款用于破解无线 WEP 及 WPA - PSK 加密的工具。它包含了多款无线攻击审计工具，见表 10-1。

表 10-1

组件名称	描述
aircrack-ng	用于密码破解，只要 airodump-ng 收集到足够数量的数据包就可以自动检测数据报并判断是否可以破解
airmon-ng	用于改变无线网卡的工作模式
airodump-ng	用于捕获无线报文，以便 aircrack-ng 破解
aireplay-ng	可以根据需要创建特殊的无线数据报文及流量
airserv-ng	可以将无线网卡连接到某一特定端口
airolib-ng	进行 WPA Rainbow Table 攻击时，用于建立特定数据库文件
airdecap-ng	用于解开处于加密状态的数据包
tools	其他辅助工具

本实验利用 BackTrack 系统中的 Aircrack - ng 工具破解 WEP 密码。为了快速捕获足够的数据包，采用有合法客户端活动情况下的破解方式（对无客户端的破解方式感兴趣的读者可以自己网上查找相关资料），合法客户端在实验过程中需保持网络活动（如网络下载）。

实验的网络拓扑图如图 10-4 所示。

10.4.3 实验内容

1. 确定 AP 对象

首先按 AP 分成小组，小组中一部分作为合法用户，另一部分为攻击方，合法用户需要保持网络活动（如 Ping AP 或同组合法用户）以便抓包。首先在 Windows 系统下利用无线网卡搜索 AP，可以获得 AP 的 SSID 和安全设置。选择采用 WEP 的无线 AP 来破解。

2. 启动 BT5，载入网卡

1）新建虚拟机文件，导入 BackTrack5 系统（下载 BT5 系统启动 ISO）。

启动 VMware，新建虚拟机，需要设置操作系统类型（Ubuntu）、虚拟机名称、磁盘大

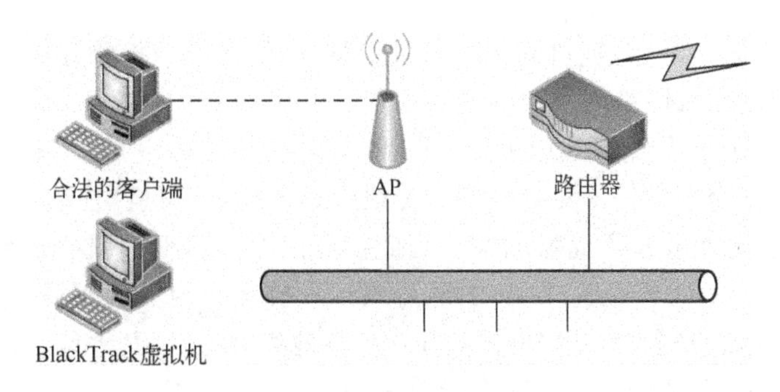

图 10-4　密码破解网络拓扑图

小等。选择虚拟机并单击“开始”，即可启动 BT5 系统了，有提示时按〈Enter〉键启动系统，注意选择启动方式为默认的“Text”，按提示输入 startx 启动 X 窗口模式。

2）单击 VM→Removable Devices，选择相应的无线网卡，如果未接入虚拟机则单击 Connect。

3）单击 BackTrack5 系统左下方的终端图标启动 shell，输入 ifconfig-a 查询所有的网卡。

3. 捕获数据包

1）首先输入 airmon－ng start 网卡名频道，将网卡激活为 monitor 模式，利用 kill 命令删除提示中可能影响网卡工作的进程再重新激活；频道通过 BackTrack 搜索，单击左下角第一个图标，选择 Internet→Wicd Network Manager 命令。

2）输入“airodump-ng-w ciw-channel 频道名 网卡名”，注意网卡名为激活后的虚拟名（如 mon0、mon1 等），其中 ciw 为文件名，具体的文件名可在命令窗口中输入“ls”查看；输入指令后开始抓包；抓包信息显示了许多网络信息，data 值表示抓包数量。

4. 破解 WEP 密码

1）等到抓包数量足够（一般 data 数量 4、5 万以上）后，在新的 shell 中输入“aircrack－ng-x-f 2 抓包文件名”；按提示输入选择 AP。

2）等待一段时间后，密码破解成功。如果提示破解失败，再等待一段时间抓获更多数据包再破解。

10.4.4　实验帮助

通过 WEP 破解实验，可以发现，只要能够捕获足够的数据包就可以轻松破解 WEP 密码，从而入侵到内部网络。为了提高无线网络的安全，必须采用 WEP 加密之外的其他安全措施。

SSID（Service Set Identifier）也可以写为 ESSID，用来区分不同的网络，最多可以有 32 个字符。无线网卡设置了不同的 SSID 就可以进入不同网络，SSID 通常由 AP 广播出来，通过 Windows 自带的扫描功能可以查看当前区域内的 SSID。简单说，SSID 就是一个局域网的名称，只有设置为名称相同 SSID 的值的计算机才能互相通信。可以通过隐藏 SSID 信息来提升无线通信的安全。

每一个网络设备，不论是有线还是无线，都有一个唯一的标识，叫作 MAC 地址（媒体访问控制地址）。这些地址一般表示在网络设备上，网卡的 MAC 地址可以用这个办法获得：打开命令行窗口，输入 ipconfig/all，然后出现很多信息，其中物理地址（Physical Address）

就是 MAC 地址。无线 MAC 地址过滤功能通过 MAC 地址允许或拒绝无线网络中的计算机访问广域网，有效控制无线网络内用户的上网权限。

无线路由器或 AP 在分配 IP 地址时，通常是默认使用 DHCP 即动态 IP 地址分配，这对无线网络来说是有安全隐患的，只要找到了无线网络，就可以很容易地通过 DHCP 得到一个合法的 IP 地址，由此就进入了局域网中。因此，可以关闭 DHCP 服务，为每台计算机分配固定的静态 IP 地址，然后再把这个 IP 地址与该计算机无线网卡的 MAC 地址进行绑定，这样就能大大提升网络的安全性。这样非法用户不易得到合法的 IP 地址，即使得到了，也因为还要验证绑定的 MAC 地址，而无法进行攻击。

10.5　移动 IP 协议实验

10.5.1　实验目的

移动 IP 是一种在全球因特网上提供移动功能的方案。它使移动节点在切换链路时仍然可保持现有通信，并且，移动 IP 提供了一种 IP 路由机制，可以使移动节点用一个永久的 IP 地址连接到任何链路上。

本实验分“角色”［即 MN（移动节点）、FA（外地代理）和 HA（家乡代理）］地实现移动 IP 的 3 个技术：代理搜索、注册和包传送。

通过本实验，学生可以理解移动 IP 的工作原理，掌握移动 IP 的主要技术。

10.5.2　实验要求

充分理解移动 IP 协议，了解它的 3 个“角色”的主要作用，能够实现以下功能。

1）代理搜索—移动节点功能的实现。

2）注册—移动节点功能的实现。

3）注册—外地代理功能的实现。

4）注册—家乡代理功能的实现。

5）包传送—家乡代理功能的实现。

6）包传送—外地代理功能的实现。

10.5.3　实验内容

（1）实现代理搜索过程 MN 的主要功能

根据系统提供的参数组装并发送代理请求报文，收到代理应答消息后，判断出该代理是 FA 还是 HA，如果是 FA 则提交转交地址（本实验默认采用外地代理地址作为转交地址）。

（2）实现注册过程中 MN 的主要功能

根据系统提供的参数组装并发送注册请求消息，收到注册应答消息后，根据报文的内容修改 MN 的路由表。

（3）实现注册过程中 FA 的主要功能

1）收到注册请求报文后，通过查找路由表将该报文重新进行组装，然后中继到 HA。

2）从 HA 收到注册应答后，判断本次注册过程是否成功，成功则需要修改 FA 的路由表，最后将该应答消息中继到 MN。

(4) 实现注册过程中 HA 的主要功能

对于收到的注册请求报文，进行合法性检查（只需检查要注册的 MN 是否合法），如果合法，则修改它的绑定表，最后发送注册应答消息给 FA。

(5) 实现包传送中 HA 的主要功能

如果收到目的地址是 MN 家乡地址的数据包，查找绑定表，将该包进行 IP 封装，然后发送给 FA；否则，查找路由表，进行正常的 IP 转发。

(6) 实现包传送中 FA 的主要功能

如果收到目的地址是 MN 家乡地址的数据包，查找路由表，将该包进行解封装，然后发送给 MN。

如果收到来自移动节点的数据包，必须路由移动节点发来的数据报，验证 IP 头部检验和，减少 IP 的生存期（Time To Live），重新计算 IP 头部检验和，并转发这样的数据报。

10.5.4　实验帮助

1. 移动 IP 协议介绍

越来越多的网络用户通过无线技术接入网络，它有很多优点。然而也存在着不足之处，当用户移到一个新网络时连接就会断开。移动 IP 是一种网络标准，它实现跨越不同网络的无缝漫游功能。用户跨越不同网络边界时，使用移动 IP 技术可以确保如网络技术、多媒体业务和虚拟专用网络等各种应用的永不中断连接。

采用传统 IP 技术的主机在移动到另外一个网段或者子网的时候，由于不同的网段对应不同的 IP 地址，用户不能使用原有 IP 地址进行通信，必须修改主机 IP 地址为所在子网的 IP 地址，而且由于各种网络设置，用户一般不能继续访问原有网络的资源，其他用户也无法通过该用户原有的 IP 地址访问该用户。

所谓移动 IP 技术，是指移动用户可在跨网络随意移动和漫游中，使用基于 TCP/IP 的网络时，不用修改计算机原来的 IP 地址，同时，继续享有原网络中一切权限。简单地说，移动 IP 就是实现网络全方位的移动或者漫游。

移动 IP 应用于所有基于 TCP/IP 的网络环境中，它为人们提供了无限广阔的网络漫游服务。譬如：在用户离开北京总公司，出差到上海分公司时，只要简单地将移动终端（笔记本计算机、PDA 等所有基于 IP 的设备）连接至上海分公司网络上，不需要做其他任何改动，就可以享受与在北京总公司里一样的所有操作，如依旧能使用北京总公司的相关打印机。诸如此类的种种操作，让用户感觉不到自己身在外地。换句话说：移动 IP 的应用让用户的“家”网络随处可以安“家”。

2. 计算机网络试验系统 NetRiver

清华大学研制的计算机网络试验系统 NetRiver，为学生提供了一个能够进行网络协议编程、调试、可视化执行和测试的实验平台。

NetRiver 提供可控、真实的全协议栈网络实验环境，支持实验代码编辑、编译和调试的集成编译环境、可视化的协议报文捕捉与行为分析、基于脚本语言的可扩展的实验描述和执行、基于协调测试法的自动实验测试，是一个功能丰富的实验管理平台。

利用 NetRiver，学生可以方便地完成网络协议编程、调试、可视化执行和自动测试。在此平台上，学生无需关心系统对实验的影响，能够直接编写和测试协议相关的核心内容。目前，NetRiver 支持的实验包括 IPv4 收发实验、IPv4 转发实验、TCP 实验、IPv6 收发实验、IPv6 转发实验、滑动窗口协议实验、移动 IP 实验等。

整个 NetRiver 网络实验系统由三部分构成：客户端、测试服务器和实验管理服务器。实验管理服务器用于保存所有用户的信息，包括用户名、用户密码、实验进度、测试结果、实验成绩以及教师的管理信息等。测试服务器会根据实验内容与客户端进行协议通信，完成协议一致性测试。客户端是学生实验的操作平台，它不仅可以连接并登录实验管理服务器和测试服务器，还提供了一个可以编辑、编译、调试和执行实验代码的软件开发环境。在测试过程中，客户端软件还能够显示并分析协议测试分组的内容。

3. 实验拓扑

本实验的所有测试例子，学生代码作为 MN、FA 或 HA 这三个功能实体中的某一个“角色”，系统则作为其他两个“角色”。